U0354354

编 委 会

当代科学技术基础理论与前沿问题研究丛书

中国科学技术大学

校友文库

资源环境遥感探测

Remote Sensing Exploration for Natural Resources and Environments

徐瑞松
马跃良 著
陈 彧

中国科学技术大学出版社

内 容 简 介

本书是作者三十多年的科研成果和国内外近年来研究的结晶，系统地阐述资源环境遥感探测的国内外研究概况，发展趋势，基本理论，技术方法及其在地质、矿产、地球化学、环境、海洋、地震、农业、林业、土壤和全球变化等领域中的应用，并结合研究实例加以说明。

本书分绪论、资源环境遥感探测的基本原理、资源遥感探测、环境遥感探测、地震遥感探测、全球变化与遥感、遥感对人类外星生存空间的探测和结语共八部分。全书图文并茂，约四十多万字，七十多张彩色照片。

本书可供地球科学、地质、矿产、地球化学、生物学、环境科学、海洋、农业、林业、遥感技术及应用、GIS等领域的广大师生、科技工作者和工程技术人员参考。

图书在版编目(CIP)数据

资源环境遥感探测/徐瑞松，马跃良，陈彧著．—合肥：中国科学技术大学出版社，2012.1

(当代科学技术基础理论与前沿问题研究丛书：中国科学技术大学校友文库)

“十二五”国家重点图书出版规划项目

ISBN 978-7-312-02235-7

Ⅰ．资…　Ⅱ．①徐…②马…③陈…　Ⅲ．资源遥感：环境遥感　Ⅳ．X87

中国版本图书馆 CIP 数据核字(2010)第 129915 号

出版发行　中国科学技术大学出版社
安徽省合肥市金寨路 96 号，邮编：230026
网址　http://press.ustc.edu.cn

印　刷　合肥晓星印刷有限责任公司

经　销　全国新华书店

开　本　710 mm×1000 mm　1/16

印　张　28

字　数　451 千

版　次　2012 年 1 月第 1 版

印　次　2012 年 1 月第 1 次印刷

印　数　1—2500 册

定　价　88.00 元

总　序

大学最重要的功能是向社会输送人才，培养高质量人才是高等教育发展的核心任务。大学对于一个国家、民族乃至世界的重要性和贡献度，很大程度上是通过毕业生在社会各领域所取得的成就来体现的。

中国科学技术大学建校只有短短的五十余年，之所以迅速成为享有较高国际声誉的著名大学，主要就是因为她培养出了一大批德才兼备的优秀毕业生。他们志向高远、基础扎实、综合素质高、创新能力强，在国内外科技、经济、教育等领域做出了杰出的贡献，为中国科大赢得了“科技英才的摇篮”的美誉。

2008 年 9 月，胡锦涛总书记为中国科大建校五十周年发来贺信，对我校办学成绩赞誉有加，明确指出：半个世纪以来，中国科学技术大学依托中国科学院，按照全院办校、所系结合的方针，弘扬红专并进、理实交融的校风，努力推进教学和科研工作的改革创新，为党和国家培养了一大批科技人才，取得了一系列具有世界先进水平的原创性科技成果，为推动我国科教事业发展和社会主义现代化建设做出了重要贡献。

为反映中国科大五十年来的人才培养成果，展示我校毕业生在科技前沿的研究中所取得的最新进展，学校在建校五十周年之际，决定编辑出版《中国科学技术大学校友文库》50 种。选题及书稿经过多轮严格的评审和论证，入选书稿学术水平高，被列入“十一五”国家重点图书出版规划。

入选作者中，有北京初创时期的第一代学生，也有意气风发的少年班毕业生；有“两院”院士，也有中组部“千人计划”引进人才；有海内外科研院所、大专院校的教授，也有金融、IT 行业的英才；有默默奉献、矢志报国的科技将军，也有在国际前沿奋力拼搏的科研将才；有“文革”后留美学者中第一位担任美国大学系主任的青年教授，也有首批获得新中国博士学位的中年学者……在母校五十周年华诞之际，他们通过著书立说的独特方式，向母校献礼，其深情厚谊，令人感佩！

《文库》于2008年9月纪念建校五十周年之际陆续出版，现已出书53部，在学术界产生了很好的反响。其中，《北京谱仪Ⅱ：正负电子物理》获得中国出版政府奖；中国物理学会每年面向海内外遴选10部“值得推荐的物理学新书”，2009年和2010年，《文库》先后有3部专著入选；新闻出版总署总结“‘十一五’国家重点图书出版规划”科技类出版成果时，重点表彰了《文库》的2部著作；新华书店总店《新华书目报》也以一本书一个整版的篇幅，多期访谈《文库》作者。此外，尚有十数种图书分别获得中国大学出版社协会、安徽省人民政府、华东地区大学出版社研究会等政府和行业协会的奖励。

这套发端于五十周年校庆之际的文库，能在两年的时间内形成现在的规模，并取得这样的成绩，凝聚了广大校友的智慧和对母校的感情。学校决定，将《中国科学技术大学校友文库》作为广大校友集中发表创新成果的平台，长期出版。此外，国家新闻出版总署已将该选题继续列为“十二五”国家重点图书出版规划，希望出版社认真做好编辑出版工作，打造我国高水平科技著作的品牌。

成绩属于过去，辉煌仍待新创。中国科大的创办与发展，首要目标就是围绕国家战略需求，培养造就世界一流科学家和科技领军人才。五十年来，我们一直遵循这一目标定位，积极探索科教紧密结合、培养创新拔尖人才的成功之路，取得了令人瞩目的成就，也受到社会各界的肯定。在未来的发展中，我们依然要牢牢把握“育人是大学第一要务”的宗旨，在坚守优良传统的基础上，不断改革创新，进一步提高教育教学质量，努力践行严济慈老校长提出的“创寰宇学府，育天下英才”的使命。

是为序。

侯建国

中国科学技术大学校长
中国科学院院士
第三世界科学院院士
2010年12月

前　言

遥感技术及应用以磅礴之势屹立于人类文明之林,但在其前进的征途上,遇到了一些极难逾越的障碍。人们通常认为,遥感只可以获取地表信息,仅能解决地表问题,因而使其研究前景暗淡,应用领域受到限制。遥感能否穿过地球表层屏障,透视屏障层之下的地质、矿产、环境等特征信息?能否有效地提取这些特征信息为地质、矿产、环境、海洋、农业、林业、地下水、土壤、全球变化等调查项目服务?《资源环境遥感探测》一书就是作者与同仁们一起,对以上问题进行的一些有益的探索。有些问题在书中已做了肯定的回答,有些问题则有待我们在今后的研究中去探讨。《资源环境遥感探测》是作者近几十年来在地质、矿产、地球化学、环境、遥感理论、遥感技术和应用等领域研究成果的结晶。资源与环境是人们研究成矿元素在地球岩石圈、生物圈和大气圈中迁移、富集、演化规律及应用和生态环境时空分布演化及对人类生存影响的科学,遥感是根据地物电磁波谱理论发展起来的远距离探测技术。两者结合发挥了各自的优势,即资源与环境丰富了遥感理论,开拓了遥感的应用领域,给遥感研究注入了新的活力,推动了遥感理论、技术及应用研究的发展;遥感加速了资源与环境理论和应用研究的进程,使其不断向研究开发的深度和广度进军。资源环境遥感探测离不开科学的进步和社会、经济发展的需求,科学的进步、社会和经济的发展更需要资源环境遥感探测。资源环境遥感探测将以全新的面貌奉献于世,并以更强的生命力在人类文明的征途上发挥更大的作用。

本书第一章重点介绍资源环境遥感探测的若干理论和技术方法,第二章到第六章着重介绍资源环境遥感探测在地质、矿产、环境及其他领域的应用。本书的主要特点是：学术思想明确，自始至终都把资源环境遥感探测的理论、技术方法和应用作为一个完整体系介绍给读者；取材新颖，均为最近三十多年来有关学科的最新研究成果。全书以资源环境遥感探测为主线，注重理论与实践相结合，技术方法与应用效果相结合，力求在理论上讲清，技术方法可行，应用上经济实效。由于篇幅所限，本书主要研究对象是矿产资源和环境，遥感波段以可见光至近红外光为主，附带介绍紫外、红外、热红外、微波波段等。

本书是我们集体多年工作的成果。我们这个集体共承担和完成了国家科技攻关项目、国家“973”项目、国家自然科学重点和面上基金项目、中国科学院重大和重点创新项目、地方和企业科技攻关和基金项目等三十多项科研任务，主要工作人员有：徐火盛、李富才、何在成、叶速群、吕惠萍、张秀忠、谭建军、曾提、许安、贾桂梅、徐金鸿、苗莉、王洁、蔡睿、王庆光、李高飞、刘颖、吴晋、刘惠萍、胡巧、谢永泉、唐建平、黄海云、来武、徐沅等。本书的绪论、第一章、第二章和结语由徐瑞松执笔，第三章由马跃良执笔，第四章由陈彧执笔，第五章、第六章由王庆光执笔，最后由徐瑞松统稿。在本书的编著过程中，得到了中国科学院叶连俊院士、陈述彭院士、涂光炽院士、欧阳自远院士、谢先德院士（同时也是俄罗斯科学院外籍院士）、童庆禧院士、朱照宇研究员等的悉心指导和热心支持，同时得到中国科学院、中国科学院广州地球化学研究所的有关领导和同事、美国新汉普斯尔大学的 B.N.Rock 博士、美国费尔班克斯大学的 L.Scott Huang 教授、荷兰国际技术工程学院（ITC）的 P.M.Van Dijk 教授及同行们的热心指导和大力支持；本书得到国家基金（41072247/D0125）的资助，在此表示衷心的感谢。

特将此书献给伟大的母校——中国科学技术大学。

徐瑞松

2011 年

目　　录

总序 ……………………………………………………………………（ⅰ）

前言 ……………………………………………………………………（ⅲ）

绪论 ……………………………………………………………………（1）

一、资源环境遥感探测的定义和任务 ………………………………（1）

二、资源环境遥感探测与其他学科的关系 …………………………（2）

三、资源环境遥感探测国内外研究概况与发展趋势 ………………（4）

第一章　资源环境遥感探测的基本原理 ……………………………（25）

第一节　遥感探测窗口 ………………………………………………（25）

一、电磁波基本概念 …………………………………………………（25）

二、太阳辐射与大气窗口 ……………………………………………（27）

第二节　资源环境遥感探测器最佳波段和最佳技术方法 …………（31）

一、最佳波段 …………………………………………………………（31）

二、最佳技术方法 ……………………………………………………（33）

第三节　资源环境效应地物波谱特征及机制 ………………………（42）

一、资源环境效应地物波谱基本特征 ………………………………（42）

二、地物的反射波谱曲线 ……………………………………………（46）

三、成因机制 …………………………………………………………（49）

第四节　地物波谱特征分析与提取方法 ……………………………（76）

一、光谱的特征选择与提取 …………………………………………（76）

二、光谱信息处理的一些技术 ………………………………………（80）

三、指数特征分析 ……………………………… (101)
第五节 资源环境遥感的数字图像特征 ……………………………… (104)
一、灰度特征 ……………………………… (104)
二、色度特征 ……………………………… (105)
三、纹理特征 ……………………………… (106)
第六节 遥感数字图像分析提取方法 ……………………………… (107)
一、计算机数字图像处理 ……………………………… (107)
二、遥感影像目视解译 ……………………………… (111)
三、遥感数字图像计算机解译 ……………………………… (115)
四、遥感数字图像解译专家系统 ……………………………… (117)
五、遥感多源信息复合 ……………………………… (118)
六、GIS在遥感信息提取中的作用 ……………………………… (121)
第二章 资源遥感探测 ……………………………… (124)
第一节 概述 ……………………………… (124)
一、地质体的组构特征 ……………………………… (124)
二、成矿元素组合特征 ……………………………… (127)
三、资料获取 ……………………………… (134)
四、特征信息分析提取 ……………………………… (136)
第二节 金属和贵金属矿产资源遥感探测 ……………………………… (138)
一、金矿资源遥感探测——以广东河台金矿为例 ……………………………… (138)
二、钼矿资源遥感探测 ……………………………… (158)
三、内蒙古多金属矿产资源遥感探测——以巴林右旗永安铅锌矿为例 ……………………………… (170)
第三节 能源资源遥感探测 ……………………………… (179)
一、陆地油气资源遥感探测——以南盘江地区为例 ……………………………… (179)
二、海洋油气遥感探测——以南海为例 ……………………………… (189)
三、内蒙古东部煤矿遥感探测 ……………………………… (199)
第四节 华南红土资源遥感探测 ……………………………… (203)
一、研究区概况 ……………………………… (203)
二、样品采集与分析 ……………………………… (204)
三、遥感探测模型研究 ……………………………… (218)
四、华南红土资源分类与调查 ……………………………… (231)

第三章　环境遥感探测 ……………………………………………………… (235)
第一节　概述 ……………………………………………………………… (235)
一、研究区域概况 ……………………………………………………… (236)
二、研究区环境污染特征 ……………………………………………… (238)
三、遥感在环境质量变化中的研究现状 ……………………………… (242)
第二节　广州地区水体和植物波谱与图像特征 …………………………… (249)
一、水体波谱和图像特征 ……………………………………………… (250)
二、植物波谱和图像特征 ……………………………………………… (257)
第三节　广州地区大气污染的植物光谱效应 ……………………………… (260)
一、植物样品采集与测量方法 ………………………………………… (260)
二、植物光谱效应分析 ………………………………………………… (261)
第四节　大气污染的生物地球化学遥感机理与模型分析 ………………… (267)
一、大气污染植物的环境地球化学特征 ……………………………… (267)
二、大气污染对植物光谱特征的影响分析 …………………………… (274)
三、大气降尘对植物反射光谱的影响分析 …………………………… (293)
四、植物的大气污染指数分析……………………………………………… (295)
五、广州地区植被指数分析 …………………………………………… (297)
第五节　环境污染的遥感动态监测研究 …………………………………… (301)
一、珠江广州河段水体污染遥感动态监测 …………………………… (301)
二、珠江广州河段水质污染的遥感定量监测应用模型 ……………… (306)
三、深圳市水库水质遥感监测模型……………………………………… (315)
第六节　广州地区热岛效应的遥感监测与评价 …………………………… (322)
一、研究范围和资料选取 ……………………………………………… (322)
二、地面温度反演计算方法 …………………………………………… (323)
三、广州地区热岛效应分析与评价 …………………………………… (325)
第七节　广州城市扩展与绿波退缩遥感动态分析 ………………………… (332)
一、城市扩展与绿波退缩遥感信息提取方法 ………………………… (333)
二、广州市建成区扩展与绿波退缩遥感信息分析 …………………… (337)
第四章　地震遥感探测 ……………………………………………………… (340)
第一节　遥感在地震研究和监测中的应用与进展 ………………………… (340)
第二节　地震遥感探测原理 ………………………………………………… (342)
一、地表形变的D-InSAR观测……………………………………………… (342)

二、地应力致热 …… (345)
三、地球排气作用 …… (346)
四、地下水 …… (348)
五、岩石圈—大气圈耦合作用 …… (350)
六、遥感传感器介绍 …… (351)
第三节 地震遥感探测应用实例 …… (353)
一、伊朗Bam地震的D-InSAR测量 …… (353)
二、地震导致海面热红外异常 …… (357)
第五章 全球变化与遥感 …… (363)
第一节 概述 …… (363)
一、全球变化的概念与现象 …… (363)
二、全球变化的研究进展 …… (365)
三、全球环境变化与遥感技术 …… (368)
第二节 遥感在全球变化热点问题研究中的应用 …… (371)
一、遥感资源调查 …… (371)
二、大气监测 …… (373)
三、生物多样性 …… (374)
四、土地利用和土地覆盖变化 …… (375)
五、海洋环境监测 …… (376)
六、灾害监测 …… (377)
第六章 遥感对人类外星生存空间的探测 …… (379)
第一节 人类外星生存空间探测概述 …… (379)
第二节 月球探测 …… (383)
一、人类探测月球的历史 …… (384)
二、国外对月球的探测的进展 …… (385)
三、我国的探月工程 …… (388)
四、未来月球探测的走向 …… (394)
第三节 行星探测 …… (396)
一、火星探测概述 …… (396)
二、国内外火星探测进展 …… (397)
三、火星探测展望——人类登上火星,把火星建成第二个地球 …… (399)
四、其他行星探测 …… (400)

五、深空探测发展趋势 …… (402)
结语 …… (404)
一、资源环境遥感探测的理论 …… (404)
二、资源环境遥感探测的技术方法 …… (404)
三、资源环境遥感探测的应用 …… (405)
四、资源环境遥感探测与辩证法 …… (405)
五、资源环境遥感探测研究中存在的问题 …… (407)
六、资源环境遥感探测的未来 …… (407)
参考文献 …… (409)

绪　论

一、资源环境遥感探测的定义和任务

人类生存的地球是一个由不停地运动着的物质组成的五彩缤纷的世界。人们为了从真理的必然王国进入自由王国，正确地认识世界，主观能动地去改造世界，数千年来，多少志士仁人前赴后继，对这个充满生机的神奇世界及其运动奥秘进行着艰辛的探索和深入研究。地质学家在研究中，将地球分成岩石圈、水圈、大气圈和生物圈。本书的研究舞台就是整个岩石圈、水圈、大气圈和生物圈。从太空上看，地球是一颗闪烁着蓝绿色光泽的宝石，这美丽的蓝绿色就是覆盖整个地球的大气、水和植物的贡献。

资源环境遥感探测（Remote Sensing Exploration for Natural Resources and Environments）利用遥感技术研究元素，特别是元素的原子、离子、分子和粒子等，在地球各圈的迁移、富集和演化，以及它们在生命起源、成矿环境变化及全球变化中所起的作用，并开展自然资源探测和环境及全球变化等方面的应用。遥感（RS，Remote Sensing）是利用航天、航空等平台，对地物的物理、化学等特征进行远距离探测的一种技术手段。广义而言，遥感泛指各种非接触、远距离探测技术。根据物体对电磁波的反射和辐射特性，将来可能涉及声波、引力波和地震波。狭义而言，遥感是一门新兴的科学技术，主要指从远距离、高空以至外层空间的平台上，利用可见光、红外、微波等探测仪器，通过摄影或扫描，信息感应、传输和处理等手段，识别地面物质的性质和运动状态的现代化技术系统。

遥感技术（Remote Sensing Technology）是从地面到高空各种对地球、

天体观测的综合性技术系统的总称。它由遥感平台、遥感仪器和信息接收、处理与分析应用等组成。它们形成信息网络,夜以继日、源源不断地向人们提供丰富的科学数据和动态情报(陈述彭,1990)。

资源环境遥感探测是资源环境的理论、方法与遥感的理论、技术、手段相结合的交叉学科,是全球变化研究中重要的理论基础和技术方法。

资源环境遥感探测的基本任务是:

(1)理论研究。包括元素直至各地质体在地球各圈中的迁移、富集、演化规律,元素的成矿作用和机理;资源环境遥感探测的最佳波段、地物波谱和遥感图像特征及特征信息的形成机理。

(2)研究资源环境遥感探测的技术方法。其中包括遥感平台、遥感传感器和资源环境遥感特征信息的提取、分析、处理等研究方法。

(3)研究资源环境遥感探测在地质、矿产和其他自然资源、环境、海洋、农业、林业、水利、土壤以及全球变化等研究领域中的应用。

二、资源环境遥感探测与其他学科的关系

资源环境遥感探测是地球科学与遥感技术科学相结合的产物,是理论与应用相结合的产物。资源环境遥感探测与矿物学、地球科学、环境科学、遥感的理论和技术、计算机技术和信息科学等有密切的亲缘关系,如图 0.1 所示。

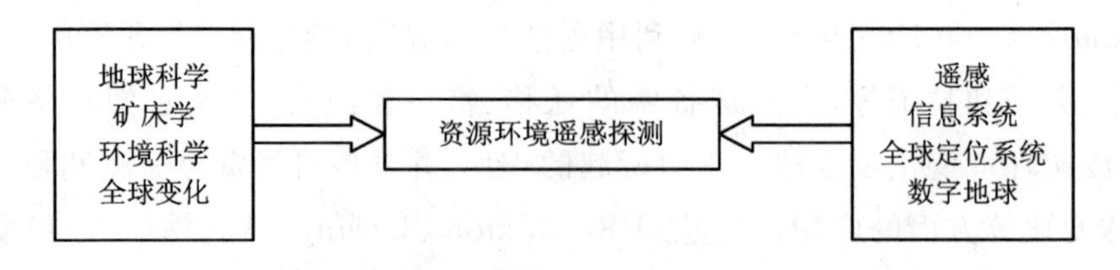

图 0.1 资源环境遥感探测与其他学科关系示意图

资源环境遥感探测的理论基础是地球科学、资源环境、遥感理论和信息科学,其技术方法主要来自遥感技术、计算机技术、信息学以及地球科学、资源环境等学科,其应用领域主要是地球科学、矿床学、环境科学、农业、林业、水利、土壤、全球变化等。资源环境遥感探测的发展有赖于地球科学、环境科学、遥感学、信息科学等学科的理论、技术方法和应用的进步和需要,它的

本身又从不同的侧面支持和推动了上述学科向研究的深度和广度进军。资源环境遥感探测不但吸取相关学科的精华丰富自己，而且在其发展中又独具特色。下面通过对比资源环境探测与资源环境遥感探测，说明后者的特点。

(1)资源环境探测从原子、分子的角度研究元素在地球各圈层中的演化、迁移、富集规律及其在资源、环境调查中的应用。资源环境遥感探测不仅从物质的原子、分子角度，而且从全球变化、地质学、行星地质学、矿物学、岩石学、矿床学等宏观角度研究元素在地球各圈层中的演化、迁移、富集规律及其在资源、环境调查中的应用。

(2)资源环境探测研究元素的原子、分子特征。资源环境遥感探测研究元素的原子、分子的运动和构成特征，还研究这些元素的资源环境效应特征、波谱特征和遥感图像特征。

(3)在研究方法上，资源环境探测只能做到点上取样，在定性和定量研究中，以定性研究为主，而资源环境遥感探测研究不但可在点上取样，而且还能同时在面上取样，其在定性和定量研究中以定量研究为主。资源环境遥感探测研究还吸取了遥感和信息学中的信息源广，信息量大，获取信息快、准、经济、动态化的优点，处理信息不但做到定量化，而且处理方法灵活，克服了资源环境探测研究中的不足。

(4)资源环境探测研究往往受气候、地形、国界等条件的限制，而资源环境遥感探测研究则不受这些限制。

(5)在应用上，资源环境探测研究目前仅限于矿产资源和环境调查，而资源环境遥感探测研究的应用领域迅速地从矿产资源和环境调查扩大到整个的数字地球调查研究。从应用效果上看更加经济准确，以找金矿为例，发现和评价同一个 F 级金矿靶区，传统地质法约需人民币 50 万元，地球物理法约需 45 万元，地球化学法约 40 万元，资源环境遥感探测只需 6 万～9 万元，并且精度较高。

总之，资源环境遥感探测研究与地球科学(地质学、矿床地质学、构造地质学、地史学、岩石学、矿物学、矿床学、环境地质学、水文地质学、地球化学、宇宙地球化学、元素地球化学、海洋学、土壤学)、全球变化、植物学、环境科学、农业科学、林业科学、大气科学、遥感学、计算机科学、信息科学、生物化学、生物物理学等学科之间存在一定的联系，又具有独立性，其广泛吸收了地球科学、植物学、环境、农业、林业、大气、遥感、计算机、信息学、生物化学、生物物理等学科的理论、技术方法和应用方面的精华，形成了自己的特色，又为这些学科服务。

三、资源环境遥感探测国内外研究概况与发展趋势

科技的进步，大致离不开观测、实验和计算科学三个阶段，随着巨型计算机、GPS、RS和GIS大规模技术的兴起，过去以描述为主的地理学、地质学、地球化学等均进入地球科学、数字地球和全球变化等大科学时代，资源环境遥感探测研究就是随着这个时代应运而生的。

恩格斯指出：科学的发生和发展一开始就是由生产决定的(《马克思恩格斯选集》第三卷，523页)。邓小平同志多次明确提出：科学技术是第一生产力。资源环境遥感探测是随着社会生产的需要，资源环境探测和遥感技术的发展而产生和发展的。它的产生和发展，又推动了资源环境探测、遥感和社会生产力的进步。在地球科学、环境科学和遥感技术等的发展过程中，同时遇到了地表覆盖层这个天然屏障。地表覆盖层下有一系列地质问题需要解决，特别是矿产资源急需探明，环境问题需要查清。人们就是在这些难题的困惑中和社会科技的奋斗中产生和发展了资源环境遥感探测。资源环境遥感探测巧妙地利用了这一天然屏障，帮助人们快速、经济、准确、定量、大面积、动态地获取了屏障下的地质、矿产、环境等有用信息，补充、完善、发展了地球科学、环境科学、植物学、计算机学、信息学、遥感的理论、技术方法和应用，揭开了人类科学史上新的一页。

1962年，第一次国际环境遥感讨论会议正式将“远距离探测技术”命名为Remote Sensing (RS)，即“遥感”，并限定了遥感技术至少应包括四个方面的内容：探测对象、传感器、信息媒介和运载平台。电磁波理论是遥感信息采集的基础技术。因此，遥感是一门远离地物而获得地物电磁波信息，以识别地物状态或性质的高新技术，它以卫星或飞机作为遥感平台，以多光谱扫描仪或航空摄影仪等作为传感器构成遥感信息搜索系统，具有视域范围广、光谱波段多、周期性强等特点。遥感技术是在物理学、空间测量技术、地球科学理论、计算机技术等的基础上综合发展起来的，经历了以飞机为主的航空遥感到以人造卫星、宇宙飞船及航天飞机为主的飞行器运载平台工具

的阶段性过程以及从光学摄影机发展到以计算机扫描方式的传感器图像采集技术。从1972年起第一颗地球资源卫星发射升空以来，美国、法国、俄罗斯、欧空局、日本、印度、中国、巴西等都相继发射了众多对地观测卫星。现在，卫星遥感的多传感器技术，已能全面覆盖大气窗口的所有部分，光学遥感包含可见光、近红外和短波红外区，以探测目标物的反射和散射热为手段的红外遥感的波长可从8 μm到14 μm，以探测目标物的发射率和温度等辐射特征为手段的微波遥感的波长范围从1 mm到100 cm，其中被动微波遥感主要探测目标的发射率和温度，主动微波遥感通过合成孔径雷达探测目标的后向散射特征。随着传感器技术、航空航天技术和数据通讯技术的不断发展，现代遥感技术已经进入一个能动态、快速、多平台、多时相、高分辨率地提供对地观测数据的新阶段。遥感技术在有关地表空间分布关系的领域和行业中都有着广泛的应用前景(胡著智等，1999；朱振海等，2002)。

（一）国外研究概况

资源环境遥感探测研究在国外经历了定性阶段和半定量化阶段，现正向定量化阶段发展。

定性阶段的主要标志是航空摄影的产生和发展。美国的南北战争前夜，人们在气球上摄取了第一张地面照片，1839年第一张航空相片问世，使人类步入了航空摄影的时代。到20世纪初，航空摄影进入了成熟时期。第一、二次世界大战期间，以飞机为主要平台的航空摄影主要用于侦察军事目标，并推动了航空摄影的发展。战后，科学家、政府和财团，致力于将航空摄影用于摄制地形图、工程、资源、环境调查等和平建设项目，正式开创了资源环境遥感探测研究的新纪元。此间，地质学家用大量的航空照片，根据植被找矿的思路，依据矿区不长植物的天窗效应，在非洲赞比亚茫茫热带大森林中发现了几个铜矿，并在近极地的阿拉斯加植被地区的天窗中发现了红狗铅锌矿等多种矿床。

半定量化阶段的主要标志是计算机技术的引进，航天平台和多光谱成像技术的发展。20世纪40年代中期电子计算机诞生，50年代末前苏联第一颗人造卫星实验成功，60年代发展了多光谱扫描的航天、航空遥感传感器，此间计算机技术被引入遥感，以控制卫星等航天器的运行，遥感信息的接收，预处理和精处理。与此同时，随着物理和化学分析设备方法的进步和分析精度的提高，发现和开发陆地覆盖层下的矿产资源，调查和治理环境问题，越来越引起人们的兴趣和社会的关注。资源环境遥感探测研究已从少数人苦苦摸索的阶段进入到有目的、有组织的社会性科研和生产活动阶段，世界多数国家和地区的有关科研机构、大学、公司等，都有专门组织和专人从事资源环境遥感探测研究方面的研究。这类研究在20世纪70年代末、80年代初达到高潮。美国航天局(NASA)喷气推进实验室(Jet Propulsion Laboratory)、美国地质调查局(USGS)等政府机构专门设有资源环境遥感探测研究机构，斯坦福大学的遥感技术实验室、新墨西哥大学的技术培训中心、汉普斯尔大学的综合研究中心、地球物理环境调查公司等科研机构、大学、公司等均有人专门从事资源环境遥感探测的理论、技术及其在资源环境调查中的应用研究。加拿大的太平洋遥感中心、地质调查局、有关大学及有关公司也设有资源环境遥感探测方面的专题研究。先后从事这方面研究的单位还有，英国的矿产和冶金研究所及有关大学及遥感机构，德国、法国的有关大学和遥感机构，联合国科教文组织设在荷兰的国际航天调查和地球科学研究院(ITC)和设在曼谷的亚洲技术工程学院，前苏联科学院的莫斯科、列宁格勒、西伯利亚、哈萨克斯坦地质研究所及有关大学和遥感机构，澳大利亚科工委下属的佩恩和悉尼实验室、各级矿产能源部及有关大学和公司，印度国家遥感中心及有关大学，巴西遥感中心等。

目前，反映资源环境遥感探测研究成果的学术论文在整个遥感研究论文中占70%以上，较多的反映这方面研究成果的主要杂志有：《环境遥感》(*Remote Sensing of Environment*)、《国际遥感杂志》(*International Journal of Remote Sensing*)、《摄影工程与遥感》(*Photograph Engineering and Remote Sensing*)、《地球物理》(*Geophysics*)、《经济地质》(*Economic Geology*)、《地球化学勘探杂志》(*Journal of Geochemical Exploration*)、《自然资源遥感》(*Remote Sensing of Natural Resources*)等，几乎每期都有资源环境遥感探测研究专栏。另外，每年一些国际和地区性的遥感、地质、环境、物探、化探等学术讨论会及其文集都有较大的篇幅反映资源环境遥感探测研究的成果。

国外在资源环境遥感探测研究方面比较活跃的领域主要有理论、技术方法和应用等。理论研究方面，主要是研究资源环境的时空分布特征、波谱特征、最佳遥感波段和遥感图像特征及它们之间的关系。在叶面波谱特征研究中，主要研究正常植物和受毒害植物叶面从近紫外到微波波段的波谱反射率(辐射亮度值等)和波形特征的差异,这些波谱特征的形成机制、时空效应、波谱特征标志的建立,波谱特征信息提取,最佳遥感波段及应用等。例如,原美国哥伦比亚大学地球物理系的 Collins 和张圣辉博士的研究结果表明(1983),植物叶面光谱红端陡坡的斜率变化与植物叶子中的叶绿素 b 的含量变化相关。原美国 NASA 喷气推进实验室的地植被遥感研究组的负责人 B. N. Rock(1988)用水效应指数这一波谱反射率指标(1600～1630 nm、1230～1270 nm)来判别植物受毒害的程度。在遥感生物地球化学图像特征研究方面,主要是研究生物地球化学效应遥感图像特征、特征机制、特征信息的提取方法,目前主要是研究辐射信息的提取方法,图像特征应用的可靠性,时空效应及其他噪音对图像特征的干扰及排除。美国新汉普斯尔大学的 B.N. Rock、NASA 喷气推进实验室的 T. Hoshizaki 和加拿大约客(York)大学的 J. R. Miller 等(1988),在美国东北部的 Green Mountain 中部的 Canals Hump 山进行的 FLI(Fluorescence Line Imager)和 TMS(Thematic Mapped Simulator)的航空飞行实验中,受毒害植物在 FLI 和 TMS 航空资料中呈大红色调,与正常植物的蓝绿色相区别。

资源环境遥感探测的技术方法研究主要是指资源环境效应特征信息的获取、分析处理和应用的系列技术方法。目前美国在这方面仍处于国际领先地位。在遥感平台方面,美国发展了多功能、高性能的遥感飞机,还有各种卫星和机动性较强的航天飞机,其遥感平台可根据需要在高、中、低空进行作业。在信息获取的传感器方面,美国以 20 世纪 60 年代的光谱分辨大于 100 nm 的 MSS 多光谱扫描仪为基础,发展了专为专题制图和地质制图用的 TM 多光谱扫描仪,现发展到了光谱分辨率优于 10 nm 的 128 通道的阵列式成像光谱仪,该仪器不但用于航空遥感,还将用于航天遥感,同时还发展了光谱分辨率优于 5 nm 的 514 通道阵列式航空成像光谱仪,以上仪器的主要波段是近紫外到热红外。澳大利亚最近也研制成 368 通道可见至热红外的航空成像光谱仪。以上光谱分辨率在 5～20 nm 的成像光谱仪完全满足了资源环境遥感探测的需要,能快速、经济、大面积、动态、定量化、准确地获取资源环境遥感探测信息。资源环境遥感探测信息的特点是信息量大、信息构成复杂,受干扰因素多,如何有效地提取资源环境遥感探测的特征信息,也是当前国内外的一大研究热门。如美国地球物理与环境调查公司的张圣辉博士等用 64 通道航空成像光谱资料,发展了一套切比雪夫拟合的信息分析处理方法，当拟合到7～8次时，能最有效地提取植被生物地球化学效应的遥感特征中的红移或蓝移信息。目前各国专家还发展了一套主成分分析和GIS加比值、加监督分类、加主成分分析的综合分析方法，均能最大限度地提取资源环境遥感探测的特征信息。

国外目前资源环境遥感探测的主要应用领域是，矿产资源的调查、环境污染的调查和监测、农业估产、农业和森林病害监测等。从事这方面研究的人员最多，涉及的国家和地区最广。美国在发射专题制图陆地资源卫星后，就用TM卫星资料对全美的农业和森林病害实行动态监测，并用TM资料和生物地球化学航空遥感对美加五大湖周边的环境污染进行调查监测。美国、前苏联、法国、德国、奥地利、西班牙、澳大利亚、印度等国的科学家，用TM、SPOT卫片和窄带多光谱成像光谱仪（最大波宽为1.4 nm）资料，对植被覆盖率大于40%的已知矿区或化探异常区进行植被填图，结果发现TM4波段和窄带成像光谱仪的红光和近红外波段的灰度值，与已知矿床和地面化探异常完全吻合，为遥感生物地球化学找矿展现了美好的前景。美国的科学家用地植被遥感在阿拉斯加发现了一个铅锌矿，巴西在用侧视雷达对亚马逊热带雨林的遥感植被填图中，发现铜和油气矿床。英国西南半岛是典型的农业开发区，有重要的钨、锡矿产，但基岩出露不好，英国的科学家用多时相的TM卫片、海洋卫星的合成孔径雷达图像和有关航片，配合地质和地球物理填图，对该地区植被覆盖下的隐伏矿产进行战略普查。前苏联的科学家用航天航空等不同比例尺的遥感资料（1∶1万～1∶15万）研究了西西伯利亚叶尼塞河地区中部原始森林区森林沼泽综合体的水文状态。他们根据水遥感生物地球化学效应的原理，对原始森林沼泽地的水文形态的自然区域综合体进行识别和评述，并进行分类和填图，同时进行动态水文监测。

（二）国内研究概况

我国资源环境遥感探测研究的总体水平与世界先进水平相比仍落后十年左右。

目前，我国从事资源环境遥感探测研究的单位有科研、教学和生产部门。主要有中国科学院联合遥感中心下属的中国科学院广州地球化学研究所、中国科学院遥感应用研究所、中国科学院上海技术物理研究所、中国科学院遥感卫星地面站、中国科学院空间科学与应用研究中心、中国科学院安徽光学精密机械研究所、中国科学院东北地理与农业生态研究所、中国科学院南京土壤研究所、中国科学院地理科学与资源研究所、中国科学院新疆生态与地理研究所等，国家科委遥感中心下属的北京大学遥感研究所、湖南省遥感中心、河南省遥感中心，国家教委遥感中心下属的各有关大学，全国地质遥感协调小组所属的13个部委的遥感中心及各省和各地质队的遥感站等，还有国家气象局和国家地震局下属的各遥感部门。

经常反映国内外遥感生物地球化学研究成果的国内学术期刊主要有：《遥感学报》(原《环境遥感》)、《遥感信息》、《国土资源遥感》、《遥感技术与应用》、《遥感与地质》、《国外遥感地质通讯》、《国外矿产地质》、《地质文摘》。另外还有《地质学报》、《地质评论》、《地质科学》、《地质与勘探》、《地球化学》、《地球与环境》(原《地质地球化学》)、《中国科学》、《科学通报》及有关大学的学报等。

我国资源环境遥感探测研究的科研经费主要来自国家自然科学基金、地方自然科学基金、国家科技攻关、国家863高科技工程、各部委的科研经费及生产部门和国际科技合作等。

解放前，我国资源环境遥感探测研究是一片空白，到了20世纪五六十年代，随着航空摄影在找矿、地质填图、国土调查、测绘地形图、市政工程调查和规划等方面的广泛应用，资源环境遥感探测研究也随之引起人们的关注。进入到70年代，随着我国新疆哈密、云南腾冲、四川雅砻江、天津、珠江三角洲等综合性遥感试验的展开，我国的资源环境遥感探测研究也从定性阶段进入到半定量研究阶段。到了80年代，资源环境遥感探测研究从半定量阶段向定量阶段过渡。这一阶段的研究内容涉及资源环境遥感探测研究的理论、技术方法及应用的各个领域。在资源环境遥感探测研究的理论、应用及航空遥感技术方面的研究均达到同期国际先进水平。

中国科学院遥感应用研究所名誉所长陈述彭院士在20世纪70年代末的云南腾冲遥感综合试验研究中，发现新玄武岩风化成的黑土上只长黄果树，而老玄武岩风化成的红土上只长黄草，结果在遥感图像上反差很大，极易发现。70年代末，中国科学院遥感应用研究所的陈正宣、罗修岳、郭桂林等在海南遥感研究中，对铜、镍矿化上的植被异常的遥感影像特征进行了研究。在80年代初的天津城市遥感试验中，中国科学院遥感应用研究所童庆禧院士和田国良研究员等，对天津市受污染的植物波谱特征进行了测试和研究，发现受污染植物的波形发生蓝移。80 年代中后期，田国良及其领导的研究组与环保所合作，用园内实验，对水稻、甘蔗及其他植物受 SO_2，Cl，Cr，Cd，Pb 等毒害后的生理生态特征和波谱特征进行了较系统的研究。中国科学院遥感应用研究所的林树道教授在新疆哈巴河的遥感找矿研究中，对植物中的金含量和叶面波谱特征进行了研究。80 年代以来，中国科学院遥感所的朱振海与中国科学院地理所和中国科学院新疆地理所合作，对新疆油气微渗漏的植物生理、生态特征、波谱特征和遥感影像特征进行了初步研究。70 年代末中国科学院广州地球化学研究所的徐瑞松、叶宗怀等，对广州、珠海、肇庆等地区不同景观的地物波谱特征进行了系统的测试和研究，并建立了地物波谱数据库。80 年代，中国科学院广州地球化学研究所的徐瑞松、徐火盛、马跃良、吕慧萍等在四川雅砻江综合遥感实验、安徽宁芜遥感实验及国家自然科学基金、广东省自然科学基金、国家科技攻关、中国科学院重大科研项目、广东省科技攻关及黑龙江黄金局横向委托项目等中，对 S，W，Sn，Mo，Fe，Pb，Zn，Cu，Ag，Au 及稀土等元素的遥感生物地球化学效应的植物生理、生态、叶面波谱和遥感图像特征进行了系统的研究，研究中有一些新的发现和突破，同时用金及伴生元素生物地球化学效应的遥感图像特征在广东、海南植被地区快速发现了三个金矿靶区和六个金矿远景区，并经地质评价证实。在 80 年代初及 90 年代的广州市城市环境遥感研究中，徐瑞松、马跃良等分别对广州市区受环境污染的植物——小叶榕、大叶榕、木麻黄等植物的生理生态特征、叶面波谱特征和遥感影像特征进行了研究，发现受污染的植物叶中的叶绿素 b 含量与叶面波谱红端陡坡的斜率成正相关，受污染植物叶面波谱与正常植物的相比，波形发生 5 nm 左右的蓝移，反射率值高 5%～15%，污染越严重，蓝移量越大，其反射率越高，并依据这些波谱特征对广州市区的污染严重程度进行分类，其分类结果经广州市环保科研所实地调查证实。中国科学院广州地球化学研究所的董裕国等在深圳大亚湾环境本底遥感调查中，对马尾藻的生物地球化学效应的波谱和遥感影像特征进行了研究，为这方面的研究积累了基本资料。广州地理研究所的陈健与中国科学院广州地球化学研究所合作，80 年代初对珠海斗门县的甘蔗生物地球化学效应的生理特征和波谱特征进行了研究。80 年代末能源部西安煤田航测遥感公司的任为民、吕建会等对陕西省铜川市受污染植物的波谱和遥感影像特征进行了系统研究，如受污染的白杨在彩红外航片上呈酱红色，而正常白杨则为鲜红色，据此做出了铜川市污染图。80年代末中国科学院卫星地面站胡德永、雷莉萍等与云南有关地质队合作，对哀牢山中段金生物地球化学效应的TM影像特征进行了研究，并依据这些特征有效地指导找矿。中国科学院遥感应用研究所郭华东等用微波等遥感资料在新疆哈巴河县找到金矿。

在技术方法研究方面，中国科学院广州地球化学研究所开发了金、钼遥感微机信息系统，并研制了H－10(0.4～1.1 μm)、H－20(0.9～2.5 μm)连续扫描、数据自动化处理野外光谱仪，其波谱分辨率优于4 Å。中国科学院广州地球化学研究所徐瑞松、中国科学院遥感应用研究所郑蓝芳、中国科学院遥感卫星地面站、石油部石油天然气总公司遥感研究所和北京师范大学等发展了一套资源环境效应遥感图像特征信息提取的方法。中国科学院上海技术物理所薛永祺及其领导的研究室，在20世纪80年代末试制了71通道的航空成像光谱仪，该仪器在0.46～2.4 μm有64个通道，波宽20 nm，在8.2～12.2 μm有7个通道，波宽400～800 nm。中国科学院安徽光学精密机械研究所在80年代末试制了激光荧光仪和航空光谱仪。中国科学院长春地理研究所在80年代研制了微波散射和辐射计。

我国的遥感科学技术起步于20世纪70年代末期。据不完全统计，三十多年来我国已经建立了十多个卫星遥感地面接受站，160多个遥感机构，400多家地理信息服务企业，并在众多高校内设置了遥感和GIS专业。从20世纪70年代的引进、跟踪、消化、吸收，到20世纪末的技术和人才的输出，经历了近30年的奋斗。其发展历程大致为：①从遥感应用起步，推进其科学技术的进步；从综合航空遥感实验入手，支持卫星应用和应用卫星的发展；②从研制可见光、近红外遥感器入手，以此开发远红外、多谱段和高光谱遥感器，积极开发微波遥感并开展多波段、多极化应用，建设全波段、全天候、全天时的对地观测信息技术系统，不断提高信息获取的能力；③卫星应用平台的研发从单一的实验卫星起步，分期分批发射气象、资源、海洋系列业务卫星；④以对地观测技术系统为依托，与全球定位系统和地理信息系统、网络通讯技术相结合，链接“数字地球”战略，促进“数字地球”应用的本土化，为全球化信息共享作贡献；⑤不断开拓遥感应用新领域。20世纪末，侧重于自然资源、环境与能源问题，以地球科学为主，逐步开展水碳循环、叶绿素与初级生产力的研究，开始注重生命科学；21世纪，开始从遥感考古、人口统计空间分析着手,作为进入人文社会科学的新契机;⑥在大量应用实验的基础上,在社会生产需求的鼓舞下,创建了国家级、部级重点开放实验室,设置了定标场、田间试验台站,加强对电磁波谱特征理论、遥感信息传输规律及订正、遥感信息复合的深入研究,为遥感技术系统集成与新一代应用软件的开发,为创建地球信息科学打下初步的基础。

遥感的发展和应用具体如下:

1. 星载对地观测体系

近30年来,我国已发射50多颗卫星和4艘无人宇宙飞船。《中国的航天》白皮书预计,我国近几年还将继续研制和发射近30颗各类卫星,包括通信、气象、海洋、资源、导航、天文以及环境与灾害监测卫星、空间科学探测卫星,直接或间接提高获取遥感信息的能力。今后十年或稍后的一个时期,气象卫星系列、资源卫星系列、海洋卫星系列和环境与灾害监测小卫星群,可组成长期稳定运行的卫星对地观测体系,实现对全球的陆地、大气、海洋的立体观测和动态监测。2003年秋季,我国在“神舟5号”飞船中开展载人航天飞行计划,实现中华民族遨游太空的梦想,其中包括有人工直接操作的新型对地观测技术。以下简介我国卫星对地观测遥感数据获取能力。

“风云”系列气象卫星。我国已建成极轨和静轨气象卫星相结合的“风云”气象卫星系列和数据应用系统。1988年、1990年、1999年及2002年分别发射了4颗风云一号系列极轨气象卫星。FY-1A,FY-1B卫星主要有效载荷为5通道可见光和红外辐射计,FY-1C与前两个卫星相比,可见光和红外辐射通道数增加到10个,增强了对地球系统的观测能力,使我国每天可以得到一次分辨率为3.1 km的4通道全球覆盖数据。“风云二号”卫星是地球静止轨道气象卫星,1997年6月和2000年6月我国先后发射了FY-2A和FY2-B卫星,能够提供每半小时获取覆盖地球三分之一面积的全景圆盘图。第二代极轨气象卫星FY-3系列,已列入2002年至2020年研制计划,此卫星系列将极大地提高对地观测和全球大气探测的能力。

资源卫星系列。1999年10月中巴地球资源遥感卫星(CBERS)成功发射。由中国与巴西联合研制,开创了发展中国家航天高技术合作的先例。卫星有效载荷包括空间分辨率为20 m的5波段CCD相机、空间分辨率为78 m的4波段红外多光谱扫描仪和空间分辨率为256 m的2波段宽视场成像仪。卫星运行3年多来,我国已获取了覆盖80%国土和相邻国家、地区的遥感图像，归档了32万景图像数据。2003年，CBERS-2卫星发射上天，星上遥感器分辨率和图像质量将在目前基础上有较大提高。

海洋卫星系列。2002年5月我国成功地用“一箭双星”的方式把海洋水色卫星(HY-1)同FY-1D卫星一道送入太空。卫星载有10通道海洋水色扫描仪和4通道CCD成像仪，用于探测海洋水色水温、评估渔场、预报鱼汛、监测海洋污染、河口泥沙、海岸带生态和冰情等。此外，我国还将研制和发射海洋动力环境卫星系列(HY-2系列卫星)，通过微波探测，获取全天候海面风场、海面高度和海温，达到减灾、防灾的目的，还有海洋环境综合监测卫星系列(HY-3系列卫星)，获取同步的海洋水色和动力环境信息。

对地观测小卫星。2000年6月，由清华大学和英国Surry大学联合研制的“航天清华一号”小卫星发射成功。该卫星的3个CCD相机分别工作在可见光与近红外波段。可对地进行光学成像观测，空间分辨率达40 m，扫描宽度达40 km，用于资源调查、环境及灾害监测、军事侦察、水文、地质勘查和气象观测等领域。

环境卫星计划。我国正在加紧研制环境灾害监测卫星，2005年前研制出由2个光学卫星和1个雷达卫星组成的小卫星星座。在2010年前研制出由4个光学卫星和4个雷达卫星组成的小卫星星座，开展对环境和灾害全天时、全天候的监测。

“神舟”宇宙飞船。2002年3月，神舟3号搭载中等分辨率成像光谱仪(CMODIS)上天运行。CMODIS运行在(343±5)km高空，空间分辨率为400～500 m，重复覆盖周期为2天，测绘带宽为650～700 km，有34个波段，波长范围0.4～12.5 mm。在2002年12月的神舟4号飞行中，载有微波辐射计、雷达高度计和雷达散射计组成的多模态微波传感器。此次试验，在世界上首次实现了三种观测方式在统一监控下的同时工作，还首次采用了扫描天线的方式来观测海洋的风向和风速，获取的数据对进一步掌握风场、海浪动力环境和海气能量的转换，分析海洋灾害、资源等方面都会产生重要的作用。

2. 机载对地观测与实验体系

我国还不断加强机载对地观测系统的建设。由863计划信息获取与处理技术主题组织研制的机载对地观测系统，由模块化成像光谱仪、推帚式高光谱成像仪、面阵CCD数字相机、三维成像仪和L波段合成孔径雷达5种新型遥感器组成,具有高光谱分辨率、高空间分辨率、三维成像和全天候、全天时工作的能力。

实用型模块化成像光谱仪(OMIS),该系统将成像技术和光谱技术结合在一起,在连续光谱段上对同一地物同时成像,获取的光谱图像数据能直接反映出物质的光谱特征。其主要技术特点:波段覆盖全,在 0.46~12.5 mm 的大气窗口上设置了 128 个探测波段。仪器具有 70°以上的扫描视场。扫描系统、成像系统和光谱仪系统均设计成独立模块,可实现 128 波段和 68 波段两种工作模式的更替。GPS 系统可以得到图像的定位资料,可产出标准化图像数据产品。

推帚式光电遥感器(PHI),它的高光谱分辨率、高灵敏度和无机械运动部件等性能,成为新一代对地观测技术的一个重要特点。研制成功的推帚式高光谱成像仪波段数为 244 个,光谱范围 0.40 mm 和 0.85 mm,光谱分辨率小于 5 nm,扫描视场 42°,信噪比大于 100。

高分辨率 CCD 面阵数字航测相机系统。其核心技术是具有 4 096 像元×4 096像元的全数字面阵 CCD 探测器,配以专门研制的大视场、大相对口径、高分辨率、低畸变光学系统组成航测相机主体,并与专门研制的三轴陀螺稳定平台、高速大容量数据存储系统和 GPS 定位接收系统等共同集成为一套全数字、高分辨力、具有良好适应性的航测相机系统。

三维成像仪,以实时、准实时生成三维遥感图像为其鲜明特色。它是一个集成系统,由扫描成像技术、激光测距技术、GPS 技术、姿态测量技术等子系统组成信息获取分系统,并开发了由直接对地定位软件、同步生成已准确匹配的地学编码影像和 DEM 等软件组成的信息处理分系统。其主要功能有:一次同步生成地形影像图,也可单独提供等高线图、正射影像图。其二级产品包括:三维显示图、专题图、各种量算功能等。

L-SAR 实用系统,该系统装有左右两副天线,可在成像过程中实时切换观测方向,具有两种极化天线,可以获得多种极化雷达图像;配有多种工作模式,即有高分辨率窄成像带和低分辨率宽成像带两种模式可供选择,高分辨率为 3 m×3 m;具有原始数据记录和实时成像处理能力。该系统在设计过程中考虑了干涉成像能力,以获取地表三维信息,曾用于对洪涝灾害的实时监测,并可用于测量地震灾害的地壳形变,达到厘米级精度,是雷达卫星理想的试验平台。

3. 遥感卫星地面接收站网与图像数据处理系统

中国于1986年建成遥感卫星地面站。从接收美国 Landsat-5 号数据开始，目前具有接收 Landsat，SPOT，RADARSAT，ERS-1/2，JERS-1，CBERS 遥感卫星的数据的能力，并签订了协议，负责分发 Quickbird，IKONOS，IRS，EROS，ALOS，ENVISAT 等遥感卫星数据。能够为用户提供高、中、低各种分辨率及多光谱、全色、雷达等不同类型的遥感图像产品，逐步实现了全天候、全天时、近实时、多种分辨率的卫星对地观测数据中心的发展目标。与中国资源卫星应用中心、气象卫星中心和海洋卫星应用中心一道，建成与国际接轨的遥感卫星数据生产运行系统。中国自主研制了气象卫星接收系统，分布在北京、广州、乌鲁木齐等地的数十个气象卫星接收站，可接收极轨气象卫星和静止气象卫星的数据。海洋卫星地面应用系统在北京和三亚市建立。MODIS 数据地面接收站先后在国家气象局国家卫星气象中心、中科院遥感所、广州气象卫星地面站等地建立。2002 年 10 月，经过 9 年建设的中国第一个遥感卫星辐射校正场正式投入运行，标志着我国在提高遥感卫星观测精度与定量遥感分析方面取得重要进展。并与美国白沙、法国图卢兹实验场建立了国际合作关系。中国目前已形成处理气象卫星、资源卫星、机载遥感与航空摄影测量等多源遥感数据的能力，具有强大的数据存储、快速处理、传输、信息提取、应用软件设计、图形图像制作输出能力，保障了遥感数据的广泛应用，同时研制了一系列针对新型遥感技术应用的软件系统。

中国采取遥感应用先行的策略，1963～1975 年，利用全色航空摄影相片，进行目视解译与系列制图，1975～1980 年，引进美国陆地卫星(Landsat-MSS)数据，1980～1985 年订购试验专用遥感飞机，装备国产遥感仪器。1985～1990 年，获得回收卫星影像，并得到全球定位系统数据，依托地理信息系统，进行数据融合，自主开发了惠普 Geostar、City Star、MAPGIS 与 Super 2002 等遥感图像处理与制图软件，进入国际市场，1999 年以后，得到本国遥感卫星数据的支持，推动"数字地球"战略，促进空间地理信息基础设施及其与信息系统的整合。遥感信息的开发与应用蓬勃发展，开发了国民经济辅助决策地理信息系统、资源环境与区域经济信息系统、全国主要农作物长势监测与估产业务系统、城市地理信息系统等一系列应用技术系统，初步形成对国家高层政务多层次辅助决策与区域可持续发展决策的信息支持能力。遥感应用的广度和深度，远远超过当初发射陆地地球资源卫星时的估计(47 项)。归纳为 5 个主要领域，分述如下：

(1)全球变化与海洋调查

利用国内外气象卫星与海洋卫星监测数据，参与“Codata”科学数据库的交流，我国积极参与多项全球变化国际合作计划。在气候变化、温室气体效应、臭氧洞等诸多领域作出了努力，取得了西藏高原臭氧槽的发现，南方涛动对长江流域旱涝的影响，黄土古季风的反演等具有国际影响的成果。在“中国陆地生态系统生命物质循环及其驱动机制研究”项目中，采用自上而下的遥感反演模型和自下而上的过程模型有机结合的途径，解决尺度转换问题，减少碳汇/源评价中的不确定性，评价中国陆地生态系统碳汇/源的历史过程、现实状况、未来趋势及其碳汇潜力，为国家的生态环境建设和气候变化公约谈判提供科学依据。

用多光谱数据及其生成的植被指数，对全球植被和土地状况进行分类，监测土地沙漠化、森林砍伐、病虫灾害、城市化等环境变化进程。在广东肇庆地区多时相雷达数据对水稻长势的监测方法，得到了国际的认同。分析中国植被指数的季相变化，模拟中国和在温室效应下的东亚植被演替模式，探讨全球森林资源与小麦长势的相关性。建立了海洋环境立体监测体系，包括近海环境自动监测、高频地波雷达海洋环境监测、海洋环境遥感监测、系统集成以及示范试验。为近海海产养殖与远洋渔业资源调查提供动态信息，为我国跃居全球水产大国作出了应有的努力。

遥感在生命科学中的应用方兴未艾。在陆地生态系统中植被指数已广泛用来定性和定量评价植被覆盖及其生长活力，并用来诊断植被一系列生物物理参量。利用 NOAA、SPOT 和同期气象数据，换算作物植被指数，对全国及世界主要国家农作物长势进行遥感监测预报；利用 AVHRR 植被指数数据集，分析中国东部季风区的物候季节特征。

(2)国土资源普查

全面部署了各省区进行国土资源遥感综合调查，一般以卫星图像为主要信息源，进行 1∶50 万或 1∶100 万比例的专业目视解释和系列制图(在直辖市为 1∶10 万～1∶5 万)，建立地理信息系统，与“数字省区”和“电子政务”或与“生态省”建设规划链接。

遥感地质找矿取得了多方面的进展。航空遥感与卫星影像应用已在地质区测制图与普查找矿遥感方法中列入作业规范，火山、黄土、冰川、岩溶等新生代地质作用和现象，均有新的发现。并已绘成全国 1∶50 万地质图数据库，全面地反映了遥感地质的调查研究成果。1980 年腾冲航空遥感开创了地下热水铀矿床遥感探测的先河，逐步推广应用于内蒙古及其他地区其他铀矿资源的航空遥感综合勘测，均获得成功。这不仅为铀矿资源的航空遥感综合勘探打下了坚实的基础，而且为开展核查技术和核能和平利用作出了贡献。重金属和有色金属矿产资源的遥感勘探，以控矿构造为框架，以多光谱岩性识别为依托，通过矿物晕的扩散形迹，为国家圈定了多处大型矿床。在新疆的金矿探测中，查出金科研预测储量 18.8 t，远景储量 70 t，使两个县达到生产黄金 2 万两的产量。遥感应用于扑灭华北、西北煤田地下自燃的火灾，为探寻内蒙地下水和油气资源，频频告捷。

(3)环境保护与灾害监测

利用机载成像光谱仪和卫星多光谱扫描仪，对太湖水环境现状和历史演变进行了系统性的定量遥感分析，取得了具有实用价值的结果。开展 863 计划“西部金睛行动”，建立我国西部生态环境遥感监测网络系统及西部生态环境动态数据库。通过西部、区域、省市区、典型地区四个层次，实施对西部生态环境和资源的长期动态监测，监督西部大开发中的生态环境效应，提出建设和加强西部可持续发展能力的对策。

研制了“沙尘暴的卫星监测系统和沙尘暴的灾害影响评估系统”，通过网络连接，实现了把遥感、GIS 和网络通讯技术集成为一个可以实时业务运行并定性、定量、定位的沙尘暴卫星遥感监测与灾情评估的系统。现已利用风云卫星的数据正式发布沙尘暴天气预报。开展了与蒙古、朝鲜、韩国、日本的国际合作计划。

研制开发出卫星遥感草原火灾、监测和灾害评估系统，实现了及时发现火点、准确定位火点地理坐标、测算过火面积、计算干草损失量等功能。建立了森林监测与管理信息系统，收到了有火不成灾的效果。开展了赤潮灾害卫星遥感业务化监测技术研究，并在渤海、长江口和珠江口海洋赤潮灾害监测业务化实践中得到了检验。建立了灾害宏观动态监测系统、机载 SAR 数据实时传输系统、洪涝灾害监测评估运行系统，已投入使用。对突发性水灾，实现 2 天之内提供受淹范围及各类受淹土地面积等信息，一周之内提供包括受灾人口、受淹房屋等信息的详细评估报告。全国旱情监测实现每 10

天上报一次旱情资料。在1998年长江特大洪水期间,利用6颗卫星和3套航空遥感系统,特别是利用了中国的L波段机载雷达系统,对灾区组织成像飞行,获得了100多幅灾情图像,遥感查明受灾面积只有地方统计数据的一半,为灾情监测评估和灾后重建规划提供了科学依据。洞庭湖区的遥感实验信息系统,是在加拿大CIDA的资助下进行的,已推广到亚非21个国家。

(4)城市规划与工程建设

由于我国城市化的快速发展,城市化指数由2000年的26.7%增加到2003年的37%。高分辨率卫星图像和机载遥感系统,为城市规划和"数字城市"的建设提供了丰富的数据源。例如,通过开展北京中关村高科技园区成像飞行,为"数字北京"及"数字中关村"提供了更新数据;进行2008北京奥运规划区的机载对地观测飞行试验,服务于奥运申办及奥运规划设计,为澳门回归进行三维成像仪飞行,为香港、澳门、北海、上海浦东等城市(城区)提供了基于对地观测数据的各类图件及数据,并开展了城市应用研究。我国资源卫星与SPOT,IKONOS等高分辨率的图像数据,已在北京城市拆迁,香港街区地图更新中发挥作用。对全国八十多个城市的城市扩张与占用土地的遥感监测,效果显著。天津市利用早年城市环境遥感的实验成果,率先采用网格化计算机自动制图,出版了《环境资源调查》,得到世界银行的高度赞誉,为天津市争取世行巨额贷款提供了科学分析依据。遥感技术为国家大型工程建设提供了勘察与管理信息支持,包括三峡建设、青藏铁路建设、二滩和龙滩电站水库、三北防护林工程、南水北调西线工程、西气东输等,遥感在选址、勘测、生态环境工程效益评估中,都发挥了应有的作用。在三峡工程预研论证初期,三次遥感估算库区可耕地面积,从而否决了后靠移民的主张,为政府决策外迁提供了依据。已经由中国科学院与三峡指挥部合作,组建长期的资源环境监测中心。青藏铁路施工以前,有关部门和中科院对高原冻土调查研究与铁路选线,进行了大量遥感和选线比较研究,特别是隧道工程中的喷水含沙等,在南岭、燕山、秦岭大型隧道的勘测工程中,取得了宝贵的经验。

(5)遥感考古与古环境再现

遥感技术用于考古研究是对人文科学的开拓。2002年12月召开的全国首届遥感考古会议,展示了在这方面取得的成就。利用卫星遥感在长江三角洲吴越文化分布的部分地区，普查出新石器时代到春秋时期的各类古遗址 28 087 座，经与考古学家的共同验证，其判对率达 95%以上。利用航天飞机成像雷达图像，发现了陕西宁夏交界地区被干沙掩埋的隋明古长城。在内蒙古和陕北等地开展了多次航空遥感考古飞行，获得了元大都、辽中京、辽上京古遗址的航空照片，出版了多种《航空遥感考古图集》。2002 年又从美国购回 1 万余张二战期间日军拍摄的航片，正对这些资料整理和分析，可能会揭示出更多现在地表已被改造过的考古信息。对近 50 年来的土地利用、自然环境变迁与人类活动的轨迹，重新作出空间分析和历史评价。在临淄结合卫星图像、航空系统、发掘报告、调查报告、普查考古地图和地形图，建立了我国第一个大型遗址群地域文物考古信息系统。在敦煌莫高窟进行了数字化近景摄影测量，为雕塑与壁画复原，奠定了初步基础。进一步利用激光与全息成像，可以把丝绸之路上被掠夺、偷盗和破坏的文物进行虚拟仿真。遥感为文物修复与保护，记录发掘现场，复原古环境，提供崭新的成套信息技术。

（三）发展趋势

1. 研究现状

在资源环境遥感探测研究方面，目前是美国、俄罗斯和中国基本代表了国际上的研究水平，但加拿大、英国、德国、法国、瑞典、荷兰、澳大利亚、印度、日本、泰国等在这方面的研究也很活跃。中国科学院地球化学研究所名誉所长涂光炽院士在一次金生物地球化学效应遥感成果鉴定会上提出问题：生物地球化学数据怎么与遥感信息联系起来？二者之间有什么关系？各国学者以前和现在均投入很大的精力来回答这个问题。

当前各国学者及有关科研、生产部门，均是在已知矿床、老的遥感试验场、典型污染区、典型的农业、森林、生态研究地，对微量元素、有毒元素的地球化学效应的地球化学行为进行系统的定量研究。特别是对与地物波谱及遥感图像特征的形成机理密切相关的地物颜色、纹理和热特征，叶体色素、叶体细胞结构、叶冠和叶面结构、叶体水含量、叶体温度等特征进行了更详尽的研究。在地物波谱特征研究方面，目前主要是研究波谱的测量方法，干扰因素及其排除，建立定量的测量模式，波谱特征信息的提取方法，特征的机制及其与资源环境效应特征和遥感图像特征的关联，资源环境遥感探测的最佳波段选择，波谱特征应用的可行性和可靠性。在资源环境遥感探测研究的图像特征研究方面，主要是研究图像特征的形成机制及其与资源环境效应特征和波谱特征的关联及其成因模型，图像特征信息的最佳获取手段和最佳提取方法及定量模型，图像特征信息的干扰因素及排除，图像特征应用的可行性和可靠性及建立其定量的应用模型，资源环境遥感探测填图规范，资源环境遥感探测信息系统研究和 WebGIS 等。

为适应资源环境遥感探测研究的需要，各类遥感仪器的研究也正向着轻便化、自动化、精度高、容量大、操作简单的方向发展。如最早的地物光谱仪，波段短、笨重、分辨率低，测一条曲线要 1～5 min，所测数据要人工计算，测一天需计算两天。目前美国 NASA 的 JPL 研究一种阵列式地物波谱仪，其特点是轻便、瞬间测定一条曲线（1 s 内）、光谱分辨率高（0.2～4.8 nm）、数据处理自动化，并可任意选择波谱参数。澳大利亚地质矿产公司（GEOSCAN）最近研制出带人工光源的轻便式地物波谱仪，其特点是轻便（2 kg 重），波宽（1.1～2.5 μm），高光谱分辨率（7～10 nm），带人工光源，不受天气影响和数据记录处理自动化，并带波谱标准数据库，可自动进行大气和辐射校正，带有专家判别系统，所记录软盘与 IBM 微机通用。目前中国、美国、加拿大、俄罗斯和澳大利亚的相关机构正在研制紫外、绿光、红光、红外等激光荧光仪，可直接用于地面和航空精确测量正常植物和受毒害植物的叶绿素。美国、中国、澳大利亚等国在原 MSS 多光谱扫描仪的基础上发展了阵列式高光谱分辨率（最高达 1 nm）的 32 通道、64 通道、71 通道、128 通道、512 通道、1024 通道的成像光谱仪（AIS），AIS 不但用于航空，美国已在航天飞机上试验成功，并用于发射的地球观察极轨卫星（EOSPO），AIS 可直接用于生物地球化学效应遥感填图。以前人们研究遥感生物地球化学的波段多限于可见至热红外波段，现在人们已经注意到了生物地球化学效应在微波波段的遥感特征。研究结果表明，植物的有关生物量，如色素、水含量、叶面温度等与高分辨率雷达所测的截面反射率（RCS）呈线性关系。这样，有可能用机载高分辨率雷达测量生物地球化学效应的遥感特征。目前人们还在进行将多波段激光荧光仪、AIS、高分辨率雷达系统联机，用于获取资源、环境信息，特别是遥感生物地球化学的特征信息。

叶连俊教授曾多次提出：资源环境遥感探测研究不但要用于资源勘探，还要抓紧用于环境调查和污染监测，在这方面有广阔的应用前景。目前资源环境遥感探测研究处于试验研究阶段，并逐渐向实用阶段过渡。应用研究的主要领域有自然资源调查(特别是植被地区的矿产资源)、环境调查和污染监测,其他领域还有农业估产,农业、森林病害监测,生态环境及海洋环境调查与监测,全球变化和外星探测。美国 USGS 与 NASA 和有关机构合作,正在执行一项由高空航空摄影、航空侧视雷达和航天成像雷达支持的全国矿产资源评价计划,其中的关键是解决植被填图问题。中国的学者从"七五"开始,在进行资源环境遥感探测的找矿研究中发现一大批多金属和金矿靶区,并经地质工作证实。同时在天津、广州、铜川等城市环境污染调查中做了一些开拓性的研究。1987 年巴西国家石油公司(Perturbs)在未勘查的亚马逊盆地的已知油田上发现生物地球化学效应异常,后在经分类处理的遥感图片上发现特费－科阿里河盆地上也有类似的异常,依据这些异常打了三钻,发现了石油(三孔出油量达 300 桶/日),开创了用遥感发现新油田的先例。

总之,世界上资源环境遥感探测的研究盛况空前,气氛很活跃,各国专家和政府都在为资源环境遥感探测研究从定性、半定量阶段进入定量阶段和进入全面应用阶段,在理论、技术、方法、应用可行性等方面积极地准备着。

2. *发展趋势*

国与国间的竞争,主要是国力之争,国力的主要标志是科技的进步和经济的发展。20 世纪末 21 世纪初,各国率先发展的主要科技领域是生物科学、材料科学、信息科学、大科学和大规模技术,生物学将取代物理学几个世纪的统治地位而成为与人类健康、人类生存息息相关的牵头科学。资源环境遥感探测研究将随着生物科学、材料科学、信息科学、大科学和大规模技术的振兴而腾飞。从 20 世纪末到 21 世纪初,资源环境遥感探测研究有以下主要发展趋势。

(1)资源环境遥感探测研究的发展取决于人类社会和经济建设的需要。目前人类发展中的全球问题是:人口危机、环境危机、资源和能源危机,特别是如何加速查明植被地区的资源能源量,利用植物调查和监测环境、区域和全球生态、环境变化,为人类合理解决人口、环境、资源、能源危机创造有利条件。因此,资源环境遥感探测研究将有一个大的发展,并在理论、技术方法、应用诸方面将有大的突破。

(2)资源环境遥感探测研究将从宏观向微观深化。以前人们在资源环境遥感探测研究中，由于受遥感技术条件的限制，只能依据低空间和低光谱分辨率的遥感资料，研究全球生物量和绿度变化，研究生物地球化学效应的植物基因图谱变异特征，用天窗效应和地植被异常来找矿和进行环境调查、农业估产、农业和森林的病害监测等。随着遥感技术的进步，人们将在完善宏观研究的基础上向资源环境遥感探测研究的微观研究深化。如美国正在研究的一机多波段、多极化与多探视角成像系统(SIR-C、D)，将转入地球观察系统(EOS)，其空间分辨率优于0.5 m，陆地卫星7号可见光至近红外波空间分辨率达到10 m，工作波段0.4～2.5 μm，32通道，具立体成像能力，21世纪初上天的地球观察卫星极轨器(EOSPO)，所携带的AIS的工作波段为0.4～2.5 μm，通道增至64～128个，空间分辨率为7 m。陆地卫星8号将携带分辨率为5 m的线阵多波段成像光谱仪，法国的SPOT-4将主要是针对农业和自然植被监测，其分辨率优于10 m，可直接用于遥感生物地球化学填图。俄罗斯、澳大利亚等国研制成直接用于测植物色素、叶面温度和叶面呼吸作用产生的金属微粒的机载激光荧光仪，美国正在研究高分辨率的可用于测叶面温度、叶体水含量和色素的机载航天雷达系统。以上遥感技术的实现，可直接用于植物成分，色素，水含量，叶面温度，荧光特征，细胞和叶冠，叶面结构，叶面反射率，蓝、红移量，辐射亮度等遥感生物地球化学微观研究和填图，同时可检测出目前无法检测的极弱的生物地球化学效应遥感异常信息。

(3)资源环境遥感探测研究将从其表面特征研究向深部和其内在规律研究渗透。一般人们认为，遥感信息只能来自地表，而穿透不到地下，但资源环境遥感探测有一定的透视能力，等到人们弄清了元素的地球化学的作为，查明了元素在岩石、土壤、水、大气、植物体中迁移、富集规律，建立起元素在它们中地球化学特征与地物波谱、遥感图像特征信息之间的关联性的定量模型后，资源环境遥感探测研究将能通过地表的遥感信息透视地下几米乃至数百米深的深部信息及其内在的规律。

(4)资源环境遥感探测研究将向全天候、多平台、全波段和优选探测窗口的方向发展。为适应环境、农业、森林、海洋、资源效应和全球变化等全天候监测的需要和兼顾一星多用，美国陆地卫星8号除携带线阵高分辨率的成像仪(HRPI)外，还将装载L-C-X波段雷达及一台用于夜间成像并做大气校正的主动式光学传感器。实现星载多参数、高分辨率(5～10 m)成像雷达。一星装有从紫外至微波全波段的传感器,还可根据资源环境遥感探测的需要选择高、中、低空如卫星,空中工作站,航空飞机,高、中、低空飞机,地面等遥感平台,还要在大量地物波谱数据库,资源环境效应特征与地面及地下物体的物质场、能量场的定量模型建立以后,在全波段中选择有效的和有限的最佳资源环境效应遥感波段。

(5)资源环境效应信息量将从海量向少而精的方向发展。随着科学的发达,人们将从资源环境遥感探测研究的必然王国进入到自由王国,随着一系列资源环境遥感探测研究定量模型的建立,必将导致信息量从海量向少而精的方向发展,即资源环境遥感探测的传感器,传感波段实行优化组合,信息处理中只需少量关键信息即可满足资源环境遥感探测研究的应用要求。

(6)资源环境遥感探测研究将从静态向动静结合的方向发展。资源环境遥感探测找矿,只需特定的静态遥感信息,而像环境、海洋、农业和森林的调查,污染和病害监测,全球变化等调查研究则需长、中、短周期的动态遥感信息。将来的遥感平台,从静止卫星和宇宙工作站到以数小时为一周期的都有,可根据资源环境遥感探测应用的需要选择任意周期的动态遥感信息。

(7)资源环境遥感探测研究将从定性、半定量阶段快速过渡到定量化、智能化阶段。为适应全球变化研究的需要,将来的资源环境遥感探测研究,在信息获取方面将从现在的影像、模拟数据向实用型的量化数据方向发展,即将来航天遥感传给地面的信息是经过几何纠正、大气和辐射校正等处理后的精品,将来世界信息联网后,航天、航空遥感信息将自动、快速、实时、准确、定量地传输给每个用户,各用户又根据自己的应用目的,在信息网络专业信息系统、专家系统、人工智能化系统的支持下,对多层次优化遥感资料、多源信息进行自动优化分析、自动制表、自动判读、自动编写报告,人只用在这些自动化、定量化的系统中进行对话就可以了。彻底克服解译的辛苦、低效益、低速度和低准确度。

(8)资源环境遥感探测研究将从理论和应用基础研究快速向应用扩展,从实验阶段向商品化、经济效益化方向发展,应用领域也将不断扩大,应用范围将遍及全球,并将向有生命的星球拓展。资源环境遥感探测研究迅速向应用扩展,扩大应用领域和具有高社会经济效益的决定因素是:①植被地区的资源、环境调查目前还无好办法解决的难题,资源环境遥感探测可以解决这一难题；②资源环境遥感探测航天航空传感器的空间分辨率（将来0.5～5 m）、波谱分辨率（1～5 nm）、温度分辨率（0.01 ℃）的提高；③传统方法精度低、效果差、费用高，而资源环境遥感探测精度高、机动性强、具有大面积动态特征、不受国界和地理条件和气候限制、经济等。如美国仅1981年用于油气地震调查和地调费，就花了307亿美元，到1986和1987年，大量地用遥感资料进行油气普查，两年仅花80亿美元。

(9)资源环境遥感探测的理论研究与应用的差距将缩小，并以理论与应用并存为特征，即科研成果很快变为强大的生产力，并在全球变化研究中发挥关键作用，产生巨大的社会经济效益。

(10)各国资源环境遥感探测研究虽然竞争加剧，但将以大联合为主。既有竞争又有联合，并以联合为主。资源环境遥感探测的理论、技术方法的研究难度将越来越大，应用领域和范围越来越广，受国力、技术条件的限制，许多理论、技术问题不是一个国家所能解决的，需要大科学项目和大规模技术才能实现，应用范围将快速从小区域扩大到全国，扩大到全世界，如全球变化研究等。因此，资源环境遥感探测研究的发展要靠世界大联合和各国科技工作者的共同努力。

总之，资源环境遥感探测研究的主要发展趋势是：遥感平台多层次、多用途、动静结合，传感器是全波段的优选窗口、全天候、高光谱和高几何分辨率，信息接收、分发分析处理将是网络化、系统化、自动化、人工智能化，应用领域急剧扩大，应用范围将迅速扩大到全球，即向着实用化、商业化、国际化方向发展。将来研究的特点是定量化、理论与应用连为一体，各国既有竞争，又有联合，联合的基础是解决资源环境遥感探测研究理论技术难题的大科学项目和大规模技术。

第一章　资源环境遥感探测的基本原理

第一节　遥感探测窗口

一、电磁波基本概念

波是能量在一定时间和空间中的运动，谱是能量在物质中运动所形成的轨迹。机械能运动的轨迹叫机械波谱，如声波、水波、地震波等，电磁能运动的轨迹则叫电磁波谱，资源环境遥感探测所讨论的主要是电磁波谱。

电磁波是一种横波，其在物质中的传播过程（如辐射、吸收、反射、透射、折射等）称为电磁辐射。电磁波具有波粒二相性，电磁辐射的波动性具有一定的时空周期性，用方向、速度、周期、频率和波长来表征。波长（λ）是同一波线上两个周期相差为 2π 的质点的距离，波速（C）是单位时间所传播的距离。电磁波在真空的波速为 2.998×10^8 m/s。在不同介质中传播时，波速不同。波每前进一个波长距离所需的时间称周期（T），其倒数叫频率（ν），它们之间的关系为：

$$C = \lambda \cdot \nu = \frac{\lambda}{T} \tag{1.1}$$

电磁辐射波动性主要表现为电磁波能产生的干涉、衍射、偏振、散射等现象（详见有关物理教科书）。

电磁辐射的粒子性是指电磁波由密集的光子微粒流组成，电磁辐射实质上是光子微粒流的有规律运动。电磁辐射的粒子性主要表现为电磁辐射的光化学作用和光电效应等现象。光电效应必须满足下列公式：

$$h\nu = W + \frac{1}{2}mv^2 \tag{1.2}$$

式中，$h\nu$ 为光粒子能量，W 为金属电子逸出功，m 为电子质量，v 为电子速度。

总之，电磁波的本质是波粒二相性，遥感生物地球化学就是依据电磁波的波粒二相性来探测植物叶冠所发生的电磁辐射信息的。

不同能量的辐射源所产生的电磁波的波长各不相同，将这种电磁波按其波长（频率）的大小，依次排列成图（图 1.1），这个图就称为电磁波谱图。

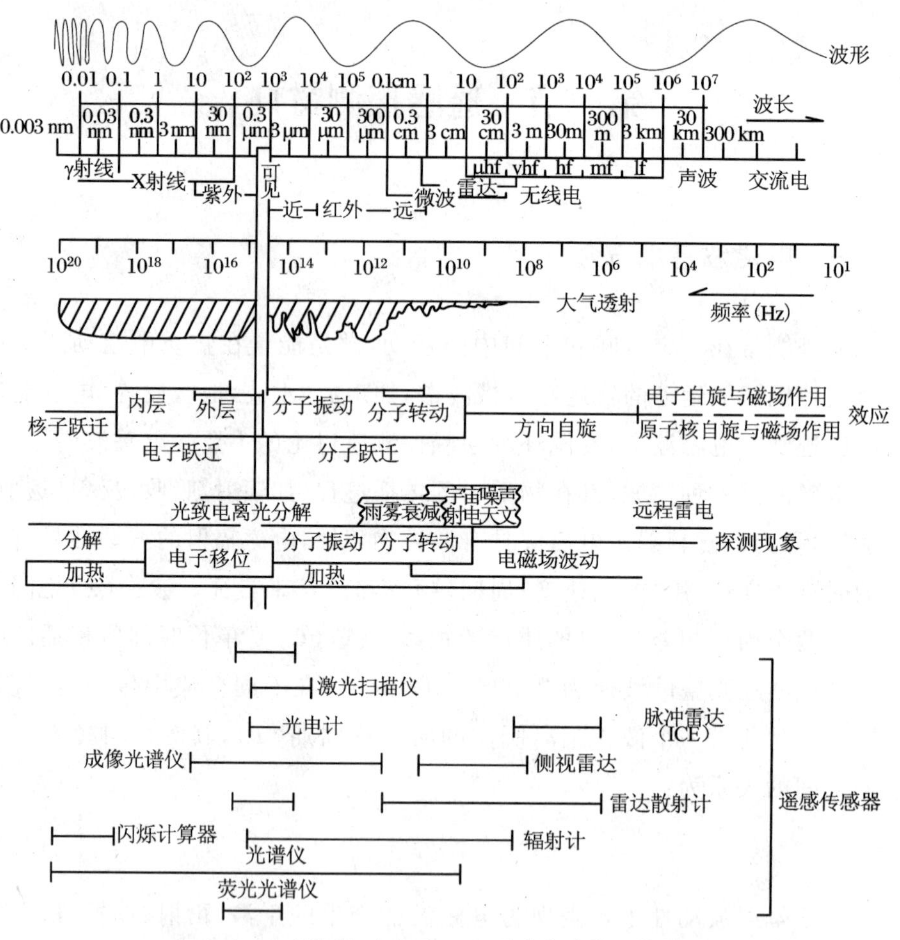

图 1.1 电磁波谱、大气窗口及遥感传感器工作范围

在电磁波谱中，波长一般以厘米（cm）为单位，频率以赫兹（1/s）为单位；能量 E 以尔格（erg）为单位，电子伏特（eV）也是一种能量单位，1 eV =

1.6×10^{-12} erg。从图 1.1 中可知，波长越短，其频率越高，能量也越大，即 $E=h\nu$，$h=6.626\times10^{-27}$ erg·s（普朗克常数）。人们习惯于将电磁波谱按其波长划分为：

紫外波段（0.01～0.38 μm）	
可见光波段（0.38～0.76 μm）	紫光 0.38～0.43 μm
	蓝光 0.43～0.47 μm
	青光 0.47～0.50 μm
	绿光 0.50～0.56 μm
	黄光 0.56～0.59 μm
	橙光 0.59～0.62 μm
	红光 0.62～0.76 μm
红外波段（0.76～1 000 μm）	近红外 0.76～3.0 μm
	中红外 3.0～6.0 μm
	远红外 6.0～15.0 μm
	超远红外 15.0～1 000 μm
微波波段（1 mm～1 m）	毫米波 1～10 mm
	厘米波 1～10 cm
	分米波 10 cm～1 m

目前，资源环境遥感探测所使用的主要波段是可见、近红外和红外，其次为微波和紫外波段；所用的遥感传感器主要有多光谱扫描仪、成像光谱仪，其次为雷达、激光荧光、γ 能谱仪等。将来的高光谱分辨率（<10 nm）成像光谱、成像雷达、成像激光荧光等将是资源环境遥感探测最重要和最有效的遥感探测传感器。

二、太阳辐射与大气窗口

太阳是地球上地物电磁波的主要辐射源，地球仅是热红外波段的辐射源之一。太阳表面温度高达 6 000 K，每分钟约发射 1 046.5 亿亿焦热量到达地球。太阳能辐射到地球上能量相当稳定，故被称为太阳常数，其值为 13.53 W/m^2。太阳辐射谱是一条连续的光谱（图 1.2）。太阳辐射谱的最高峰值在 0.47 μm。太阳辐射能主要集中在紫外到红外波段，以可见光部分最强(表 1.1)。

表 1.1 太阳辐射能量百分比

波长	百分比(%)	波长	百分比(%)
<0.2 μm	0.02	0.76~1.5 μm 1.5~5.6 μm	36.80 12.00
0.2~0.31 μm 0.31~0.38 μm	1.95 5.32	>5.6 μm	0.41
0.38~0.76 μm	43.50		

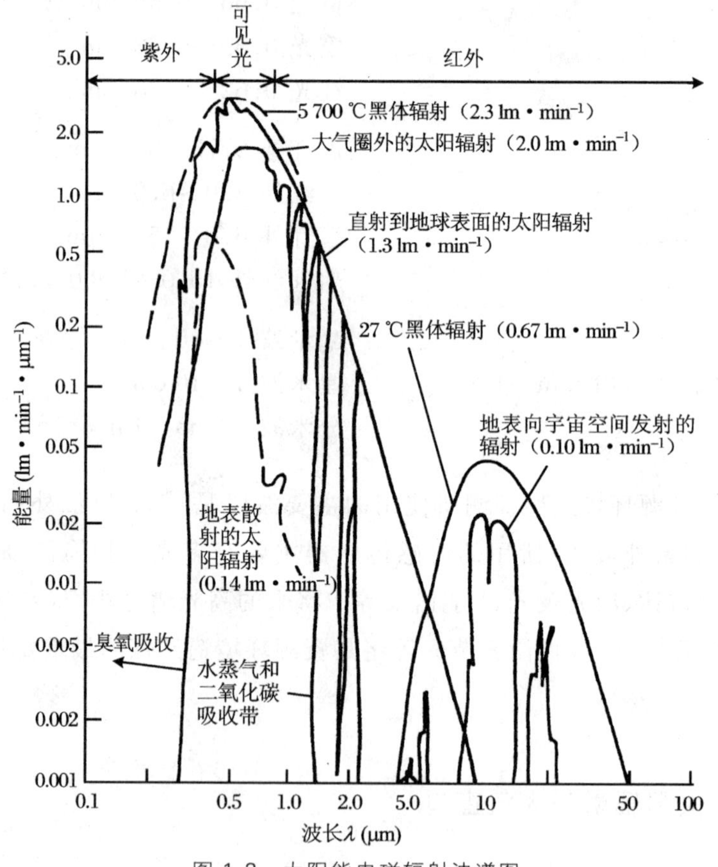

图 1.2 太阳能电磁辐射波谱图

地球作为自然辐射源,其辐射可分为三部分,即 0.3~3 μm 波段主要是反射太阳辐射,地球自身的则很弱,在遥感中可以忽略不计;在 6 μm 以上部分,主要是地球表面地物自身的热辐射;在 3~6 μm 波段中,太阳与地球的热辐射均同等重要。地球的平均温度仅 300 K(27 ℃),其电磁辐射峰值在

9.7 μm（图 1.3）。全球热流平均值为 74.3 mW/m^2，其中大洋为 79.8 mW/m^2，大陆为 62.6 mW/m^2。

太阳辐射能到达地表，需经过由电离层、臭氧层和对流层组成的大气层中的 O_3、H_2O、CO_2、云、雨、尘埃、冰粒、盐粒等的吸收、反射、散射和衰减（表 1.2），对遥感起一定的干扰作用。

表 1.2　太阳辐射在大气层中能量分配情况（高桥清等[日]，1987）

项　　目	能量（J/a）	百分比（%）
每平方米射入地球大气层的太阳辐射能	1 100.0	100
被空气中分子及尘埃所吸收	154.9	14
被空气中分子及尘埃所反射、散射	66.98	6
被云层吸收	33.49	3
被云层反射、散射	267.9	24
被地面反射、散射	83.72	8
到达地表的太阳能	581.9	53
其中：直射光	364.2	
散射光	217.7	

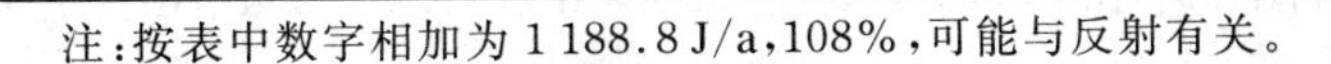

注：按表中数字相加为 1 188.8 J/a，108%，可能与反射有关。

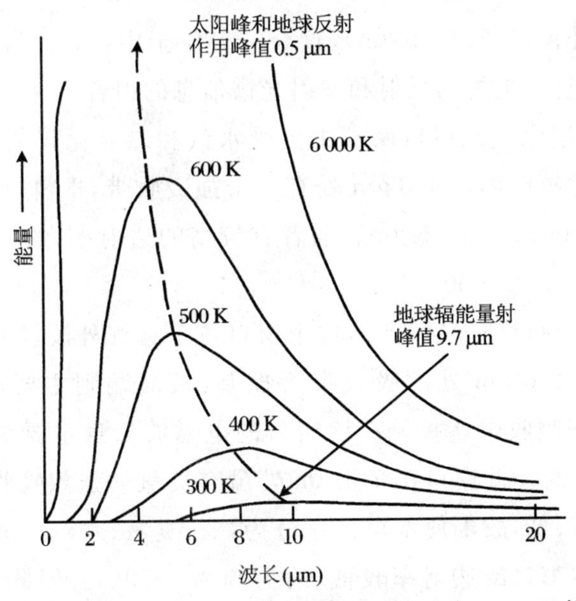

图 1.3　不同温度物体辐射出来的能量光谱分布曲线（Colwell 等，1963）

由于大气对电磁波具有选择吸收的特征，大气在不同的波段对电磁波的吸收程度各不相同。大气吸收较小，透射率较高的波段叫大气窗口（图1.2）。据此遥感传感器的工作波段应选在大气窗口处，才能更多地收集地表植物叶冠的电磁波段信息。目前所使用的遥感生物地球化学的大气窗口主要有以下几个：

（1）近紫外、可见至近红外窗口（0.3～1.3 μm），此窗口短波端由于臭氧的强烈吸收而截止于0.3 μm，长波端终止于感光胶片的最大感光波长1.3 μm处。通过这个窗口的电磁波信息皆属地面目标的反射光谱。该窗口除可用摄影的方法获取和记录地物的电磁波信息外，还可用成像光谱扫描仪、光谱仪、射线仪等来探测记录地物的电磁波信息。其电磁波透射率大于90%，仅次于微波窗口，因此，该窗口是资源环境遥感探测应用最广的窗口。

（2）近红外窗口（1.5～2.4 μm），该窗口位于近红外波段的中段。通过这个窗口的电磁波信息仍然属于地物的反射光谱，但不能用胶片摄影，只能用扫描仪和光谱仪来测量记录。此窗口的两端主要受大气中的水汽和二氧化碳气体的吸收作用所控制，同时水汽在1.8 μm处有一个强的吸收峰，因而本窗口又分为两个小窗口，即1.5～1.75 μm和2.1～2.4 μm。它们的透射率都在80%左右，其最大值在1.65 μm和2.2 μm处。

（3）中红外窗口（2.4～5 μm），这个窗口位于中红外波段的前中段。该窗口的电磁信息是地物的反射和发射光谱信息的组合。这些信息只能用扫描仪和光谱仪记录。此窗口两端主要受水汽和二氧化碳气体的吸收带控制，由于二氧化碳气体在4.3 μm处有一个强吸收带，本窗口分为两个小窗口：3.4～4.2 μm和4.6～5 μm。前者有较高的透射率，约为90%，后者透过率则较低，为50%～60%。

（4）远红外窗口（8～14 μm），这个窗口位于远红外波段的中段，其短波端主要由水汽在6 μm处的吸收带所控制，长波端则主要由二氧化碳在14.5 μm处的强吸收带所控制。该窗口的电磁波信息主要是地物发射（热辐射）的光谱信息。此窗口在9.6 μm处虽有臭氧的强烈吸收带，但因臭氧在大气中含量很低，故未使本窗口一分为二。臭氧、水汽、二氧化碳气体的共同影响，使本窗口的透射率较低，约为60%～70%。但此窗口正位于地表常温下地面物体热辐射能量集中的波段。该窗口主要是用扫描仪和热辐射计来获取地物的电磁波信息，能有效地探测地面常温物体，可用于探测地物热辐射。

(5)微波窗口(8 mm～1 m)，该窗口是完全透明的，透过率达 100%，完全不受大气影响，是全天候的遥感波段。可直接探测地物的热辐射量、水汽和叶冠粗糙度。

第二节　资源环境遥感探测器最佳波段和最佳技术方法

一、最佳波段

由于地物的物质组成及能量运动等属性的差异，所反映的波谱特征也不相同。正是地物间的不同特性，将世界纷繁万物区分开来。如与 OH^- 有关的各类蚀变岩石的吸收峰在 2.2 μm，而与 CO_3^{2-} 有关的蚀变岩石的吸收峰在 2.35 μm，故选择 2.2 μm 和 2.35 μm 的遥感波段，方能最大限度地将此两类蚀变岩石识别开来。又如，识别植物长势及植物分类的最佳波段是可见光和近红外波段，而识别各类土壤的最佳波段是近红外和中红外波段。如第二章所述，生物地球化学效应植物叶冠的主要波谱特征是反射率的差异和波形的变化，我们的研究结果表明，正常植物与受毒害植物叶冠波谱反射率一般相差 5%～30%，波形发生 5～20 nm 的蓝移或红移，并且最大特征值都在可见光和近红外波段。表 1.3 是我们进行广东鼎湖斑岩钼矿区钼资源效应波谱特征研究时，对所测研究区正常植物和受钼不同程度毒害植物叶冠 1500 多组室内外波谱曲线，用最大距离法和 T 检验法优选出的钼资源遥感探测的最佳波段。表 1.4 是我们在广东河台金矿对金及铜、铅、锌、银、砷等资源环境效应波谱特征研究时，对所测 700 多组研究区正常和受毒害植物叶冠室内外波谱曲线，用最大距离法和 T 检验法优选出的金及伴生元素资源遥感探测的最佳波段。

表 1.3　广东鼎湖斑岩钼矿区钼资源遥感探测的最佳波段(徐瑞松,1988)

可见光至近红外遥感波段(nm)				近红外至中红外遥感波段(nm)			
1	382～390	13	635～645	1	850～890	10	1740～1780
2	426～434	14	650～658	2	950～990	11	1790～1830
3	436～444	15	670～680	3	1060～1100	12	1900～1940
4	448～456	16	688～698	4	1180～1220	13	2020～2060
5	466～474	17	706～718	5	1250～1290	14	2150～2180
6	480～490	18	726～736	6	1420～1460	15	2206～2300
7	496～504	19	740～750	7	1470～1500	16	2260～2300
8	518～526	20	760～770	8	1550～1590	17	2330～2360
9	534～542	21	786～796	9	1630～1670	18	2460～2490
10	552～562	22	802～810				
11	570～582	23	814～822				
12	602～612	24	840～848				

表 1.4　广东河台金矿及伴生元素遥感探测的最佳波段(徐瑞松,1992)

可见光至近红外遥感波段(nm)				近红外至中红外遥感波段(nm)	
1	414～420	7	642～656	1	850～1320
2	430～446	8	690～730	2	1620～1720
3	510～522	9	752～778	3	1900～2000
4	538～556	10	782～788	4	2072～2120
5	588～600	11	812～816	5	2420～2450
6	620～630			6	2470～2500

我们的研究结果表明,在可见光波段,资源环境遥感探测波宽最好在5～20 nm,而近红外至中红外波宽为30～50 nm较适应,在热红外和微波段则要求遥感探测器的温度灵敏度优于0.5 K。在进行资源环境遥感探测时,最好的波段主要分布在530～560 nm、670～690 nm、700～800 nm、930～1150 nm、2100～2300 nm等波段内。

二、最佳技术方法

最佳技术方法是指资源环境遥感探测信息的获取、特征信息的分析提取和应用的最佳技术方法。其中,资源环境遥感探测特征信息分析提取及应用的技术方法在以后有关章节中介绍,故此处着重讨论资源环境遥感探测信息获取的最佳技术方法。

1. 波谱信息获取的技术方法

资源环境遥感探测研究中对地物波谱特征获取的主要技术方法是航空、野外和室内波谱测量。资源环境效应中的地物波谱特征信息不仅是地物形态、粗糙度纹理和色调的反映,而且主要是地物元素地球化学效应中运动能量变化、电子传递、分子结构和细胞结构变异、叶体水含量、成分及叶面温度等生物物理化学变化的综合反映。因此,在进行叶面波谱测量时必须满足以下要求:

(1)波谱分辨率要高,一般在5～20 nm之间,温度分辨率要优于0.5 K。

(2)空间分辨率应优于10 m。

(3)时限要求严格,即室外反射光谱测量最好是在上午9点至下午4点之间,温度测量应在夜间2点至凌晨7点完成,当然,人工光源除外。另外,一次获取波谱测量信息应在短期内完成,切勿跨越季节。

(4)同一次测量条件应自始至终保持一致,这样所获取资料才有可比性,并具有统计意义,如航空光谱测量时的航高和航速必须保持一致。

用遥感来进行叶冠等地物波谱测量时,必须使波谱仪探头至叶冠等地物表面距离和测量方向、测量角度(一般是垂直测量)保持不变。若取叶样模拟自然状态测量,首先要求取样要有代表性,样品状态要一致,波谱仪探头与叶面呈垂直测量,间距一般为1 m,模拟叶面一直要向着太阳光,若是人工光源,则光源和光强均要一致。若是取叶样测量时,阔叶则要求5～6片叶叠在一起放入取样器,针叶则要扎成捆放入取样器进行测量。如图1.4所示,单层叶与6层叶在近红外的反射率相差5%～35%,这是因为每片叶子的透射光重新被下层叶面反射上来。

综合所述,资源环境遥感探测研究中波谱特征信息获取的技术方法必须是高波谱分辨率、高几何分辨率、高时限性和一致的操作方法。表1.5是目前常用的波谱测量仪器。

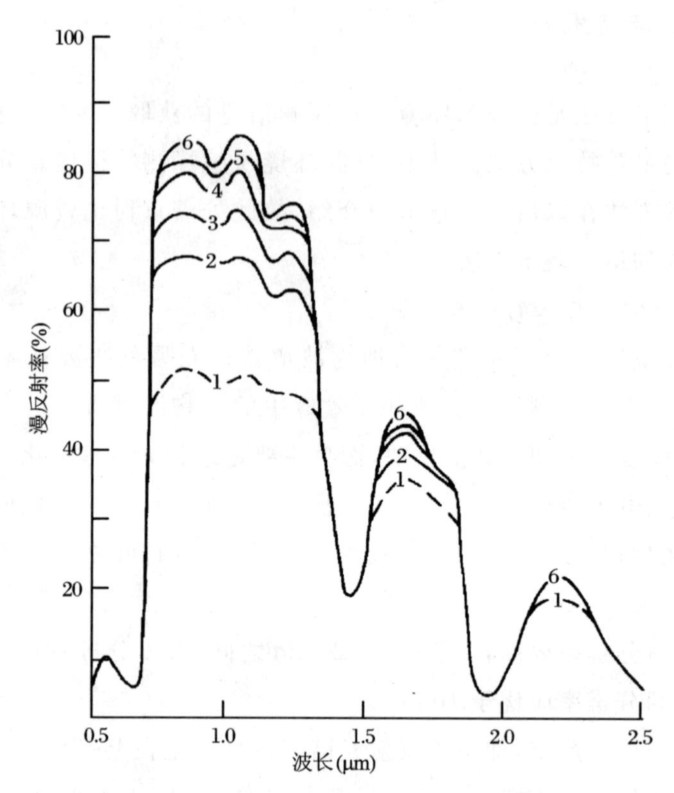

图 1.4　1～6 层叠置棉花叶的总反射率

1～6 为棉花叶子的层数

表 1.5　几种地物波谱测量仪器简介

序号	型号	厂家	仪器性能	备注
1	MARKV 智能化光谱仪	美国地球物理与环境调查公司	0.3～1.0 μm,分辨率为 2 nm,1.0～3.0 μm,分辨率为 4 nm,测量时间为 10 s,曲线显示,磁带记录,微机实时处理,电源重量为 4.54 kg(包括电源),3 W,6 VDC,工作环境为 0～50 ℃。	配有人工光源和航空平台,可用于航空、室内、室外全天候地物波谱测量。
2	Ⅱ型便携式光谱仪	美国科罗拉多光谱分析仪器公司	0.3～1.0 μm,分辨率为 2 nm,1.0～2.5 μm,分辨率为 4 nm,测量时间为瞬间(<10 s),曲线显示,磁带记录,微机实时的处理,电源 3 W,6 VDC,重量为 3 kg,工作环境为0～50 ℃。	适用于实地地物波谱测量,但受天气限制。

续表

序号	型号	厂家	仪器性能	备注
3	H-10，H-20型野外光谱仪	中国科学院广州地球化学研究所	H-10，0.3～1.0 μm，分辨率≤1 nm；H-20，0.8～2.5 μm，分辨率≤20 nm；测量时间为30～45 s，曲线、数字和磁带记录，微机实时处理，电源3 W，6 VDC，重量为10 kg。	配有人工光源，适用于野外地物波谱测量。
4	PIS-A型便携式瞬态野外地物光谱仪	中国科学院上海技术物理研究所	0.4～1.04 μm，光谱采样点512，光谱分辨率为2.5 nm，等效噪声反射率2%，前置光景系统视均角2.5°和20°，测量时间小于10 s，曲线、磁带记录，体积为30 cm×24 cm×1.65 cm。	适用于野外地物波谱的测量。
5	HG-1高分辨率航空光谱辐射计	中国科学院安徽光学精密机械研究所	0.4～1.1 μm，分辨率为1.5 nm，采样点512，测量时间瞬间，曲线、磁带记录，微机处理。	适用于航空地物波谱的测量。
6	日立便携式热红外测温仪	日本日立公司	热红外波段，Te、Cd、Hg探测器件，热分辨率0.2 K。	适用于野外和室内测量。
7	日立UV-340光谱仪	日本日立公司	0.2～2.5 μm，分辨率为0.1 nm，扫描式，人工模拟日光源，微机控制，打印和磁带记录。	适用于室内测量。
8	激光光谱仪	中国科学院安徽光学精密机械研究所	测量植物的激光荧光特征。	适用于航空地面和室内测量。
9	厘米级微波辐射计	中国科学院长春地理研究所 中国科学院空间中心	3 cm，9.375 GHz，动态范围100～3 000 K，温度分辨率0.5 K； 5 cm，5.44 MHz，动态范围300 K，温度分辨率0.3 K； 21 cm，1.4 GHz，动态范围100～300 K，温度分辨率0.5 K。	适用于航空野外和室内测量，不受天气限制。

2. 遥感图像信息获取的最佳技术方法

如上节所述，资源环境遥感探测研究中波谱信息的获取，要求波谱仪具有高的波谱和几何分辨率，同样，资源环境遥感探测研究中图像信息的获取，要求遥感传感器具有高的波谱和几何分辨率。如SPOT卫星资料，虽具有较高的几何分辨率(10 m)，但波谱分辨率极低，故不能很好地反映资源环境遥感探测研究中的信息。MSS陆地资源卫星资料，不管是从波谱分辨率还是从几何分辨率都不能满足资源环境遥感探测研究的要求。在目前的卫星遥感传感器中，只有TM、MODIS、雷达卫星和热红外等卫星资料可有效地获取较大范围的资源环境遥感探测特征信息，如图2.13(a)所示，广东河台金矿的马尾松受金及伴生元素毒化后在处理后的TM影像上呈现出特征的金黄色，与正常马尾松的红黄色相区别。

光电成像类型的传感器与前面所讲的光学摄影类型的传感器的差别很大。光学摄影类型的传感器是将收集到的地物反射光在感光胶片上直接曝光成像，而光电成像类型的传感器是将收集到的电磁波能量，通过仪器内的光敏或热敏元件(探测器)转变成电能后再记录下来。光电成像类型传感器比光学摄影机更加实用，其优点有两个：一是扩大了探测的波段范围，二是便于数据的存储与传输，航天遥感探测多用这类传感器。

光电成像类型的传感器主要有：电视摄像机、扫描仪和电荷耦合器件CCD。其中，多光谱扫描仪和CCD应用最为广泛，尤其是长线阵、大面阵CCD传感器，它的地面分辨率高达1 m左右，为遥感图像的定量研究提供了保证。下面主要介绍这三种类型的传感器。

(1)电视摄像机

电视摄像机体积较小，重量较轻，影像是由电子记录的，即使在低照明的条件下也能工作。这类传感器是从空中观测地面或从空间观测地球的常用的传感器，具有较高的分辨率。利用它能够比较容易地获得可靠的地面遥感数据。

电视摄像机的基本工作原理是：地面上的景物通过物镜在摄影管的光阴极上成像，并形成一定的电荷，用电子束扫描光阴极，通过光电转换，记录在胶片上，以影像方式输出，其分辨率大致取决于光阴极上的电荷所采用的电子束特征。

从几何成像原理上看，电视摄像机是一种面阵列式传感器，与面阵列CCD传感器的成像几何关系相同。

电视摄像机虽有许多优点，但每张相片的覆盖度和分辨率还是不如其他摄影机。早期的气象卫星采用了光导摄像机。在陆地卫星上的电视摄像机要求有较高的空间分辨率，又要求能在照明条件比气象卫星还要差的情况下工作，为此，采用了反束光导管摄像机，它是由光学透镜、快门、反束光导摄像管组成的。Landsat-1/2上装有三台反束光导管摄像机，分别拍摄不同光谱通道的同一景物，Landsat-3改用两台长焦距全色反束光导管摄像机。从 Landsat-4 以后卫星上都不再使用。

(2)扫描仪

扫描仪也是一种成像传感器,但是它的输出信号不是影像,而是电信号,便于传送、记录、分析和处理,并可经过处理转换成影像或磁带。由于摄影系统受到本身结构和感光胶片光谱响应范围等的限制,故与摄影系统相比,扫描仪的工作波谱范围比摄影胶片要宽得多,扫描是逐点、逐行地以时序方式获取二维图像,其感测的过程是可逆的,即探测器在感测过程中并不消耗能量,而且所获得的数据是定量的辐射量数据,便于校正,还可同时收集几个不同波段通道的数据资料。扫描仪可应用于红外波段的成像,也可用于从近紫外到红外范围内的多波段扫描成像。

A. 红外扫描仪

红外扫描仪是对被测的目标物自身的红外辐射进行扫描成像或显示的一种仪器。它是把目标的热辐射变成探测器的一种电信号,然后用磁带记录这些信号并通过阴极射线管回收图像的一种扫描仪。

在航空遥感中常用的红外扫描仪是利用光学系统的机械转动和飞行器向前飞行的两个方向相互垂直的运动,形成对地物目标的二维扫描,逐点将不同目标物的红外辐射功率会聚到能将其能量转变成电信号的光电转换器件——红外探测器上。电信号通过放大处理后记录下来,记录的方式或在显像管上显示,或经过电光能转换器件把电信号在普通全色胶片上成像,亦可记录在模拟磁带上。

热红外像片上的色调深浅与地物的温度、发射能力密切相关。地物发射电磁波的功率与地物的发射率成正比,与地物温度的四次方成正比,因此,图像上的色调也与这两个因素成相应关系。可以说,热红外扫描仪对温度比对发射本领的敏感性更高,因为它与温度的四次方成正比,温度的变化能产生较高的色调差异。

B. 多光谱扫描仪

在红外扫描仪基础上发展起来的多光谱扫描仪,其波长范围已超出了红外波段,包括电磁波谱中的紫外、可见光和红外三个部分。多光谱扫描仪根据大气窗口和地物目标的波谱特性,用分光系统把扫描仪的光学系统所接收的电磁辐射分成若干波段,目前已有 4 个波段到 24 个波段的扫描仪。

多光谱扫描仪主要由两个部分组成:机械扫描装置和分光装置。它由扫描镜收集地面目标的电磁辐射，通过聚光系统把收集到的电磁辐射会聚成光束，然后通过分光装置分成不同波长的电磁波，它们分别被一组探测器中的不同探测器所接收，经过信号放大，然后记录在磁带上，或通过电光转换后记录在胶片上。

用多光谱扫描仪可记录地物在不同波段的信息，因此不仅可根据扫描影像的形态和结构识别地物，而且可用不同波段的差别区分地物，为遥感数据的分析与识别提供了非常有利的条件。它常用于收集植被、土壤、地质、水文和环境监测等方面的遥感信息。

多光谱扫描仪是卫星遥感技术中采用最多的传感器类型。Landsat-1/2上携带的 MSS 多光谱扫描仪有 4 个波段，在 Landsat-3 的 MSS 增加了一个 10.4～12. 65 μm 的热红外波段，Landsat-4/5 上携带的传感器是一个高级的多波段扫描型的地球资源敏感仪器——TM，与 MSS 多波段扫描仪的性能相比，它具有更高的空间分辨率，更好的波谱选择性及几何保真度，更高的辐射准确度和分辨率。Landsat-7 上携带的传感器是 ETM +，其性能得到进一步的改进。另外，气象卫星如 NOAA 的传感器 AVHRR 亦属于多光谱扫描仪。

(3)CCD 传感器

用一种称为电荷耦合器件 CCD(Charge Coupled Device)的探测器制成的传感器称为 CCD 传感器。这种探测器是由半导体材料制成的，在这种器件上，受光或电激作用产生的电荷靠电子或空穴运载，在固体内移动，以产生输出信号。将若干个 CCD 元器件排成一行，称为 CCD 线阵列传感器。

法国 SPOT 卫星使用的传感器 HRV 就是一种 CCD 线阵传感器，其中全色 HRV 用 6 000 个 CCD 元器件组成一行。将若干个 CCD 元器件排列在一个矩形区域中，即可构成面阵列传感器，每个 CCD 元器件对应于一个像元素。目前，长线阵、大面阵 CCD 传感器已经问世，长线阵可达 12 000 个像元素，长为 96 mm；大面阵可达到 5 120 像素 × 5 120 像素，像幅为 61.4 mm × 61.4 mm。每个像元素的地面分辨率可达到 2～3 m，甚至 1 m 以下。

(4)成像光谱仪

成像光谱仪是新一代传感器，在 20 世纪 80 年代初正式开始研制。研制这类仪器的主要目的是想在获取大量地物目标窄波段连续光谱图像的同时，获得每个像元几乎连续的光谱数据，因而称为成像光谱仪。目前成像光谱仪主要应用于高光谱航空遥感，在航天遥感领域高光谱也开始应用。

成像光谱仪按其结构的不同，可分为两种类型。一种是面阵探测器加扫描式扫描仪的成像光谱仪，它利用线阵列探测器进行扫描，利用色散元件和面阵探测器完成光谱扫描，利用线阵列探测器及其沿轨道方向的运动完成空间扫描。另一种是用线阵列探测器加光机扫描仪的成像光谱仪，它利用点探测器收集光谱信息，经色散元件后分成不同的波段，分别在线阵列探测器的不同元件上，通过点扫描镜在垂直于轨道方向的面内摆动以及沿轨道方向的运动完成空间扫描，而利用线探测器完成光谱扫描。

成像光谱仪数据具有光谱分辨率极高的优点，由于数据量巨大，难以进行存储、检索和分析。为解决这一问题，必须对数据进行压缩处理，而且不能沿用常规少量波段遥感图像的二维结构表达方法。图像立方体就是适应成像光谱数据的表达而发展起来的一种新型的数据格式，它是类似扑克牌式的各光谱段图像的叠合。立方体正面的图像是一幅自己选择的三个波段图像合成，它是表示空间信息的二维图像，在其下面则是单波段图像叠合；位于立方体边缘的信息表达了各单波段图像最边缘各像元的地物辐射亮度的编码值或反射率。

从几何角度来说，成像光谱仪的成像方式与多光谱扫描仪相同，或与CCD线阵列传感器相似，因此，在几何处理时，可采用与多光谱扫描仪和CCD线阵列传感器数据类似的方法。但目前，成像光谱仪只注重提高光谱分辨率，其空间分辨率却较低(几十甚至几百米)。正是因为成像光谱仪可以得到波段宽度很窄的多波段图像数据，所以它多用于地物的光谱分析与识别。特别是，由于目前成像光谱仪的工作波段为可见光、近红外和短波红外，因此对于特殊的矿产探测及海色调查是非常有效的，尤其是矿化蚀变岩在短波段具有诊断性光谱特征。

与其他遥感数据一样，成像光谱数据也经受着大气、遥感平台姿态、地形因素的影响，产生横向、纵向、扭曲等几何畸变及边缘辐射效应，因此，在数据提供给用户使用之前必须进行预处理，预处理的内容主要包括平台姿态的校正、沿飞行方向和扫描方向的几何校正以及图像边缘辐射校正。

在航空遥感传感器方面，目前成功地发展了航空成像光谱技术，该技术集高波谱分辨率、高温度分辨率和高几何分辨率于一身，集波谱和图像特征于一体。当今成像光谱仪的光谱分辨率最高达到 1 nm,几何分辨率达到 0.5 m,温度分辨率达到 0.2 K,完全可捕获到极微弱的资源环境效应的遥感信息。从图 2.13(a)的结果可知,广东河台金矿受金及伴生元素毒化的马尾松在 19 通道(光谱分辨率为 30～50 nm,比 TM 卫片高一倍)航空成像光谱资料经特殊处理后图像上的金黄色影像特征比 TM 卫片的更明显。表 1.6是中国科学院上海技术物理研究所于“七五”期间研制出的 71 通道航空多光谱成像光谱仪(MAIS)的主要技术指标,表 1.7 是美国地球物理与环境调查公司生产的 79 通道航空成像光谱仪的主要技术参数,表 1.8 是美国 NASA 中心 JPL 研制的航空成像光谱仪(AVIRIS)的主要技术指标,表 1.9是星载 91 通道成像光谱仪的主要技术参数。

表 1.6 MAIS 的主要技术指标

总视场	90°	光谱分辨率
瞬时视场	1.5 mrad(可见至近红外) 3.0 mrad(热红外)	20 nm(0.45～1.0 μm),32 波段 25 nm(1.0～2.45 μm),32 波段
扫描率	10～20 线/秒	400 nm(8.2～9.8 μm),4 个波段
光学口径	180 mm	9.8～10.6 μm 10.6～11.4 μm 三个波段 11.4～12.2 μm
数据编码	12 位	温度分辨率为 0.2 K
数据率	3.4～6.8 Mbps	
信噪比	50～200	

表 1.7 79 通道航空成像光谱仪的主要技术参数

总视场	±39°,15 km 高度图幅宽 8 km	光谱分辨率(0.4～12 μm)		
瞬时视场	3.3 mrad	1	16 nm(0.4～1 μm)	32 波段
	2.2 mrad	2	100 nm(1～1.8 μm)	8 波段
	1.1 mrad	3	16 nm(2～2.5 μm)	32 波段
扫描速度	>50 Hz	4	3～5 μm	1 波段
探测器	Si,InSb,MCT	5	0.6 μm(8～12 μm)	6 波段
MTBF	600 hrs			
灵敏度	NER0.02(可见至近红外) NER0.01(近红外) NER0.1(热红外),0.1 K			

表 1.8 AVIRIS 的技术参数

<table>
<tr><td colspan="2">几何分辨率(20 km 高度)</td><td colspan="2">20 m</td></tr>
<tr><td colspan="2">瞬时视场角</td><td colspan="2">1.0 mrad</td></tr>
<tr><td colspan="2">视场角</td><td colspan="2">30°</td></tr>
<tr><td colspan="2">像幅宽度(20 km 高度)</td><td colspan="2">11 km</td></tr>
<tr><td colspan="2">光谱覆盖</td><td colspan="2">0.4～2.45 μm</td></tr>
<tr><td colspan="2">波段数</td><td colspan="2">224</td></tr>
<tr><td colspan="2">量化</td><td colspan="2">10 bits</td></tr>
<tr><td colspan="2">数据率</td><td colspan="2">17 Mbps</td></tr>
<tr><td>光谱仪</td><td>波长(μm)</td><td>波段数</td><td>光谱采样间隔(nm)</td></tr>
<tr><td>1</td><td>0.40～0.72</td><td>31</td><td>9.7</td></tr>
<tr><td>2</td><td>0.69～1.30</td><td>63</td><td>9.6</td></tr>
<tr><td>3</td><td>1.25～1.87</td><td>63</td><td>8.8</td></tr>
<tr><td>4</td><td>1.84～2.45</td><td>63</td><td>11.6</td></tr>
</table>

表 1.9 星载 91 通道成像光谱仪的主要技术参数

<table>
<tr><th>波 段</th><th>可见至近红外</th><th>近红外</th><th>中远红外</th></tr>
<tr><td rowspan="3">波长范围(μm)</td><td rowspan="3">0.4～1.1</td><td rowspan="3">2.0～2.48</td><td>3.55～3.93</td></tr>
<tr><td>10.5～11.5</td></tr>
<tr><td>11.5～12.5</td></tr>
<tr><td>光学口径(mm)</td><td>200</td><td>200</td><td>200</td></tr>
<tr><td>扫描视场(°)</td><td>40</td><td>40</td><td>40</td></tr>
<tr><td>视场角(°)</td><td>80</td><td>80</td><td>80</td></tr>
<tr><td>瞬时视场
(扫描×飞行)</td><td>1.2 mrad×3.6 mrad</td><td>1.2 mrad×1.8 mrad</td><td>1.2 mrad×1.2 mrad</td></tr>
<tr><td rowspan="3">光谱分辨率</td><td rowspan="3">10 nm</td><td rowspan="3">20 nm</td><td>0.38 μm</td></tr>
<tr><td>1.0 μm</td></tr>
<tr><td>1.0 μm</td></tr>
<tr><td>灵敏度</td><td>NEΔρ 约 10%</td><td>NEΔρ 约 3%</td><td>NEΔρ 0.4～0.3 K</td></tr>
<tr><td>可记录数据库</td><td>2 Mbps</td><td>2 Mbps</td><td>2 Mbps</td></tr>
<tr><td>波段数</td><td>64</td><td>24</td><td>3</td></tr>
</table>

续表

波　段	可见至近红外	近红外	中远红外
色散元件	Ⅲ型全息凹球面反射光栅	平面闪耀光栅	滤光片
探测器	64 元 Si 线阵列	双排 24 HgCdTe	3 个单元 HgCdTe

从上表的多光谱扫描仪的各种技术参数来看，以上航空和星载成像光谱仪都是获取资源环境效应遥感图像和波谱特征的最佳技术。在美国、西欧、日本、加拿大联合开发的全球观测系统（EOS）中，将装载 128 通道高波谱、高几何分辨率的多光谱扫描仪，高分辨率的激光荧光仪和微波辐射仪，为资源环境遥感探测研究提供了最佳的信息获取技术。为压缩数据量，往往在分析处理数据中只选取激光荧光，0.55～0.75 μm，0.8 μm，2.22 μm，3.8 μm，11.0 μm 高光谱分辨率的资料和微米、厘米波段的微波资料足以反映资源环境效应特征。

第三节　资源环境效应地物波谱特征及机制

一、资源环境效应地物波谱基本特征

资源环境效应的地物波谱特征是指资源环境效应的地物系统与其周围环境系统之间的能量交换特征，如叶冠或叶面在日光照射下的反射、折射和透射特征，由于遥感所记录的主要是叶冠的反射、热辐射和微波辐射信息，故此处主要讨论资源环境效应的地物反射和辐射特征。这些特征一般用反射率、辐射强度、波形变化和各类指数来表征。在可见光与近红外波段（0.3～2.5 μm），地表物体自身的热辐射几乎等于零。地物发出的波谱主要以反射太阳辐射为主。当然，太阳辐射到达地面后，物体除了反射作用外，还有对电磁辐射的吸收作用，如黑色物体的吸收能力较强。最后，电磁辐射未被吸收和反射的部分则是透过的部分，即：

到达地面的太阳辐射能量＝反射能量＋吸收能量＋透射能量　　(1.3)

一般来说,绝大多数物体对可见光都不具备透射能力,而有些物体,例如水,对一定波长的电磁波透射能力较强,特别是 0.45～0.56 μm 的蓝、绿光波段,混浊水体的透射深度可达 1～2 m,一般水体则为 10～20 m,清澈水体甚至可达到 100 m 的深度。对于一般不能透过可见光的地面物体对波长 5 cm 的电磁波则有透射能力。例如,超长波的透过能力就很强,可以透过地面岩石、土壤。利用这一特性制作成功的超长波探测装置探测地下的超长波辐射,可以不破坏地面物体而探测地下层面情况,在遥感界和石油地质界取得了令人瞩目的成果。在反射、吸收、透射物理性质中,使用最普遍最常用的仍是反射这一性质,也是本节的主要内容。

1. 反射和辐射特征

(1)反射率

物体对电磁波谱的反射能力用反射率表示。地面物体反射的能量(P_ρ)占入射总能量(P_0)的百分比称为反射率 ρ

$$\rho = \frac{P_\rho}{P_0} \times 100\% \tag{1.4}$$

反射率的值满足 $\rho \leqslant 1$。物体的反射率大小主要取决于物体本身的性质和表面状况,同时也与入射电磁波的波长和入射角有很大关系。

(2)物体的反射

物体表面状况不同,反射状况也不相同。自然界物体的反射状况分为三种,即镜面反射、漫反射和实际物体的反射。

镜面反射是发生在光滑物体表面的反射。反射时满足反射定律,反射波和入射波在同一平面内,反射角与入射角相等。当镜面反射时,如果入射波为平行入射,只有在反射波射出的方向上才能探测到电磁波,其他方向则探测不到。对可见光而言,其他方向上应该是黑的。自然界中真正的镜面很少,非常平静的水面可以近似认为是镜面。

漫反射是发生在非常粗糙的表面上的反射。微观地说,反射面朝向各个方向,所以反射时不论入射方向如何,反射方向都是“四面八方”。对于漫反射面,当入射照度 I 一定时,从任何角度观察反射面,其反射亮度都是一个常数,这种反射面又叫朗伯面。设平面的总反射率为 ρ,某一方面上的反射因子为 ρ',则有关系

$$\rho = \pi \rho' \tag{1.5}$$

其中，ρ'为常数，与方向角或高度角无关。自然界中真正的朗伯面也很少，新鲜的氧化镁（MgO）、硫酸钡（$BaSO_4$）、碳酸镁（$MgCO_3$）表面，常被近似看成朗伯面。

实际物体多数都处于两种理想情况之间，即介于镜面和朗伯面（漫反射面）之间。一般来讲，实际物体面在有入射波时各个方向都有反射能量，但大小不同。在入射照度相同时，方向反射亮度的大小既与入射方位角和天顶角有关，也与反射方位角和天顶角有关。

（3）反射波谱

地物的反射波谱是研究地面物体反射率随波长的变化规律。利用反射率随波长变化的差别可以区分物体。通常用平面坐标曲线表示。横坐标表示波长 λ，纵坐标表示反射率 ρ。同一物体的反射率曲线形态，反映出该物体在不同波段的反射率不同，研究不同波段的反射率并以此与遥感传感器的相同波段和角度接收的辐射数据相对照，可以得到遥感影像数据和对应地物的识别规律，可见地物反射率曲线的研究非常重要。

从图 1.4 和图 1.5 可知，叶冠波谱反射特征最显著的是在可见至近红外波段，其在绿光波段有一反射峰，反射率为 10%～20%，在 0.7～1.3 μm 处为一反射平台，反射率在 30%～60%之间，在 1.7 μm 处为一反射峰，反射率一般在 25%～45%之间，在 2.2 μm 处也有一反射峰，反射率一般为 10%～25%，在热红外波段的反射率一般在 1%～3%之间。在热红外波段主要探测的是植物叶体内分子的热运动产生的热辐射特征，一般植物叶冠的表面辐射温度都要与周围环境温度相差 2～3 ℃。微波波段主要探测的是叶体分子振动和电磁场波动的特征，如微波散射和微波辐射特征。这些资源环境效应的叶冠波谱的反射和辐射特征是根据效应类型、物种、环境等不同而变化的。从图 1.6 的结果可见，受钼毒化的鼠刺的叶面波谱反射率比正常的高出 10%～40%。

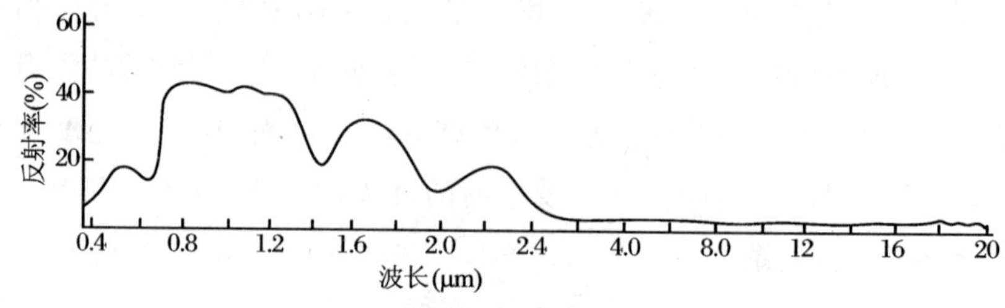

图 1.5 绿色植物反射波谱特征

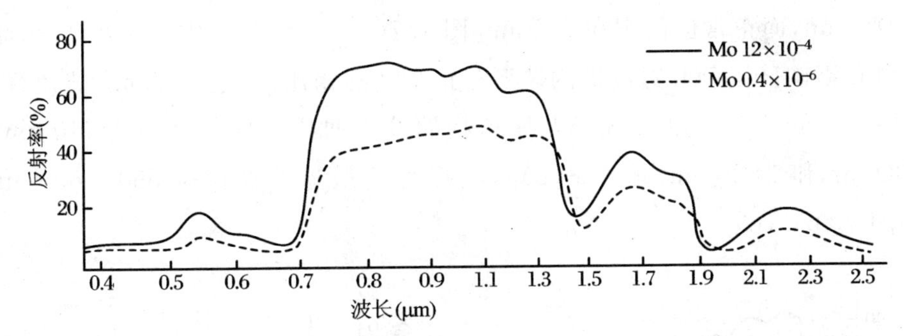

图 1.6　广东鼎湖斑岩钼矿区鼠刺叶面室内波谱曲线(徐瑞松等,1988)

1987 年 11 月取鲜样在 UV-340 波谱仪上测量。——:土壤中钼含量为 1 200 mg/kg;----:土壤中钼含量为 0.4 mg/kg

2. 波形特征

波形特征是指资源环境效应的波谱形态与正常的波谱形态相比发生形态变异的特征,一般是指波谱反射峰、吸收峰和波形的陡坡的整体蓝移或红移(即整体向短波或长波方向偏移,如图 1.6 所示),即波形陡坡斜率变化等。在波形特征分析中,人们一般用叶冠波谱的一次微分值来确定波谱斜率变化定量特征[图 1.7(a),图 1.8(c)],用二次微分值来确定波谱反射和吸收峰的精确位置[图 1.7(b)],用一次微分标准均方差来权衡波谱特征显著度和波谱位置[图 1.8(d)]。从图 1.7 的结果可知,广东鼎湖斑岩钼矿区鼠刺叶冠波谱斜率变化最大值在 0.68 μm,而正常区鼠刺叶冠波谱斜率变化的最大值在 0.71 μm[图 1.7(a)],钼矿区鼠刺叶冠波谱红光波段吸收值

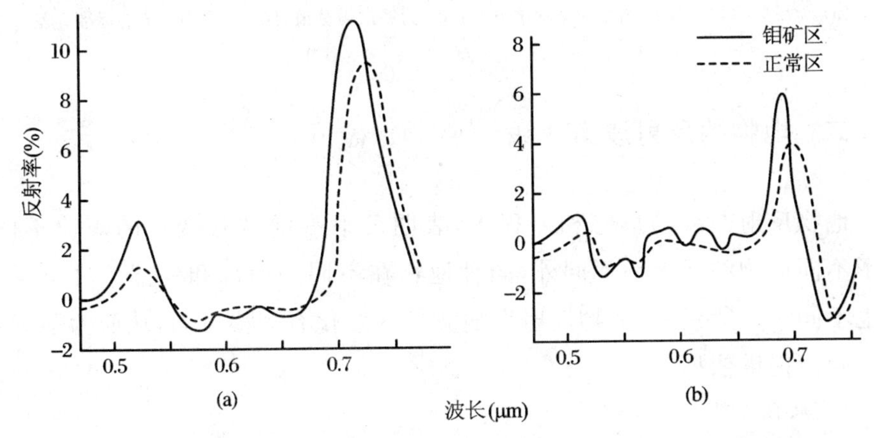

图 1.7　广东鼎湖斑岩钼区鼠刺叶面波谱微分图(徐瑞松等,1988)

1987 年 11 月资料,(a)为一次微分;(b)为二次微分。——:钼矿区,----:正常区

在 680 nm,而正常区的则在 695 nm[图 1.7(b)]。从以上结果可见,广东鼎湖斑岩钼矿区鼠刺叶冠波谱的波形与正常区的相比,发生了 15 nm 的蓝移。从图 1.8 的结果可知,168 个苋属植物的波谱曲线最大斜率是在 710 nm,1 300 nm和 1 830 nm[图 1.8(c)],波形特征最显著波段是 500～800 nm[图 1.8(b),(d)]。

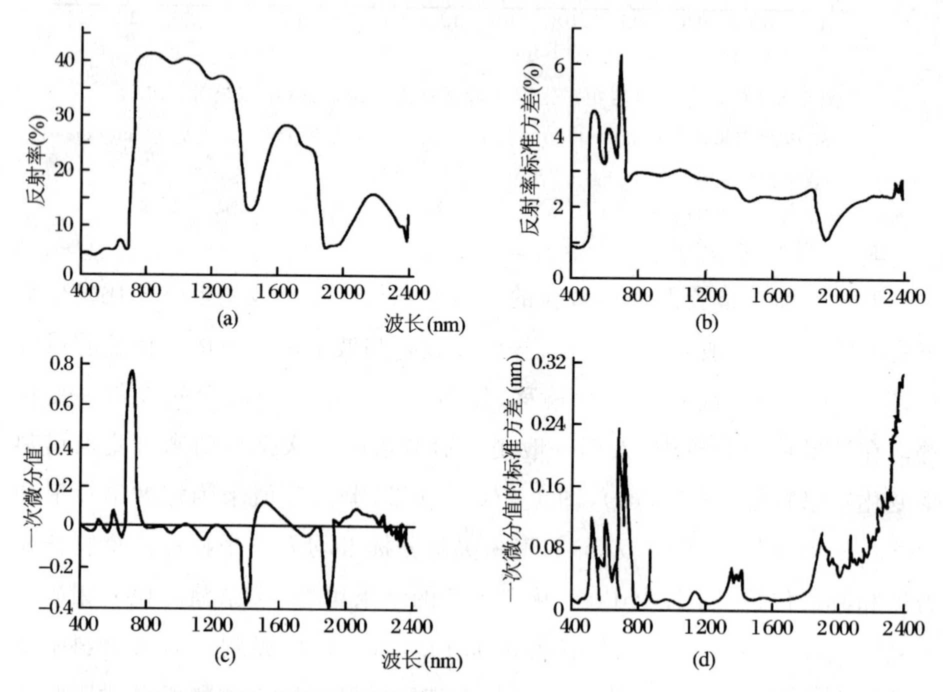

图 1.8 168 个苋属植物的光谱曲线(Paul J. Curran et al. 1992)

(a) 为反射率均值;(b) 为反射率标准方差;(c) 为一次微分值;(d) 为次微分值的标准方差

二、地物的反射波谱曲线

地物反射曲线的形态相差很大,表明反射率随波长变化的规律不同。除了不同地物的反射率不同外,同种地物在不同的内部和外部条件下反射率也不同。一般说来,地物反射率随波长的变化有规律可循,从而为遥感影像的判读提供依据。

1. 水体

太阳光照射到水面,少部分(约占 3.5%)被水面反射回空中,大部分入射到水体。入射到水体的光,又大部分被水体吸收,部分被水中悬浮物(泥沙、有机质等）反射，少部分透射到水底，被水底吸收和反射。被悬浮物反射和被水底反射的光，部分返回水面，折回到空中。因此遥感器所接收到的辐射就包括水面反射光、悬浮物反射光、水底反射光和天空散射光。由于不同水体的水面性质、水体中悬浮物的性质和含量、水深和水底特性等不同，从而传感器上接收到的反射光谱特征存在差异，这为遥感探测水体提供了基础。

如图 1.9 所示，水体的反射主要在蓝绿光波段，其他波段吸收都很强，特别到了近红外波段吸收就更强了。正因为如此，在遥感影像上，特别是近红外影像上，水体呈黑色。但当水中含有其他物质时，反射光谱曲线会发生变化。水中含叶绿素时，近红外波段明显抬升，这些都成为影像分析的重要依据。

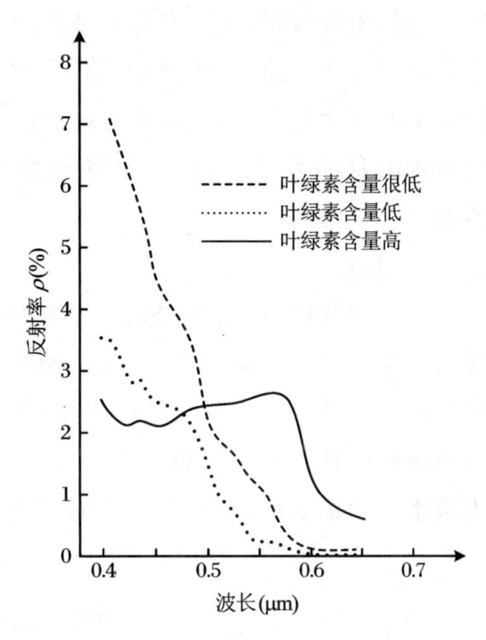

图 1.9　具有不同叶绿素浓度的海水的波谱曲线

2. 植被

植被的光谱特征规律性非常明显，如图 1.5～图 1.7，其反射波谱曲线主要可分为三段。由于叶绿素的影响，对蓝光和红光吸收作用强，对绿光反射作用强。表现在可见光波段范围（0.4～0.76 μm）有一个小的反射峰，位置大约在绿色波段（0.55 μm），两边蓝波段和红波段有两个吸收带，在曲线上为凹谷。在近红外波段（0.76～1.3 μm）因为植被叶子除了吸收和透射的部分，叶内细胞壁和胞间层的多重反射形成高反射率，表现在反射曲线上从 0.7 μm 处反射率迅速增大，至 1.15 μm 附近有一峰值，形成一个反射的“陡坡”，是植被的独有特征。在中红外波段（1.3～2.5 μm）受到绿色植物含水量的影响，吸收率大大增加，反射率大大下降，特别以 1.45 μm、1.95 μm 和 2.5 μm 为中心是水的吸收带，形成低谷。但因为不在大气窗口内，所以这些低谷不是遥感关注的区间。以上植被波谱特征是所有植被的共性。影响植物光谱的因素有植物本身的结构特征，也有外界的影响，但外界的影响总是通过植物本身生长发育的特点在有机体的结构特征中反映出来。从植物的典型波谱曲线来看,控制植物反射率的主要因素有植物叶子的颜色、叶子的细胞构造和植物的水分等。植物的生长发育、植物的不同种类、灌溉、施肥、气候、土壤、地形等因素都对植物的光谱特征产生影响,使其光谱曲线的形态发生变化。此外,植物覆盖程度也对植物的光谱曲线产生影响。当植物叶子的密度不大,不能形成对地面的全覆盖时,传感器接收的反射光不仅是植物本身的光谱信息,而且还包含有部分下垫面的反射光,是两者的叠加。

3. 土壤

在地面植被稀少的情况下,土壤的反射曲线与其自然组成和颜色密切相关。颜色浅的土壤反射率较高,颜色较深的土壤反射率较低。在干燥条件下同样物质组成的细颗粒的土壤,表面比较平滑,具有较高的反射率,而较粗的颗粒具有相对较低的反射率。有机物质含量高,也使反射率降低。土壤水的含量增加,会使反射率曲线平移下降,并有两个明显的水分吸收谷,但当土壤水超过最大毛细管持水量时,土壤的反射光谱不再降低。当土壤水处于饱和状态或过饱和状态时,土壤表面形成一层薄薄的水膜。在地表平坦时,接近于镜面反射,其反射率反而增高。当土壤表面有植被覆盖时,如覆盖度小于15%,其光谱反射特征仍与裸土相近。植被覆盖度在15%～70%时,表现为土壤和植被的混合光谱,光谱反射值是两者的加权平均。植被覆盖度大于70%时,基本表现为植被的光谱特征。土壤的种类和肥力也会对反射率产生影响,从图1.10所示粉砂、砂和淤泥的波谱曲线,可以看出这一特点。总的来说土壤反射曲线呈比较平滑的特征,因此在不同光谱段的影像上,土壤亮度区别不明显。

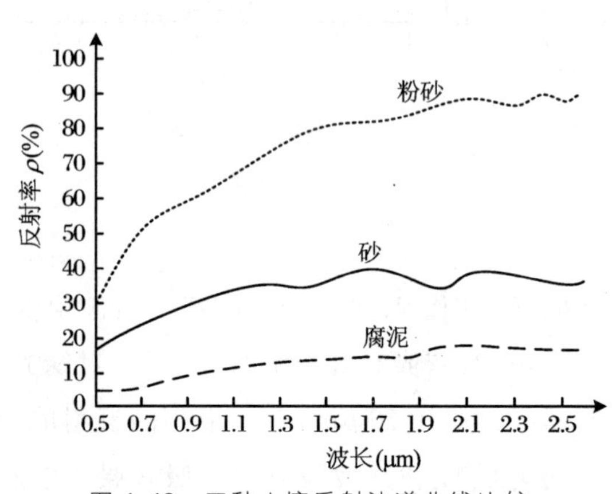

图1.10 三种土壤反射波谱曲线比较

4. *岩石*

任何物质其光谱的产生均有着严格的物理机制,对于一个分子,其能量由电子能量、振动能量和转动能量组成，对于矿物晶体来说，转动能量并不存在。根据理论计算，振动能级之间的能量差 ΔE，一般在 0.25～1.0 eV 之间，相应的光谱出现于近中红外区。电子能级之间的能量差距一般较大，产生的光谱特征在近红外、可见光范围内。在 400～1 300 nm 波谱范围内的光谱特征，主要取决于矿物晶格结构中存在的铁等过渡性金属元素，1 300～2 500 nm 波谱范围内的光谱特征是由矿物中的碳酸根、羟基及可能存在的水分子决定的，3～5 μm 的中远红外波段的光谱特征则是由 Si—O，Al—O 等分子键的振动模式决定的。

岩石反射波谱曲线不像植被那样具有明显的相似特征，其曲线形态与矿物成分、矿物含量、风化程度、含水状况、颗粒大小、表面光滑程度、色泽等都有关系。从图 1.11 中砂岩、石灰岩、页岩的光谱曲线，可以看出它们形态各异，没有明显规律性。

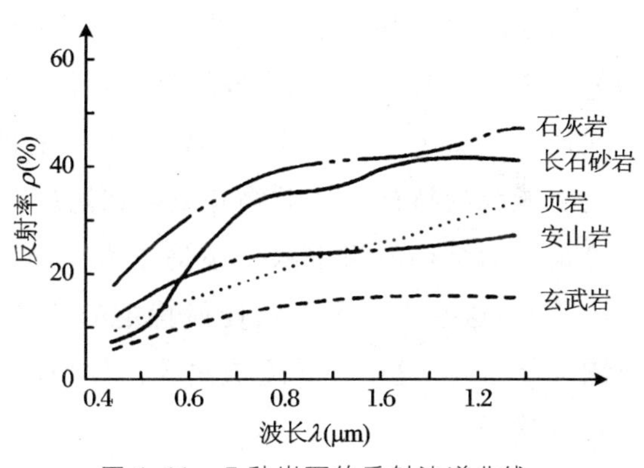

图 1.11　几种岩石的反射波谱曲线

三、成因机制

资源环境效应的地物反射波谱特征是地物与环境之间物质和能量交换的综合效应，在固定地物与环境因素的条件下，其在不同波段的波谱特征受不同的机理制约(图 1.1，图 1.9，图 1.10)，如图 1.1 所示，地物的波谱特征是自然光与叶体核子、电子、分子、原子、电磁场等物质和能量运动吸收或放出能量叠加的结果。下面分别予以阐述。

1. 核子跃迁效应

核子跃迁效应是指地物放出 γ 能量，遥感就是用 γ 能谱仪或核子探测仪探测地物的 γ 能量的大小，以探测植被覆盖下的隐伏放射性矿体或用于探测生态环境中是否有危害人类健康的放射性物质。

2. 电子跃迁效应

电子跃迁效应是指地物元素核外电子跃迁时吸收能量的效应，一般在反射波谱上呈现能量亏损的吸收峰的波谱特征。电子跃迁又分内层电子跃迁和外层电子跃迁。内层电子跃迁主要具有X射线和紫外光的物质荧光特征,外层电子跃迁是近紫外至可见光红黄光波段的电子跃迁。在背景自然光不变的条件下,外层电子跃迁至高能级状态时需吸收能量,使地物反射波谱出现吸收峰,外层电子回迁至低能级状态时,放出能量,使地物反射光谱呈现反射峰。电子过程在可见近红外波段覆盖的能量范围相当宽,足以包括一些电子过程所产生的效应。

(1)晶体场效应

孤立的原子和离子可能处于一些分离的能态中。当它们从一个能态变为另一个能态时,就能吸收或发射特定波长的电磁辐射,这种能态的改变称为跃迁。用量子力学和群论可计算出可能的电子态的能量值,还能说明单个电子能级的特征。在矿物并不存在这样一些原子,它们被包在固体中时,不论是作为结构的组成部分还是作为杂质,它们的一个或多个电子可为整体所共有,这些电子不再与任何特定的原子相结合,电子能级发生宽化,形成固体能带,而这些原子变成离子。然而所生成的离子的其余束缚电子,仍然具有量子的能态。

离子在晶体场作用下发生的变化,取决于周围配位基的类型、位置和对称性。在矿物的可见至近红外光谱中,最常遇到的电子特征是以某种形式存在的铁所产生的。能级的位置主要取决于离子的价态,如 Fe^{2+} 和 Fe^{3+},离子的配位数以及它们所占据位置的对称性。其次,能级取决于所形成的配位基类型、金属位置的畸变程度以及金属—配位基的间距。

对于不同的晶体场,能级的排布也不同,大的排布差异使相同离子的光谱曲线具有十分不同的形状。然而这些能级间所有可能的跃迁并不是以相同的几率发生的。“选择定则”给出特定的跃迁能否发生的信息。其中关系最大的是与能态中的电子自旋有关的选择定则。由该选择定则可以推断,允许跃迁在光谱中产生强谱带,而禁止跃迁则不产生谱带,若产生,谱带也很弱。如处于正八面体中的 Fe^{2+},具有一个自旋允许跃迁,其在可见至近红外波谱中产生一个特征谱带。当八面体发生畸变时,作用于离子的晶体场可以使一些能级进一步发生分裂,因而产生另外的跃迁。图1.12给出一些含二价铁离子矿物的放射光谱。因为二价铁产生的光谱特征其波长因矿物不同而异,但主要与离子所在位置的性质有关。因此,与矿物整体结构有关的重要信息由这种间接的方式提供。从遥感探测来看,这种信息极有意义。

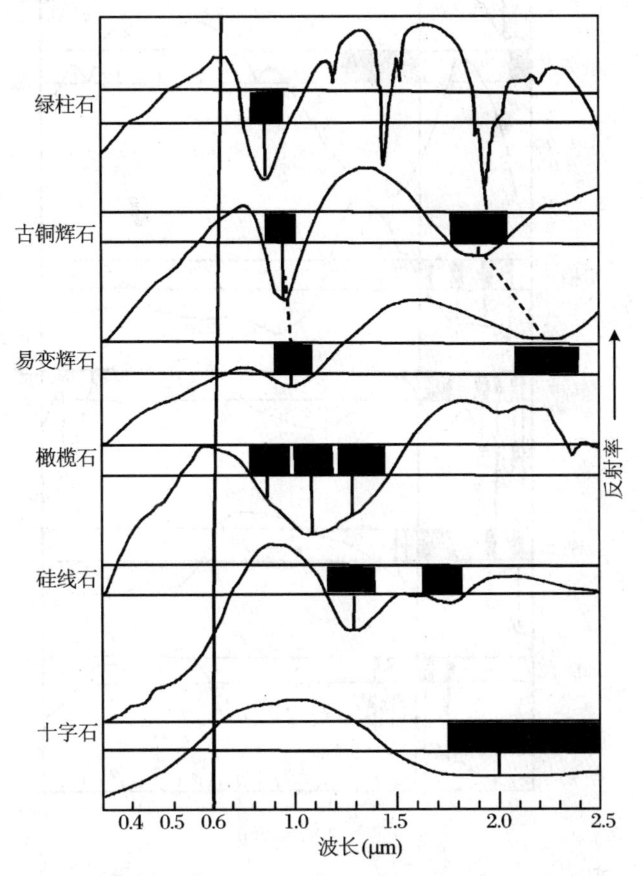

图 1.12　6 种含有 Fe^{2+} 的矿物光谱(G.R.Hunt,1979)

实区表示谱带半宽对应的波长范围,垂线定出每个谱带的极小位置

图 1.13 给出 6 种矿物的光谱,用来说明矿物光谱中偶见的 6 种过渡金属离子的发射光谱特征。其中鉴定各矿物中 Fe^{3+} 离子的跃迁所产生的光谱特征属。在贵榴石的光谱中,Fe^{3+} 具有对称的基态,其在任何晶体场中均不发生分裂。从这个与晶体场无关的基态到高态产生了较高能级跃迁。即这些谱带和比其强得多的配位基—金属之间的电子转移谱带处于同一区域,而这些配位基—金属的电子转移谱带使强度在可见光谱短波长主要发生陡降。在贵榴石和绿柱石的光谱中,三价铁谱带很清楚,其特征值在 0.44 μm附近。菱锰矿中 Mn^{2+} 特征值在 0.34 μm、0.37 μm、0.41 μm、0.45 μm和 0.55 μm 处。

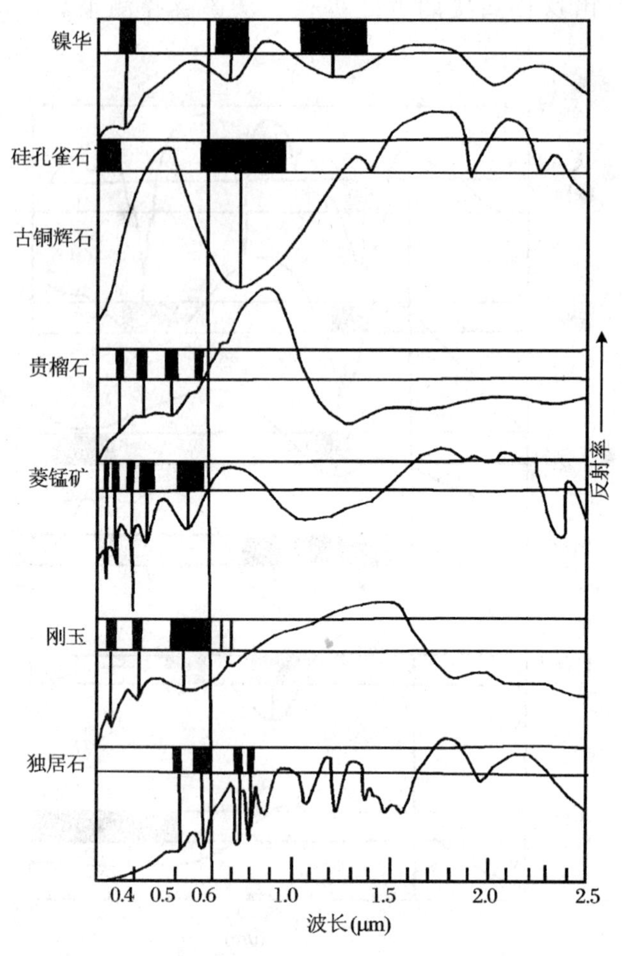

图 1.13　6 种矿物的光谱(G. R. Hunt,1979)

在独居石光谱中标出的是稀土元素的光谱特征

(2)电荷转移

电荷转移,或元素间的电子跃迁,是物体吸收能量使电子在相邻离子间,或离子与配位基之间发生迁移。虽然电子被转移,并局部停留在新位置中,但并不进入异常带。

在晶体结构中,主要处于配位基轨道中的电子,能被激发到主要处于中心金属离子的轨道上,或者相反。此种转移也可发生在相邻不同价态的相同金属离子之间,实际上此过程为光化学的氧化-还原过程。当离子对(如红土中的 Fe^{2+}/Fe^{3+},Mn^{3+}/Mn^{2+},Ti^{3+}/Ti^{4+})稳定地彼此相邻时,常常发生这种过程。电荷转移产生的波谱特征较强,是允许晶体场跃迁波谱强度的几百至几千倍。当伴随类质同相置换(如铁硅酸盐中的 Fe^{2+}、Mg^{2+} 被 Al^{3+}、Fe^{3+} 离子置换)发生电荷局部不平衡时,电荷转移就易发生(Burns,1970)。

在地物的波谱中,光谱强度从可见光到紫外光显著下降,这是最常见的波谱特征。Hunt 等(1979)认为,在某些铁的氧化物中,波谱强度的下降可归因于异常带的边缘。如 Huguenin 所指,在磁铁矿(Fe_3O_4)中,由 β 自旋电子迁移至子晶格位置中所产生的连续吸收带,一直延伸并完全覆盖整个可见至近红外区。当磁铁矿氧化为赤铁矿(α-Fe_2O_3)时,光谱发生变化,在 700 nm 附近出现一个显著的吸收边。在针铁矿[α-FeO(OH)]中,该吸收边并不扩展至可见区。Tandon 和 Gupta 在氧化铁的反射光谱中,除可见到 860 nm和 470 nm 附近的 Fe^{3+} 的晶体场谱带外,还观察到 3 个小吸收峰,它们位于 350 nm、290 nm 和 230 nm 附近。这些极小吸收峰被认为是 Fe—O 电荷转移的谱带。当铁与氧结合时,可看到这些电荷转移谱带进一步向红波方向扩展。

在褐铁矿($2Fe_2O_3 \cdot 3H_2O$)光波谱中,300～480 nm 处的强吸收峰是 Fe—O 电荷转移谱的尾部,而另一波长较长的谱带是由晶体场跃迁所致。

(3)色心

数目有限的赋色物质,特别是卤化物,在可见波段所显示的波谱特征不能用它们的化学特征或存在的杂质来解释,它们是由色心这一电子现象引起的。具有完整周期势场的晶体受辐射照射并不产生永久性完善的效应。因为,将辐射源移去,受激电子即刻返回到它们离开时产生的带正电的空穴中。但在实际晶体中,总存在着晶格缺陷,它们扰乱了周期性,这些缺陷能产生分离能级,受激电子能落入这些能级中。这些电子被束缚在缺陷中。如黄色萤石的色心波谱吸收峰中心为 440 nm,紫色萤石的色心吸收峰中心为 580 nm,而蓝色萤石的色心吸收峰中心为 400 nm 和 590 nm。

(4)异常跃迁

在某些晶格中,由于组成晶格的离子彼此靠近,外层电子的分离能级发生变化而形成能带。电子能带有两种:高能量区为"导带",低能量区为"价带"。导带中电子具有高的能量,故不受任何离子束缚,因而可在晶格中自由地运动,这些电子称为"自由"电子或"传导"电子。但价带中的电子被束缚在特定的离子或价键中。导带与价带之间的能量区叫"禁带",电子不能获取禁带区的能量。金属有很高的电导率,即金属中具有大量电子,金属的禁带极窄，导带与价带几乎相接。另一方面，在电介质中，价电子被紧紧地束缚，因此电介质具有很宽的禁带。

在半导体中，禁带宽度介于金属和电介质之间。导带边缘由可见至近红外的强吸收边的形状来确定。吸收边的锐度是物质的纯度和结晶质的函数。在粒状矿物中，颗粒的边界、晶格缺陷、周期性差、吸收杂质成分等因素使吸收边的斜度比单纯晶体的波谱大。例如，硫磺的导带吸收边的中心为450 nm，而雄黄的为550 nm。

3. 振动过程效应

任何一个振动系统的表观无规则运动，是由数目有限的简单运动（称为简正模式和基本模式）构成的。一个由 N 个粒子组成的系统有 $3N-6$ 个简正振动。因此，简正振动的数目和形式以及任何物质的许可能级值，取决于结构原子的数目和种类、它们的空间几何排布以及它们之间结合力的大小。

每一种简正振动有一个与它相关的量子数 N_i 和一个简正频率 ν_i。第 i 个振动通常借助于所涉及的运动来描写。水分子只有三种简正振动：对称的OH伸缩振动，记为 ν_1 或 ν_{OH}；HOH弯曲振动 ν_2；对称的OH伸缩振动 ν_3。

当一个基本模式被两个或两个以上的能量子(quantum of energy)所激发，就会产生倍频，它的谱带位置在基频的两倍或整数倍（即 $2\nu_1$，$3\nu_1$，$4\nu_1$等）处或附近。当两个或两个以上不同基频或倍频振动发生时，在所有基频与倍频加和之处或附近，就出现合频谱带。

激发重要地物的基本模式所需要的能量属于中红外和远红外区。硅—氧、铝—氧和镁—氧的基本模式发生在10 μm附近或在波长比10 μm长的区域。它们的第一倍频应在5 μm附近或在波长比5 μm更长的区域，因而在反射红外(VNIR)区中观察不到。而较高的倍频的谱带强度极弱，所以也不能期望在VNIR区中见到它们。

在近红外(NIR)区所观察到的，是具有很高基频的合频和倍频谱带。但是具有这样高频率的基团相当少，至今所知，最重要的是—OH基团。

因为—OH基团是许多物质的组成部分，而且只要有水存在，羟基特征就出现，所以在地球物质的光谱中，—OH基团的资料比其他基团的多得多。

(1)水

液态水具有上面所述的三种基谱振动模式。当这些模式被激发时，它

们的谱带位置为 ν_1 在 3.106 μm，ν_2 在 6.08 μm，而 ν_3 在 2.903 μm。在 NIR 区中可出现的倍频与合频的谱带是：$(\nu_2+\nu_3)$ 在 1.875 μm 附近；$(2\nu_1+\nu_3)$ 在 1.454 μm 附近；$(\nu_1+\nu_3)$ 在 1.38 μm 附近；$(\nu_1+\nu_2+\nu_3)$ 在 1.35 μm 附近；$(2\nu_1+\nu_3)$ 在 0.942 μm 附近。

图 1.14 给出了一些矿物的水引出的光谱特征。水分子可以以单个分子的形式或成团地存在于矿物结构中的特定位置上，成为晶体结构的基本部分，例如石膏($CaSO_4 \cdot 2H_2O$)这样的水合物。水分子可以以不等的数量存在于晶体结构的特定位置上，但并不是结构的基本组成部分，例如钠沸石($Na_2Al_2S_{i3}O_{10} \cdot 2H_2O$)这样的沸石矿物。水分子(数量可变)也可以和大量的作为结构组成部分的羟基基团一起存在于矿物中，例如在类似黏土的矿物族中，此处以蒙脱石作为例子。蒙脱石的一般化学式可表示为 $[(Al,Mg,Fe)_4(OH)_n(Si,Al,Fe)_8O_{20-n}(OH)_n \cdot 6H_2O]$。水分子一般是物理吸附在晶体表面上。水也在可被封闭在晶体结构内的液包体中，如乳石英(SiO_2)。

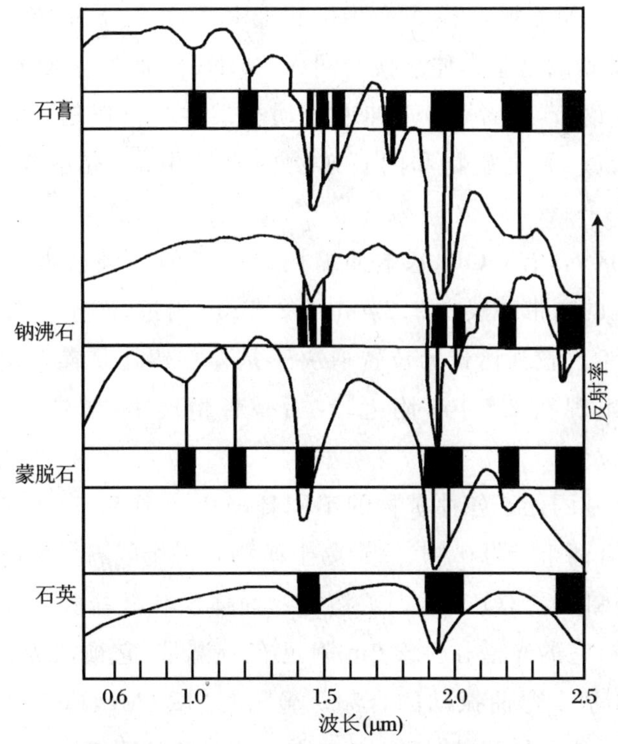

图 1.14　具有水分子振动合频和倍频带的光谱(G.R.Hunt,1979)
水分子处在矿物内的不同位置中

因为水分子所能占据的部位和位置有所变化，它们所能处的环境也有所不同，因此，在这些光谱中，水谱带的强度不同，谱带位置也有变化。只要矿物和岩石中有分子水存在，1.4 μm 和 1.9 μm 附近的这两个谱带总出现，谱带可以较宽。这说明水分子排布无序，或占据几个不同的位置。只要这两个谱带同时出现，就可确凿无疑地断定水分子的存在。

(2)羟基

羟基(—OH)基团只有一个基本伸缩振动模式，它是红外活动振动，约在 2.75 μm 附近产生一个谱带。谱带的准确位置取决于与—OH 直接相连的组分以及—OH 基团在材料中的位置。因为—OH 基团可以处在几个不同的位置上，因而它处于同一物质内的不同势场中，所以在光谱中就可出现同样是—OH基本伸缩模式产生的几个不同的谱带。例如，在滑石的光谱中，有三个尖锐的谱带，它们位于 2.719 μm，2.730 μm 和 2.740 μm 处。这些谱带与下述状态中的—OH 基团有关，在这些状态中，最邻近的八面体位置分别被 $3Mg^{2+}$ 离子，$2Mg^{2+}$ 和 Fe^{2+}，或 Mg^{2+} 和 $2Fe^{2+}$ 离子占据(Vedder,1964)。

—OH 基本伸缩振动模式产生的谱带恰好处在 NIR 区之处，因而在 NIR 区中观察到的是基本伸缩振动同 X—OH(X 通常为 Al 或 Mg)基本弯曲振动的合频谱带，或者—OH 伸缩振动与某些晶格振动或摆动模式的合频谱带。在云母、黏土矿物和闪石矿物的光谱中，具有显著的、清晰可辨的—OH 谱带。

在 2 μm 区，含有—OH 基本伸缩振动模式的合频谱带通常成对地出现。波长较短的谱带一般在 2.2 μm 或 2.3 μm 附近，而伴随谱带在 2.3 μm 或 2.4 μm 附近。较强谱带的位置取决于是存在铝还是存在镁。在前一种情况下，谱带出现在 2.2 μm 附近，在后一种情况下，谱带出现在 2.3 μm 附近。

这些羟基基团处于各种矿物的不同环境中。图 1.15 举例说明上述的可变性，图中有两个云母矿物、一个黏土矿物和一个闪石矿物的光谱。白云母[$K_2Al_4(Si_6Al_2O_{20})(OH,F)_4$]矿物是八面体层状硅盐酸，结构中的—OH 基团绕铝配位，它的光谱在 2.2 μm 附近有一谱带，它被认为是—OH 伸缩振动与 AlOH 基本弯曲振动的合频。金云母[$K_2(Mg,Fe^{2+})_6(Si_6Al_2O_{20})(OH,F)_4$]为三八面体层状硅酸盐，它所含的羟基基团绕镁配位。主要的谱带出现在 2.3 μm 附近，该谱带被认为是 OH 伸缩振动与 MgOH 基本弯曲振动的合频。在高岭石[$Al_4(Si_4O_{10})(OH)_8$]和阳起石[$Ca_2Mg_5(Si_8O_{22})(OH,F)_2$]的光谱中，情况如此。在高岭石的光谱中，谱带成对出现，这说明—OH基团处在稍微不同的几个位置上。这些光谱中的其他特征可归因于—OH伸缩振动与硅-氧基本伸缩振动的合频。在高岭石的光谱中，位于1.9 μm附近的谱带表明该样品含有一些水。

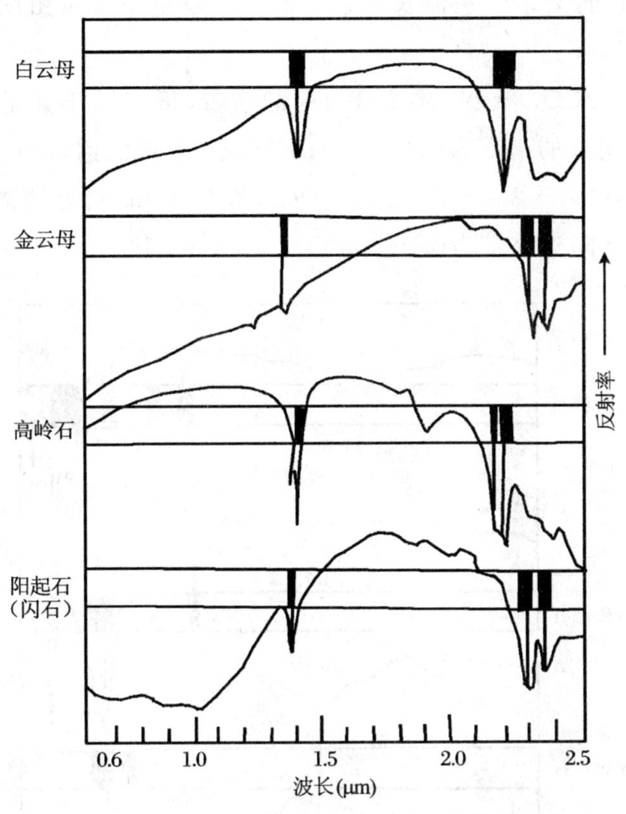

图1.15 具有羟基基团的倍频与合频谱带的波谱

(G. R. Hunt, 1979)

(3)碳酸盐、硼酸盐、磷酸盐和色素

在NIR光谱中1.6～2.5 μm之间出现的谱带，是碳酸根离子的内振动的倍频或合频所产生的。这些谱带一般十分清晰，碳酸盐通常不与水结合，因此，强的水谱带一般不存在，不会干扰碳酸盐的光谱。

平面的CO_3^{2-}离子有6种基本模式。因为有2个双重简并模式，因而下面列出的总共只有4个基本模式，而不是6个。它们是ν_1，C—O完全对称伸缩模式，它是红外活性振动，但它的拉曼谱带出现在9.23 μm附近

(Griffith,1969);ν_2,面外弯曲模式,发生在 11.36 μm;ν_3,双重简并对称 C—O 伸缩振动,发生在 7.0 μm 附近;ν_4,双重简并面内弯曲模式,出现在 14 μm 附近。

在 NIR 区中,碳酸盐一般有五个非常特殊的谱带,头两个谱带波长较长,是十分清晰的双重谱带,其强度比波长较短的三个谱带强得多。后三个谱带通常在它们谱带的短波长一边有肩峰。双重谱带可由简并的消除来解释。

方解石($CaCO_3$)光谱(图 1.16)中的谱带,可归因于如下的倍频与合频:2.55 μm 附近的谱带为($\nu_1+2\nu_3$);2.35 μm 附近的谱带为 $3\nu_3$;2.16 μm 附近的谱带为($\nu_1+2\nu_3+\nu_4$)或($3\nu_1+2\nu_3$);2.0 μm 附近的谱带为($2\nu_1+2\nu_3$);1.90 μm 附近谱带为($\nu_1+3\nu_3$)。

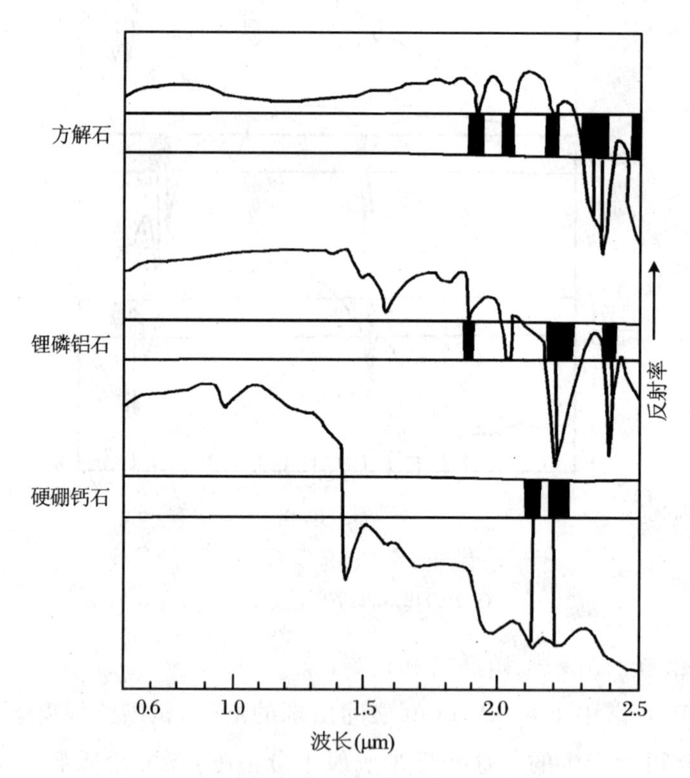

图 1.16 具有不同阴离子基团内振动的倍频与合频谱带的光谱(G. R. Hunt,1979)

锂磷铝石[$(Li,Na)_4Al_4(PO_4)_4(F,OH)_4$]的光谱(图 1.16)中示有由 P—O—H 基团产生的谱带。在磷酸盐、砷酸盐和钒酸盐中,孤立的 XO_4^{3-} 离子基本模式的波长较长，以致它们在 NIR 中的倍频与合频很弱，而无法检测。在锂磷铝石的光谱中，标出的谱带是由 P—O—H 基团的振动引起的。Berry(1968)用氘化技术证实 3.39 μm、4.22 μm 和 5.88 μm 附近的谱带确实是由 P—O—H 振动产生的。这些特征的合频能对水磷酸钙与锂磷铝石光谱中位置相同的谱带予以解释。

硬硼钙石($Ca_2B_6O_{11}\cdot 5H_2O$)光谱中的谱带可归因为 BO_3^{3-} 离子的倍频，就像碳酸盐光谱的类似谱带归因为 CO_3^{2-} 振动一样。尽管一般不太了解金属硼酸盐的分子结构，但是对于具有霰石和方解石结构的一些硼酸盐，已将其光谱中的特征做了解释(Steele and Decius，1956；Weir and Lippencott，1961)。

图 1.17 是绿色植物主要反射光谱的响应特征，图 1.18、图 1.19 是绿色植物中各类色素的吸收率和反射率。从图中可见，叶绿素 a 在 430 nm 和 660 nm(600～700 nm)处各有一个强的吸收峰，并且在 430 nm 处的强度是 660 nm 处的 1.3 倍。叶绿素 b 在 450 nm 和 640 nm(640～650 nm)处各有一个强的吸收峰，并且 450 nm 处的吸收强度是 640 nm 处的 3 倍。类胡萝卜素的吸收峰在 460～490 nm 和 670 nm。530～590 nm 是藻胆素中藻红蛋白的主要吸收带。其他色素均有不同的波谱特征(图 1.19)，但在近紫外和可见光波段，影响植物波谱特征的主要因素是叶绿素 a、b 和类胡萝卜素，但在植物体中叶绿素 a 的含量三倍于叶绿素 b 的含量，故叶绿素 a 对植物反射光谱特征的影响更为明显。其中叶绿素 a 在 680 nm 和 700 nm 处的吸收

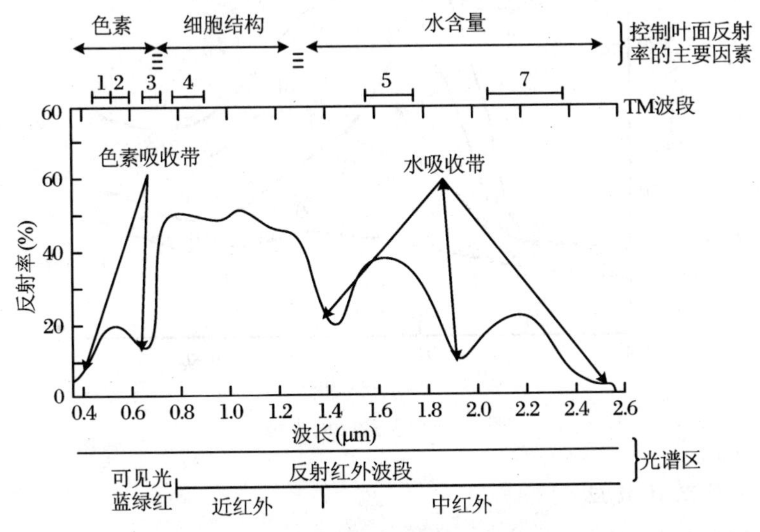

图 1.17 绿色植物主要反射光谱的响应特征

作用最强。同时,叶绿素每同化一个 CO_2 分子,放出一个氧,需要吸收八个光量子,其吸收光的作用很强,故绿色植物叶面波谱在蓝绿光(400～450 nm)和红光波段(650～700 nm)的吸收率均大于90%(图1.19)。另外,植物叶冠反射波谱红端陡坡的斜率与植物单位叶面积所含叶绿素(a+b)的含量有关。但含量超过4～5 mg/dm^{2}后则趋于稳定,相关关系表现得不明显。徐瑞松等(1984)对广州市小叶榕的叶面波谱红端陡坡的斜率值与叶绿素a的含量进行的相关性分析表明,红端陡坡的斜率值与叶绿a的含量呈正相关关系。

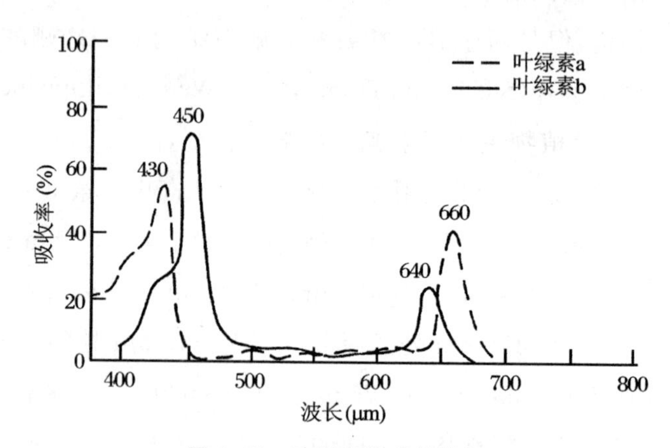

图1.18 叶绿素的吸收特征

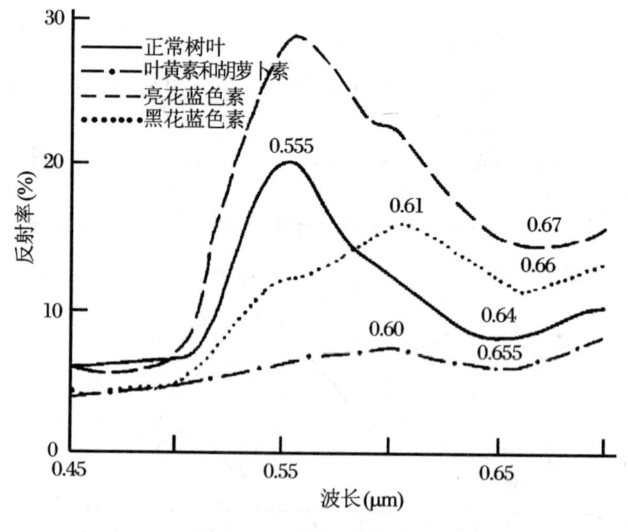

图1.19 色素反射光谱

4. 分子跃迁效应

分子跃迁效应是指构成地物的分子(多为有机分子)运动时吸收或放出

能量对地物波谱所产生的效应。分子跃迁效应又分为分子振动和分子转动时能级跃迁的效应。资源环境遥感所探测的分子跃迁效应的现象主要是光电效应和热辐射效应。在红光和近红外波段以光电效应现象为主，在中远红外至微波波段则以热辐射效应现象为主。在 760 nm 处的吸收谷为氧分子振动所致，850 nm、910 nm、960 nm、1120 nm、1 360～1 470 nm、1 830～2 080 nm等处的吸收特征，与 H_2O 和 CO_2 分子的振动有关(图 1.20～图 1.22)。图 1.20 是植物中的化学成分在近红外波段的波谱特征。从反射率上看，糖的反射率大于纤维素、纤维素的大于木质素，木质素的大于淀粉和蛋白质。从波形上看，糖、纤维素、木质素、淀粉和蛋白质的吸收峰和反射峰均不一致。

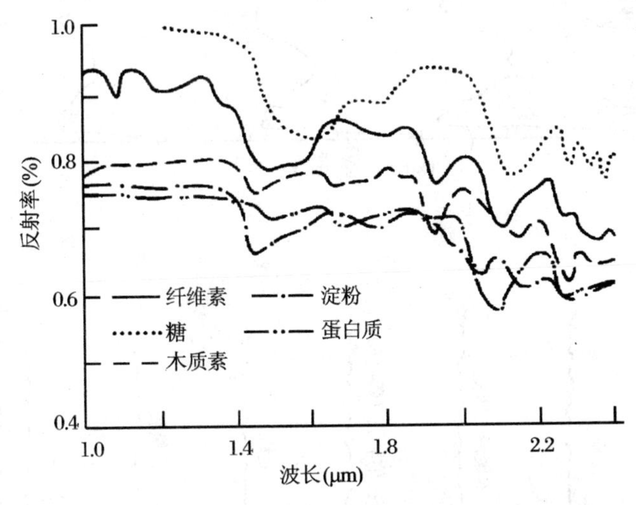

图 1.20　植物中的化学成分在近红外波段的波谱特征

(A. F. Goetz,1992)

图 1.21 是水龙骨属 B 糖、淀粉、果胶等成分在 2.5～20 μm 波段的反射波谱。图 1.22 是树蜡、碳酸酵素、腐殖酸和鞣酸在 2.5～20 μm 波段的反射波谱。图 1.23 是纤维素、木质素和水在 2.5～20 μm 波段的反射波谱。图 1.24是大果实兰科在 2.5～20 μm 的反射波谱。图 1.25 是北美艾灌丛在 2.5～20 μm 的反射波谱。图 1.26 是松树在 2.5～20 μm 的反射波谱。图 1.27 是微波波谱分量与植物叶冠中水含量的相关图。表 1.10 是可见至热红外波段中叶体生物化学吸收特征及形成机理，表 1.11 是木质素的反射波谱吸收峰及形成机制。

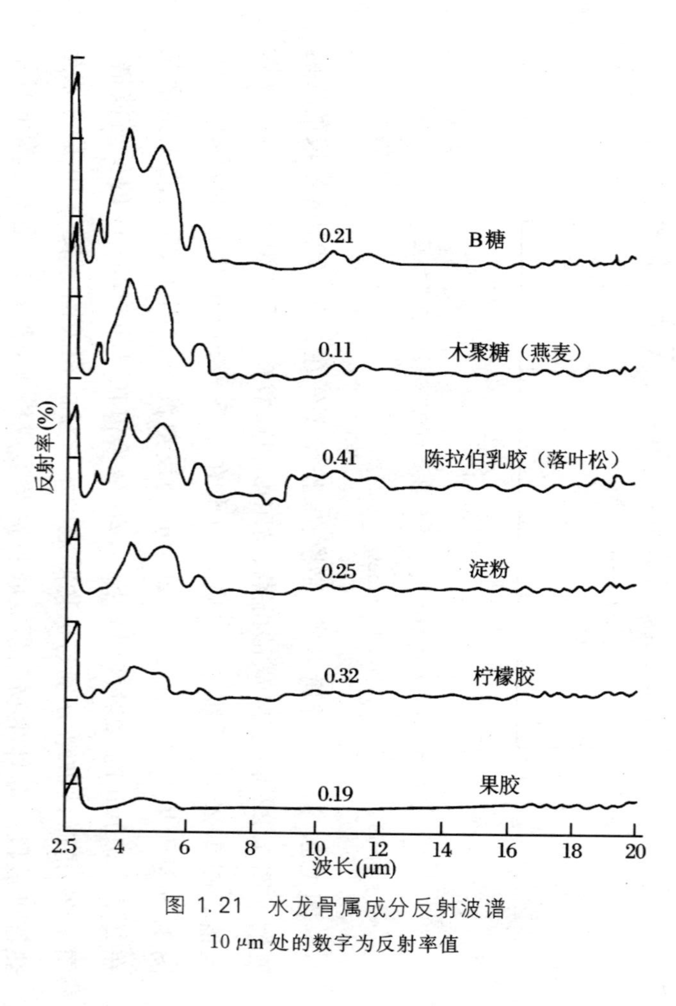

图 1.21　水龙骨属成分反射波谱
10 μm 处的数字为反射率值

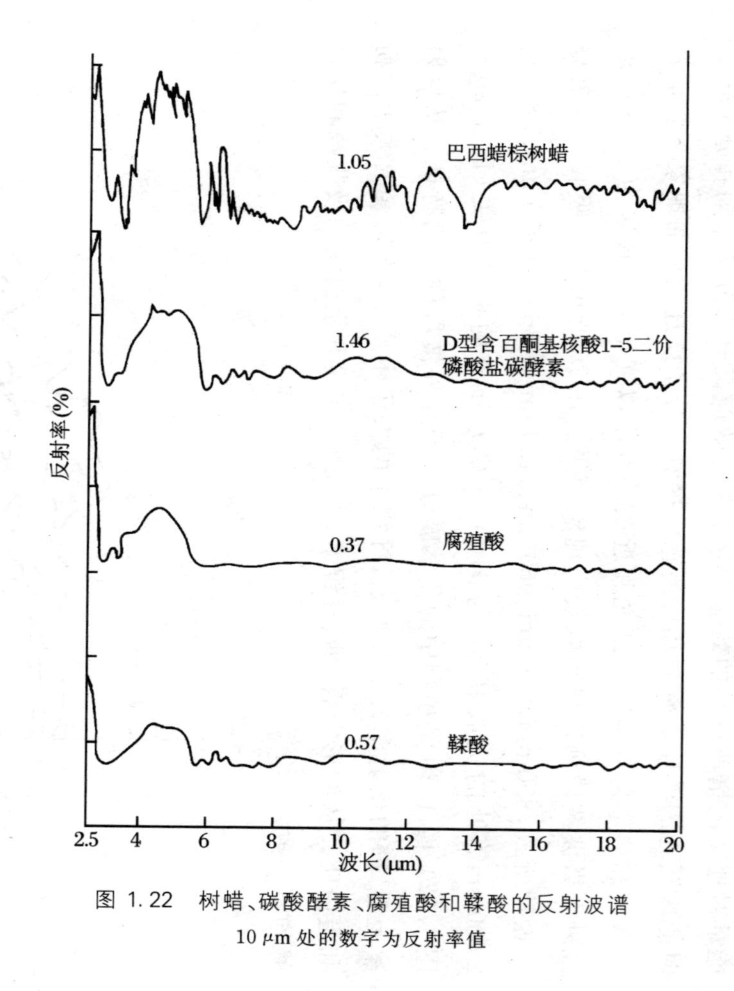

图 1.22　树蜡、碳酸酵素、腐殖酸和鞣酸的反射波谱
10 μm 处的数字为反射率值

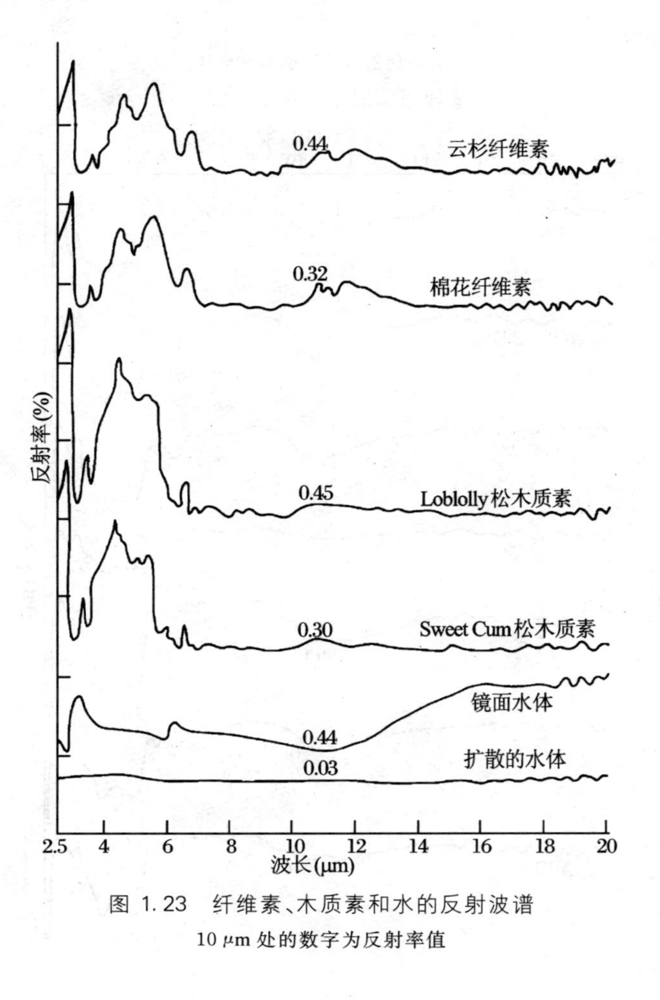

图 1.23 纤维素、木质素和水的反射波谱
10 μm 处的数字为反射率值

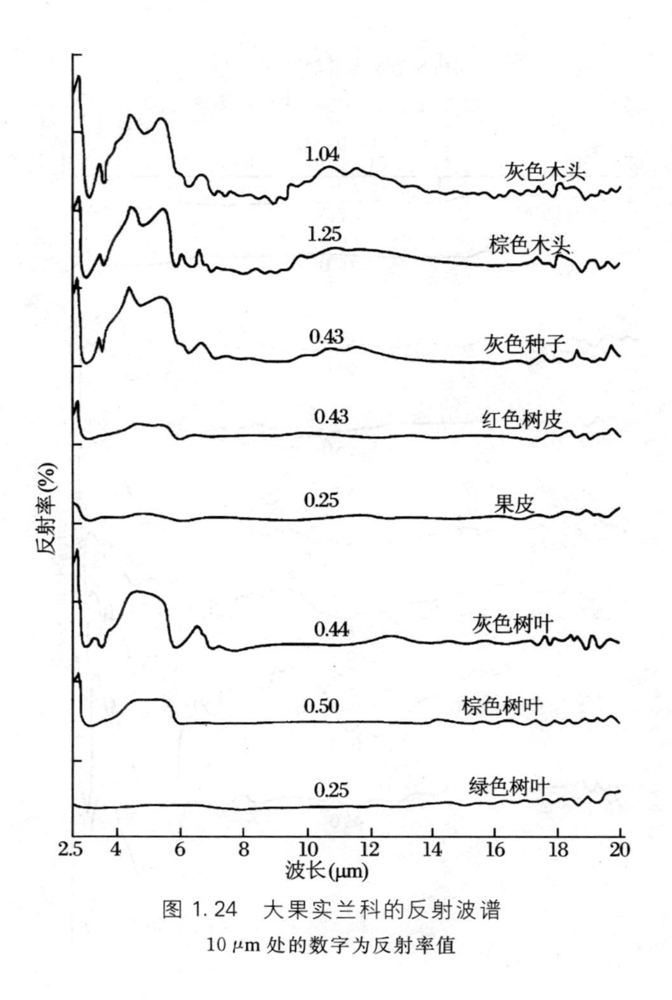

图 1.24 大果实兰科的反射波谱
10 μm 处的数字为反射率值

北美艾灌丛
灰色树皮
灰色木头
棕色木头
棕色花
灰色树叶
开始老化幼树叶
绿色树叶
1.10
0.57
1.66
0.33
0.72
0.67
0.52
反射率(%)
波长(μm)
2.5
4
6
8
10
12
14
16
18
20

图 1.25 北美艾灌丛的反射波谱

10 μm 处的数字为反射率值

松树
灰色木头
灰色木头
棕色木头
棕色松果
黑色针叶
棕色针叶
松树叶
绿色针叶
0.72
1.50
1.56
0.96
0.95
0.84
0.30
0.22
反射率(%)
波长(μm)
2.5
4
6
8
10
12
14
16
18
20

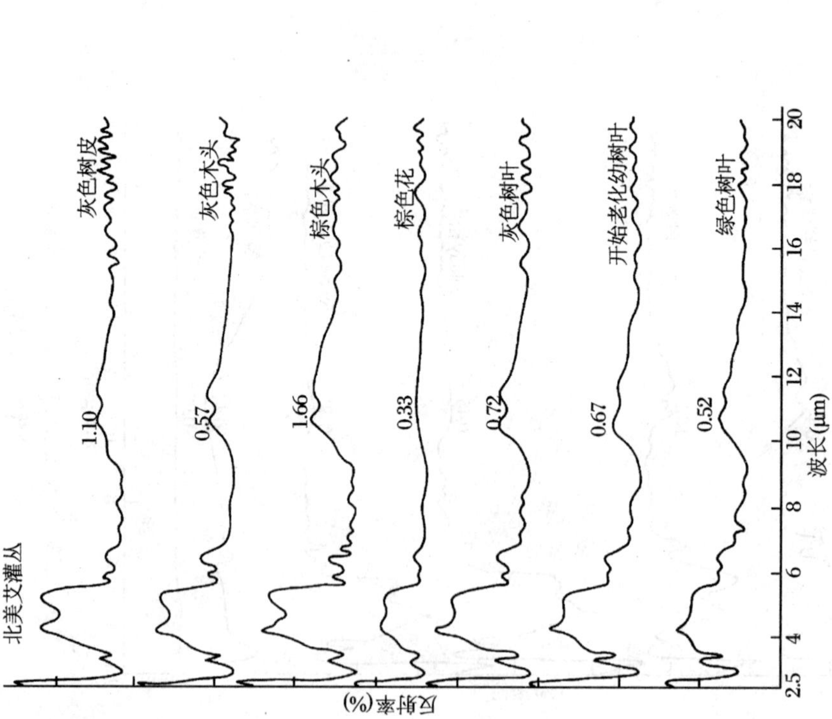

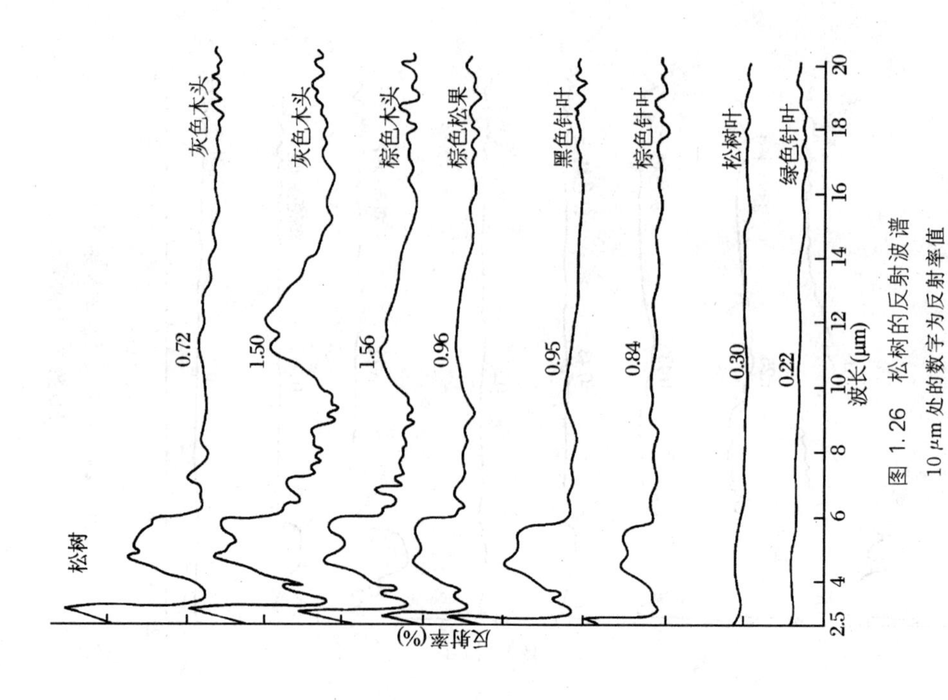

图 1.26 松树的反射波谱

10 μm 处的数字为反射率值

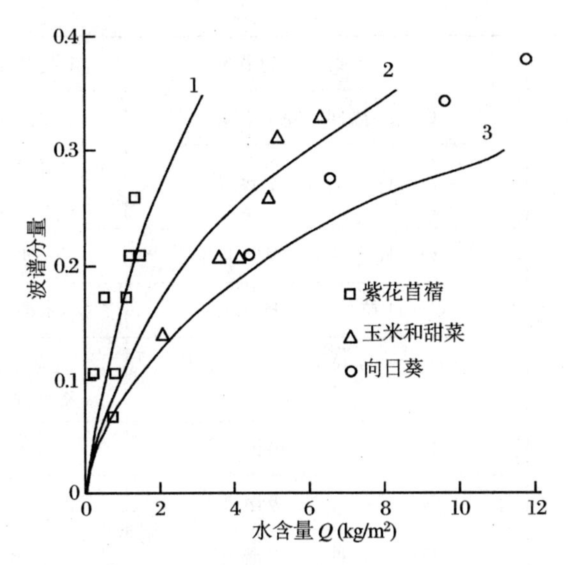

图 1.27　微波波谱分量[LT，L-波长(m)，T-微波对植物叶冠的穿透厚度]与植物叶冠中水含量的相关图

表 1.10　可见至热红外波段中叶体生物化学吸收特征

波长(μm)	电子跃迁或化学键振动	生物化学体	遥感因素
0.43	电子跃迁	叶绿素 a	大气散射
0.46	电子跃迁	叶绿素 b	大气散射
0.48	电子跃迁	胡萝卜素	大气散射
0.59	电子跃迁	藻胆素	大气散射
0.64	电子跃迁	叶绿素 b	大气散射
0.66	电子跃迁	叶绿素 a	大气散射
0.91	C—H 拉伸，三级谐波	蛋白质	大气散射
0.93	C—H 拉伸，三级谐波	油脂	大气散射
0.97	O—H 弯曲，一级谐波	水、淀粉	大气散射
0.99	O—H 拉伸，二级谐波	淀粉	大气散射
1.02	N—H 拉伸	蛋白质	大气散射
1.04	C—H 拉伸，C—H 形变	油脂	大气散射

续表

波长(μm)	电子跃迁或化学键振动	生物化学体	遥感因素
1.12	C—H拉伸,二级谐波	木质素	大气散射
1.20	O—H弯曲,一级谐波	水、纤维素、淀粉、木质素	大气散射
1.40	O—H弯曲,一级谐波	水	大气散射
1.42	C—H拉伸,C—H形变	木质素	大气散射
1.45	O—H、C—H拉伸,C—H变形,一级谐波	淀粉、糖、木质素、水	大气吸收
1.49	O—H拉伸,一级谐波	纤维素、糖	大气吸收
1.51	N—H拉伸,一级谐波	蛋白质、氮	大气吸收
1.53	O—H拉伸,一级谐波	淀粉	大气吸收
1.54	O—H拉伸,一级谐波	淀粉、纤维素	大气吸收
1.58	O—H拉伸,一级谐波	淀粉、糖	大气吸收
1.69	O—H拉伸,一级谐波	木质素、淀粉、蛋白质、氮	大气吸收
1.78	C—H、O—H拉伸,H—O—H形变,一级谐波	纤维素、糖、淀粉	大气吸收
1.82	O—H拉伸/C—O拉伸,二级谐波	纤维素	大气吸收
1.90	O—H拉伸,C—O拉伸	淀粉	大气吸收
1.94	O—H拉伸,O—H形变	水、木质素、氮、淀粉、纤维素	大气吸收
1.96	O—H拉伸,弯曲	糖、淀粉	大气吸收
1.98	N—H不对称	蛋白质	大气吸收
2.00	O—H,C—O形变	淀粉	大气吸收
2.06	N—H拉伸,N═H弯曲,二级谐波	蛋白质、氮	大气吸收
2.08	O—H拉伸,变形	糖、淀粉	大气吸收
2.10	O═H弯曲/C—O拉伸/C—O—C拉伸,三级谐波	淀粉、纤维素	大气吸收

续表

波长(μm)	电子跃迁或化学键振动	生物化学体	遥感因素
2.13	N—H 拉伸	蛋白质	遥感器信噪比快速衰减
2.18	N—H 弯曲/C—H 拉伸/C—O 拉伸/C═O 拉伸/C—H 拉伸,二级谐波	蛋白质、氮	
2.24	C—H 拉伸	蛋白质	
2.25	O—H 拉伸,O—H 形变	淀粉	
2.27	C—H 拉伸/O—H 拉伸,CH_2 弯曲/CH_2 拉伸	纤维素、糖、淀粉	
2.28	C—H 拉伸/CH_2 形变	淀粉、纤维素	
2.30	N—H 拉伸,C═D 拉伸 C—H 弯曲,二级谐波	蛋白质、氮	
2.31	C—H 弯曲,二级谐波	油类	
2.32	C—H 拉伸/CH_2 变形	淀粉	
2.34	C—H 拉伸、形变,O—H 拉伸、形变	纤维素	
2.35	CH_2 弯曲,二级谐波,C—H 形变,二级谐波	纤维素、蛋白质、氮	
2.90	O—H 拉伸	纤维素	
2.92	O—H 拉伸	木质素	
3.03/3.15	O—H 拉伸	纤维素	热辐射
3.37/3.38	C—H 拉伸	纤维素	
3.41/3.51	CH_2 不对称拉伸	纤维素	
3.44/3.46/3.48	C—H 拉伸	纤维素	
3.42/3.48/3.55	甲基和亚甲基团中 C—H 拉伸	木质素	
5.76/5.81/6.02	C═O 拉伸	木质素	
6.12	O—H 拉伸	水	大气吸收
6.23/6.62	芳香族骨架振动	木质素	大气吸收
6.08/6.85	甲基和亚甲基团中 C—H 变形	木质素	大气吸收

续表

波长(μm)	电子跃迁或化学键振动	生物化学体	遥感因素
6.80/6.94	O—H平面弯曲	纤维素	作用增强
6.99	芳香族骨架振动	木质素	
7.06	CH_2对称弯曲	纤维素	
7.27	C—H弯曲	纤维素	
7.30	C—H对称变形	木质素	
7.33	C—H弯曲	纤维素	
7.49	O—H平面弯曲	纤维素	
7.52	丁香族环飘动与C—O拉伸	木质素	
7.60	CH_2拉伸	纤维素	
7.83	C—H弯曲	纤维素	
7.87	邻甲氯基苯酚环飘动与C—O拉伸	木质素	
7.96/8.16/8.33	O—H平面弯曲	纤维素	
8.13	丁香族和邻甲氧基苯酚飘动与C—O拉伸	木质素	
8.66	C—O—C拉伸	纤维素	
8.77/8.85	C—H向内平面变形	木质素	
9.03	不对称内环拉伸	纤维素	
9.22	仲乙醇和脂肪中C—O变形	木质素	
9.28/9.43/9.66	分子骨架振动,C—H拉伸	纤维素	
9.80/9.95/10.04/10.36	C—H内平面变形,C—D变形	木质素	
9.66	C—H内平面变形,C—O变形	木质素	
10.31/10.08/12.27/13.0	═C—H处平面变形	木质素	
11.21	不对称向外拉伸	纤维素	
12.50	环飘动	纤维素	
13.16	CH_2摆动	纤维素	
14.29/15.38	O—H向外弯曲	纤维素	

注:本表根据徐瑞松(2003)和赵英时(2004)的资料整理。

表 1.11 木质素的反射波谱吸收峰及形成机制(Hergert,1971,Chua,1979,Suty,1983)

吸收峰(μm)	机 制
2.92	O—H 伸缩运动
3.42,3.48,3.55	甲基和亚甲基团中 C—H 的伸缩运动
5.76	非共轭酸和酯中 C ═O 的伸缩运动
5.81	非共轭酮和碳氧族中 C ═O 的伸缩运动
6.02	等价替代芳基酮中 C ═O 的伸缩运动
6.23,6.62	芳香族骨架振动
6.80,6.85	甲基和亚甲基团中的 C—H 变形作用
6.99	芳香族骨架振动
7.30	C—H 对称变形作用
7.52	丁香族环飘动与 C—O 伸缩
7.87	邻甲氯基苯酚环飘动与 C—O 伸缩
8.13	丁香族和邻甲氧基苯酚环动与 C—O 伸缩
8.77	邻甲氧基苯酚型芳香族 C—H 向内平面变形
8.85	丁香族型芳香族 C—H 向内平面变形
9.22	仲乙醇和脂肪中的 C—O 变形
9.66	邻甲氧基苯酚型芳香中 C—H 内平面变形和伯乙醇的 C—O 变形
10.31,10.80,12.27,13.00	═CH 外平面变形

从以上图表所列结果可知,在近红外至微波波段的反射波谱的反射率和波形特征,主要是受有机质中的 H_2O, CO_2, OH, CH_2, C—H, C ═O, C—O, C—O—C, ═CH 等的伸缩、振动、摆动、飘动、变形等运动中的能量跃迁所致。

5. 电子自旋效应

电子自旋效应,是指组成地物元素的核外电子自旋运动吸收或放出能量对地物波谱特征的效应。电子自旋一般分为电子方向自旋和在原子核及电磁场作用下的电子自旋作用,方向自旋主要制约微波到长波波段的波谱特征。原子核和电磁场作用下的电子自旋主要制约微波至无线电波波段的波谱特征。目前这一波段在遥感探测器方面还未得到充分的开发利用。

6. 结构效应

结构效应是指地物结构和构造的变化对地物波谱特征的效应。

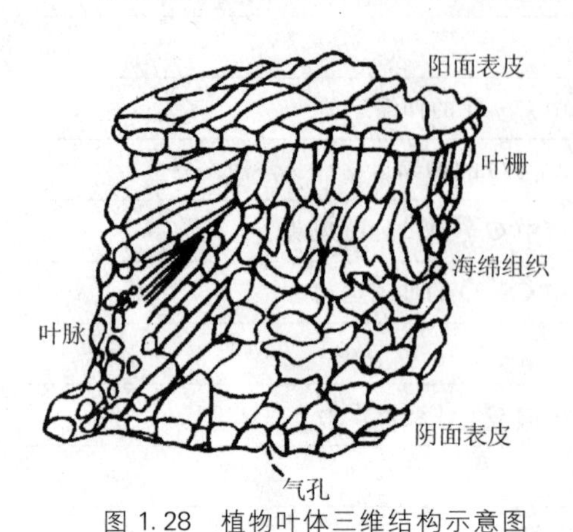

图 1.28 植物叶体三维结构示意图

图1.28是植物叶体三维结构示意图,叶面波谱的反射率和波形特征主要与叶体阳面表皮的光洁度、粗糙度等有关。图1.29是北美红杉针叶的细胞结构透射电镜图。图(a)是受毒害程度低的红杉针叶细胞图,图(b)是受毒害程度深的红杉针叶细胞图,两图相比可知,图(a)中的细胞核清晰可见,色素体正常,细胞壁呈三角形直线相接,而图(b)中的细胞核扩散且边界不清,细胞壁弯曲成波状,细胞体变空,原生质多呈粗糙的块状体,受毒害严重的细胞多分布在叶体表层,而受毒害轻的细胞多分布在叶体底部的纤维组织中。受毒害深的植物叶体细胞变异,致使叶体表面光泽减少,

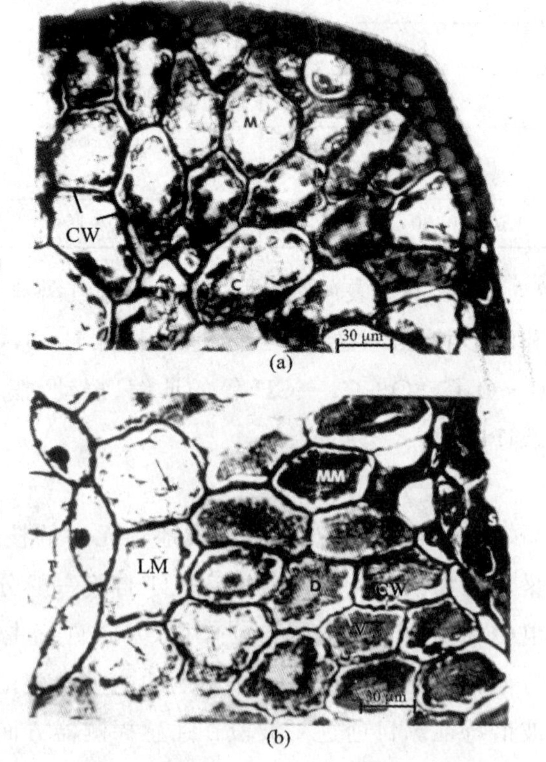

图 1.29 北美红杉针叶的细胞结构透射电镜图(Rock,1986)

(a) 为受毒害轻的细胞,图中 M 为正常的细胞核,CM 为平直有规则三角状分布的细胞壁,C 为正常的色素;(b) 为受毒害严重的红杉针叶细胞,图中箭头指处为细胞核原生质变成粗糙的团块或成为稠密物质分体(D),D 周围形成空壳(V),细胞壁成弯曲波状(CW),受毒害严重的细胞(MM)多分布在叶体表层(S),受毒害轻的细胞(LM)多分布在叶体底层的纤维管组织中(T)

变粗糙直至出现异常色彩,使叶体表面波谱特征发生变异。图 1.30 是叶冠结构示意图,图中(a)是阔叶林的叶冠结构示意图,从图中可见,阔叶林的叶冠宽大平整,呈不规则状,单位面积内覆盖率高。(b)是塔状常绿林的叶冠结构示意图,多呈圆形规则状,叶面粗糙,(c)是落叶后的叶冠结构示意图,呈不规则针状分布。这些细胞结构和叶冠结构的变异直接制约着红光至近红外波段的反射率和波形特征。

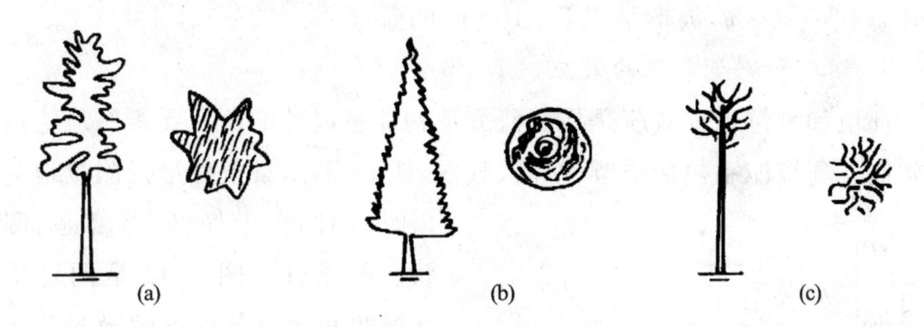

图 1.30 叶冠结构示意图

(a) 为阔叶林;(b) 为塔状常绿林;(c)为落叶后的叶冠

从图 1.31 的结果可知,受毒害轻的和受毒害严重的红杉针叶反射光谱的反射率和波形特征相比,差异最显著的是在 0.7~1.3 μm 波段,其次是 1.55~1.8 μm 波段,说明结构效应制约叶面波谱特征的主要波段是在近红外波段。

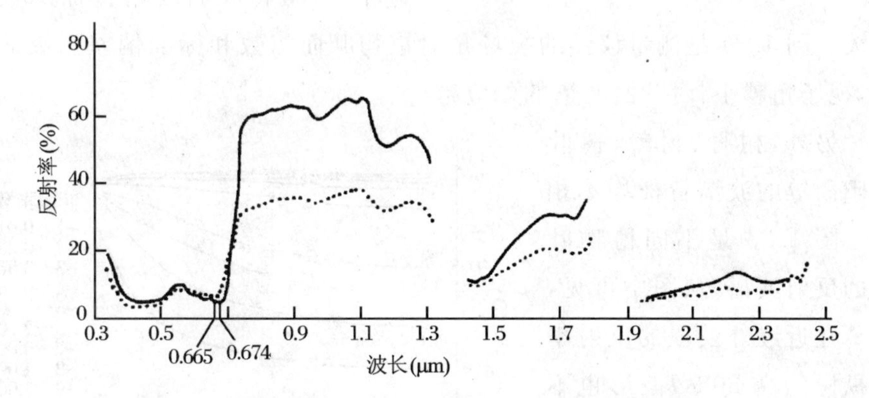

图 1.31 北美红杉针叶反射光谱图(Rock,1986)

——为受毒害轻的红杉针叶反射光谱,1984 年 8 月 20 日上午 11 点测量,水效应指数(MSI)为 0.537,……为受毒害严重的红杉针叶反射光谱,1984 年 8 月 18 日 12 点 22 分测量,MSI = 0.575

7. 成分效应

成分效应是指组成地物的元素多于或少于正常含量时,对地物波谱所产生的效应。成分效应是一种综合效应,即某一地物元素缺乏或过剩对地物产生的效应。例如,植物的色素细胞结构、水含量、叶面温度、叶面结构等发生变异,产生电子、分子跃迁和结构等效应。图 1.6 所示,广东鼎湖斑岩钼矿区的鼠刺由于受过量钼的毒化,其叶面反射光谱与正常区的相比,反射率升高 5%～30%,波形呈现 5～10 nm 的蓝移。

8. 环境和测量条件的效应

环境和测量条件效应是指所研究地物体系以外的所有要素对地物波谱的效应。环境体系包括季节、时间、气候、地形等,测量条件是指测量地物波谱时的时间、天气、仪器姿态、测量状态等条件。图 1.32 是同种植物在黑暗和光照条件下的激光荧光特征。从图中可见,黑暗条件下的植物叶面激光荧光强度比日照下的高 100～300 a.u.。图 1.33 是太阳天顶角对植物叶面指数和标准偏差指数的效应,从图中可知太阳天顶角越小,对植物叶面波谱特征的效应越大。图 1.34 是测量仪器的视场角对植物叶面指数和标准偏差指数的效应,视场角越小,对叶面波谱的效应越小。

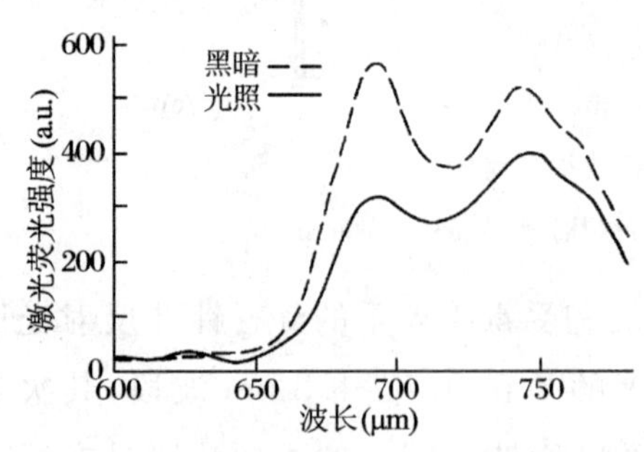

图 1.32　同种植物在黑暗(………)和光照(——)条件下的激光荧光特征

另外,树种、树龄、树叶阴阳面等的波谱特征均不相同。图 1.35 是不同植物叶冠的反射波谱,从图中可见,草丛在近红外波段的反射率比枞树的高 30%,波形也不一样。图 1.36 是同一树种老叶和嫩叶的反射波谱,老叶比嫩叶的反射率高。图 1.37 是同一植物叶阴面和

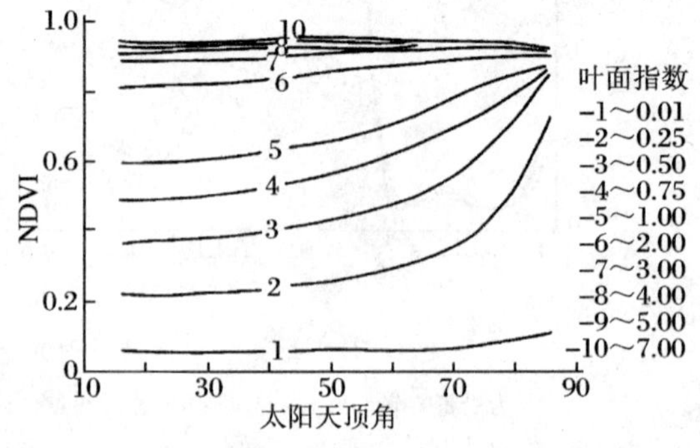

图 1.33　太阳天顶角对植物叶面指数和标准偏差指数(NDVI)的效应

阳面的反射波谱，图中阴面的反射率比阳面的高。

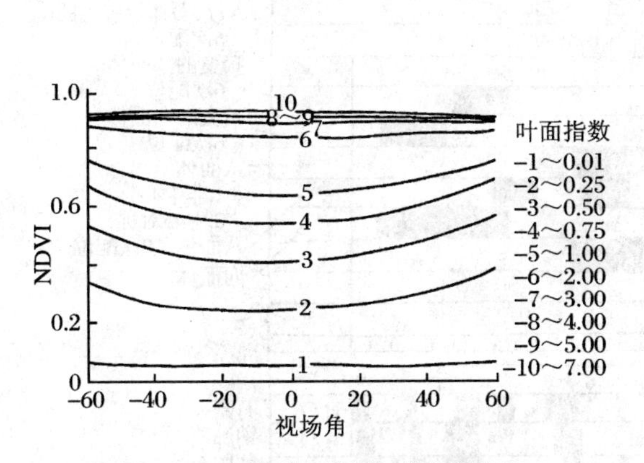

图 1.34　视场角对植物叶面指数和标准偏差指数(NDVI)的效应

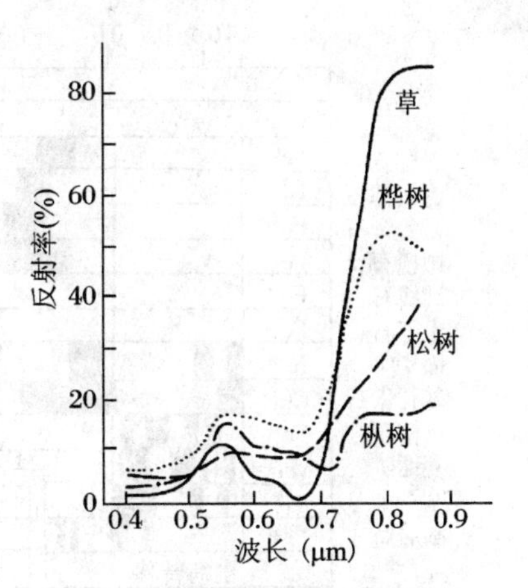

图 1.35　不同植物叶冠的反射波谱(Fritz,1967)

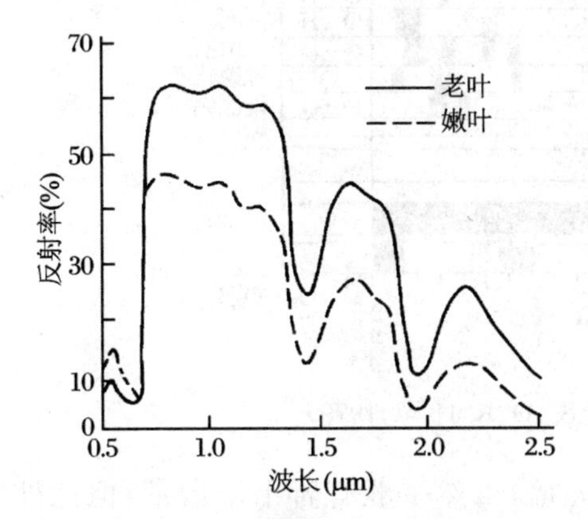

图 1.36　同一树种老叶和嫩叶的反射波谱(徐瑞松,1988)

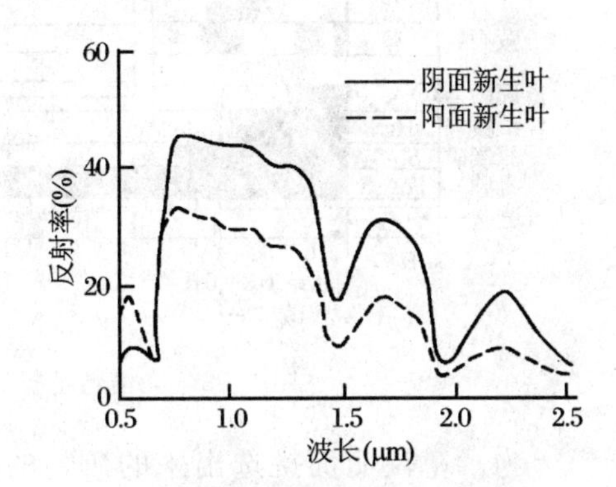

图 1.37　同一植物叶阴面和阳面的反射波谱(徐瑞松,1988)

9. 光谱特征标记图

将前面各图表中所有已确定的光谱特征资料归并到一起，并示于图 1.38 中。该图用来确定粒状矿物 VNIR 光谱中所常见的电子特征和振动特征的位置和成因。

图 1.38 分为两个主要区域，右下角较小的区域包括振动成因特征位置，图的主要区域部分表示具有电子成因的特征。因为在 VNIR 区中有几种差异很大的产生特征的电子过程，因此将该区进一步细分，并确定其特征过程。

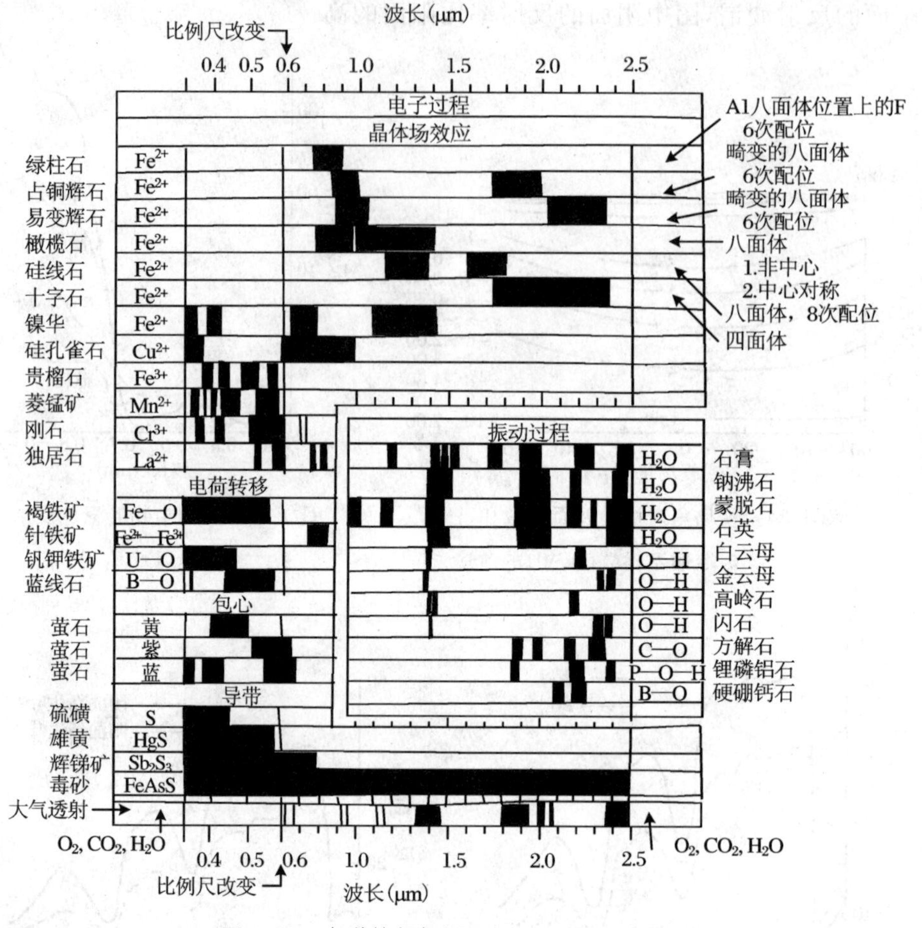

图 1.38 光谱特征标记图(G.R.Hunt,1979)

为示范说明而挑选出来的矿物的光谱，虽然一般有若干个谱带，但此处所示出的仅是由特定的过程、特定的离子或基团所产生的那些谱带。例如，在绿柱石的光谱中，示出有几个不同位置中的水振动所产生的尖锐的多重谱带和 Fe^{2+} 离子的电子过程所产生的谱带，但是只标出了八面体位置中6次配位的二价铁离子晶体场跃迁所产生的谱带，其余的特征则在图的其他部分由别的矿物标出。

该图的用途在于它能对光谱中特定位置的谱带给予解释。

仔细分辨能把振动过程产生的谱带同电子过程产生的谱带区分开：振动谱带要尖锐得多，而且典型的振动特征以多重谱带的形式出现，而电子成因的谱带宽，而且是单谱带或双重谱带。当然，如果在图上有若干个谱带，那么在能够确定这些谱带中的任何一个之前，所有的谱带都应在光谱中出现。例如,因为碳酸盐光谱有 5 个谱带,所以,只有当所有的 5 个谱带都在光谱中出现时,方能将每个谱带归属为 CO_3^{2-} 离子的振动。

在图 1.38 的底边,有一个大气透射光谱。这就在很大程度上确定了陆地遥感应用中可收集的数据所在的光谱区域。在近紫外和可见光波段,形成反射波谱特征的主要机制是绿色植物叶体中各类色素的外层电子跃迁。

综上所述,资源环境遥感探测地物波谱特征研究,必须在全部边界条件都控制一致的条件下进行对比研究才有意义。例如,在测量植物叶冠的地物波谱时,必须在同种树种、同样树龄、同为阳面、同一时间、同样地形、同样气候、同一测量条件下完成。下面以表 1.12 的形式对本节做一小结。

表 1.12　资源环境遥感效应的波谱特征及机制

遥感波段	地物波谱特征	特征形成机制
X,γ 射线 <100 Å	γ 射线放射性强弱,X 荧光的强弱。	元素核子和内层电子的跃迁。
紫外 100 Å～0.38 μm	紫外荧光特征,该波段的大气透射率较低,地物反射率均<10%,波形较平坦。	在远紫外光波段为元素的内层电子跃迁,近紫外波段为矿物和色素等的色离子外层电子跃迁。
可见光 0.38～0.76 μm	具有荧光特征,该波段大气透射率很高,0.38 μm 处为大气弱吸收带,0.425 μm,0.49 μm,0.65 μm,0.67 μm,0.68 μm,0.695 μm 及 0.7 μm 处有强吸收带,0.55 μm 为叶绿素的强反射峰。	组成色素等地物的色心离子外层电子跃迁,如 0.4～0.45 μm 为叶绿素的吸收带,0.425～0.49 μm 为类胡萝卜素的吸收带,0.49～0.56 μm 是类胡萝卜素的次吸收带,0.55 μm 是叶绿素的绿色强反射峰,0.65～0.7 μm 是叶绿素的强吸收带,0.7～0.76 μm 为陡坡,陡坡斜率与叶绿素 a+叶绿素 b 含量有关。
近红外 0.76～1.5 μm	0.76～1.3 μm 为一反射平台,反射率为 25%～80%,在 0.76 μm,0.85 μm,0.91 μm,1.12 μm 及 1.36～1.47 μm 处均为吸收峰。	细胞和叶冠(叶面)等地物的结构,H_2O,O_2,CO_2 等分子振动,1.36～1.47 μm 为水分子振动效应的强吸收带。
中红外 1.5～5.6 μm	在 1.5～2.5 μm 处以反射特征为主,反射率为 5%～40%,1.83～2.08 μm,2.35～2.5 μm 为强吸收峰,2.5～5.6 μm 以热辐射特征为主。	H—O,═O,O—C—O,O—C 等分子振动,1.83～2.08 μm 为水吸收峰,2.35～2.5 μm 为 CO_2 吸收峰。
远红外 5.6～1000 μm	地物辐射温度的高低,一般相差 2～3 ℃。	C—H, H—O, C═O, C—O,═CH,CH_2,C—O—C 等分子的摆动、振动、伸缩、旋转、地物结构。
微波 1 mm～1 m	发射和散射,极化率等高低特征。	以分子转动、电子方向自旋和地物结构等为主。

第四节 地物波谱特征分析与提取方法

一、光谱的特征选择与提取

高光谱遥感数据的分类与常规的多波段遥感数据的分类具有显著的区别。受波段维数增加的影响，为对分类中需要使用的统计参数进行比较精确的估计，训练样本数要远高于常规多波段遥感数据的分类中所使用的样本数。处理高维遥感数据的特征提取是一项必要的工作。因而，采取何种有效的手段进行高维遥感数据分析前的特征提取，也是当前遥感分类与识别领域一个非常值得重视的研究方向。

1. 特征选择

特征选择是指通过对数据的评价，从众多特征中挑选出用于遥感分类的有限个特征。特征选择的方法有目视法和数值法。前一种方法主要针对传统遥感数据，但对于高光谱数据，用目视法进行评价工作量很大，一般采用数值评价，通过计算原始光谱数据的有关指标，进而选择出参与分类的最佳波段。例如，可先利用各波段的光谱响应和信息量，排除信息量低、响应小的部分波段。再比较各波段的信噪比、相关性，去掉信噪比小、相关性高的波段，进行初步波段选择。然后，再利用一些统计方法，做进一步的波段选择(叶荣华等,2001)。最佳指数方法常被用来进行最佳波段选择，其计算公式如下：

$$\mathrm{OIF}=\frac{\sum_{i=1}^{n}S_i}{\sum_{i=1}^{n}\sum_{j=i+1}^{n}\left|R_{ij}\right|} \tag{1.6}$$

式中，S_i为第i个波段的标准差，该值越大，对应波段的信息量越大；R_{ij}为第i波段和第j波段的相关系数。

目前已经提出了许多基于某些感兴趣的条件来搜索最优特征子集的选择方法，特征选择问题可以看成特征加权问题的一个特例，与一个特征相关联的权重值表征了该特征对于分类任务的相关性和显著性。如果我们将权重值限制为二值形式,则特征加权问题就简化为特征选择问题。

设 $\mu(S)$ 为评价特征子集 S 对于感兴趣条件(如分类精度等)的性能指标。特征选择问题归结为在特征空间中搜索最优或次优特征子集以使 $\mu(S)$ 具有最佳性能这一优化问题。根据最优化搜索策略的特点,可以将特征选择分为三种不同类型。

(1)穷举搜索法

这一类型的方法通过穷举搜索评价各个可能候选特征子集的性能 $\mu(S)$,并找出其中最优的特征子集。例如 Focus 算法采用广度优先搜索策略查找满足训练样本的最小特征子集的组合。设总的特征数目为 n,则运用穷举搜索策略需要评价的候选特征子集的个数为:

$$C_n^1 + C_n^2 + \cdots + C_n^i + \cdots + C_n^n = 2^n - 1 \tag{1.7}$$

由上式可以看出,穷举搜索随特征个数的增加呈指数增长,所以在实际应用中计算性能较差,只有在总的特征数目很少的情况下才适用。这也是高光谱遥感数据需要研究和探讨其他搜索策略的特征选择方法的根本原因。

(2)启发式搜索

由于穷举搜索法具有低计算性能的缺点,许多研究人员探讨了将启发式搜索方式结合分支界定搜索用于特征子集选取的方法。其中,前向选择(Forward Selection)与后向选择(Backward Selection)是顺序分支界定搜索算法中最常用的特征子集选取方法。前向选择先建立一个空特征子集,然后每次加入一个特征,该特征是剩余特征中最能提高当前评价因子 $\mu(S)$ 性能的特征。后向选择排除开始时建立的包含所有特征的特征集合,然后每次减少一个特征,该特征是当前被选特征中最能降低当前评价因子 $\mu(S)$ 性能的特征。前向选择与后向排除均能保证当前被选特征子集在每一阶段为最优,却不能保证那些复杂的、相互影响并最终影响分类器性能的特征子集。因此,其得到的特征子集并不是全部特征子集中的最优或次优解。与之相关的一种称为“交换策略”的方法,先用其他方法选取一个特征子集,然后选择子集中的一个特征与被选特征中的一个交换,以确定是否具有更好的 $\mu(S)$ 性能表现。如果 $\mu(S)$ 单调[即增加特征个数,$\mu(S)$ 不减],通过分支界定搜索法,能够确保按交换策略找到对于一给定子集大小的特征集合中的最优子集。然而,实际应用中假设 $\mu(S)$ 单调常常不能满足,加入一个无关的特征会严重降低决策对分类器的概括精度。而且,依赖于性能评价因子单调性的特征选取算法虽然对一些线性分类器比较有效,但对非线性分类器(如神经网络)却常常表现出较差的性能。

(3)随机搜索法

随机搜索法采用随机的或概率性的步骤或采样过程。一些学者探讨了基于种群的启发式搜索技术(如遗传算法)用于决策数和最邻近分类器或规则推理系统的特征选择。利用基于遗传算法的特征选择算法不需要性能指标单调,且本身已包含多重选择条件(如分类精度、特征度量开销等),使其在实际应用中比较有效。

根据特征选择算法是否独立于分类器学习算法,将其分为两种类型:滤波器(Filter)类型与包袋(Wrapper)类型。如果特征选择独立于分类器学习算法,归为滤波器类型,反之归为包袋类型。一般地,滤波器类型的方法比包装类型的方法具有更好的技术性能,其主要缺点是最优特征选择一般不能独立于构造分类器的学习算法而表达。另一方面,包袋类型的方法通过运用学习算法对样本数据的特征集合进行训练和评价,并从中选择最优特征选择子集,其计算复杂性较大。

2. 特征提取

特征提取是在特征选择以后,利用某些特征提取算法,从原始特征中求出最能反映其类别特征的新特征,既压缩了数据量,又提高了不同类别特征之间的可分性,有利于准确、快速地进行分类(朱述龙等,2000)。

主分量变换方法是特征提取的有效方法,被广泛使用。对于高光谱数据,往往需要先把数据空间分成几个高度相关的子空间,再分别在子空间内进行 PCA 变换,提取出主要特征,再进行分类,如分块主成分分析方法(Jia 等,1999)和自适应子空间分解方法(Zhang 等,2000)。但 PCA 方法的缺点是变换后各分量的物理意义不明确。K-T 变换虽然变换后各分量具有明确的物理意义,但只限于 Landsat 数据。Harsanyi 和 Chang(1994)发展了一种基于正交子空间投影(Orthogonal Subspace Projection,OSP)的高光谱数据分类算法。该算法是在最小二乘原则下的特定目标正交子空间变换,实现对特定目标的信息检测与提取。提取后的特征用于高光谱数据分类,效果较好(Tu 等,1997;Chang 等,1998)。Ren 等(2000)将 OSP 方法泛化，提出 GOSP(Generalized Orthogonal Subspace Projection)的思想，使 OSP 可以应用于多光谱数据，方法是在应用 OSP 分类前，从有限的多波段数据产生出新的附加波段，满足了 OSP 方法对波段数量的要求。但 OSP 和 GOSP 方法需要分别对要分类的目标实施多次变换。

特征提取包括的内容非常广泛，遥感图像不仅可以提取光谱维特征，而且也可以提取空间维特征，这是图像所表现出来的两种特征。经典的用于遥感图像分类处理中的光谱维特征提取方法可以归纳为以下三种变换：

(1)代数运算法

对原始波段进行加、减、乘、除、乘方、指数、对数等运算，其中最常见的为比值法，其目的是为了消除乘性因子带来的影响，或者增强某种信息而压抑另一种信息。几种典型的植被指数如比值植被指数(RI)、归一化植被指数(NDVI)、垂直植被指数、抗大气植被指数、增强植被指数(EVI)和土壤可调植被指数(SAVI)等就是通过原始通道反射率进行代数运算得到的。

(2)导数法

主要用在高光谱图像处理中，能够提取出不同的光谱参数，如吸收峰位置，植被的红边位置等，导数光谱还能够消除大气效应。有关研究表明，导数法对光谱信号中的噪声非常敏感，在低价导数中的表现又优于高价导数，因而在实际应用中比较有效。

(3)变换法

变换法又分为三种类型。第一种是代数变换，包括线性和非线性变换。线性变换即通过 $Y+B\cdot X$，主要目的是为了达到某种最优结果，如主成分变换就是为了降低处理数据的维数，同时使信息达到最大限度的保留。常用的方法有缨帽变换(Tasselled Cap Transform)、主成分分析法(PCA)、最小最大自相关因子法(Min/Max Autocorrelation Factor, MAF)、最大噪声分量(Maximum Noise Fraction, MNF)、典型分析法(Canonical Analysis, CA)等。此外，还有非线性变换法，甚至变换是隐含的，如神经元网络用于特征提取。第二种是特征数据作为一维信号，采用信号处理的方法，如傅里叶变换、小波分析等，将之变换到频率域，在频率域进行特征滤波、增强等处理，再反变换回时域，使得有用的信号得到增强，而无用的信号得到减弱，从而使不同频率(或不同尺度、不同分辨率)的信号得到分离，这种变换方法可以称为时-频变换法。第三种只适合三个波段图像的变换，用来将以 RGB

三色表示的合成图像转换为HIS形式的合成图像，从而可以使部分信息得到增强，这种方法可以称为色度变换法，如RGB—HIS、HSI—RGB变换。

二、光谱信息处理的一些技术

1. 光谱匹配

与传统的遥感技术相比，高光谱分辨率遥感具有图谱合一的特点，高光谱分辨率遥感信息的分析处理集中于光谱维上进行图像信息的展开和定量分析。在成像光谱图像处理中，光谱匹配技术是成像光谱地物识别的关键技术之一。所谓光谱匹配是通过研究两个光谱曲线的相似度来判断地物的归属类别。它是由已知地物类型的反射光谱，通过波形或特征匹配比较来达到识别地物类型的目的。人们对地球上的各种物质已经做了长期的研究，逐步认识了电磁波与地物的相互作用机理；长期的高光谱试验收集了大量的实验室标准数据，建立了许多地物标准光谱数据库；在高光谱应用研究中，人们已经解决了图像数据的光谱重建的难题。在这些研究工作的基础上，已经具备了从图像直接识别对象的条件。从概念上出发，光谱匹配主要有以下三种运作模式：

(1) 从图像的反射光谱出发，将像元光谱数据与光谱数据库中的标准光谱响应曲线进行比较搜索，并将像元归于与其最相似的标准光谱响应所对应的类别，这是一个查找过程。

(2) 利用光谱数据库，将具有某种特征的地物标准光谱响应曲线当作模板与遥感图像像元进行比较，找出最相似的像元并赋予该类标记，这是一个匹配过程。

(3) 根据像元之间的光谱响应曲线本身的相似度，将最相似的像元归并为一类，这是一种聚类过程。

在前两种运作模式中，解决问题的关键，一是地物标准光谱数据库的建立；二是光谱匹配算法的研究。

1)光谱数据库

不同的地物具有不同的波谱特征，这已成为人们利用高光谱遥感数据认识和识别地物、提取地表信息的主要思想和手段。收集和积累各种典型地物的光谱数据信息历来是遥感基础研究和应用研究中不可缺少的一个重要环节。光谱库是由高光谱成像光谱仪在一定条件下测得的各类地物反射光谱数据的集合，它对准确地解译遥感图像信息、快速地实现未知地物的匹配、提高遥感分类识别水平起着至关重要的作用。由于高光谱成像光谱仪产生了庞大的数据量，建立地物光谱数据库，运用先进的计算机技术来保存、管理和分析这些信息，是提高遥感信息的分析处理水平并使其能得到高效、合理之应用的唯一途径，也给人们认识、识别及匹配地物提供了基础。

2)传统模式识别匹配技术

传统模式识别分类技术包括统计模式识别方法、神经元网络分类法和模糊模式识别。

(1) 统计模式识别方法

在模式识别中，有两种基本的方法：统计模式识别方法和结构模式识别方法。按照距离来度量模式的相似性的几何分类法和基于 Bayes 准则的最大似然法分类是统计模式识别的两种方法。

① 几何分类法——最小距离分类

相似性度量的基本假设是：如果两个模式的特征或其简单的组成部分仅有微小的差别，称这两个模式是相似的。微小差别是指距离在一个阈值之下。最简单的方法是以各类训练样本点的集合所构成的区域表示各类决策区，并以点距离作为样本相似度度量的主要依据。这种方法适用于要识别的每一个类都有一个代表向量的情况。先求出未知向量到各代表向量的距离，通过比较将其归为距离最小的一类。一般用广义距离来表述“距离”。广义距离有以下属性：

$$\begin{cases}\boldsymbol{D}(\boldsymbol{x},\boldsymbol{y}) = \boldsymbol{0}, & \boldsymbol{D}(\boldsymbol{x},\boldsymbol{y}) \geqslant \boldsymbol{0} \\ \boldsymbol{D}(\boldsymbol{x},\boldsymbol{y}) = \boldsymbol{D}(\boldsymbol{y},\boldsymbol{x}), & \boldsymbol{D}(\boldsymbol{x},\boldsymbol{y}) \leqslant \boldsymbol{D}(\boldsymbol{x},\boldsymbol{z}) + \boldsymbol{D}(\boldsymbol{z},\boldsymbol{y})\end{cases} \tag{1.8}$$

可以根据需要设计出满足上述规则的距离，如明氏距离为：

$$\boldsymbol{D}(\boldsymbol{x},\boldsymbol{y}) = \left(\sum |x_i - y_i|^{\lambda}\right)^{1/\lambda} \tag{1.9}$$

当 $\lambda=1$ 时，明氏距离成为曼氏距离；当 $\lambda=2$ 时，成为欧式距离。马氏距离考虑了样本的统计特性，形式为：

$$\boldsymbol{D}^2 = (\boldsymbol{x}-\boldsymbol{m})^{\mathrm{T}} \cdot \boldsymbol{\Sigma}^{-1}(\boldsymbol{x}-\boldsymbol{m}) \tag{1.10}$$

其中，$\boldsymbol{x},\boldsymbol{m}$ 为 n 维特征向量，$\boldsymbol{\Sigma}^{-1}$ 为协方差矩阵的逆矩阵。马氏距离考虑了各特征参数的相关性，因而比明氏距离更为合理。当各特征间完全不相关，$\boldsymbol{\Sigma}^{-1}=\boldsymbol{I}$ 时，马氏距离即为欧式距离。

最小距离匹配法的流程如下：

a.光谱库中选择一种地物类型。

b.对该地物的光谱做重采样，因为待匹配地物或景观的光谱分辨率通常要低于高光谱成像光谱仪的光谱分辨率，做重采样使两者的光谱分辨率一致。

c.计算光谱库中该地物与待匹配地物的距离，此处以欧式距离为例：

$$d_i(x_k) = \left[\sum_{j=1}^{n}(x_{kj} - M_{ij})^2\right]^{1/2} \tag{1.11}$$

其中，i 为光谱库中地物类别数；n 为总波段数；M_{ij} 为光谱库中第 i 种地物在 j 波段的反射率。

d.设 $d_m(x_k)=\{d_i(x_k)\}_{\min}(i=1,2,\cdots,c;c$ 为光谱库中的地物类别数），且 $d_m(x_k)$ 不超过一定的阈值，则待匹配的地物 x_k 属于光谱库中的第 m 种地物。

e.如果有 N 个待匹配的地物或像元，则循环上述步骤，依次求出 $d_m(x_k)=\{d_i(x_k)\}_{\min}$，其中 $k=1,2,\cdots,N;i=1,2,\cdots,c$。

最小距离法是比较简单直观的一种匹配方法，但它的局限性在于针对同种地物类型，由于光照或其他的影响，波形保持不变却发生了上下平移，本应该判断为一种物质，最小距离法常常忽略了这种因素，判别为两种不同的地物。

② Bayes 准则——最大似然分类(MLC)法

基于 Bayes 准则，判别函数是统计模式识别的参数方法，它需要各类的先验概率 $P(\omega_i)$ 和条件概率密度函数 $P(\omega_i \mid x)$ 已知。$P(\omega_i)$ 通常根据各种先验值，只是给出或假设它们相等；$P(\omega_i \mid x)$ 则是首先确定其分布形式，然后利用训练样本估计其参数。一般假设为正态分布，或通过数学方法化为正态分布。其判别函数为：

$$D_i(X) = P(\omega_i \mid x) \quad (i = 1,2,\cdots,m) \tag{1.12}$$

若 $D_i(X) \geqslant D_j(X)$，$j \neq i, j=1,2,\cdots,m$，则 X 为 w_i 类。判别函数有多种导出形式，如最大后验概率准则、最小风险判别准则、最小错误率准则、最小最大准则、Neyman-Person 准则等，是依据不同的规则选择似然比的阈值来实现的。这是目前比较成熟的一种分类方法，并且还在进一步研究中(Ediriwickreman，1997；Jia，1994；Zenzo，1987)。

③ Bhattacharyya 距离分类

对于高光谱数据分类而言，除了一次统计变量(例如平均值)外，二次统计变量(协方差等)是分类与地物识别的重要依据。而 Bhattacharyya 距离同时兼顾一次与二次统计变量，因此在测度高光谱超维空间中两类统计距离时，Bhattacharyya 距离是最佳测度。Bhattacharyya 距离可表达为：

$$\boldsymbol{B} = \frac{1}{8} \cdot (\boldsymbol{u}_1 - \boldsymbol{u}_2)^{\mathrm{T}} \left(\frac{\boldsymbol{\Sigma}_1 + \boldsymbol{\Sigma}_2}{2} \right]^{-1} [\boldsymbol{u}_1 - \boldsymbol{u}_2] + \frac{1}{2} \cdot \ln \left[\frac{1}{2} \cdot \frac{\boldsymbol{\Sigma}_1 + \boldsymbol{\Sigma}_2}{\sqrt{|\boldsymbol{\Sigma}_1||\boldsymbol{\Sigma}_2|}} \right) \tag{1.13}$$

式中，$\boldsymbol{u}_i$ 是类别的平均矢量；$\boldsymbol{\Sigma}_i$ 是类别的协方差矩阵。

(2)神经元网络分类法

由于传统统计分类的一些局限性，人们尝试用神经元网络模型来模拟人类对物体的识别机理，于是有关神经网络分类器的研究不断地进行并得到发展。人们发展了各种形式的网络模型和算法，如 Hopfield 网、Hamming 网、GG、单层感知器网、多层感知器网、Kohonen 组织算法等。它们的基本原理如下：

神经元网络的结构包含一个输入层、一个输出层，即一个或多个隐层。输入层节点数与参加分类的特征数相同，输出层节点数与最终类别数相同。而中间隐含层节点数则由实验来确定。以单层隐含层的网络为例，其节点数应至少为输入层节点数中较大者的 2～3 倍。每个节点输入是下层输出的加权和：

$$\mathrm{net}_j = \sum_i w_{ji} O_i \tag{1.14}$$

式中，O_i 为下层节点的输出；w_{ji} 是下层节点 i 与相邻上层节点 j 的互联权重，net_j 为该层节点的输入。j 节点通过一个非线性系统函数，或驱动函数将 net_j 转化为其输出 O_i：

$$O_j = (1 + \mathrm{e}^{-\mathrm{net}_j + \theta})^{-1} \quad 或 \quad O_j = m \cdot \tanh(k\, \mathrm{net}_j) \tag{1.15}$$

其中，θ, m, k 等是由实验得出的常数值。

在一次迭代中，求出 O_i 后与期望的输出相比较，根据误差修正权重 w_{ji}，再进入下一次迭代，直到误差达到某个阈值。根据误差按照下式修改权系数：

$$\Delta w_{ji}(n + 1) = \eta(\delta_j O_y) + \alpha \Delta w_{ji}(n) \tag{1.16}$$

式中，$\Delta w_{ji}(n+1)$为$(n+1)$次迭代时连接相邻两层节点 i,j 的加权值的变化；δ_j为输出节点j 的误差变化率；η 为训练速度；α 为动量项。

要达到一定训练精度，往往需要很多次的迭代，这是非常耗时的，然而网络训练一经完成，就可较快地应用于分类识别。神经元网络具有以下优点：

① 不需要对原始类别做概率分布假设，不存在求解概率分布参数的问题，是一种无参数分类器。

② 输入与输出节点之间通过隐含层，节点之间通过权重来连接，因而这种方法可以将多种数据，如纹理信息、地形信息等，方便而有效地融合到分类中来，加强分类能力。

③ 输出结果的驱动函数是非线性的，因此系统也是非线性系统，这样可以在特征空间构造出分类界面比较复杂的子空间，这样非线性可分的特征子空间尤为有效。

然而，训练参数输入初始权重、收敛速度、对输入数据的预处理等，对分类都有重要的影响，表现在：

① 网络结构的隐层数越多，节点数越多，即网络结构越复杂，越可以精确地对训练数据进行分类，但也使系统失去较好的概括性，对以后的分类精度有不利影响。

② 训练数据个数：为达到一定的分类精度，每个类别至少有 10～30 倍于波段数的训练样本点，而训练样本的选择有一定的困难。

③ 输入特征的预处理：为使节点输入 net_j 的变化与输出 O_j 的变化有相近的百分比而不至于使驱动函数饱和，使训练在错误的水平上滞留，应对输入特征进行规范化预处理，使驱动函数保持在不饱和状态。

驱动函数的高度非线性，容易使网络陷入小输入变化引起大输出变化的不稳定状态。

(3)模糊模式识别

确定性的分类技术要求将模式明确划分为某个类别，就像数学中的集合一样，不存在模棱两可的状况，然而大量的事物往往是无法精确描述的，而且有时也不需要精确描述。将模式划分为类别是人类具有抽象化思维的本领，对事物的正确划分要么是因为问题确实能够被精确描述，要么是因为人们能够抓住模糊事物的本领进行概括。然而对于计算机来说，要设计出可以计算的方式去描述模糊事物是极其困难的，因此美国控制论专家Zadeh从集合论中引申出模糊子集的概念，诞生了模糊数学，这一数学思想被归为模式识别领域。遥感图像像元所描述的对象由于各种原因往往也具有模糊的特性，例如，混合像元如果从精确的角度出发不应当被划归为某一个类别。因此在遥感界也有大量的研究人员在进行模糊分类的研究（Capenter，1992；Foody，1994；Wang，1990；Wamer，1997）。

给定类域 U 上的一个模糊集合 F 是指：对于任意的 $x \in U$，确定了一个数 $U_F(x)$，$U_F(x) \in [0,1]$，其中 $U_F(x)$是 x 对 F 的隶属度函数，当 $U_F(x) \in [0,1]$时退化成普通集合。隶属函数 $U_F(x)>0$，则 x 就是模糊集合的一个元素，由于隶属度不同，它们对外界的作用也不同，而 x 则可以归属于 F，也可以归属于 F 的补集。

模糊集合中也定义了类似于普通集合的各种运算，如相等、包含、并、交、余、差集等以及各种运算的性质，可以用来操作和使用模糊集合。模糊集合的核心是隶属函数的确定，隶属函数对模糊集合的应用效果有很大的影响，确定隶属函数的过程与实际应用背景有很大的关联性，没有通用的方法，其中常用的方法是：

① 模糊统计法

$$U_F(u_0) = \lim_{n \to \infty}(U_0 \in F^* \text{ 的次数})/n \tag{1.17}$$

式中，F^* 是与模糊集合相联系的普通集合，这种方法类似于投票选举。

② 二元对比排序

对类域 U 中的元素 x_i 按照某些特性在两两对比中建立比较值，然后在相对比较取值的基础上通过某些计算方法确定总体的隶属度。

③ 推理法

某些场合可以利用相应的数理知识计算出隶属度函数，然后在实践中检验与调整。

3)基于高光谱数据库的光谱匹配技术

基于光谱库的光谱匹配技术，主要是利用光谱库中的参考光谱来识别某未知地物光谱的方法。根据参考光谱和未知光谱之间的相似程度，来判别未知光谱的地物类型，进而达到地物识别的目的。主要包括二值编码匹配、光谱角度匹配、交叉相关系数匹配、光谱吸收特征匹配。

(1) 二值编码匹配

对光谱库的查找和匹配过程必须是有效的。而且,对成像光谱数据这种海量数据会产生很大程度的冗余度,会降低计算机的处理效率。为实施匹配,要建立一些数据缩减和模式匹配技术,因此提出了一系列对光谱进行二进制编码的建议(Goetz,1990),使得光谱可用简单的 0,1 来表达。最简单的编码方法是:

$$\begin{cases} h(n) = 0, & x(n) \leqslant T \\ h(n) = 1, & x(n) \geqslant T \end{cases} \tag{1.18}$$

其中,$x(n)$是像元第 n 通道的亮度值,$h(n)$是其编码,T 是选定的门限制,一般选为光谱的平均亮度,这样每个像元灰度值变为 1 bit,像元光谱变为一个与波段数长度相同的编码序列。然而有时这种编码不能提供合理的光谱可分性,也不能保证测量光谱与光谱库参考光谱相匹配,所以需要更复杂的编码方式。

① 分段编码。对编码方式的一个简单变形是将光谱通道分成几段进行二值编码,这种方法要求每段的边界在所有像元矢量都相同。为使编码更有效,可以根据光谱特征进行段的选择。例如,在找到所有的吸收区域以后,边界可以根据吸收区域来选择。

②多门限编码。采用多个门限进行编码可以加强编码光谱的描述性能。将每个灰度值变为 2 bit,或者将光谱范围划分为几个小的子区域,每个子区域独立编码。例如,采用两个门限 T_a,T_b 可以将灰度划分为 3 个区域:

$$\begin{cases} 00, & x(n) \leqslant T_a \\ 01, & T_a < x(n) \leqslant T_b \quad (n = 1, 2, \cdots, N) \\ 11, & x(n) > T_b \end{cases} \tag{1.19}$$

这样像元每个通道值编码为 2 位二进制数,像元的编码长度为通道数的两倍。事实上,两位码可以表达 4 个灰度范围,所以采用 3 个门限进行编码更加有效。

③ 仅在一定波段进行编码。这个方法仅在最能区分不同地物覆盖类型的光谱区编码。如果不同的波段的光谱行为是由不同的物理特征所主宰,我们可以选择这些波段进行编码,这样既能达到良好的分类目的,又能提高编码和匹配识别效率。

一旦完成编码,则可利用基于最小明距离的算法来进行匹配识别(Jia

等,1993)。

(2)光谱角度匹配

光谱角度匹配(Spectral Angle Match,SAM)通过计算一个测量光谱(像元光谱)与一个参考光谱之间的“角度”来确定它们两者之间的相似性。参考光谱可以是实验室光谱、野外测定光谱或从图像上提取的像元光谱。这种方法假设图像数据已被缩减到“视反射率”,即所有暗辐射和路径辐射偏差已经去除。它被用于处理一个光谱维数等于波段数的光谱空间中的一个向量(Kruse 等,1993a;Baugh 等,1998)。下面通过两波段(二维)的一个简单例子来说明参考光谱和测试光谱的关系,见图 1.39。

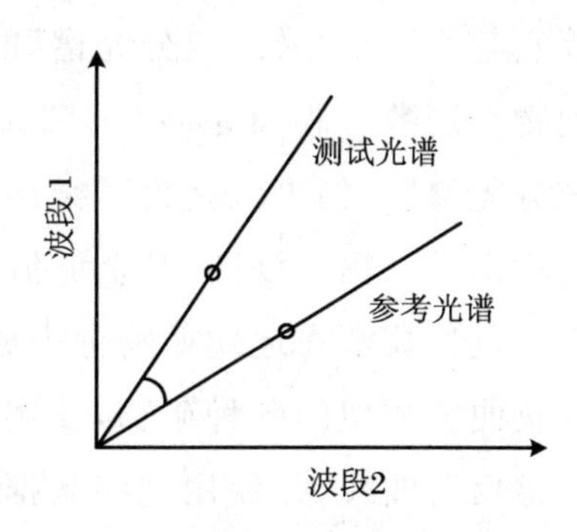

图 1.39 参考光谱和测试光谱在二维空间里的光谱角度关系

它们的位置可考虑是二维空间中的两个光谱点。各个光谱点连到原点可以代替所有不同照度的物质。照度低的像元比起具有相同光谱特征但照度高的像元往往集中在原点附近(暗点)。SAM 通过下式确定测试光谱 t_i 与一个参考光谱 r_i 的相似性:

$$\alpha = \cos^{-1}\left\{ \sum_{i=1}^{n_b} t_i r_i \Big/ \left[\left(\sum_{i=1}^{n_b} t_i \right)^{1/2} \left(\sum_{i=1}^{n_b} r_i \right)^{1/2} \right] \right\} \tag{1.20}$$

式中,n_b 等于波段数。

这种两个光谱之间相似性度量并不受增益因素影响,因为两个向量之间的角度不受向量本身长度的影响。这一点在光谱分类上可以减弱地形对照度的影响(它的影响反映在同一方向直线的不同位置上)。结果,实验室光谱可直接用来与遥感图像反射率光谱比较而达到光谱识别的目的。SAM 的流程分为 4 步:

① 从光谱数据库中选择感兴趣的“最终成分光谱”。

② 对“最终成分光谱”做重采样,因为图像光谱分辨率通常要低于地面测量的光谱分辨率,这样做是为了使两者光谱分辨率一致。

③ 计算“最终成分光谱”与图像像元光谱两个光谱向量之间的角度 α(广义夹角余弦),以评价此两光谱向量相似性。α 值域为 $0\sim\pi/2$。$\alpha = 0$

时，表示两个光谱完全相似；$\alpha=\pi/2$ 时，则两个光谱完全不同。

④ 计算成像光谱图上每个像元光谱与每个“最终成分光谱”的 α_i，从而实现对图像光谱的匹配和分类。具体匹配分类时，对于一个像元光谱 x，计算它与第 i 个“最终成分光谱”的广义夹角 $\alpha_i(i=1,2,\cdots,c)$为光谱库中的地物类别数。假如 $\alpha_i=\{\alpha_j\}_{\min}(j=1,2,\cdots,c;\ j\neq i)$，则 x 被判为第i“最终成分光谱”。如果只是为了突出感兴趣的一类“最终成分光谱”，那么 SAM 的输出是一幅灰度图，其上低值代表相似性高，即和目标光谱有较高的吻合性。这种技术在地质矿物分类成图中的应用较有潜力。对于与光谱库中的地物曲线相似的各种矿物，使用机载高光谱数据构造源于影像的各种矿物光谱反射曲线，并使用这些数据鉴定和在图像上标出各种矿物的位置是可能的。

(3)交叉相关光谱匹配

交叉相关光谱匹配是 Meer 和 Bakker 于 1997 年建立的一种光谱匹配技术。这种技术考虑景物光谱和参考光谱之间的相关系数、偏度和相关显著性标准。他们利用 AVIRIS 数据和实验室光谱对美国内华达州 Cuprite 地区进行地表矿物成图研究，取得了良好的结果。这种技术通过计算一个测试光谱(像元光谱)和一个参考光谱(实验室或像元光谱)在不同的匹配位置的相关系数，来判断两光谱之间的相似程度。测试光谱和参考光谱在每个匹配位置 m 的交叉相关系数等于两光谱之间的协方差除以它们各自方差的积：

$$r_m=\frac{\sum(R_r-\overline{R_r})(R_t-\overline{R_t})}{\sqrt{\left[\sum(R_r-\overline{R_r})^2\right]\left[\sum(R_t-\overline{R_t})^2\right]}}\tag{1.21}$$

式中，R_r，R_t分别为参考光谱和测试光谱；n 为两光谱重合的波段数；m 为光谱匹配位置即两光谱错位的波段数。

由协方差的性质可知，式(1.21)等同于式(1.22)：

$$r_m=\frac{n\sum R_rR_t-\sum R_r\sum R_t}{\sqrt{\left[n\sum R_r^2-\left(\sum R_r\right)^2\right]\left[n\sum R_t^2-\left(\sum R_t\right)^2\right]}}\tag{1.22}$$

式(1.22)是式(1.21)的实用公式，由于它省去了均值光谱计算，大大减少了计算量。由式(1.21)计算出的交叉相关系数可用 t 统计量式(1.23)检验其显著性：

$$t = R_m \sqrt{\frac{n-2}{1-R_m^2}} \tag{1.23}$$

它可用自由度为$(n-2)$查 t 分布表得 t_a 值。若 $t > t_a$，则两光谱在匹配位置 m 处显著，否则无统计意义。为方便起见，现假定测试光谱轴不动，沿光谱轴方向移动参考光谱，并规定向短波方向移动为负，向长波方向移动为正。据此，向短波移动一个波段，即 $m=-1$；向长波移动一个波段，即 $m=1$，以此类推。因此 $m=-10$ 表示参考光谱向测试光谱短波方向偏移了 10 个波段，而 $m=10$ 则向长波方向移动了 10 个波段，显然 $m=0$ 说明两个光谱没有任何波段相对错位。由此可见，当 m 的绝对值最大为 10 时，就有 21 个交叉相关系数点。将这 21 个 r_m 值依 m 值从小到大排列并连成曲线即为交叉相关曲线图。根据这种曲线图可计算曲线峰值的调整偏度(AS_{ke})，来描述曲线的形状和便于绘成偏度图。

$$AS_{ke} = 1 - \frac{|r_{m+} - r_{m-}|}{2} \tag{1.24}$$

上式中 r_{m+}，r_{m-} 分别代表向长波和短波方向移位 m 个波段时所得到的交叉相关系数。当 $AS_{ke}=1$ 时，说明曲线峰值无偏；AS_{ke} 越接近 1，说明 r_{m+} 和 r_{m-} 越接近，说明偏度越小。反之，AS_{ke} 值越接近 0，说明 r_{m+} 和 r_{m-} 相差较大，峰值越偏。至于左偏还是右偏，视计算的偏度正负号而定，负者为左偏，正者为右偏。对于两种光谱的完美匹配情形，相关系数图应显示抛物线峰值为 1，并以 $m=0$ 为中心，左右曲线呈对称曲线，即描述相关曲线形状的偏度系数为 0 以及有较多的 R_m 值通过 T_a。

(4)光谱吸收特征匹配

根据物质的电磁波理论，任何物质其光谱的产生均有着严格的物理机制。根据分子振动能量级差的计算，其能量级差较小时，产生相应近红外区的光谱；分子电子能级之间的能量差距一般较大，产生的光谱位于近红外、可见光范围内。0.4～1.3 μm 波谱范围内的光谱特性是由矿物中晶格结构中存在的铁等过渡性金属元素决定的；1.3～2.5 μm 波谱范围内的光谱特性是由矿物组成中的碳酸根、羟基及可能存在的水分子决定的；3～5 μm 中的红外波段的光谱特性则是由 Si—O、Al—O 等分子间的振动模式决定的(陈述彭等，1998)。由于电子在各个不同能级之间的跃迁发射特定波长的电磁辐射，从而形成特定的光谱特征。各种岩石矿物晶体结构不同，各种晶格振动产生的光谱特征与其特有的晶体结构有关,因而不同的岩石矿物成分是不一样的。

可以利用高光谱数据识别匹配各种矿物成分合成图。其主要内容包括从许多光谱中提取各种波段波长位置、深度、对称度和光谱绝对反射值等。测定实际光谱曲线吸收波段的位置、深度、对称度等特征,可以采用包络线消除法先对原始光谱曲线做归一化处理,再使用光谱分析的方法提取出不同典型地物类型的特征波段(包括光谱曲线吸收波段的位置、深度、对称度等特征)。

① 包络线消除法

包络线消除法是一种常用的光谱分析方法,它可以有效地突出光谱曲线的吸收和反射特征,并且将其归一到一个一致的光谱背景上,有利于和其他光谱曲线进行特征数值的比较,从而提取出特征波段以供分类识别。

一般来说,由于地物组成复杂,每个图像原点对应的地物并不唯一,它的光谱通常是多种物质光谱的合成,因此直接从光谱曲线上提取光谱特征不便于计算,还需对光谱曲线进行进一步的处理以突出光谱的吸收和反射特征。光谱曲线的包络线从直观上看,相当于光谱曲线的“外壳”,如图 1.40所示。因为实际的光谱曲线由离散的样点组成,所以常用连续的折线段来近似光谱曲线的包络线。

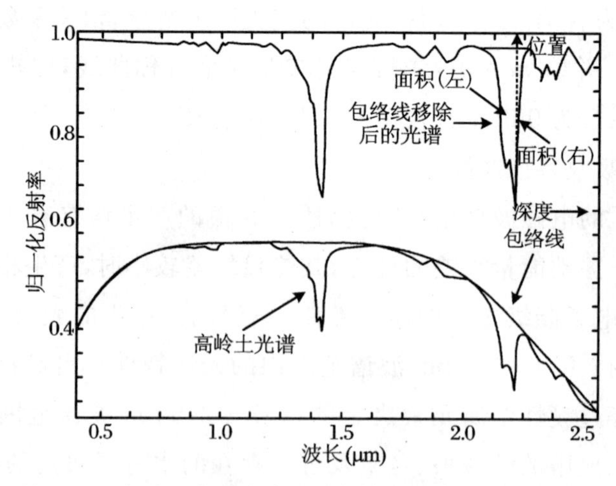

图 1.40 高岭土光谱曲线及其包络线消除后的曲线特征

(Freek van der Meer,2003)

求光谱曲线包络线的算法描述如下:

设有反射率曲线样点数组：$r(i), i=0,1,\cdots,k-1$；波长数组：$w(i)$，$i=0,1,\cdots,k-1$。

a. $i=0$，将 $r(i)$，$w(i)$加入到包络线节点表中。

b. 求新的包络节点，若 $j=k-1$，则结束，否则 $j=i+1$。

c. 连接 i,j，检查(i,j)直接与反射率曲线的交点。如果 $j=k-1$，则结束，将 $w(j)$，$r(j)$加入到包络线节点表中，否则：

ⅰ. $m=j+1$。

ⅱ. 若 $m=k-1$，则完成检查，j 是包络线上的点，将 $w(j)$，$r(j)$加入到包络线节点表中，$i=j$，转到 b。

ⅲ. 否则，求 i,j 与 $w(m)$的交点 $r_1(m)$。

ⅳ. 如果 $r(m)<r_1(m)$，则 j 不是包络线上的点，$j=j+1$，转到 c；如果 $r(m)\geqslant r_1(m)$，则 i,j 与光谱曲线最多有一个交点，$m=m+1$，转到 b。

d. 得到包络线节点表后，将相邻的节点用直线线段依次相连，求出 $w(i), i=0,1,\cdots,k-1$ 所对应的折线段上的点的函数值 $h(i), i=0,1,\cdots,k-1$；从而得到该光谱曲线的包络线。显然

$$h(i)\geqslant r(i) \tag{1.25}$$

e. 求出包络线后对光谱曲线进行包络线消除：

$$r^*(i)=\frac{r(i)}{h(i)} \quad (i=0,1,\cdots,k-1) \tag{1.26}$$

② 光谱吸收特征参数分析

经包络线消除后，那些“峰”值点上的相对值均为 1；相反，那些非“峰”值的点均小于 1。分析消除包络线后的光谱曲线，可以定义光谱吸收深度、位置、对称性等特征。

定义几个吸收特征参数如下：

光谱吸收深度 D：

$$D=1-\frac{R_b}{R_c} \tag{1.27}$$

式中，R_b 是波谷处的光谱反射率；R_c 是位于相同波段处的包络线的反射率。

对称性 S：

$$S=\frac{A_{\text{left}}}{A_{\text{right}}} \tag{1.28}$$

式中，A_{left}是从开始位置(左肩部)到最大吸收特征位置的面积；A_{right}是从最大吸收位置到结束点(右肩部)的面积。

对称性 S 值的范围从 0 到无穷大。当 $S=1$ 时，说明左右完全对称；当左边的面积大于右边面积时，$S>1$；当左边面积小于右边面积时，$0<S<1$。

为了便于计算光谱吸收参数，可以将之线性化，如图 1.41 所示。先假设两个开始点 S_1，S_2，即左右两个肩部(峰值为 1)。再分别在两肩部的中间假定两个吸收点 A_1，A_2，根据几何学定理可知肩部 S_1到吸收点 A_1的斜线距离 C_1，S_2到 A_2的斜线距离 C_2分别为：

$$C_1 = \sqrt{D_1 + (S_1 - A_1)^2} \tag{1.29}$$

$$C_2 = \sqrt{D_2 + (S_2 - A_2)^2} \tag{1.30}$$

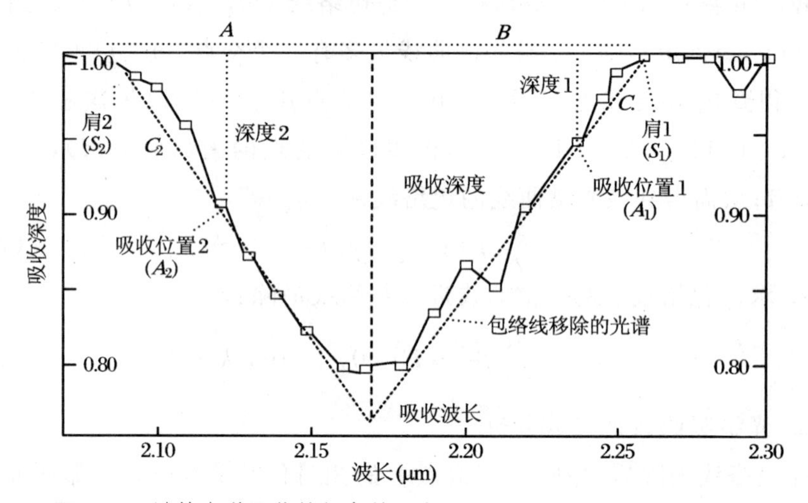

图 1.41 计算光谱吸收特征参数示意图(Freek van der Meer,2003)

由几何原理可知，光谱最大吸收位置 W 可由两个肩部和两个吸收点得出：

$$W = \frac{C_1}{C_1 + C_2} \times (A_1 - A_2) + A_1 \tag{1.31}$$

或

$$W = \frac{C_2}{C_1 + C_2} \times (A_1 - A_2) + A_2 \tag{1.32}$$

光谱吸收深度 D 为

$$D = \frac{S_1 - W}{S_1 - A_1} \times D_1 \tag{1.33}$$

或

$$D = \frac{S_2 - W}{S_2 - A_2} \times D_2 \tag{1.34}$$

对称性 S 的计算公式如下：

$$S = A - B = (W - S_2) - (S_1 - W) \tag{1.35}$$

利用上述提取的光谱吸收特征参数，对图像进行分析可以分别得到高光谱影像的吸收位置图、吸收深度图以及对称性图。

2. 光谱微分

(1)光谱微分的概念

光谱微分技术包括对反射光谱进行数学模拟和计算不同阶数的微分值以迅速地确定光谱弯曲点及最大最小反射率的波长位置(浦瑞良等，2000)。光谱的一阶、二阶和高阶微分可以消除背景噪声、分辨重叠光谱。光谱的一阶和二阶微分可以近似表示如下：

$$\rho'(\lambda_i) = \frac{\rho(\lambda_{i+1}) - \rho(\lambda_{i-1})}{2\Delta\lambda} \tag{1.36}$$

和

$$\rho''(\lambda_i) = \frac{\rho'(\lambda_{i+1}) - \rho'(\lambda_{i-1})}{2\Delta\lambda} = \frac{\rho(\lambda_{i+1}) - 2\rho(\lambda_i) + \rho(\lambda_{i-1})}{\Delta\lambda^2} \tag{1.37}$$

式中，λ_i 为每个波段的波长；$\rho'(\lambda_i)$ 和 $\rho''(\lambda_i)$ 分别为波长 λ_i 的一阶和二阶微分光谱；$\Delta\lambda$ 是 λ_{i-1} 到 λ_i 的间隔。

(2)光谱微分的应用

光谱微分技术主要用来消除大气影响，如辐射、大气透过率和太阳辐照度随波长的变化量等。通过对初始光谱微分，这些量的影响趋于零，从而可以消除或抑制它们对光谱带来的影响。

另外，许多研究表明光谱微分技术可以用来提取植被生物化学成分信息，张良培(1997)利用导数光谱从高光谱数据中提取了生物量。

3. 混合像元光谱分解

遥感影像中像元很少是由单一均匀的地表覆盖类组成的，一般都是几种地物的混合体。因此影像中像元的光谱特征并不是单一地物的光谱特征，而是几种地物光谱特征的混合反映。它给遥感解译造成困扰。混合像元无论直接归属到哪一种典型地物，都是错误的，因为它至少不完全属于这种典型地物。如果混合像元能够被分解,而且它的覆盖类型组分(通常称为端元组分)占像元的百分含量(丰度)能够求得的话,分类将更精确,因混合像元的归属而产生的错分、误分问题也就迎刃而解,这一处理过程称为混合像元分解。混合像元问题不仅是遥感技术向定量化深入发展的重要障碍,而且也严重影响计算机处理的效果和计算机技术在遥感领域中的应用。大多数遥感影像分类算法并不考虑这一问题,只是利用像元光谱间的统计特征进行像元分类。光谱混合分解技术考虑了这一问题,不仅能给出组成像元各地表覆盖类的丰度,而且能给出分类的图像。

1)光谱混合模型

分解像元的途径是通过建立光谱的混合模拟模型。通常,模型是这样建立的:像元的反射率可以表示为端元组分的光谱特征和它们的面积百分比(丰度)的函数;在某些情况下,表示为端元组分的光谱特征和其他的地面参数的函数。Charles Lchoku(1996)将像元混合模型归结为以下五种类型:线性(Linear)模型、概率(Probabilistic)模型、几何光学(Geometric Optical)模型、随机几何(Stochastic Geometric)模型和模糊分析(Fuzzy)模型。线性模型假定像元的反射率为它的端元组分的反射率的线性组成。非线性和线性混合是基于同一个概念,即线性混合是非线性混合在多次反射被忽略的情况下的特例。

上述所有的模型都把像元的反射率表示为端元组分的光谱特征和它们的面积百分比(丰度)的函数。然而,由于自然地面的随机属性以及影像处理的复杂性,像元的反射率还取决于除端元的光谱特征和丰度以外的因素。因此,每种模型的差别在于:在考虑混合像元的反射率和端元的光谱特征和丰度之间的响应关系的同时,怎样考虑和包含其他地面特性和影像特征的影响。在线性模型中地面差异性被表示为随机残差,而几何光学模型和随机几何模型是基于地面几何形状来考虑地面特性的。在概率模型和模糊模型中,地面差异性是基于概率考虑的,例如通过使用散点图和最大似然法之类的统计方法。就所有的模型而言,混合像元的反射率和端元的光谱特征都是必需的参数。此外,对于几何光学模型和随机几何模型,还需要地物的形状参数、地物的高度分布、地物的空间分布、地面坡度、太阳入射方向以及观测方向等参数。每种模型反演得出的结果主要是每个像元中各个端元组分的丰度。然而,对于几何光学模型和随机几何模型,还可以求出其他的一些地面特性,比如平均高度、阴影大小以及树的密度等。

(1)线性模型

在线性混合模型中,每一光谱波段中单一像元的反射率表示为它的端元组分特征反射率与它们各自丰度的线性组合。因此,γ_i 即第 i 波段像元反射率可以表示为:

$$\gamma_i = \sum_{j=1}^{m} p_{ij} f_j + \varepsilon_i \tag{1.38}$$

式中,$i=1,2,\cdots,n$;$j=1,2,\cdots,m$。γ_i 是混合像元的反射率;p_{ij} 表示第 i 个波段第 j 个端元组分的反射率;f_j 是该像元第 j 个端元组分的丰度;ε_i 是第 i 波段的误差;n 表示波段数;m 表示选定的端元组分数。

由上式可表示为矩阵形式:

$$\boldsymbol{\gamma} = \boldsymbol{Pf} + \boldsymbol{\varepsilon} \tag{1.39}$$

式(1.38)或式(1.39)可以通过一定的方法求得单个像元内各个端元组分的丰度 f_j。既然一个像元内端元组分丰度总量为1,因此,线性限制 $\sum_{j=1}^{m} f_j = 1$ 可以当作求解系统的一部分。另外,一个重要的条件就是丰度不能为负数,即 $f_j \geqslant 0$。总的说来,为便于求解,未知端元组分数目须小于或等于矩阵行数,这意味着端元组分数 m 应当小于或等于波段数 n。理论上线性混合模型基于如下假设:到达遥感传感器的光子与唯一地物(即一个光谱端元组分)发生作用。这种假设一般发生在端元地物面积比较大的理想状况下。反之,地物分布范围较小时,光子不止通过一个端元组分进行传输和散射,从而产生非线性混合。通过分析特定媒体辐射传递,Hapke(1981)获得几种类型的反照率、卫星参数和实验室应用之间的关系式,提出微小地物非线性混合函数。在此基础上,Johnson 等人(1983),Smith 等人(1985),Mustard 和 Pieters(1987)发展了非线性混合模型并且在某些矿物混合物上得到应用。这些学者通过将反射光谱转换成单一散射反照率(SSA)对系统进行线性化,从而解决非线性混合模型问题。这是因为,这些学者在 Hapke 研究的基础上,发现混合物的均值 SSA 是端元组分单一 SSA 及其相关几何横截面乘积的线性组合,其关系式从数学上可以表示为:

$$w(\lambda) = \sum_{j=1}^{m} w_j(\lambda) F_j \tag{1.40}$$

式中,w 为均值 SSA;λ 为光谱波段;m 为端元组分数目;F_j 为 j 端元组分相关几何横截面，是地物群、密度和端元地物粒径大小的函数，其表述形式如下：

$$F_j = \frac{M_j}{e_j d_j} \Big/ \sum_{j=1}^{m} \frac{M_j}{e_j d_j} \tag{1.41}$$

式中，M_j为小地物群；e_j为密度；d_j为端元地物粒径大小。

Mustard 和 Pieters(1987)发现遥感测量的光谱数据一般为二向反射率。因而，可以用如下表达式将二向反射转化为 SSA。

$$R(i,e) = \frac{wH(\mu)H(\mu_0)}{4(\mu + \mu_0)} \tag{1.42}$$

式中，$R(i,e)$为二向反射率；w 为均值 SSA；i 为入射角；e 为视角；$\mu = \cos i$；$\mu_0 = \sin i$；$H(\mu)$表征小地物间多向散射的函数，可以表示为：

$$H(\mu) = \frac{1 + 2\mu}{1 + 2\mu\sqrt{1 - w}} \tag{1.43}$$

尽管非线性混合概念建立在对矿物研究的基础上，但是通过研究发现，非线性混合现象在植被覆盖区同样存在。实际上，线性与非线性模型表达了同一个概念，线性混合模型是非线性混合模型的一个特例(简单的非线性模型)，它没有考虑多反射情况。因此，一旦反射率转换成 SSA，线性模型对线性和非线性都是适应的。

(2)概率模型

概率模型的一个典型是由 Marsh 等人(1980)提出的近似最大似然法。该模型只有在两种地物混合条件下使用。利用线性判别分析和端元光谱产生一个判别值，根据判别值的范围将像元分为不同的类别。

假设构成混合像元的端元组分只存在两种，分别为 X，Y，那么可以用以下公式来表示其中的一个端元组分在混合像元中所占的面积比例：

$$P_y = 0.5 + 0.5\,\frac{d(m,x) - d(m,y)}{d(x,y)} \tag{1.44}$$

式中，P_y表示端元组分 Y 在混合像元中所占的面积比例；$d(x,y)$是端元组分 x，y 之间的 M 距离；$d(m,x)$是混合像元 m 和端元组分 x 之间的 M 距离；$d(m,y)$是混合像元 m 和端元组分 y 之间的 M 距离。

当计算出来的值小于 0 时，P_y设为 0；当计算出来的值大于 1 时，P_y设为 1。这样，根据判断，就可以把混合像元归类为端元组分 x，或者 y。

如果可以对线性判别分析方法进行适当改进的话，这个模型可以用在多于两种地物混合的情况下。

(3)几何光学模型

该模型适用于冠状植被地区，它把地面看成由树及其投射的阴影组成。从而地面可以分成四种状态：光照植被面(C)、阴影植被面(T)、光照背景面(G)、阴影背景面(Z)。像元的反射率可以表示为：

$$R = \frac{A_C R_C + A_T R_T + A_G R_G + A_Z R_Z}{A} \tag{1.45}$$

其中，A_C，A_T，A_G，A_Z分别代表四种状态下的反射率；R_C，R_T，R_G，R_Z表示像元内四种状态所占的面积；A 为该像元的面积。每种状态所占的面积是地面表面形状的函数，而地面表面形状取决于树冠的形状和尺寸、树的高度、树的密度、地面坡度、太阳入射方向以及观测方向。为了简化模型，树冠的形状常被假设为相近的固定几何形状。

这个模型同时假设：树在像元里和像元间的分布符合泊松分布；树的高度的分布函数是已知的。

(4)随机几何模型

该模型和几何光学模型相类似，像元反射率同样表示为四种状态的面积权重的线性组合。即：

$$R(\lambda, x) = \sum_i f_i(x) R_i(\lambda, x) \tag{1.46}$$

式中，x 为像元中心位置的坐标；λ 为波长；$R_i(\lambda, x)$是第 i 类覆盖体的平均反射率；$f_i(x)$是在 x 位置第 i 类组分的百分比；$i = 1,2,3,4$ 分别代表光照植被面(C)、阴影植被面(T)、光照背景面(G)、阴影背景面(Z)四种状态。$\sum_i f_i(x) = 1$。

随机几何模型把大多数主要的土壤和植被参数当成随机变量处理，这样便于消除一些次要参数空间波动引起的地面差异性的影响。

(5)模糊模型

模糊模型建立在模糊集合理论的基础上。和分类概念不同，一个像元不是确定地分到某一类别中，而是同时和多于一个的类相联系。该像元属于哪一类表示为 0～1 间的一个数值。对于混合像元，采用模糊分类方法(Fuzzy-Partition)比刚性分类方法(Hard-Partition)分类精度高。

模糊模型的基本原理是将各种地物类别看成模糊集合，像元为模糊集合的元素，每一像元均与一组隶属度值相对应，隶属度也就代表了像元中所含此种地物类别的面积百分比。先选择样本像元,根据样本像元计算各种地物类别的模糊均值矢量和模糊协方差矩阵。每种地物的模糊均值矢量 $\boldsymbol{\mu}_c{}^*$ 为:

$$\boldsymbol{\mu}_c{}^* = \frac{\sum_{i=1}^{m} f_c(\boldsymbol{X}_i) \cdot \boldsymbol{X}_i}{\sum_{i=1}^{m} f_c(\boldsymbol{X}_i)} \tag{1.47}$$

模糊协方差矩阵 $\boldsymbol{\Sigma}_c{}^*$ 为 :

$$\boldsymbol{\Sigma}_c^* = \frac{\sum_{i=1}^{m} f_c(\boldsymbol{X}_i) \cdot (\boldsymbol{X}_i - \boldsymbol{\mu}_c{}^*) \cdot (\boldsymbol{X}_i - \boldsymbol{\mu}_c{}^*)^{\mathrm{T}}}{\sum_{i=1}^{m} f_c(\boldsymbol{X}_i)} \tag{1.48}$$

上两式中,m 为样本像元总数;$f_c(X_i)$为 i 个样本属于 c 类地物的隶属度;c 为地物类别;$\boldsymbol{X}_i$ 为样本像元值矢量($1 \leqslant i \leqslant m$)。

$\boldsymbol{\mu}_c{}^*$ 和 $\boldsymbol{\Sigma}_c{}^*$ 确定后,对每一像元进行模糊监督分类,求算每种地物在其类中所占面积百分比。用 $\boldsymbol{\mu}_c{}^*$ 和 $\boldsymbol{\Sigma}_c{}^*$ 代替最大似然分类中的均值矢量和协方差矩阵,求属于 c 类别的隶属度函数:

$$f_c(\boldsymbol{X}) = \frac{\boldsymbol{P}_i^*(\boldsymbol{X})}{\sum_{I=1}^{n} \boldsymbol{P}_i{}^*(\boldsymbol{X})} \tag{1.49}$$

其中,

$$P_i{}^*(\boldsymbol{X}) = \frac{1}{(2\pi)^{N/2} \left| \boldsymbol{\Sigma}_i \right|^{1/2}} \cdot \exp\left[-\frac{1}{2} (\boldsymbol{X}_i - \boldsymbol{\mu}_c^*)^{\mathrm{T}} \boldsymbol{\Sigma}_i^* (\boldsymbol{X}_i - \boldsymbol{\mu}_c^*) \right] \tag{1.50}$$

式中,N 是像元光谱值矢量的维数,n 是预先设定的地物类别数,$1 \leqslant i \leqslant n$。

2)模型适用性

不同的模型有不同的优点和缺点,下面着重讨论几个常见的模型的优缺点及其适用性。

(1)线性光谱模型

线性光谱模型是建立在像元内相同地物都有相同的光谱特征以及光谱线性可加性基础上的,优点是构模简单,其物理含义明确,理论上有较好的科学性,对于解决像元内的混合现象有一定的效果。不足的是,当典型地物选取不精确时,会带来较大的误差。对端元(典型像元)的错误选择或大气条件的影响会造成端元的比例出现负值或全部数字为大于 1 的正值。更有甚者，当监测时间和对象改变时，由于出现大气过度散射造成错误，而发生变化。线性模型比较简单，但是在实际应用中存在着一些限制。首先，它认为某一像元的光谱反射率仅为各组成成分光谱反射率的简单相加。而事实证明在大多数情况下，各种地物的光谱反射率是通过非线性形式加以组合的。其次，该模型中最关键的一步是获取各种地物的参照光谱值，即纯像元下某种地物光谱值。但在实际应用中各类地物的典型光谱值很难获得，且计算误差较大，应用困难。这是由于大多数遥感影像的像元均为混合像元，在分辨率较低的影像上直接获取端元的光谱不大可能。如果利用野外或实验室光谱进行像元分解，则无法很好地处理辐射纠正问题，不仅难以保证处理的实效性，而且增加了处理的难度，如实验室光谱与多光谱波段的对应问题。所以在某些情况下用线性模式获得的分类结果并不理想。当区域内地物类型，特别是主要地物类型超过所用遥感数据的波段时，将导致结果误差偏大。另外，如像元内因地形等因素造成的同物异谱、同谱异物现象存在，则应用效果更差。

(2)非线性光谱模型

为了克服线性混合模型的不足，许多学者利用非线性光谱模型对野外光谱进行描述。非线性和线性混合基于同一个概念，即线性混合是非线性混合在多次反射被忽略的情况下的特例。非线性光谱模型最常用的是把灰度表示为二次多项式与残差之和，表达式如下：

$$DN_b = f(F_i, DN_{i,b}) + \varepsilon_b \quad \left(\sum_{i=1}^{n} F_i = 1\right) \tag{1.51}$$

式中，f 是非线性函数，一般可设为二次多项式；F_i 表示第 i 种典型地物在混合像元中所占面积的比例；b 为波段数。

利用非线性模型计算出的结果均比用线性模型计算出的结果好，然而由于残存误差的影响，这些结果仍然不理想，并且计算较复杂。

(3)模糊模型

该模型利用模糊聚类方法确定任一像元属于某种地物的隶属度，从而推算该像元内某类地物所占比例。此方法先要确定像元对各类的隶属度，即样本像元中各类别的面积百分比。一般通过地面调查、航片、高分辨率卫星影像等获得，但无论哪种方法，求出的样本隶属度必定会存在误差。因此，求出的样本模糊均值矢量和模糊协方差矩阵必然也存在误差。为克服这些初始误差，李郁竹(1997)等提出了模糊监督分类——迭代法，通过增加迭代过程反复求算模糊监督分类中的模糊均值矢量和模糊协方差矩阵，使计算出的像元隶属度从靠近真值的相对准确值最终接近于误差范围允许之内的真值。实际应用表明迭代过程效果明显、精度较高、收敛快。

在卫星传感器空间分辨率保持不变的情况下，单纯利用包含有限信息的多光谱影像，混合像元分解必然有一定的局限性。因此许多学者探讨在多光谱分类过程中加入一些辅助数据，以提高分类精度。地形是应用较多的一种辅助数据，赖格英(2003)等针对南方丘陵地区的地形条件，分析引起遥感影像同谱异类、同类异谱的原因，选取地面坡度作为辅助因子，在地理信息系统的支持下，将数字地形信息作为逻辑通道与光谱值结合进行混合像元分解。模糊监督分类及其改进型方法理论与实际相结合，可操作性好、计算简单、分类效果较理想。尤其是迭代模糊监督分类法增加了迭代过程，对样本区地物类别所占面积百分比求算精度要求比较低，因此简单实用、可靠。对地形复杂地区，利用地理信息系统强大的功能支持，加入辅助数据，也取得较高精度，但对辅助因子的选择根据环境条件需进一步研究，算法也需进一步改进。此外，它存在着假设数据必须符合正态分布的限制。

表1.13列出了不同混合像元分解模型在不同应用领域的“可行性”，从表中可以看出，各类混合像元模型互不相同、各有特点和一定的应用范围。其中线性光谱混合模型能更有效地处理大多数问题。

表1.13 不同混合像元分解模型的可行性

应用	混合模型的可行性				
估算不同类型的比例	线性	光学几何	随机几何	概率	模糊
浓密森林的植被与裸地	⊕	-	-	+	+
稀疏森林的植被与裸地	+	⊕	+	+	+
不同植被群落	⊕	-	-	+	+
平均树高、树密度、树尺寸	⊕	+	-	-	-
不同作物	⊕	-	-	+	+
不同土壤或岩石	⊕	-	-	+	+
不同矿物	⊕	-	-	+	+
混合土地覆盖类型	⊕	-	-	+	+

注：表中的⊕表示最有效，+表示可行，-表示不可行。

三、指数特征分析

指数特征是资源环境效应地物反射光谱波形和反射率特征的定量化综合表征，是将地物波谱的波形和反射率特征提取出来，用一定的数学模型来表述的特征。指数特征既是地物波谱特征的定量化指标，又能将地物波谱特征放大。下面是几组常用的地物指数特征和几组叶冠指数特征。

(1) 比值特征(RVI：Ratio Vegetation Index)

主要有：4/3,4/2,4/1,4/5,4/6,2/3,2/1,5/4,5/7,7/4。式中1,2,3,4,5,6,7为陆地资源卫星TM不同波段地物波谱反射率的积分值或TM卫片7个波段的灰度值，其中1的中心波长为415 nm，2的中心波长为565 nm，3的中心波长为680 nm，4的中心波长为860 nm，5的波长范围为1 000～1 700 nm，6的波长范围为8～12 μm，7的波长范围为2.0～2.5 nm，各波段反射率积分范围为2～100 nm不等。

在以上不同的比值中，可见光至近红外波段比值主要反映植物叶中色素的生物地球化学效应特征，近红外波段的比值反映了植物叶冠结构和叶体细胞结构及叶体中水含量效应特征，如4/3,4/2,2/3的值与叶体中色素的变化具有极强的相关性，2/1的比值对指示植物受毒害后的萎黄现象很敏感；4/5的值越大，植叶细胞损坏越严重；4/1的值越小，植物受毒害越严重；而5/4和7/4的值则与植物的毒化率成正比；5/7,7/4等主要反映岩石和矿物的蚀变特征。

(2)归一化指数(NDVI：Normalized Difference Vegetation Index)

① 绿度指数(NDVI)：$(4-3)/(4+3)$，其值越大，植物的生长状况越好。

② 均一化绿度指数(TVI)：$[(4-3)/(4+3)+0.5]^{1/2}$，含义与绿度指数一样，只是将绿度指数均一化以便参与统计分析。

③ 结构效应指数：$(4-5)/(4+5)$，其值与叶冠结构和叶体细胞结构的损坏程度相关。

④ 综合指数：$4/(3+5)$，$4/(3\times5)$，$[4-(3+5)]/[4+(3+5)]$，$4/(3\times6)$，$(4-6)/(4+6)$，$[4-(3+6)]/[4+(3+6)]$，前三组为叶绿色素与结构的综合效应指数，后三组为叶体色素与温度的综合效应指数。

各式中1,2,3,4,5,6,7与比值特征中的内容相同。

⑤ 水效应指数:$(R_{1.63}-R_{1.66})/(R_{1.23}-R_{1.27})$,式中$R_{1.63}$,$R_{1.66}$,$R_{1.23}$,$R_{1.27}$分别为1.63 μm,1.66 μm,1.23 μm,1.27 μm波段的叶面波谱反射率,其值与叶体中的水毒化效应有关。

⑥ 正规化指数:$R'_{\lambda}=(R_{\lambda}-R_{415})/(R_{860}-R_{415})$,式中$R'_{\lambda}$为正规化指数,$R_{\lambda}$为任何波段的反射率值,$R_{415}$,$R_{860}$为415 nm和860 nm波段处的叶面反射率值。

⑦ 微波极化指数:

水极化指数:$\mathrm{PI}(Q,U)=\mathrm{PI}(0,U)/(1+Q)^{[K/(u/L)]}$。

植被极化指数:$\mathrm{PI}(\mathrm{LAI},u)=\mathrm{PI}(0,u)\exp[-\mathrm{LAI}K/(Vu\ L)]$。

式中,$(0,u)$为裸地极化指数,L为波长(m),Q为叶冠水含量($\mathrm{kg/m^2}$),LAI为叶面指数,V和Q为LAI相关系数(=3.3),K为不同植物的波谱系数。

(3)调整土壤的植被指数

① 调整土壤亮度的土壤指数(SAVI: Soil Adjusted Vegetation Index):$(4-3)/(4+3)(1+L)$,L为土壤亮度调整系数,一般取0.16～0.5,其值更准确地反映植被的长势。

② 植被型土壤调整指数(TSAVI):(a4 − a3 − b)/(a4 + a3 − ab)。

式中a为叶绿素a,b为叶绿素b。

①、②为土壤背景线(亮度变化线)的斜率和截距。

③ 对TSAVI校正的植被指数(ATSAVI):(a4 − a3 − b)/[a4 + a3 − ab + $x(\mathrm{Ha}^2)$],x为调节因子,一般取0.08。

④ 修改型土壤调整植被指数(MSAVI):$\{(2\times4+1)-[(2\times4+1)^2-8(4-3)]^{1/2}\}/2$ 式中仅3、4代表波段数,其余为数字。为减少SAVI中裸土的干扰,Qi等(1994)提出了修改型土壤调整指标指数(L),其用一个自动调节因子取代L。

(4)差值植被指数(DVI:Difference Vegetation Index):DVI = 4 − 3

用于植被生态系统的监测,也叫环境植被指数(EVI)。

(5)缨帽变换中的绿度植被指数(GVI,TC:tasseled Cap)

以TM_5为例:TC前个分量分别为土壤亮度、绿度、湿度,TC_4为综合噪音,即:土壤亮度(BI) = $0.2909\mathrm{TM}_1+0.2493\mathrm{TM}_2+0.4806\mathrm{TM}_3+$

$0.5568TM_4 + 0.4438TM_5 + 0.1706TM_7$

绿度：

$(GVI) = 0.2728TM_1 - 0.2174TM_2 - 0.5508TM_3 + 0.7721TM_4 + 0.0733TM_5 - 0.168TM_7$

湿度：

$(WI) = 0.1446TM_1 + 0.1761TM_2 + 0.3322TM_3 + 0.3396TM_4 - 0.6210TM_5 + 0.4186TM_7$

(6)垂直植被指数(PVI：Perpendicular Vegetation Index，Richardson，1977)

$$PVI = [(S_3 - V_3)^2 + (S_4 - V_4)^2]^{1/2}$$

式中，S_3，S_4为土壤红外和近红外波段的反射率，V_3，V_4为植被红外和近红外波段的反射率。PVI表征在土壤背景上存在的植物生物量，距离越大，生物量越大，也可定量表达为：

$$PVI = (DN_4 - b)\cos\theta - DN_3 \sin\theta$$

式中，DN_3，DN_4分别为红外和近红外波段的辐射亮度值，b为土壤基线5近红外反射率纵轴的截距，θ为土壤基线与红光反射率横轴的夹角。PVI的特点是较好地滤除了土壤背景的影响，且对大气效应的敏感度也小于其他植被指数。因此，其被广泛应用于大面积的作物估产。

(7)其他植被指数

① 叶绿素吸收比值指数(CARI)

$$CARI = CAR(R_{700}/R_{670})$$

式中

$$CAR = (a \times 670 + R_{670} + b)/(a^2 + 1)^{1/2}$$

$a = (R_{700} - R_{550})/150$；$b = R_{550} - (a \times 550)$；550，670为波长；$R_{550}$，$R_{700}$为550 nm和700 nm波长处的反射率。

② 高光谱植物指数

植物光谱响应曲线中的红边拐点(REIP)在720 nm附近，此处光谱反射率曲线的一阶导数达到最大值。人们通过红边参数化来表征高光谱的植物指数(窄波段植物指数)，或通过计算绿色植物连续光谱中叶绿素吸收峰(550～730 nm)的形状和面积，获取高光谱指数，如叶绿素吸收连续指数CACI等。

第五节　资源环境遥感的数字图像特征

上节阐述了资源环境效应的波谱特征及机制，本节讨论资源环境效应的遥感图像特征及机制。由于波谱特征及机制基本上为图像特征的机制，故本节着重讨论遥感图像特征。遥感图像特征主要有灰度特征、色度特征和纹理特征。

一、灰度特征

灰度值是遥感资料记录地物波谱特征的一种标记，一般数字图像将地物在图像上的反射率分为0～255级进行记录，照片则根据不同的要求将灰阶分成0～24级。地物的反射率越高，亮度值也越高，灰度值越低。在照片上反映的是反射率越高，照片越亮，反之，照片越暗。不同波段的灰度值所反映的资源环境效应波谱特征的含义不同。在0.28～2.5 μm波段，反映的是地物波谱的反射率值。在热红外波段，反映的是地物热辐射特征，温度越高，亮度越高(即灰度值越小)，反之亦然。微波波段则反映的是地物微波辐射和散射特征，辐射值越高，则亮度值越大(灰度值则越小)，照片上越亮，反之亦然。

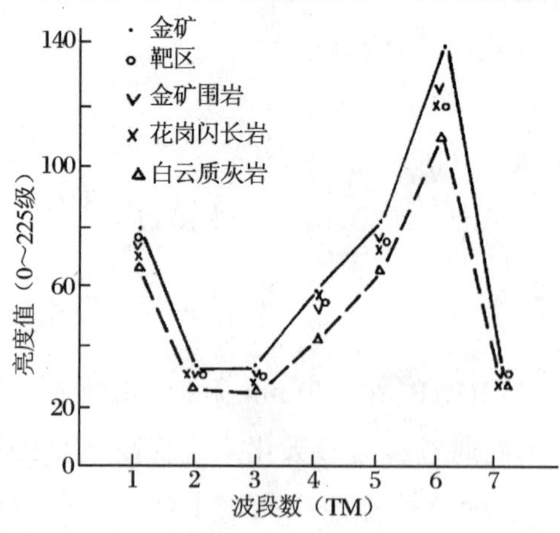

图1.42　太白金矿及外围TM卫片亮度值
(根据表1.14资料)

例如，受毒害植物叶冠波谱特征与正常植物的相比，反射率升高或降低，波形出现红移或蓝移(图1.6)，因此反映到遥感图像上呈现高或低的灰度值(低或高的亮度值)。表1.14是中国陕西省太白县太白金矿及外围TM卫片亮度值统计表，图1.42

是表1.14结果的图示。从以上结果可知,金矿区的植被由于受金及伴生元素毒化后,其在TM卫片七个波段的亮度值(0～255级)均比未受金及伴生元素毒化的花岗闪长岩和白云质灰岩上植被的亮度值高出5～15个亮度级。

表1.14 陕西太白金矿及外围TM卫片亮度值统计表(徐瑞松等,1993)

波段数		1	2	3	4	5	6	7
金矿(3)	X	79.0	34.3	35.0	59.7	80.3	139.7	35.7
	σ	0.8	1.2	1.6	1.2	6.9	2.1	4.1
围岩(4)	X	75.8	33.3	34.8	54.8	78.8	125.3	34.5
	σ	0.8	1.3	1.1	2.5	5.8	5.8	4.2
$\gamma\delta_5^1$(4)	X	74.5	33.5	32.0	59.3	75.8	119.5	29.5
	σ	1.1	1.7	1.7	1.5	3.8	3.6	2.7
DX_1^1(2)	X	72.5	28.5	28.5	45.5	68.0	112.5	30.0
	σ	1.5	1.5	1.5	11.5	17.0	3.5	6.0
靶区(4)	X	77.5	33.5	33.3	54.5	76.0	118.8	32.8
	σ	2.1	0.5	1.3	3.8	5.6	5.4	3.5

注:围岩为金矿围岩,$\gamma\delta_5{}^1$为燕山早期花岗闪长岩,DX_1^1为下泥盆纪星红铺组泥质灰岩,靶区为金矿外围的金矿靶区,X-TM卫片亮度值均值,σ:TM亮度值均方差,X:均值,统计样本数为7,1987年4月22日资料。

二、色度特征

色度特征是指资源环境效应特征在彩色遥感图像上的色彩特征,是遥感图像灰度特征的另一种表现形式,与地物在不同波段的反射率特征有关。一般用红、绿、蓝三色来度量。不同强度的红、绿、蓝三色合成的假彩或模拟真彩图,完全符合牛顿的三色原理。色度分析又是彩色遥感图像定量化分析的一种常规方法。图1.43是广东鼎湖斑岩钼矿区大相幅航空多光谱航片。在假彩图中受钼毒害的植物呈烟棕红色(图1.43中的a),而正常植物则呈清晰的棕黄至棕红色(图1.43中的b)。表1.15是广东鼎湖斑岩钼矿区大相幅航空多光谱假彩图的色度值。从表中结果可见,受钼毒害植物的黄、品、青三色的色度值均比正常区的高0.1～0.2。

图 1.43 广东鼎湖斑岩钼矿区大相幅航空多光谱航片(1984 年 12 飞行)

图中烟棕红色 a 为受钼毒害的植物

表 1.15 广东鼎湖斑岩钼矿区大相幅航空多光谱假彩图色度值(徐瑞松,1988)

类 别	黄		品		青	
	X	*S*	*X*	*S*	*X*	*S*
受钼毒害	1.06	0.08	0.86	0.08	0.68	0.09
正常区	0.80	0.05	0.62	0.04	0.57	0.028

注:用图 1.43 在色度计上测量。*X* 为均值;*S* 为均方差;样本数为 5。

三、纹理特征

以上两节讨论的灰度和色度特征都与地物的反射率和辐射特征有关,本节讨论地物在遥感图像上的纹理特征,则主要是讨论地物及其受毒害植物在各类遥感图像上的空间几何组合特征,这些纹理特征又是由点、线、面等要素组合而成的,其随地形和地质条件不同一般组合成环状、斑块状、星点状、网状、枝状等形态,如地质构造为线状和环状纹理,岩浆岩为绳状和麻花状纹理(如图 1.43 中的 b,e,f),沉积岩为平滑板状纹理,变质岩介于两者之间,其又是植物顶冠几何形态的直观反映。就植被本身而言,一般分为光滑、较光滑、较粗糙、粗糙和极粗糙五类,如图 1.43 中的 e 为草丛组成的光滑纹理，c为由草丛及灌木组成的较光滑纹理，d为由针阔叶混交林组成的较粗糙纹理，b为由针叶林组成的粗糙纹理，图中a为受钼毒害的植物组成的光滑纹理。纹理特征还与遥感图像的比例尺有关，比例尺越大，植物顶冠纹理特征反映的越细致越清晰，反之，植物顶冠纹理特征将丢失。在资源环境效应图像特征的分析研究中，目前较成熟的是灰度和色度特征，纹理特征也越来越受到人们的关注。

第六节　遥感数字图像分析提取方法

一、计算机数字图像处理

计算机数字图像处理是指在计算机软硬件系统的支持下对遥感图像进行分析、加工和处理，使其满足视觉、心理、实用以及其他要求的技术。目前大多数遥感图像是以数字形式存储，因而图像处理很多情况下是指数字图像处理。通常情况下，主要用到的数字图像处理技术包括影像预处理、影像增强和变换。

1. 遥感数字影像预处理

影像预处理是在进行各项遥感专题信息提取之前进行的图像基础处理工作，严格来讲是进行任何遥感影像应用分析的必要过程。其主要目的是消除由于遥感系统自身在空间、时间、波谱以及辐射分辨率等方面的限制而在记录地表信息时带进的误差成分，提高遥感数据应用分析精度。数字图像的预处理工作主要包括几何校正、辐射校正、影像镶嵌等。

1)影像几何校正

由于卫星的飞行姿态、轨道、地球的自转和曲率、地形的起伏、遥感器的投影和扫描性质、遥感器本身结构性能和扫描的不规则运动、检测器采样延迟、探测器的配置、波段时间的配准失调等众多因素的影响，原始遥感影像会存在明显的几何畸变，在图上表现为地物原型的空间特征被扭曲，发生变形。为了能使影像更为直观地反映地物原型的空间几何特征，通常需要对影像做几何校正来消除影像中存在的几何误差。

遥感影像的几何校正主要分为两个层次:其一是系统级几何校正,其二是几何精校正。系统级几何校正是根据卫星轨道公式用卫星的位置、姿态、轨道及扫描特征作为时间函数来计算每条扫描线上的像元坐标,一般情况下用户购得的数据都是经过系统几何校正的。由于这种系统几何校正受卫星姿态参数测量精度的影响,校正后的几何精度仍不高,因此通常需要利用地面控制点进行几何精校正。

几何精校正的主要步骤为:

(1)选择地面控制点(GCP)

所谓地面控制点是指在具有精确地理坐标的、在图像上能清晰定位的地面标志点。如河流交叉点,十字路交叉点,建筑农田的拐角点等。选择地面控制点时应保证所选点不应随时间发生位置改变,均匀分布于研究区域而且数量足够多以保证几何校正的精度。

(2)建立多项式纠正模型

完成地面控制点的选取后,就需要从待校正影像与标准影像或具有一定精度要求的地形图上读取每个地面控制点在图像上的像元坐标(x,y)和地图上的坐标(X,Y),然后选择合适的数学纠正模型来建立二者之间的关系式,通常为二次或三次多项式。确定多项式纠正模型后,就可以对校正影像中的每个像元进行坐标变换,赋予新的坐标值。

(3)像元重采样

由于经过重新定位的像元在原图像中的行列号不全是整数,需要根据输出图像中各像元在原图像中的位置对原图像按一定规则进行重采样,进行灰度插值计算,以建立新的图像矩阵。常用的插值方法有最邻近插值法、双线性内插法、三次卷积内插法。

2)辐射校正

由于遥感器本身的光电系统特征、太阳高度、地形和大气条件等因素的影响,传感器所观测到的目标反射率或辐射亮度与其真实值不一致。为了得到地物准确的反射及辐射特征,需要消除存在于图像中的这种失真,这一过程称为辐射校正。根据辐射失真形成原因的不同,采取不同的校正方法。通常完整的辐射校正包括遥感器校正、大气校正、地形校正及太阳高度角校正。

遥感器在获取信息过程中不可避免地受到大气分子、气溶胶等大气成分吸收与散射的影响,其获取的遥感信息中带有一定的非目标地物的成像信息,常规的影像预处理达不到对影像进行定量分析的要求。因此消除这些大气影响的过程即大气校正在定量遥感中显得尤为重要,是定量遥感必不可少的前提和基础。从 20 世纪 70 年代至今,国内外学者对大气校正方法进行了广泛深入的研究,发展出以下几种常用的方法:基于图像特征的相对校正法、基于地面的线性回归模型法和基于大气辐射的传输模型法等。

基于图像的相对校正法用于没有地面同步实测光谱数据的情况,借用统计方法进行图像相对反射率的转换。基于地面线性回归模型法假设地面目标的反射率与遥感器探测的信号之间具有线性关系,它利用遥感影像上特定地物的灰度值及其成像时对应的地面目标反射光谱的测量值,建立两者之间的线性回归方程式,依此对整幅遥感影像进行辐射校正。这种方法数学和物理意义明确、计算简单,但必须以大量野外光谱测量为前提,成本高,对野外光谱测量工作要求高,对地面定标点的要求也比较严格,而且只能用于特定的地区和时间。大气辐射传输模型法则是采用一种物理模型来模拟大气成分、气溶胶等的吸收散射作用过程,进而对图像进行校正。常见的大气辐射传输模型有 LOTRAN、MOTRAN、ACORN、FLASHH、6S、ATREM 等。所有这些模型在模拟大气辐射传输过程时,都需要用到众多的大气参数如气温、气压、水汽含量、臭氧含量、能见度、水平气象视距、灰尘颗粒度等,这些参数用于计算辐射传输方程中大气的吸收透过率与散射透过率以及气溶胶光学厚度,输入大气参数的精度直接影响大气校正的最终结果。而这些参数需要同步获取,这在很大程度上使这种方法的应用受到了限制。考虑到这些参数通常难以同步获取,成熟的大气辐射传输模型如 6S、MOTRAN 等都在内部定义了几种标准的大气模式来确定这些参数。

要获得每个像元更精确的光谱反射,有时还需要利用其他外部信息对影像进行太阳高度角和地形校正。通常需要用到的外部信息包括大气层透过率、太阳直射光辐照度和瞬时入射角。大气层透过率需要同步测量,瞬时入射角需要考虑结合 DEM(数字高程模型)进行计算。当地形平坦时,瞬时入射角的计算比较简单,但对坡地而言,经过地表散射、反射到传感器的太阳辐射量就会随倾斜度而变化,因此需要利用 DEM 来计算每个像元的太阳瞬时入射角来校正辐射亮度值。

2. 图像增强及其变换

为了突出遥感专题信息,增强遥感影像的可识别度以从遥感影像中提取更有用的信息,往往需要对图像进行重建并在消除噪音之后对图像进行增强和变换处理。按增强及变换处理作用的空间性质,通常分为光谱增强及空间增强。

1)光谱增强及变换

图像的光谱增强及变换操作不考虑像元之间的空间组合关系,只对每个像元进行独立的运算,以增强地物的光谱特征。常用的光谱增强处理及变换方法有对比度增强、主成分分析法及比值法。

对比度的增强是拉伸或压缩原图像像元值到指定范围以提高图像局部或者全局对比度的过程。具体的方法有阈值法、灰度等级分割、线性拉伸和非线性拉伸。阈值法通过阈值的选取将图像分为高于阈值和低于阈值两大类以区分对比度较大的地物,以便进一步对两类地物分别处理。灰度等级分割是将具有不同像元值的像元按一定取值范围重新赋予一个新的像元值,以达到增强地物或现象区分度的操作。线性拉伸是将指定像元值范围内的像元通过线性变换将原有像元值范围压缩或者拉伸至指定像元值范围。常用的非线性拉伸有直方图均衡化、指数及对数变换。直方图均衡化使得变换后图像中各像元具有相同的频率,因此直方图均衡化的结果是增强了原图像中像元值集中部分的对比度而减弱了像元值处于两端的部分的对比度。对数变换和指数变换通过对原图像像元值取对数或者指数分别达到增强图像暗部和亮部对比度的目的。对比度增强主要用于提高图像的视觉效果,需根据原图像直方图特征及用户的需要选取适当的增强方法。

地物波谱反射的相关性、地形及传感器波段之间的重叠等因素的影响,往往导致原始的遥感影像各波段之间存在很高的相关性,即存在大量的冗余信息。去除这些冗余信息可以大大减少数据的处理量,提高运算效率。主成分分析(PCA 又称 K-L 变换)就是通过数学变换将原始影像的多波段信息压缩到少数几个互不相关的波段并尽可能保留原始影像绝大部分信息的方法。

比值法是指影像不同波段之间的比值运算。通常用这种方法来减小地形坡度、坡向、阴影等环境因素造成的地表同种地物具有不同像元值的影响,以使图像解译员或者计算机能够更加准确地判断地物类型。

2）图像空间增强及变换

图像的空间增强用来突出图像在一定尺度下的空间特征。这种增强方式不同于光谱增强，在作运算时要综合考虑每个像元本身及其周围像元灰度值之间的关系，达到突出或降低目标地物的形状、大小、地物边缘的目的。常用的方法有空间滤波、傅里叶变换等。

空间滤波通过空间卷积运算直接作用于原图像，这种方法首先根据需要建立一个包含一系列权重因子的卷积模板，然后将这个模板在整幅图像上移动，用整个模板中的权重因子乘上与之对应的像素值所得到的总和代替处于运算窗口中心（模板中心）的像元值，当模板移动到图像结束位置就会生成一幅新图像。空间滤波分为高通滤波和低通滤波两种。高通滤波处理用来增强高频信息（图像中在小范围内灰度值变化大的部分）而抑制低频信息以突出地物的细部纹理及结构。低通滤波则用来增强低频信息（图像中在较大范围内灰度值相同或相近的部分）压制高频信息以突出地物的宏观结构。

傅里叶变换不直接作用于原图像，而是首先将原图像通过傅里叶变换分解成不同频谱上的成分的线性组合，然后根据需要进行频率域高通或者低通滤波，最后将处理后得到的傅里叶谱图反变换回空间域，生成直观的新图像。

遥感图像的解译过程，实质上是遥感成像过程的逆过程，即从遥感对地面的模拟影像中提取遥感信息、反演地面原型的过程。遥感信息的提取主要有目视解译和计算机数字图像处理两种方法。

二、遥感影像目视解译

遥感图像的目视解译指专业人员通过直接观察或借助辅助判读仪器在遥感图像上获取特定目标地物信息的过程。目视解译的精度在很大程度上依赖于解译人员的经验、丰富的地学知识和良好的心理素质。在目视解译过程中，主要依据解译标志进行图像的判释，并遵循一定的法则和步骤。

1．遥感影像的解译标志

遥感影像的解译标志，也称判读要素，是指遥感图像上能直接反映和判别地物信息的影像特征。主要的影像特征指形、色、位。其中，形包括形状、大小、纹理、图型；色包括颜色、色调、阴影；位主要指位置。解译者凭借知识和经验对这些影像特征进行判断，能直接或间接地推断出影像中地物或者地理现象的类别、性质和状况。

形状：由于同一地物灰度值的相同或相近并区别于其周围地物而在影像上所呈现的外部轮廓。我们在遥感影像上看到的通常是目标物的顶部或平面形状。很多地物都有其常见的形状，如呈狭长条带状的飞机场、呈椭圆形的体育场等等。因此，形状是影像判读过程中最直接的解译标志。地物在遥感影像上的形状受空间分辨率、比例尺、投影性质等的影响。

大小：对遥感图像上目标物的形状、面积与体积的度量。地物在影像上的大小取决于比例尺，根据比例尺，可以计算和估测地物的占地面积和高度。

纹理：由于同一地物其内部色调的变化而表现出的影像细部结构，这种细部结构往往在同一地物范围内以一定规律重复出现。地物在影像上的纹理特征与影像的比例尺有关，大比例尺的影像能呈现出地物更细的纹理特征，而小比例尺的影像呈现出较为宏观的纹理特征。如图 1.44 中，可清晰观察到山体的纹理特征。

图 1.44 山体的纹理特征

图型：地物有规则排列而形成的图形结构。它可反映各种人造地物和天然地物的特征，如呈棋盘状的农田的垄、果树林排列整齐的树冠等。各种水系类型、植被类型、耕地类型等也都有其独特的图形结构。图 1.45 所示为整齐排列的人工林地所形成的棋盘状图型。

图 1.45　整齐排列的人工林地所形成的棋盘状图型

颜色：彩色图像中最基本的解译标志。由于地物波谱特征的不同，在彩色图像中也表现出不同的颜色。在熟悉地物波谱特征的情况下，影像解译人员能够根据图像中的地物呈现的颜色及波段组合判断出地物的类别。

色调：图像中从白到黑的密度比例。色调用灰阶（灰度）表示，它是人眼对图像灰度大小的生理感受。人眼不能确切地分辨出灰度值，但能感受到灰度大小的变化，灰度大者色调深，灰度小者色调浅。同一地物在不同波段的图像上会有很大差别；同一波段的影像上，由于成像时间和季节的差异，即使同一地区同一地物的色调也会不同。

阴影：通常意义上是指光束被地物遮挡后在影像上产生的地物的影子。阴影分为本影和落影。本影是地物未被阳光直接照射到的部分在影像上的成像；落影指阳光直接照射物体时，物体投在地面上的影子在影像上的成像。本影有助于形成立体感，而落影则可以显示出物体侧面的形状，根据落影的长度和成像时的太阳高度角可以量算出物体的高度。另外，对于热红外波段来说，也会由于目标地物与背景之间的强烈辐射差异而形成阴影。局部的高温和低温分别形成热红外影像上的暖阴影和冷阴影，在影像上分别呈现出白色调和黑色调并于背景区域表现出强烈的对比反差。

位置：通俗地讲，指目标地物分布的地点和范围。由于自然界的物体之间往往存在一定的联系，有时甚至是相互依存的，因此，根据这个特点可以识别一些目标地物和地理现象，位置是帮助判读人员确定地物属性的重要标志之一。

2. 遥感影像目视判读方法

(1)直接判读法

观察颜色、色调、阴影、形状、大小、纹理、图型等直接解译标志在影像上的反映，并将影像分成大类别以及其他易于识别的地面特征。

(2)对比分析法

通过对多波段、多时域、多类型影像的对比分析和各判读标志的对比分析实现对影像的判读。由于某几种地物在某个波段具有相似的灰度特征，而在其他波段表现出差异，因此，通过多波段图像对比有助于区分不同的地物；多时域图像对比分析主要用于物体的变化反演情况监测；多类型图像对比分析则包括不同成像方式、不同光源成像、不同比例尺图像等之间的对比。各种直接判读标志之间的对比分析，可以识别标志相同(如色调、形状)，而另一些标志不同(纹理、图型)的物体。对比分析可以增加不同物体在图像上的差别，以达到识别目的。

(3)综合分析法

综合分析主要应用间接判读标志、已有的判读资料、统计资料，对图像上表现得很不明显，或毫无表现的物体、现象进行判读。间接判读标志之间相互制约、相互依存。根据这一特点，可作更加深入细致的判读。如对已经判读为农作物的影像范围，按农作物与气候、地貌、土质的依赖关系，可以进一步区别出作物的种属；河口泥沙沉积的速度、数量与河流汇水区域的土质、地貌、植被等因素有关。长江、黄河河口泥沙沉积情况不同，正是流域内的自然环境不同所致。

地图资料和统计资料是前人劳动的可靠结果，在判读中起着重要的参考作用，但必须结合现有图像进行综合分析，才能取得满意的结果。实地调查资料，限于某些地区或某些类别的抽样，不一定完全代表整个判读范围的全部特征。只有在综合分析的基础上，才能恰当应用，正确判读。

(4)信息复合法

利用透明专题图或透明地形图与遥感图像复合，根据专题图或者地形图提供的多种辅助信息，识别遥感图像上目标地物的方法。

3. 目视判读一般程序

(1)了解影像基本信息：主要包括传感器类型及其成像方式、成像时间、影像对应地理范围及其影像的分辨率、比例尺、彩色合成方案等，以形成对解译影像全面的认识。

(2)分析已知专业资料：根据已有的相关资料或解译者已掌握的地面实况，将这些地面实况资料与影像对应分析，以确认二者之间的关系。

(3)建立影像解译标志：根据影像的特征(形状、大小、阴影、色调、颜色、纹理、图型、位置和布局)建立影像和实地目标物之间的对应关系，即确定什么样的影像特征对应什么样的地物类别。

(4)影像预解译：根据解译标志运用相关分析法对影像进行初步解译，标注地物类别，并勾绘类型界线，形成预解译结果图。

(5)室外调查验证：由于地表复杂性、同物异谱和异物同谱等干扰因素的存在，预解译的结果中不可避免地存在错误或者难以确定的类型，因此，需要到室外进行实地调查与验证，以对预解译结果进行必要的修正，并确定未能解译的地物类型。

(6)影像详细解译：根据实地调查结果对预解译结果进行修正，并确定未知类型，细化预解译图，形成正式的解译原图。

(7)解译结果成图：将解译原图上的地物类型界线转绘到地理底图上，并根据需要进行着色，注记和图幅整饰，制作专题地图。

三、遥感数字图像计算机解译

遥感数字图像是以数字记录表示的遥感图像，其最基本的单元是像素。像素是成像过程的采样点，也是计算机处理图像的最小单元。像素同时具有空间特征和属性特征。遥感数字图像计算机解译是指在计算机系统的支持下，综合运用地学分析、遥感图像处理、地理信息系统、模式识别与人工智能技术实现对遥感数字图像中地学专题信息的智能化提取。其基础工作就是遥感数字图像的计算机分类。

1. 遥感数字图像计算机分类的基本原理

遥感数字图像计算机分类主要的依据是地物的光谱特征，即地物电磁波谱的多波段测量值。利用这些测量值作为原始特征变量或通过对这些原始特征变量进行运算以寻找出能有效描述地物类别特征的模式变量，然后根据与这些特征变量的相似度最大或者距离最小（相似度越大，距离越小；相似度越小，距离越大）的原则，对每个像素进行图像分类。遥感数字图像计算机分类分为监督分类和非监督分类。

(1)监督分类

所谓监督分类，是指图像解译员通过选择具有代表性的典型实验区或训练区，用训练区中已知地面各类地物样本的光谱特性来"训练"计算机，使其获得识别各类地物的判别函数或模式，并以此对未知地区的像元进行分类处理，分别归入到已知的类别中。

监督分类中最常用的方法有最小距离法、特征曲线窗口法、多级切割分类法和最大似然比法。最小距离法依据未分类像元与训练区像元特征空间之间的距离来分类，将未分类像元划分到距离最小的训练区所属的类别；特征曲线窗口法依据相同地物在相同的地域及成像环境下具有相同或者相似的特征曲线这一性质，以特征曲线为中心取一个条带，构成一个窗口，未分类像元落在哪个窗口即被归为哪一类，这里的特征曲线指的是地物光谱特征参数构成的曲线；多级切割分类法是通过设定在各轴上的一系列分割点，将多维特征空间划分成分别对应不同分类类别的互不重叠的特征子空间的分类方法，未分类像元最后归属的类别取决于它落在哪个类别的特征子空间中；最大似然分类法是通过求出每个未分类像元对于各类别的归属概率，把未分类像元划分到归属概率最大的类别中去的方法。该方法假定训练区地物的光谱特征和自然界大部分随机现象一样，近似服从正态分布。

(2)非监督分类

非监督分类相对于监督分类来说，不需要在分类前选取训练区，即不需要影像对地物的先验知识，而仅依靠影像上不同类地物光谱信息（或者纹理特征）进行特征提取，再根据这些特征的差别来达到分类的目的。非监督分类主要采用聚类分析方法。所谓聚类，就是把一组像元按照相似性归成若干类别，聚类的目的是使属于同一类别的像元之间具有最小的距离，而使不同类别的像元具有尽可能大的距离。常用的聚类方法有分级集群法和动态聚类法。

2. 遥感数字图像分类的基本步骤

(1)根据图像分类目的选取特定区域的遥感数字图像，需考虑图像的空间分辨率、光谱分辨率、成像时间、图像质量等。

(2)根据研究区域，收集与分析地面参考信息与有关数据。

(3)根据分类要求和图像数据的特征，选择合适的图像分类方法和算法。制定分类系统，确定分类类别。

(4)找出代表这些类别的统计特征。

(5)为了测定总体特征，在监督分类中可选择具有代表性的训练场地进行采样，测定其特征。在非监督分类中，可用聚类等方法对特征相似的像素进行归类，测定其特征。

(6)对遥感图像中各像素进行分类。

(7)分类精度检查。

(8)对判别分析的结果进行统计检验。

四、遥感数字图像解译专家系统

专家系统是把某一特定领域的专家知识与经验形式化后输入到计算机中，由计算机模仿专家思考问题与解决问题，是代替专家解决专业问题的技术系统。遥感图像解译专家系统是专家系统在遥感影像解译中的应用形式，它是模式识别和人工智能技术相结合的产物。它用于模式识别方法获取地物多种特征，为专家系统解译遥感图像提供证据，同时应用人工智能技术，运用遥感图像解译专家的经验和方法，模拟遥感图像目视解译的具体思维过程，进行遥感图像解译。因此，它起到遥感图像解译专家的作用。利用遥感图像专家系统，可以实现遥感图像的智能化解译和信息获取，逐步实现遥感图像的理解。

遥感图像解译专家系统由三部分组成：影像处理与特征提取子系统、影像解译知识获取系统和影像解译专家系统。

(1)影像处理与特征提取子系统

影像处理功能主要是通过对影像的增强、滤波、大气校正、几何校正、正射校正等一系列的处理来增强影像的可解译度。特征提取子系统通过应用模式识别技术从影像中提取地物光谱特征、影像的形状和空间特征,并将这些特征作为空间数据和属性数据,存入遥感影像数据库,供专家系统调用,作为其进行推理、判断及分析的客观依据。

(2)影像解译知识获取系统

影像解译知识获取系统用于获取遥感图像解译专家知识,并将专家知识形式化,存储在知识库中。专家知识分为三个层次:增加遥感解译新知识;发现原有知识错误和不足,对其进行修改和补充;根据解译结果,自动总结解译经验,修改原有知识和增加新的解译知识。

(3)影像解译专家系统

影像解译专家系统包括作为系统核心部分的推理机和解释器。推理机的作用是提出假设,以地物多种特征作为证据,通过正向和反向推理,实现遥感图像的解译。推理机具有两种运行形式:

① 咨询式:用户和系统进行人机对话,解译系统根据用户提供的区域信息和任务要求,完成遥感图像解译。

② 隐蔽式:解译过程中图像数据同解译知识的结合在专家系统内部进行。它依据解译知识库内地物类型选取图像数据,数据在公共数据区内同解译规则匹配,进行推理。

专家系统中的解释器是一个用于说明推理过程的工具。它的作用是对推理的过程进行解释,以便用户明了计算机解译的过程。从应用要求看,解释功能要求解决以下两个问题:

① 系统应该能理解用户提出的问题。

② 系统能够根据用户的问题进行解释。

五、遥感多源信息复合

遥感多源信息复合是指在遥感应用中,多种遥感平台之间、多时域遥感数据之间以及遥感数据与非遥感数据之间的信息匹配结合技术,利用这种技术以弥补单一遥感数据的不足,实现多种遥感数据或者遥感数据与非遥感数据之间的优势互补，达到更有利于综合应用分析的目的。根据复合的性质，遥感多源信息复合主要分为遥感数据之间的信息复合和遥感数据与非遥感数据之间的信息复合。

1. 遥感数据之间的信息复合

遥感数据之间的信息复合是一种常用的遥感多源信息复合技术，它主要指不同传感器之间遥感数据的复合和不同时域遥感数据之间的复合。

不同传感器之间的遥感数据复合，通常是在多光谱数据和高空间分辨率数据之间进行，其目的是将多光谱数据中丰富的光谱信息和高空间分辨率数据中更为细致的地物空间信息统一到复合结果中，以使复合结果图像较单一传感器图像更有利于综合分析。对于不同的应用需要，综合考虑不同传感器影像的空间分辨率、时间分辨率和波段设置来选取相应的复合方案。TM 与 SPOT、TM 与 NOAA、TM 与侧视雷达等是常用的不同传感器之间的信息复合方案。图 1.46，图 1.47 分别是 ETM+ 的 5,4,2 波段假彩图和 ETM+ 的 5,4,2 波段与全色波段（pan 波段）的 HSV 复合效果图，对

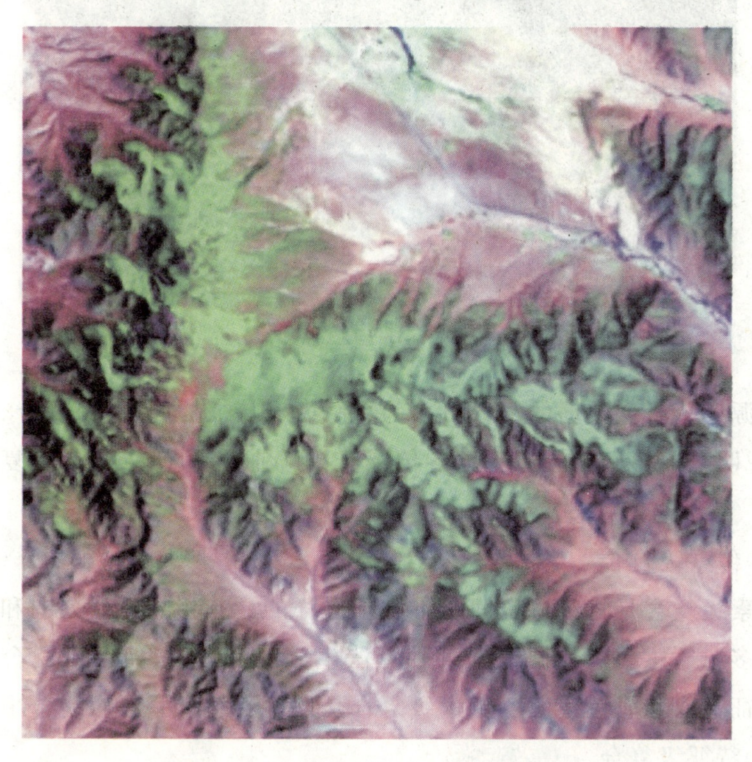

图 1.46　ETM+的 5,4,2 波段假彩图

比两幅图像的效果,可发现经过融合后的图像明显增强了地物细节信息,同时又保留了丰富的光谱信息。由于不同传感器之间的数据具有不同的空间分辨率和成像范围,因此在进行复合之前应进行不同传感器图像之间的配准,使两幅图像所对应的地物相吻合,并且具有相同的空间分辨率和地理范围。

图 1.47 ETM+的5,4,2波段与全色波段的HSV复合效果图

多源遥感影像数据的复合可分为:像素级(特征提取之前)复合、特征级(属性说明之前)复合和决策级(各传感器数据独立属性说明之后)复合三个层次。

(1)像素级复合

像素级复合是将经过空间配准和重采样的具有相同地理范围和空间分辨率的多源遥感影像数据根据某种算法生成复合影像,而后对复合的影像进行特征提取和属性说明。像素级复合是最常用的多源影像复合手段。

(2)特征级复合

特征级复合是从各个影像数据源中提取特征信息并进行综合分析和处

理的过程，是一种中间层次的复合。通常所提取的特征信息应是像素信息的充分表示量或统计量，并根据这些特征信息对多传感器信息进行分类、汇集和综合。

(3)决策级复合

决策级复合是在信息表示上最高层次的影像复合处理手段。它首先将不同类型的传感器观测同一目标获得的数据在本地完成预处理、特征提取、识别和判断，并依此建立对所观察目标的初步结论。然后，通过相关的处理，决策复合判决，最终获得联合推断结果，从而直接为决策提供依据。

不同层次的多源影像复合具有不同的难易程度，用户应根据各层次数据复合的特点、具体应用目的和数据源的特点，选择适当的数据复合层次与复合方法。

2. 遥感数据与非遥感数据之间的信息复合

遥感与非遥感数据之间的复合是一些非遥感平台生成的专题信息如人口、经济、行政区划、气象、水文等与遥感影像之间的复合。这种复合的目的是为了在遥感影像中融入某种专题信息，以提高影像的解译效果和帮助进行综合分析，发现客观规律。由于遥感数据是以栅格方式记录的，因此这种融合方式的关键在于将数据格式多样化的非遥感数据按照一定的地理网络系统进行重新量化和编码，使其与遥感数据在空间上一致，并形成类似遥感数据的具有相同分辨率的栅格图像。

六、GIS 在遥感信息提取中的作用

地理信息系统(GIS)作为一种以空间数据库为基础对空间信息进行采集、管理、操作、分析、模拟及显示的科学和技术，在遥感信息的提取过程中起着重要的作用。主要体现在以下几个方面：

1. 遥感信息的交互式解译和自动分类

一方面，在 GIS 环境下，可根据不同的土地利用及覆被类型的色调、纹理等特征建立解译标志，结合不同时期的土地利用图件，对影像进行人工交互式解译、查错修改、拼接并成图及投影变换处理、空间分析等。如图 1.48 所示为在 ArcGIS 环境下进行的影像分类成图。另一方面，对经过预处理的遥感数据进行特征分析，进一步建立 GIS 的遥感信息知识规则数据库，

将遥感图像的特征信息表达与GIS进行接轨，可以实现基于GIS的遥感影像的自动化处理，如自动分类等操作。目前，GIS已进入互联网，GIS的功能划分正逐步向互联网上分布，WebGIS正迅速地发展，为了更好地利用GIS使遥感信息共享化，还必须处理好遥感信息的元数据问题，表达好数据质量、空间数据组织、空间参照系、实体和属性关系等信息，使遥感信息在本质、结构、描述、分类和表达等方面国际标准化。

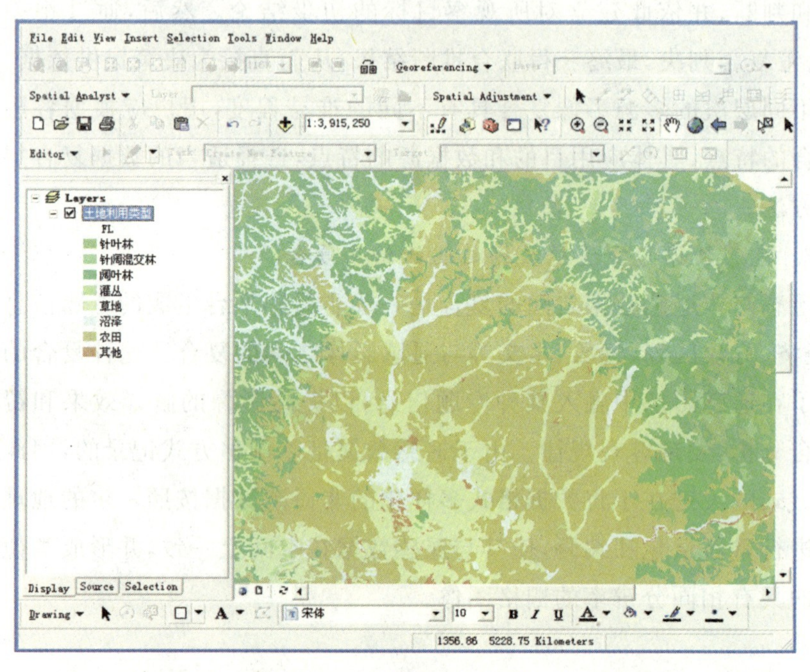

图1.48 在ArcGIS环境下进行的影像分类成图

2. 遥感过程的遥感信息的发生、抽取、传导、重构和作用机制

由于地球自转、地球曲率、大气折射、地形起伏、传感器姿态变化及传感器成像的投影方式不同等因素的影响，遥感图像产生辐射失真和几何变形，遥感数据存在海量信息的采集、传送、处理、储存(位数)等困难问题。GIS技术可较好地解决这个问题，使遥感信息得以进入更深层次的研究，进而对遥感信息的发现、抽取、传导、重构和作用机制方面产生影响，使遥感信息的提取可以更好地借助其他学科的技术方法，如进行信息的复合分析、逻辑布尔运算、过滤等以提取更深层次、高质量的信息。深层次、高质量的信息在描述遥感对象的内在机理和一般规律中发现源数据所表达的信息的提取有错误时，又促成遥感信息新的发现和重构，当人们借助GIS技术对遥感系

统的海量信息进行有效处理后，可以对原先在遥感过程中因数据处理困难而忽视的信息加以精细提取，这将大大提高遥感信息的可信度。

3. 遥感信息运动机理模拟的一般性问题

人们获取遥感信息是为了了解遥感对象的信息机理和一般规律，使其服务于人们的生产、生活，但许多信息无法直接从遥感影像中获取，而GIS应用软件设有专门的应用模型来对遥感图像特征信息进行抽象、概括和模型化。另外，GIS还可运用数理统计方法模拟信息属性的空间变化规律，也可用回归分析法对有关数据进行趋势面分析。在对地形进行模拟时，GIS可运用地学统计或分形等手段，选择基于分析目标和有关系统属性空间特征等的分析方法对遥感图像特征信息进行分析处理，然后用数学模型表达信息运动过程和有关空间指标之间的关系，从而揭示出遥感图像特征信息中许多人类视觉难以直接获取的信息。本节详细内容请见有关文献（赵英时等，2003；梅安新等，2001；苏建云，2001等）。

第二章　资源遥感探测

第一节　概　　述

一、地质体的组构特征

地质体是由不同比例的元素在特定的时空中和一定的地质作用下形成的地体，是矿物、岩石、矿体和构造体的总称。众所周知，元素和化合物组成矿物，矿物组成岩石，矿物和岩石组成矿体和岩体，矿体和岩体又以不同的形态在一定的时空中展布，组成不同的构造格局，本章仅讨论岩石和构造地质体。

地质体的结构构造特征主要为：矿物以粒状、针状、片状和块状等形态为主；岩石主要为片状、板状、层状、块状等；矿体主要以层状、板状、透镜状、肠状、块状等为主；构造体则以线、弧、环等特征组成面状、长线形、弧形、环形、透镜状、棱形、网格状等空间形态特征。

地质体的组分特征分简单型和复合型。钻石、石墨等由单元素碳组成，石盐矿以钠和氯为主，石英岩由氧和硅组成，石灰岩以碳酸钙为主，构造糜棱岩则以硅为主。复合型地质体则具有多元素组合的特征，如基性岩、超基性岩等由几十种不同价态的元素组成。表 2.1 是中国岩浆岩类的平均化学成分，从表中可知，从超基性岩到酸性岩，SiO_2，Na_2O，K_2O 的含量逐渐增加，Fe，Mn，Mg，Ca 等则逐步减少。表 2.2 是部分沉积岩的化学成分对比，从表中可见，砂岩以 SiO_2 为主，黏土岩以 SiO_2 和 Al_2O_3 为主，石灰岩则以

CaO 和 CO_2 为主。表 2.3 是主要变质岩的化学成分，从表中结果可知，变质岩的成分主要与受变质的原岩和变质作用有关，如混合岩以硅、铝为主，泥质和钙质沉积岩变质成的绿泥石片岩是以铝、钙的氧化物为主，由含铝岩石变质的刚玉岩中的铝氧化物则超过 90%。

表 2.1 中国岩浆岩类的平均化学成分(%)(黎彤、饶纪龙，1962)

岩类	岩浆岩	超基性岩	基性岩	中性岩	酸性岩	碱性岩
分析次数	661	14	225	64	318	40
SiO_2	60.76	43.67	48.25	58.05	70.40	64.30
TiO_2	1.00	0.90	2.08	0.79	0.31	0.52
Al_2O_3	14.82	4.53	14.90	17.41	14.48	16.21
Fe_2O_3	2.63	4.22	4.17	3.23	1.38	2.44
FeO	4.11	7.77	7.61	3.57	1.77	2.57
MnO	0.14	0.25	0.21	0.15	0.08	0.16
MgO	3.70	25.34	6.93	3.24	0.94	0.63
CaO	4.54	8.79	8.27	5.77	1.93	1.71
Na_2O	3.49	0.90	3.30	3.57	3.77	5.00
K_2O	2.98	0.41	1.72	2.36	3.79	5.51
H_2O^+	1.05	2.84	1.47	0.85	0.65	0.32
P_2O_5	0.35	0.11	0.56	0.44	0.18	0.12
CO_2	0.43	0.27	0.53	0.57	0.32	0.51

表 2.2 部分沉积岩的化学成分对比(%)

成分	F.克拉克(1924)				绥科夫斯基(1952)
	黏土岩	砂岩	石灰岩	沉积岩(均值)	所有沉积岩(均值)
SiO_2	58.10	78.33	5.19	57.95	59.17
TiO_2	0.65	0.25	0.06	0.57	0.77
Al_2O_3	15.40	4.77	0.81	13.39	14.47
Cr_2O_3	—	—	—	—	0.03
Fe_2O_3	4.02	1.07	0.54	3.47	6.32
FeO	2.45	0.30	—	2.08	0.99
NiO	—	—	—	—	0.02

续表

成分	F. 克拉克(1924)				绥科夫斯基(1952)
	黏土岩	砂岩	石灰岩	沉积岩(均值)	所有沉积岩(均值)
MnO	—	—	—	—	0.80
MgO	2.44	1.16	7.89	2.65	1.85
CaO	3.11	5.50	42.57	5.89	9.90
BaO	0.05	0.05	1.13	1.0	0.12
SrO	—	—	—	—	0.04
Na_2O	1.30	0.45	0.05	1.13	1.76
K_2O	3.24	1.31	0.33	2.86	2.77
H_2O	5.00	1.63	0.77	3.23	—
P_2O_5	0.17	0.08	0.04	0.13	0.22
IrO_2	—	—	—	—	—
CO_2	2.63	5.03	41.54	5.38	—
SO_2	0.64	0.07	0.05	0.54	—
C	0.80	—	—	0.66	—
合　计	100.00	100.00	99.84	99.93	

表 2.3　主要变质岩的化学成分(卢奇茨基,1949)

岩石	产地	SiO_2	TiO_2	Al_2O_3	Fe_2O_3	FeO	MgO	CaO	Na_2O	K_2O	H_2O
混合片麻岩	克列明楚格近郊	72.44	0.16	12.31	3.83	0.81	0.27	1.59	3.63	4.31	0.58
石榴石片麻岩	北乌拉尔	56.24	0.82	19.05	5.41	5.23	2.90	2.07	1.88	3.34	3.00
角闪斜长片麻岩	奥地利	49.47	1.62	19.24	1.43	5.06	6.66	9.20	4.07	1.97	0.98
榴辉岩	蒂罗尔	44.06	2.29	17.63	3.40	9.96	7.19	11.58	2.92	0.91	0.17
角闪岩	东西伯利亚	55.87	1.56	9.73	2.12	13.48	5.84	4.50	2.60	—	2.14
绿泥石片岩	阿尔卑斯山	29.69	1.84	28.66	2.07	2.89	—	21.78	0.57	0.36	11.91
白色硬玉岩	缅甸东部	58.46	—	25.75	—	—	0.34	0.64	13.93	—	1.00
云母石英岩	芬兰、毛里求斯	75.52	—	14.64	1.42	0.95	0.30	1.33	0.97	3.53	1.06
刚玉岩	印度	3.81	0.60	93.91	0.32	0.99	0.62	—	—	—	0.76

综上所述，地质体具有以下组构特征：

(1)从组分上看，岩浆岩从超基性、基性、中性到酸性，硅、铝、钠、钾含量逐渐增加，铁、镁等含量逐渐减少；碱性岩钠钾含量较高；沉积岩成分较单一，如石英砂岩以硅为主，石灰岩以钙为主，泥砂岩以硅、铝为主；变质岩则视其变质原岩不同而不同，如混合岩以硅、铝为主，刚玉岩以铝为主，构造糜棱岩以硅、铝为主。

(2)从结构构造上看，岩浆岩以块状为主，有少量层状、柱状；沉积岩和变质岩则块状、层状、柱状、板状、片状都有；构造地质体则以透镜状、线状为主。

二、成矿元素组合特征

众所周知，在一定的地质作用下，在地壳中形成有用矿物的聚集体，其质和量适于工业利用，即在现有技术和经济条件下，能被开采利用者叫做矿床。矿床由矿体构成，矿体是矿石的堆集体。矿床周围无利用价值的岩石称为围岩。供成矿物质来源的岩石称为母岩。矿石由矿物组成，矿物又由元素组成。如在表生氧化和沉积成矿作用等地质条件下，Fe，O(元素)→Fe_2O_3(化合物)→赤铁矿(矿物)→鲕状赤铁矿(矿石)→层状或块状铁矿体(矿体)→ 铁矿床(矿床)。其中铁、氧为成矿元素，这些成矿元素与区域背景值相比含量过高，或这些成矿元素含量过高导致另外一些元素含量过低，都为成矿效应。

由于成矿地质环境和条件的不同，所形成矿产和其元素组合及其地球化学效应也不同，下面分述金属、非金属、能源和共生矿产成矿元素地球化学效应的特征。

1. 金属成矿元素组合特征

金属矿的成矿元素主要包括：

(1)黑色金属(Fe，Mn，Cr 等)；

(2)有色金属(Hg，Pb，Bi，Ni，Co，Cu，Cd，Sn，Sb，Zn，Al，Mg，K，Na，Ca 等)；

(3)贵金属(Ag，Au，Pt，Ba，Rh，Os，Ir 等)；

(4)半金属(B，Si，Ge，As，Sb，Se，Te，Po，At 等)；

(5)稀有金属(Li,Be,Cs,Rb,Sr,Ti,W,Re,Ta,Nb,Mo,Hf,Zr,V,Ga,In,Ge,Sc,Tl 等);

(6)稀土金属(钇族、铈族)。

这些金属矿成矿元素主要是元素周期表上的过渡族元素和主族元素中的原子序数相对较大的元素。

2. 非金属成矿元素组合特征

非金属元素位于元素周期表中的主族低原子序数部分,它们包括:H,C,N,P,O,S,F,Cl,Br,I,He,Ne,Ar,Kr,Xe,Rn。非金属元素为非导体,密度小,呈气态、液态或固态,由共价键形成分子。稀有气体为单原子,最外层一般有 4~8 个电子。H 有 1 个电子,He 有 2 个电子,具有高电子亲和势,易得到电子形成负离子(稀有气体除外),多为强氧化剂。氢氧化物显酸性。电负性、氧化态可正可负。非金属元素是组成地壳、水、大气、生物的最主要元素,H,O 构成整个水圈,成为生命之源,H,C,N,P,O,S 等均为重要的生命元素。通过植物的根系吸收、呼吸作用、光合作用、蒸腾作用等参与植物的生物地球化学循环。

非金属矿,除少数为非金属元素组成外,多数都是由非金属、半金属和金属元素共同组成的。如:

水晶矿(Si,O 及微量 Fe,Mn 等);

金刚石矿(C,O,Fe,Mg 及其他元素);

石棉,滑石矿(Mg,Si,H,O,C 等);

磷矿(P,Ca,F 等);

盐类矿,自然硫,地沥青等矿(Na,Ca,Mg,K,Cl,S,C,H,O 等);

白云母矿(K,Al,Si,O,H 等);

高岭土矿(Al,Si,O,H 等);

萤石矿(Ca,F 及稀有稀土元素等);

雄黄矿(As,S 及其他微量金属元素);

毒砂矿(As,S,Fe,Co 等);

石灰石矿(Ca,C,O,Mg,Fe,Mn,Zn 等);

石膏矿(Ca,S,O,H 等)。

综上所述,在讨论非金属矿成矿元素组合特征时,还应考虑金属、半金属元素的地球化学效应。

3. 能源矿产成矿元素组合特征

能源矿产主要是指石油、天然气、煤、油页岩、放射性矿产、地热(包括温泉和地热田)。它们的元素组成为:

油、气:石油是多种 C,H 化合物的混合物,主要有链烷烃(C_nH_{2n+2})、环烷烃(C_nH_{2n})、芳香烃(C_nH_n),及少量氧化物、硫化物和卤化物;天然气是一种低级烷烃类混合物,其中有 75%的甲烷(CH_4),15%的乙烷(C_2H_6),5%的丙烷(C_3H_8)及其他较高级的烃和少量其他微量元素。

煤、油页岩:主要是 C、H 化合物,碳量占总量 70%以上,H 占 6%,O 占 10%,S 占 2%,N 占 1%,10%为稀有、稀土、放射性元素和卤素元素等,由高等植物形成的叫腐殖煤,由低等植物(如藻类、菌类)形成的叫腐泥煤,由藻类和微小动物形成的叫油页岩,油页岩的特点是灰分高达 70%,具有薄层状结构。

放射性矿产:U,Th,Pu,Ra,Po 及其他伴生元素。

地热矿产:地热矿产分温泉和地热田,它们的共同点是具有高的热能,不同点是组成不一样,温泉的主要组分是 H,O,S,Si,Ca,Na,K,B,Ge 及其他微量元素,而地热田的组分主要取决于地热岩储的组分。

能源矿产中的 C,H 及其他金属和非金属的地球化学特征上两节已有描述,此处着重讨论放射性元素和地热的地球化学特征。放射性元素的原子核不稳定,能自行蜕变放射出 α,β,γ 射线,如 U,Th,Ra 及原子序数大于 92 的元素。α 射线是带两个正电荷的氦原子核流,β 射线是带一个负电荷的电子流,γ 射线是不带任何电荷、波长极短的电磁波,其有强大的穿透能力。放射性元素包括三个天然放射系列,即铀系、钍系和锕系。目前主要应用的是铀,其次是钍。铀的主要工业矿物是沥青铀矿、晶质铀矿等,在自然界中,铀主要产于古砾岩、砂岩及中低温热液矿床中。晶质铀矿、沥青铀矿、方钍石等放射性矿产中除主要含 U,Th,Ra 等放射性元素外,还含有稀土元素和铅等。U,Th 等放射性元素在表生环境中以高价氧化物的形式被植物吸收,在植物生物循环中具有金属阳离子和放射性两种生理功能,其主要植物生理功能是:适量能刺激植物的生长,过量则对植物具有强的毒性,阻碍植物的正常生长。

地热矿产主要以热能量形式刺激植物生长,如土壤及土壤溶液温度较高时，会刺激植物对营养元素及微量元素的吸收和代谢，提高植物的生命力。即，地热能提高温泉中和热储岩石中生物元素的生物活力和提高这些生物元素的生物地球化学循环的速度。而热能过高（超过 40 ℃），则直接危害植物生长，直至不长植物。

油气和煤除其碳、氢及伴生的金属、非金属元素，通过植物根系吸收到植物中参与生物地球化学循环外，含碳、氧、氢、硫等的气体化合物（如甲烷、烃类气体）还能被植物地上部分（主要是叶体）吸收后参与植物的生物地球化学循环。

能源成矿元素生物地球化学植物生理效应主要表现为油气、煤和油页岩矿产中的非金属和金属元素的生理效应，放射性矿产中放射性元素与伴生元素的生理效应和地热矿产的热生理及伴生元素的生理效应。其对植物生理的效应特征主要为对植物营养、微量和毒性元素的组成及含量的效应特征，对植物细胞的组成及结构的效应特征，对色素的组成及含量的效应特征，对植物小循环及叶体水含量的效应特征和对叶面温度的效应特征。如 U，Th 等放射性元素改变花的颜色，使植物花色多、果实异常大、叶呈多彩异常。适量能刺激植物生长，过量会抑制生长。

众所周知，植物正常生长温度为 0～35 ℃，35 ℃上下的地热能促进植物生长，中、高温地热能使植物的根部和整个植物受到热害，出现一系列的热害症。高温使蛋白质变性，使其失去二级与三级结构，蛋白质分子展开，失去其原有的生物学特性，即：

$$\text{自然状态蛋白质}\xrightarrow{\text{高温}}\text{变性态蛋白质}\xrightarrow{\text{持续高温}}\text{凝聚态蛋白质}$$

高温使脂类液化；高温使植物体出现饥饿症，即呼吸作用大于光合作用，消耗多于合成；高温使氧气溶解度减少，抑制植物的有氧呼吸，积累无氧呼吸产生的有毒物质（乙醇、乙醛、氨等）；高温抑制一些生化环节，使植物生长所必需的活性物质如维生素、核苷酸等缺乏，引起生长不良或出现伤害；高温使蛋白质合成下降，ATP 数量减少。

油气、煤、油页岩的成矿元素对植物的生理效应是多方面的，下面以用石油液化气对植物毒性部分实验结果加以说明。表 2.4 是实验用的石油液化气的组分表，表 2.5 是石油液化气熏岩矿样品后的化学成分，表 2.6 是实验植物鲜叶体中的叶绿素的含量。

表 2.4　实验用石油液化气的组分表(%)

组分	含量	组分	含量
CH_4	0.196	CO_2	0.224
C_2H_6	0.630	N_2	—
C_3H_8	15.6	O_2	—
i-C_4	18.8	i-C_4H_8	24.9
n-C_4	14.1	n-C_4H_8	6.80
i-C_5	0.92	C_2H_4	0.194
n-C_5	0.074	C_3H_6	17.4
H_2	0.059	合计	99.89

注:引自何在成的实验报告,1992,i-异构化合物,n-正构化合物,以下相同(测量日期:1991 年)。

表 2.5　石油液化气熏岩矿样品后的化学成分(%)

样品	猪肝色石英砂石					黏土岩				
组分	原样	8 月 30 日	9 月 30 日	11 月 1 日	12 月 2 日	原样	8 月 30 日	9 月 30 日	11 月 1 日	12 月 2 日
Fe_2O_3	3.39	2.71	2.98	2.92	2.63	3.10	3.21	3.20	3.29	3.19
FeO	0.33	1.53	1.50	1.43	1.55	1.49	0.27	0.28	0.27	0.31
H_2O^+	3.47	2.59	2.78	2.61	2.68	2.33	4.09	5.06	4.01	4.81
H_2O^-	2.83	1.31	1.12	0.82	1.30	1.03	3.78	2.54	2.76	3.75
CO_2	1.77	6.51	6.57	6.60	6.69	6.57	1.71	1.69	1.69	1.75
CH_4	5274	5178	5715	3639	3996	2572	2212	2074	1763	1780
C_2H_2	6912	6561	7418	272.0	296.8	481.9	4068	3717	165.9	165.7
C_2H_6	555.1	534.1	601.4	401.5	455.2	339.7	292.1	266.2	257.6	275.7
C_3H_8	269.7	267.0	280.9	145.4	157.8	217.9	184.1	158.8	108.6	108.5
i-C_4	8.143	8.566	9.347	29.05	34.27	4.064	3.902	3.564	9.697	9.974
NC_4	8.076	8.076	6.907	34.78	38.19	6.122	4.757	4.212	24.78	23.37
i-C_5	4.320	4.845	5.729	2.879	4.030	2.322	1.377	1.485	9.601	0.7459
NC_5	2.769	2.769	3.947	13.74	13.72	2.111	1.252	0.972	8.945	8.470
pH	8.70	8.71	9.18	9.10	8.92	9.39	9.29	9.49	9.39	9.55

注：引自何在成的实验报告,1992。

表 2.6 实验植物鲜叶体中叶绿素的含量(mg/dm^2)

类 别	桃金娘						雀梅					
	未通气			通气			未通气			通气		
测量日期	a	b	a+b	a	b	a+b	a	b	a+b	a	b	a+b
8月30日	3.072	0.996	4.069	1.256	0.430	1.686	3.319		4.271	1.712	0.634	2.346
9月30日	2.405	0.773	3.178	1.454	0.526	1.980	3.033	0.947	3.981	1.094	0.392	1.486
10月31日	2.742	0.862	3.568	1.367	0.470	1.836	3.607	1.104	4.711	0.424	0.174	0.598
11月31日	2.812	0.805	3.617	1.276	0.397	1.674	2.301	0.654	2.956	0.323	0.109	0.433

注:引自何在成的实验报告,1992。

从表2.6的结果可知,受石油液化气毒化的植物的叶绿素含量明显低于正常植物,说明油气矿床上的岩石土壤处于还原环境,使易被植物吸收的高价阳离子还原成不易被植物吸收的低价阳离子,如 $Fe^{3+} \rightarrow Fe^{2+}$(见表2.5);另一方面,油气矿上土壤中 CO_2 过量,与阳离子生成碳酸盐而沉淀,因此,油气矿床上pH值高,Fe^{2+} 等低价阳离子高和难溶的碳酸盐高,直接影响植物根对营养元素和微量元素的吸收,进而降低植物活力,阻碍碳素、氮素循环,使光合作用减弱、生产力下降,导致叶绿素含量明显下降,使植物出现"狮尾根"和"黄化症"。

在油气和煤矿、油页岩低异常区域,植物生长比正常的要茂盛,在高异常区,植物毒害效应严重,出现"黄化病",枯萎病,直至不长植物。如美国帕特里克佐油气田内外,生长着大量的鼠尾草和间隙草本植物群落,同正常区相比,油气田中心区生长的草本植物不茂盛,许多鼠尾草要么死亡,要么枯萎。

放射性矿产上植物花枝、叶呈现异常色彩,果实异常,出现"巨大症"。地热矿上的植物群落受热后出现热害病状,表现出树干干燥,裂开,叶片出现明显的死斑,叶绿素严重破坏,叶变褐黄,器官脱落,亚细胞结构破坏变形等,地热矿体上还常出现喜温植物,如一些陆生高等植物,某些隐花植物类,还有蓝绿藻、真菌和细菌等。

4. *共生组合矿产成矿元素组合特征*

由于元素周期表中的元素与相邻的元素有类似的物理、化学和地球化学性质,故在相同或近似的成矿条件下,由这些物理、化学和地球化学性质相似的一组元素富集成共生组合矿床,如:

(1)超基性岩

Cr,Fe,Mg(铬铁矿、蛇纹岩等);

Cr,Fe,Pt 和 Pt 族;

Mg,Si,H,O,C(石棉、滑石、菱镁矿);

(2)基性岩

Fe,Ti,V,O(钒钛磁铁矿);

Fe,Cu,Ni,Co,Pt,Pd,S,O(铜镍硫化物矿床);

(3)碱性岩

P,Fe,F,Zr,Ti,Nb,Ta,TR;

(4)酸性岩

W,Mo,Sn,Li,F,B(Be),(Bi),(Nb),(Ta)(伟晶岩矿床);

(5)脉状体

Au,Fe,S,As(金-砷矿床);

Zn,Pb,Ag,Cu,Au,Cd,In,Ge(多金属矿床);

Ag,Co,Ni,Bi,U,(Cu),(Fe),(As)(五元素矿床);

Au,Ag,Te,Se(碲化物矿床);

Hg,Sb,S,F,As(含萤石汞锑矿床);

(6)海相沉积

Fe,Mn(铁锰矿床);

Al,Fe,Ga(铝土矿床);

P,Ca,F(磷矿床);

V,U,Cu,Mo,Ni;

(7)潟湖沉积

Na,Ca,Mg,K,Cl,S,C,H,O(盐类矿床、自然硫、地沥青);

B,Na,Ca,Mg(硼酸盐);

(8)变质矿床

Cu,Pb,Zn,Sb,As,Fe,Mn,S(受变质金属硫化物矿床);

(9)叠加矿床

Fe,TR,(Ce),Nb,Ta,Ca,P,(Na),(F)(白云鄂博沉积—变质—热液交代型矿床)。

共生组成矿产成矿元素的地球化学及其生物地球化学植物生理、生态效应特征，是一种共生组合元素的综合特征，判断这些综合特征并不是一加一等于二就解决，而是要考虑到下列因素：

① 组合元素的地球化学特征。如活泼与惰性生物元素，易溶与难溶生物元素，营养元素和毒性元素，大量与微量生物元素等。铬铁矿中的Cr，Fe，Mg中Fe，Mg为植物的营养元素，而Cr则为毒性元素，因而在考虑共生组合元素生物地球化学效应特征时，应先观察Cr的毒害效应，其次为Fe，Mg过量时的毒害效应。

② 共生组合元素的含量比。共生矿产中的组合元素并不是等比的关系，而总是一些元素含量高，另一些元素含量低，如铝土矿中的Al，Fe，Ga，其中Al是主要组合元素，因而应优先观察Al对植物的生物地球化学效应，其次再考虑Fe，Ga的地球化学效应。

③ 共生组合元素对植物毒性作用的强度。在一组共生元素中，其毒性有强、中、弱之别时，则强毒性元素在对植物的毒化效应中占主导地位，余者则占次要地位。如铬铁矿中的Cr的毒性为强，而Fe，Mg的毒性为弱，因此在铬铁矿对植物的毒化效应中起主导作用的是Cr，依次为Fe，Mg。

④ 共生组合元素在生物地球化学循环中的相容与拮抗作用。如铁锰矿中的Fe与Mn，在植物中Mn抑制植物对铁的吸收，导致植物出现缺绿症。又如磷矿床中的P，Ca，F，P促进植物对Mg的吸收，有利于植物生长，而克制植物对Fe，Cu，Zn等金属离子的吸收，Ca也是克制植物对Fe，Mn，Zn等金属离子的吸收，因而对植物具有一系列的毒化效应。

三、资料获取

1. 野外资料获取

野外资料获取的程序是：观察—取样—分析前预处理。观察取样一般按研究点、剖面和取样方法进行。样方面积10 m×10 m、50 m×50 m或100 m×100 m，根据实际需要确定。观测点用GPS精确定位。

植被主要是观测植物的生态特征，如树种、长势、病变等，并记录和取样。

土壤主要按有机质层(A00)，表层(A_1)、B层和C层观测其厚度、颜色、松紧度、结构、质体、根系、新生体、动物和微生物等，并记录和取样。

矿产地质方面主要观测构造、岩性、成物蚀变、矿体露头、氧化作用等，并记录和取样。

气象地理方面主要观测地形、地貌、水文、交通、气象气候、人文活动及其他生态环境要素，并记录和取样。

野外岩石、植物、土壤和水样的取样重量为100～500 g不等。

野外叶冠或叶面波谱测量，用野外地物波谱仪（0.38～2.5 μm波段，其中0.38～0.7 μm波谱分辨率为2 nm，0.70～2.5 μm波谱分辨率为4 nm）测量时间选旱季晴天的上午10点至下午4点，测量时选择向阳面垂直叶冠或叶面重复测5次取均值参加统计，探头与叶冠或叶面的垂直距离为0.5 m。在测地物波谱的同时，采取同一研究点的岩矿、土壤和植物样品，并即刻称重、编号和记录，称重精度为0.01 g。回到室内做细胞结构的叶体须立即切成1 mm×1 mm小块，用戊二醛溶液固定并冷藏于冰壶中，再到室内切片观测。

野外植物叶冠和土壤的表面辐射温度在早上太阳未出山前用日立便携式热红外测温仪测5次取均值参与研究（热分辨率为0.1 K）。

南海野外观测，多次随中科院南海所海洋调查船进行海洋观测、取样、海面波谱和温度的测量。

在野外观测中，注重了遥感生物地球化学资源效应的遥感图像特征的野外调查和验证。

2. 实验室资料获取

首先将所采土壤和植物叶样放入烘箱60 ℃烘干并称重，再与其野外重量相减求其水含量。

将岩石、矿物、土壤样碎至120目，将植物样灰化或将洗尽的植物叶样用HNO_3-$HClO_4$硝化，再到ICP（Inductively Coupled Plasma，美国ARC公司生产），用原子吸收或常规分析法测其常量和微量元素含量，常量元素的分析精度优于10^{-6} g，微量元素含量的分析精度优于10^{-9} g。

取过60目筛的土样，用油浴加热，重铬酸钾溶量法测其有机质，用凯氏定氮法测定全氮，用高氯酸－硫酸高温硝化，钼锑混合显色剂比色法测定磷，用酚二磺酸比色法测其硝态氮。

称取0.5 g叶样，与80%丙酮，0.3 g的$CaCO_3$一起于玻璃钵中，研磨至糊状，抽滤，并用80%丙酮洗残渣至黄白色，定溶于50 ml比色管，在UV-340型分光光度计上，用80%丙酮做空白对照，用1 cm比色槽测得400～850 nm的透过率，绘出吸收光谱曲线，在662 nm、644 nm、440 nm处读取透过率值，再按 Arnon 公式计算叶绿素 a、b、a + b 和类胡萝卜素的含量。

将抽取的叶片色素，用 ICP 和中子活化法测其常量和微量元素，ICP 的分析精度为 10^{-9} g，中子活化法为 10^{-12} g。

将野外固定的鲜叶片，用缓冲液漂洗，用 75%～100% 的乙醇逐步脱水，EPON812 包埋剂包埋，修块切片，用醋酸铀和柠檬酸铅染色，再到透射电镜观测其细胞结构，然后再到 X 荧光上测其黑色体的金属名称和含量。

将所采叶样，取 6 片叶子叠在一起，将叶面用干净棉花轻轻擦干净，再到日立 UV－340 光谱仪测其叶面反射光谱(0.35～2.5 μm)，可见光波谱分辨率为 0.4 nm，近红外波谱分辨率为 1 nm。遥感图像特征信息的提取，是将 TM、NOAA、AIS、MODIS 等航天和航空多光谱遥感数字信息调入 ENVI 图像处理系统，选出与野外测光谱的同一研究点和同一研究地物在各波段的灰度值，一般同种地物取 5 个以上像元点灰度值，取其均值参加定量模型的分析研究。

四、特征信息分析提取

1. 特征信息提取

特征信息提取有两个目的：

(1)从噪音中分离出有用的信息；

(2)减少数据维，压缩信息量，简化计算机过程，节约运算时间。

特征信息提取的方法主要有：

(1)一维资源效应的遥感生物地球化学特征信息的提取(即子集)。如地物的化学组分、生物化学成分、叶片细胞结构、叶体水含量、叶面温度、色素含量、反射光谱的反射率和波形特征值、多层多种遥感图像各波段数字资料的灰度值和各像元之间的纹理组构特征等。

(2)多维资源效应的遥感生物地球化学特征信息的提取(即比值，线性组合等)。如地物化学组分、生物化学成分、光谱反射率、影像灰度值的多种比值特征分析、生物指数分析、缨帽变换、主成分分析、神经网络分析等。

特征信息的提取一般按以下程序进行：

(1)通过对岩石、矿物、土壤、生物化学、生物地球化学、叶冠和叶面等地物波谱特征的分析，选择矿产资源效应的最佳特征信息、最佳遥感波段和最佳模型，并建立数据库。

(2)选择最优特征的遥感影像资料，在图像处理系统上选取适当的方法作成假彩图，分析判读所研究地物及其周围的景观特征，并结合岩石、矿物、土壤、生物化学，生物地球化学和叶面波谱特征，确定最佳判别模型。

(3)对波谱和多层遥感信息进行质量检查，计算各波段地物反射率和影像灰度值的均方差，选择方差最大的特征信息参加统计分析。

(4)进行特征信息的提取，存储及输出所需结果。

(5)对提取结果进行评价。

(6)修正特征信息提取方案，存储所选特征信息，输出最终结果，如由3个主特征合成的假彩图，只有单一特征的等值线图，或用数字表征的不同特征值的数字化图等。

2. 多元信息融合

为提高研究结果的可信度，将资源效应的特征遥感信息与生物化学、生物地球化学、波谱、地质、矿床地质、成矿构造和物化探等多源信息进行融合分析，以得出较正确的研究成果。信息融合一般有人工信息融合和计算机辅助（在图像处理系统、GIS或数据库中完成）融合。

(1)人工信息融合分析

将资源遥感探测的专题图与地质、矿床地质、成矿构造、物化探、生物化学、生物地球化学等一维、二维或三维信息，用目视法绘到同一比例尺的平面或立体图上，该工作在平面透图台上完成，比例尺可用伸缩比例尺相互转换，也可用明显地物目视转绘。该方法的特点是快、省，可做快速定性或半定量分析，并能保留原始信息特征。

(2)计算机辅助融合分析

用扫描仪、数字化仪、CD光盘、数据库等将资源遥感特征信息、生物化学、地质、矿床地质、构造地质、电子地图等一维、二维或三维特征信息输入计算机图像处理系统和GIS系统，用多元信息融合软件进行多元信息融合分析，经人机对话得出满意的分析结果后，输出多元信息的融合结果。

3. 运用3S系统，建立资源效应遥感探测模型

所谓模型（model），就是将系统的各要素，经适当筛选，用一定的表现规则所描述出来的映像。模型通常表达了某个系统的发展过程和发展结果。

资源效应遥感探测模型可用来描述资源效应系统各要素间的相互关

系，以数字图表或其他表达形式，反映资源效应遥感过程，发展趋势及结果。资源效应遥感探测模型也称为专题分析模型。

模型按建立的方法主要分为三类：

(1) 理论模型，主要通过观测、总结、提炼而得到的文字、图表或逻辑表达式，通常用此构成专家系统的知识库，如叶绿素吸收模型等。

(2)经验模型，应用数字分析方法，按物质内在规律建立的数字表达式，反映了资源效应地质过程中的自然规律，如水效应指数模型，结构效应指数模型等。

(3)统计模型，运用大量观测的数据，通过数理统计方法得到的定量模型，该模型具有简单实用的优点。如用叶绿素与叶面波谱红边最大斜率的变化值，来定量计算叶体中叶绿素的含量。

模型的建立一般按下列程序进行：系统描述与数据分析──→理论推导──→简化表达──→确定参数──→建立模型。

本书中模型的建立主要是借助 ENVI 图像处理系统和 MapGIS 系统完成。建立中所使用的数值分析方法有：主成分分析法、层次分析法、系统聚类分析法、判别分析法、缨帽变换法、色度变换法、多因子模糊评价法、灰色评价分析法、空间线性和非线性函数分析法、网络神经分析法和混沌系统分析法等。具体分析方法有的在以下研究中将结合实际介绍，有的请参阅有关参考书。

第二节 金属和贵金属矿产资源遥感探测

一、金矿资源遥感探测——以广东河台金矿为例

植物在其生长过程中，通过根系吸收了地下矿床中的成矿元素。过量的重金属元素聚集在植物体内，对植物的生长发育、生理生化等过程产生一系列的影响，使植物产生了生物地球化学效应。因而，植物的生理、生态及光谱性质表现出异常特征。Erdman(1985)对植物地球化学法找金矿进行了概括

的评论;Brooks(1982)在他的有关论著中列举了133种植物和土壤中含金量的状况;Collins(1983)、Rock(1988)和Schwaller(1985)等都分别研究了重金属矿物对植物的生长发育及光谱特征的影响。孔令韶(1988)、吴继友(1994,1997)、倪健(1995,1997)、宋慈安(2002)等分别研究了金矿区的植物地球化学和光谱特征。这里以广东省河台金矿为研究对象,重点研究了金矿区的金生物地球化学特征及其对遥感方法进行探矿的意义,也为利用生物地球化学方法和遥感找矿方法有机地结合来探测植被覆盖下的金矿床提供了理论依据。

1. 研究区概况与地质背景

河台金矿区位于广东省肇庆市北西35 km处(112°15′00″E~112°22′00″E,23°17′30″N~ 23°20′00″N,图2.1)。

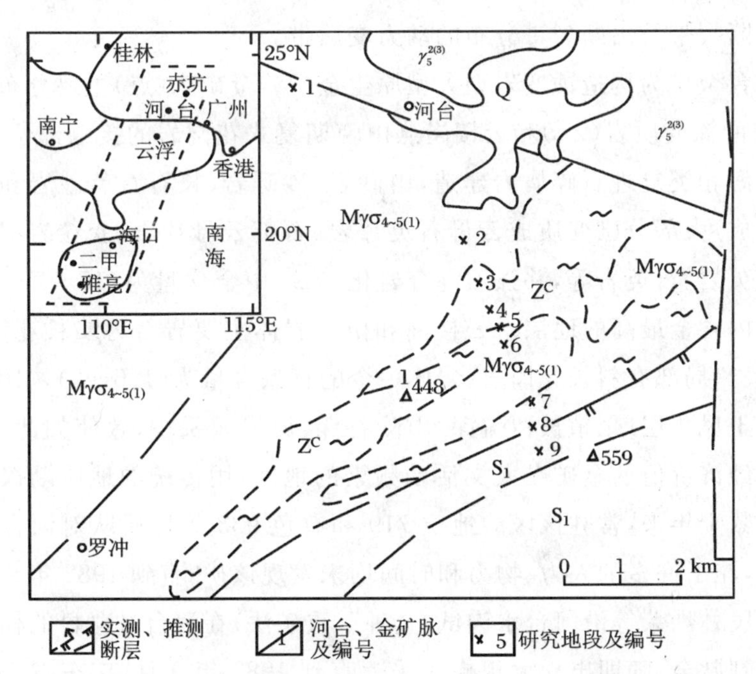

Z^C—震旦系二云母混合岩 S_1—下志留统千枚岩 Q—第四系

$M\gamma\sigma_{4\sim5(1)}$—云楼岗混合花岗岩 $\gamma_5^{2(3)}$—伍村花岗岩

图2.1 河台金矿区交通位置和金矿地质图

研究区交通便利,有公路直通矿区,生活方便。河台地区为低山区,最高峰“一斤一两”海拔559 m,一般山地为250~350 m,相对高差200 m左右,地形切剖深,红色风化壳从山脚近百米到山顶数米厚,仅在沟中能见少量基岩露头。

河台地处热带北部边缘,属海洋性气候,年均气温为22.1 ℃,12月至次年2月最低气温达-1℃,6～8月最高温可达38.1℃,年均降雨量为1638.6 mm,蒸发量为1553.2 mm,相对湿度为78%,区内常年多为东风和东南风,冬季以北风和西北风为主,每年7～9月偶有台风袭击。

区内植被茂盛,以马尾松、杉木为主,灌木林以桃金娘等为主,经济作物有桂树、巴戟、茶叶等,植被覆盖率90%以上。

河台金矿区位于华南加里东褶皱系云开大山后加里东隆起带东北部,吴川—四会深大断裂变质带北西侧的罗定—广宁断裂变质带东北段,构造活动剧烈。区内广泛出露震旦系和下古生界地层,是稀有、稀土、锡、金、银、铜等元素的地球化学高背景区。志留纪末发生的加里东运动,除以北东和北东东向的紧密线型复式褶皱外,还产生了广东西部两条重要的北东和北东东向断裂带及沿断裂带分布的动力变质带。

河台金矿为构造蚀变岩型大型原生金矿。金矿床(点)主要分布在震旦系C组的深变质岩(Z^C)和云楼岗燕山晚期复式花岗岩的接触部位。Z^C是一套浅海相类复理石碎屑岩建造,由砂岩、砂砾岩、长石石英砂岩和砂页岩互层组成,大部分已变质成云母石英片岩、石英云母片岩、变粒岩、片麻岩、长石石英岩、石英岩等,并强烈混合岩化。Z^C中金含量为$(15\sim20)\times10^{-12}$ g,是区内含金最高的地层。云楼岗和伍村岩体主要岩石为二长花岗岩、花岗闪长岩,局部有斜长花岗岩,岩体中金的背景含量为$(1.5\sim2)\times10^{-12}$ g。

红土风化层厚、植被覆盖深、山陡谷深、原岩露头少,致使如此大型、具有极高经济价值的金矿在人文活动频繁的地区,用传统的地质勘探法无法发现。数十年来,常驻该区的地质719和有色933等地质队对河台地区三进三出,花了许多的人力、物力和时间均未发现该矿,直到1982年9月由罗定市农民林灿荣等沿河台水沟试"金种"(重矿法)在河台过碰村的梯田小路坎下找到脉金,随即出现大规模民采。直到1983年9月,广东省719地质队再次进驻勘探评价,到1986年提交河台高村金矿的首批储量报告。

由此可见,必须找到一种有效的矿产勘探新方法,能直接透过风化壳和植被层,探查隐伏的矿产,在数字地球的今天,金矿效应的遥感生物地球化学勘探模型能有效地解决这一难题。

2. 遥感探测模型研究

1)理论模型

图2.2是河台金矿区植被景观图,图2.3是河台金矿区与背景区植物

叶体细胞透射电镜图;图 2.4 是河台金矿区蚕豆细胞透射电镜图。表 2.7 是河台金矿区岩石、土壤、植物中金含量和植物生理生态特征;表 2.8 是河台金矿区植物叶体色素中的成分;表 2.9 是河台金矿区 AIS(航空成像光谱)的灰度值。图 2.5 是研究区桃金娘叶面波谱特征;图 2.6、2.7 是研究区桃金娘叶面波谱一次和二次微分图,图 2.8 是研究区植被叶冠 TM 卫片的灰度特征。从以上图表可知:

(1)受金及伴生元素毒化的植物叶面积变小,叶面出现黄斑直至枝叶枯死(图 2.2)。

图 2.2 河台金矿区植被景观图

受金毒化的马尾松成一与金矿平行的黄色线条,2004 年 11 月拍摄

(2)受金及伴生元素毒化的细胞结构变形直至破裂,叶绿体中的基质、类囊体和片层结构模糊、边界不清、分布不均、油滴颗粒多。线粒体中黑色颗粒多,黑色颗粒中的金含量在 10%～70%之间(图 2.3)。从细胞核电镜结果来看(图 2.4),金矿区土壤浸提液培养的蚕豆出现染色体断片、落后染色体以及微核、双微核和多微核,说明金和金的伴生元素对蚕豆根尖细胞染色体有明显的致畸效应,并对其组成物质 DNA 的结构组成有一定的影响。染色体畸变产生可能有以下几种途径:①由于金和金的伴生有毒元素直接作用于 DNA 分子,造成 DNA 的断裂损伤,从而引起染色体的畸变。②金和金的伴生有毒元素干扰了 DNA、RNA 的转录,使与染色体有关的物质不能形成。③干扰某些损伤的正常修复,阻止染色体在正常情况下重建,而形

成新的重接，出现染色体断片，桥和环之类的重排。④破坏纺锤体的功能或形成，或者干扰染色体某些自身运动规律而使染色体不能及时到达赤道面，造成落后染色体。

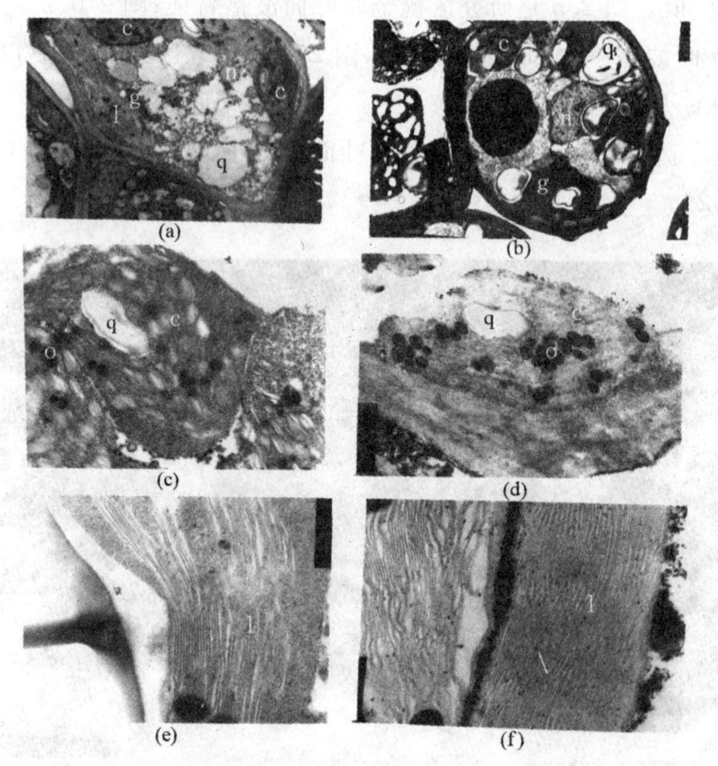

图 2.3 河台金矿区[(b),(d),(f)]和背景区[(a),(c),(e)]植物叶体细胞透射电镜图

1992 年 10 月样品在中山大学分析中心日产 JSM－6330 型透射电镜上分析。图(a)：23000 倍；图(b)～(f)：15000 倍

(3)金矿区植物叶中的元素富集系数是 Au＞Ag＞Mn＞Cu，Pb，Zn，其中 Au，Ag，Mn 为正异常，金富集系数高达 1961，Cu，Pb，Zn 均为负异常(表 2.7、表 2.8)。

(4)金矿区植物叶中的叶绿素含量比低变质岩区的低 10%～30%，比花岗岩区的高 10%～20%，叶体水含量比正常区的低 10%～20%，叶面温度比正常区的低 2～3 ℃(表 2.7)。

(5)金矿区植物叶色素中的 Au，Ag，Cu，Hg，Mn，S 均比正常区的高，Au，Ag，Sb，S 分别是其丰度值的 97.33，5 100，5.36 和 47 800 倍，而 Mg，Fe，Al 等植物色素必需的微量元素则比正常区的低 30%，90%和 24%，Mg

仅为其丰度值的1.4%～8.6%，Fe为60%，Al为19%～72.5%（表2.8）。

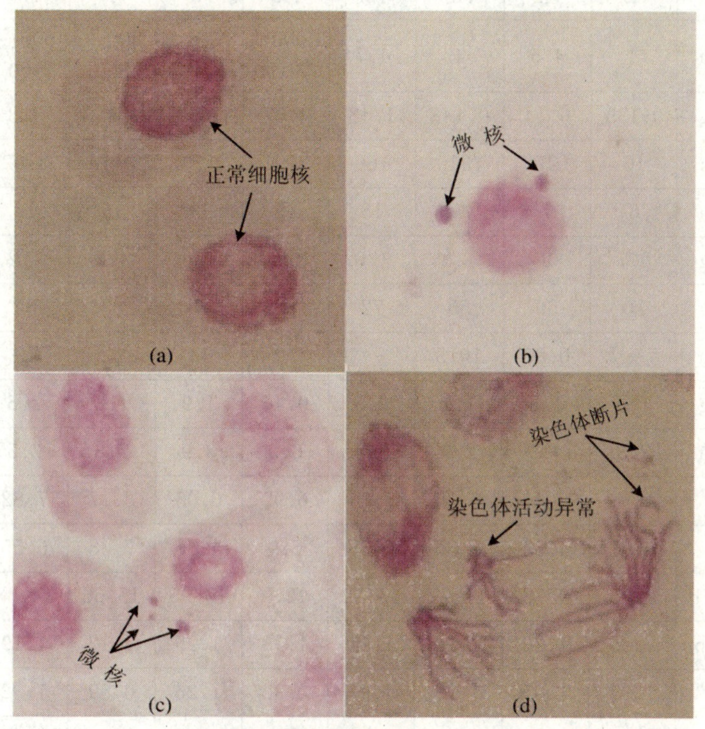

图2.4　河台金矿区蚕豆细胞透射电镜图

(a)为正常细胞核(背景区)；(b)为细胞双微核(金矿区)；(c)为细胞三微核(金矿区)；(d)为滞留染色体和断片(金矿区)。

2007年11月样品在广州地化所显微镜实验室显微镜分析

表2.7　河台金矿区岩石、土壤、植物中金含量和植物生理生态特征

点号	H1	H2	H3	H4	H5	H6	H7	H8	H9
岩石	花岗岩	混合花岗岩	二云母混合岩	硅化二云母混合岩	金矿	硅化二云母混合岩	金矿	金矿	千枚岩
土壤	红壤	红壤	红壤	山地黄壤	山地黄壤	山地黄壤	山地黄壤	山地黄壤	山地黄壤
植物群落	马尾松 桃金娘 芒萁	马尾松 桃金娘 芒萁 杉 桃金娘	杉 马尾松 桃金娘 芒萁	马尾松 野牡丹 芒萁	玉桂 马尾松 芒萁 黑莎草	马尾松 桃金娘 芒箕	马尾松 杉 桃金娘 芒萁	马尾松 酸藤子 野牡丹 芒萁	马尾松 山乌 芒萁 黎塑
覆盖率%	70	65	70	75	90	90	90	95	85

续表

点号		H1	H2	H3	H4	H5	H6	H7	H8	H9
岩石	Au	3	4.5	4	4.7	1 000～73 190	5.8	500～800	600～900	5.8
	Ag	0.135	0.14	0.148	1.48	4.67	1.69	4	3.8	0.157
	Cu	16	27	31	166	3791	170	3410	3192	28
土壤	Au	6	7	6	13	15	14	15	16	14
	Ag	0.7	2	1.8	1.0	1.1	1.0	1.2	1.2	0.7
	Cu	26	50	53	72	85	75	83	82	55
植物叶	Au	—	0.86	10.3	—	52	14	52	13	—
	Ag	1.3	1.2	1.2	3.5	0.46	1.9	1.8	2.6	0.93
	Cu	2.3	4.3	2.9	3.8	6.3	3.9	7.8	2.5	4
叶绿素	a	4.88	5.44	6.35	7.74	6.99	6.08	8.27	7.82	8.47
	b	3.97	4.33	5.36	6.38	5.9	4.86	7.38	6.55	7.29
	a + b	8.85	9.78	11.72	14.12	12.9	10.95	15.66	14.38	15.76
	a/b	1.23	1.26	1.18	1.21	1.18	1.25	1.12	1.19	1.16
	R	1.07	1.07	1.28	1.01	0.93	1.26	0.89	1.32	1.605
W(mg·g^{-1})		5.5	3.9	5.2	3.6	4.6	5.2	4.2	4.8	5.3
T/℃		24	23	22	20	21	21	20	22.5	22

注：W:植物叶体水含量，鲜样和干样(60 ℃烘干)重量之差；T:植物叶面温度，日立热红外测温仪在清晨实地测量，精度为0.1 ℃；R:类胡萝卜素，色素用叶体鲜样，成分用叶体灰分。1988年10月和2004年11月采的样品，成分均用美国产ICP-MSELAN6000型筹备γ光谱仪测量，精度为10^{-12}。

表2.8 河台金矿区植物叶体色素中的成分

元素	金矿区	正常区	金矿区/正常区	丰度值	金矿区/丰度值
Au(10^{-9})	97.33(6.40)	40.0(1.80)	2.433	1	97.33
Ag(10^{-9})	4.0(1.0)	1.0(0.5)	4.0	50	0.08
Cu(10^{-6})	14.0(1.04)	7.0(0.80)	2.0	20	0.70
Zn(10^{-6})	8.03(0.80)	9.7(0.50)	0.828	50	0.1606
Hg(10^{-6})	51.0(1.12)	37.5(0.92)	1.36	0.01	5100
As(10^{-6})	0.325(0.109)	0.62(0.21)	0.52	0.2	1.625

续表

元素	金矿区	正常区	金矿区/正常区	丰度值	金矿区/丰度值
Sb(10^{-6})	0.628(0.017)	0.610(0.110)	0.439	0.05	5.360
Mn(10^{-6})	97.2(9.8)	67.5(6.7)	1.44	100	0.972
Mg(%)	0.138(0.014)	0.978(0.0231)	0.609	1.6～10	0.8625～0.01380
S(%)	4.78(0.96)	4.69(0.91)	1.02	0.0001	47.80
Fe(%)	0.006(0.0004)	0.06(0.003)	0.1	0.01	0.600
Al(%)	0.752(0.019)	0.9779(0.035)	0.769	0.1～3.9	0.725～0.1859

注：用中子活化分析 1992 年 10 月的样品，精度为 10^{-12} g，丰度值引自 Brooks (1983)，括号中数据为统计方差，统计样本数为 35，植物为研究区马尾松、桃金娘、芒萁、酸藤子和鼠刺等植物的综合。

(6)由于金及伴生元素的毒化效应(以 Au,Ag,Sb,S 为主)，金矿区植物叶色素中严重缺少植物光合作用元素 Mg 和必需的微量元素 Fe,Al，故金矿区植物叶体易患黄化病、色斑病，植物叶体变小，叶面变粗糙，直至植物枝叶枯死(图 2.2)。因此，金矿区植物叶面光谱比正常区的高 5%～30%，在可见光波形发生 5～15 nm 的蓝移，而近红外波段则发生 10～15 nm 的红移，700～730 nm 陡坡的斜率比正常区的高 0.1～0.4(图 2.5～图 2.7)。

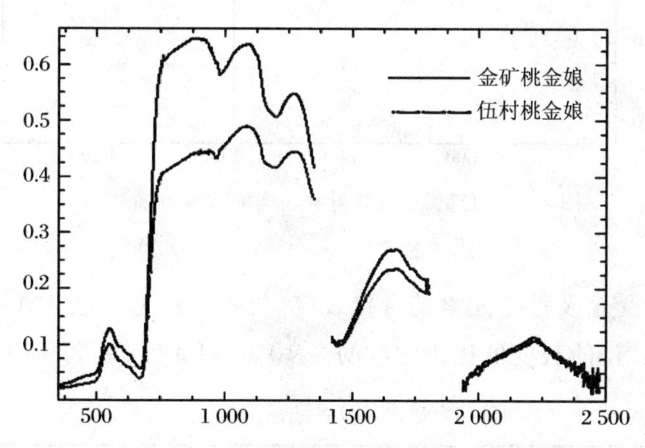

图 2.5 研究区桃金娘叶面波谱特征

实线：金矿；虚线：花岗岩。使用美国 Analytical Spectral Devices 公司的 Fieldspec 便携式分光光谱仪于 2004 年 11 月 17 日 13 时野外测量。可见光的波谱分辨率 2 nm，近红外的为 3 nm

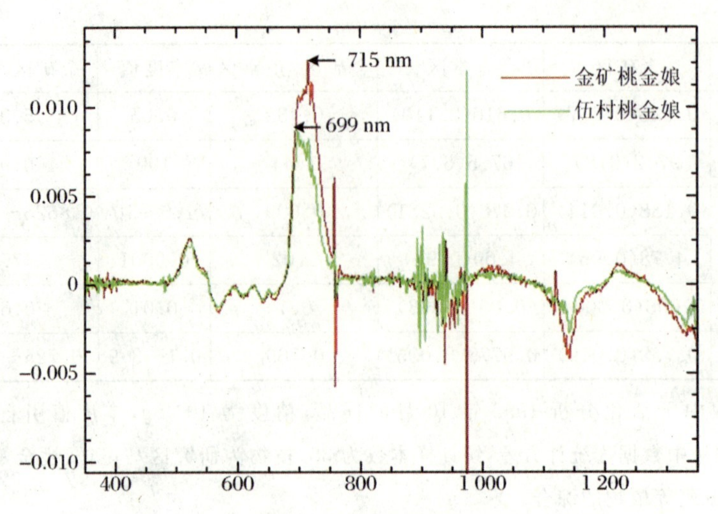

图 2.6 研究区桃金娘叶面波谱一次微分曲线图

用图 2.5 的数据分析。红线:金矿;绿线:花岗岩

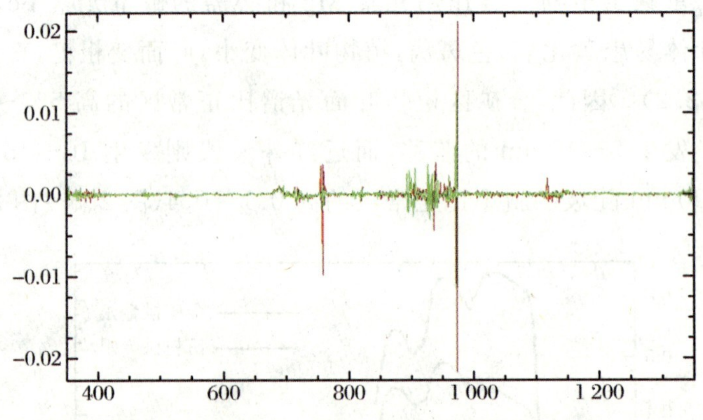

图 2.7 研究区桃金娘叶面波谱二次微分曲线图

用图 2.5 的数据分析。红线:金矿;绿线:花岗岩

(7)由于受金及伴生元素的毒化效应,金矿区植物叶冠 TM 卫片和 AIS(航空成像光谱)的灰度值比正常区的高 10%~100%(表 2.9,图 2.8)。

表 2.9 河台金矿区 AIS 各波段的灰度值(0~255)

波段数		1	3	6	7	8	9	10
波长(nm)		472~502	532~574	645~688	682~728	726~764	763~800	800~845
金矿区	灰度值	168.6	151.9	175.7	172.8	204.8	190.3	182.9
	方差	10.27	4.54	6.58	4.58	8.09	5.94	5.57

续表

波段数		1	3	6	7	8	9	10
对照区	灰度值	167.6	141.3	153.4	163.6	185.2	178.2	172.7
	方差	9.09	5.57	5.16	4.06	9.00	10.78	5.96
G1－G2		1.00	10.6	22.3	9.20	19.6	12.1	10.2
波段数		11	12	13	15	17	18	19
波长(nm)		845～884	883～922	920～960	992～1026	1620～1750	2050～2230	6500～11400
金矿区	灰度值	165.4	205.7	167.8	203.5	175.9	191.7	183.7
	方差	9.53	8.38	7.60	7.99	5.11	7.06	13.30
对照区	灰度值	142.1	181.4	149.9	168.7	156.0	161.5	132.8
	方差	10.40	13.87	7.90	16.74	5.86	5.47	9.67
G1－G2		23.3	24.3	17.9	34.8	19.9	30.2	50.9

注:1.G1－G2为矿区减对照区灰度值;2.本表数据由中国科学院上海技物所研制的AIS于1990年12月18日测量。

(8)综合以上金及伴生元素生物地球化学效应的植物生理生态特征和叶冠波谱及遥感图像特征,与金矿地质、金矿物化探、成矿构造等特征,建立河台金矿找矿的理论预测模型(图2.9、图2.10)。从该预测模型可知,金及伴生元素毒化效应的遥感异常在空间上与河台金矿体、化探和物探异常等均重合在一起,并且金矿生物地球化学效应的遥感异常比金的化探和物探异常更能准确地反映出金矿的空间位置。

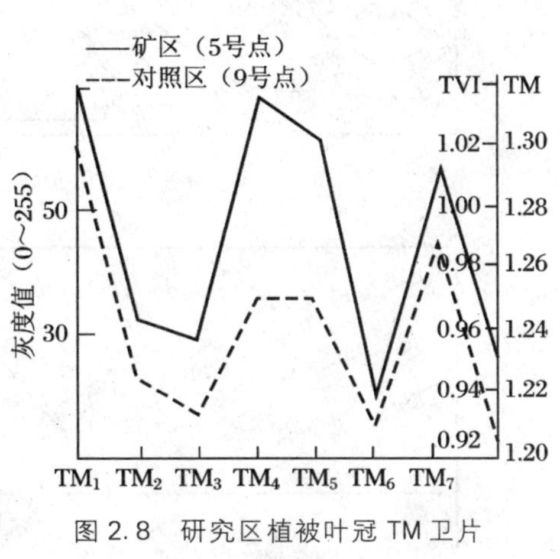

图2.8　研究区植被叶冠TM卫片的灰度特征

2)经验模型

(1)植被指数(TVI:Transformed Vegetation Indices)和水效应指数(MSI:Moisture Stressed Indices)

模型用1998年旱季的TM卫片的灰度值,按归一化植被指数公式:

$[(TM4-TM3)/(TM4+TM3)+0.5]^{1/2}$，计算研究区9个点的TVI值（表2.10），用2004年11月的野外光谱数据，按照水效应指数模型：$(R_{1.67}-R_{1.62})/(R_{1.27}-R_{1.23})$（式中$R_{1.67}$，$R_{1.62}$，$R_{1.27}$，$R_{1.23}$分别为波长1.67 μm，1.62 μm，1.27 μm和1.23 μm处的波谱反射率），计算研究区9个点的MSI值（表2.10）。从表2.10可知，河台金矿（点5,7,8）的TVI和MSI值均比金矿围岩和远离金矿的花岗岩和千枚岩的低5%～8%。

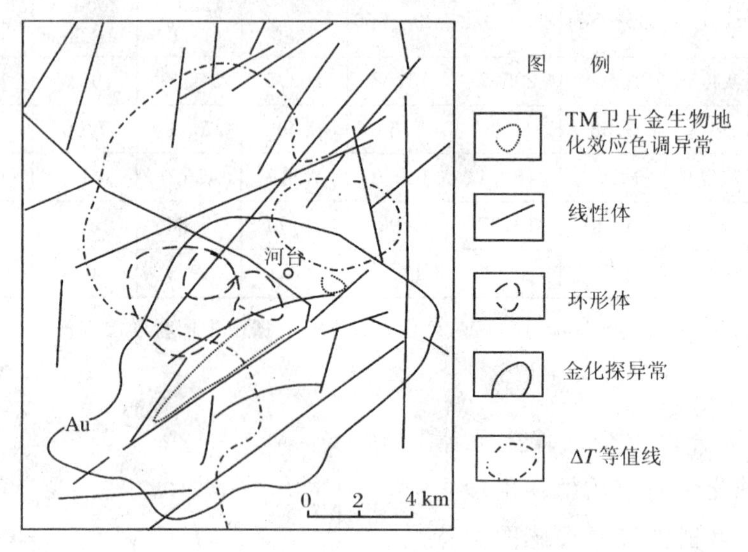

图2.9 研究区金矿预测遥感模型平面示意图

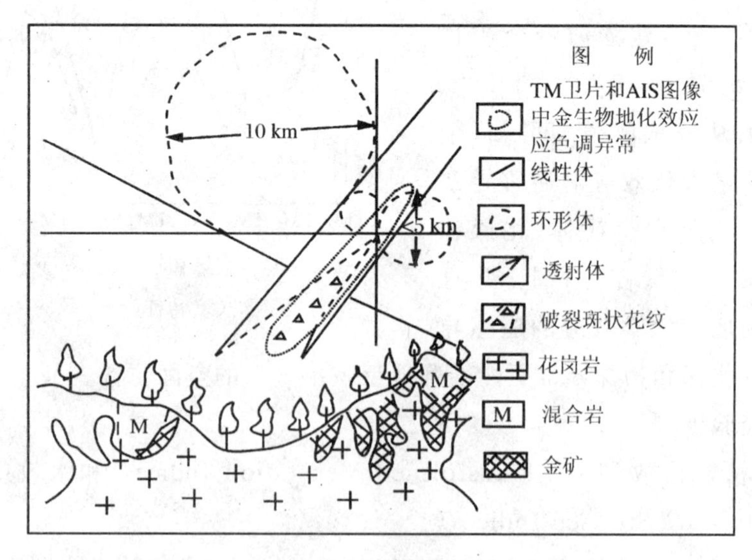

图2.10 研究区金矿预测遥感模型剖面示意图

表 2.10 河台金矿区 TVI 和 MSI 特征值

点号	H1	H2	H3	H4	H5	H6	H7	H8	H9
TVI	1.097	0.996	0.993	0.939	0.927	1.013	0.933	0.927	0.937
MSI	2.310	2.254	2.275	2.303	2.150	2.225	2.103	2.107	2.151

注:表中点号与表 2.7 相同。

(2)主成分模型

主成分分析是在统计特征基础上的多维正交线性变换,通过变换可消除原有图像之间的相关性,即把原来各波段的有用信息集中在新的变量——主成分图像中,从而达到遥感生物地球化学效应信息的提取和压缩的目的。表 2.11 是河台金矿区 Landsat TM 图像的主成分分析统计表。

表 2.11 河台金矿区 Landsat TM 图像的主成分分析统计表

主成分		PC1	PC2	PC3	PC4	PC5	PC6	PC7
特征值		304.6	135.7	10.5	4.4	2.1	1.0	0.3
贡献率(%)		66.42	29.59	2.29	0.96	0.46	0.22	0.06
特征向量权重	TM1	0.26	0.13	0.11	0.63	0.53	0.10	0.25
	TM2	0.30	0.23	0.29	-0.73	0.32	0.21	0.36
	TM3	0.61	0.45	0.50	0.21	-0.43	0.13	0.04
	TM4	-0.07	-0.05	-0.23	0.07	-0.14	0.87	-0.05
	TM5	-0.25	-0.21	-0.06	0.21	-0.34	-0.02	0.76
	TM6	-0.75	0.38	0.47	0.03	-0.05	0.05	-0.07
	TM7	-0.10	-0.77	0.67	0.04	0.10	0.05	-0.14

在主成分分析得到的 7 个主成分中,PC1 是植被叶冠的亮度信息,反映了 TM 各波段对亮度值的贡献。从表 2.11 可见,TM3 和 TM6 对 PC1 的贡献最大。PC2 对应 TM3 和 TM7 波段分别是正权重(0.45)和负权重(-0.77),主要反映了植物叶绿素对红光的吸收和对近红外波段的反射,是植被叶冠的绿度信息。PC3 是湿度信息,反映了 TM 各波段对植物叶冠水含量的敏感程度,TM7 对其贡献最大(0.67)。PC4 对应 TM_1 和 TM_2 波段,分别是正权重(0.63)和负权重(-0.73),说明 PC4 与植物中的叶绿素在可见光的吸收与反射有一定的关联。因此,从主成分分析可知,PC2 可作为探

测植物生理生态的一个重要指标。将河台金矿区 9 个研究点(X1～9)的PC1 和 PC2 值做成平面图(图 2.11),从图中可见,河台金矿(5,7,8)与非金矿岩石(1,2,3,4,6,9)上的植物叶冠的 PC1 和 PC2 的值均高出 10%以上。因此,运用主成分模型可较容易地将金矿效应的生物地球化学特征提取出来。

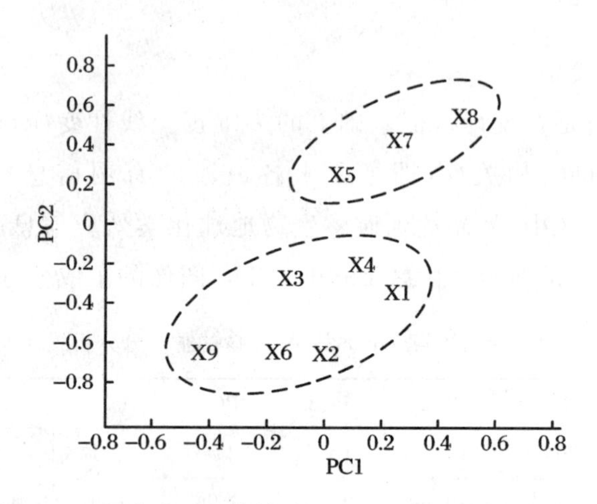

图 2.11 河台金矿区植被叶冠 TM 卫片主成分分析结果

3)统计模型

(1) 相关分析模型

对河台金矿区金生物地球化学效应的遥感图像特征与相应的叶面波谱特征和植物生理特征进行了相关分析(表 2.12)。从表中结果可知,河台金矿区 TM 卫片各波段的灰度值均与植物叶面波谱反射率呈正相关关系,与土壤中的 Au、植物叶中的 Au 和 Cu、植物的叶面温度呈正相关关系,与植物叶中的 Ag、色素和叶体水含量呈负相关关系。其中 TM1、TM2 与色素、叶面温度和叶体水含量的相关系数,TM3 与色素和叶体水含量的相关系数,TM4 与金含量、色素和叶面温度的相关系数,TM5、TM6、TM7 与色素和叶面温度的相关性均大于 0.5。TM6 和叶面温度,TM1、TM2 与类胡萝卜素的相关系数最高均为 0.8 以上。TM1、TM2、TM3、TM4、TM5、TM7 均与类胡萝卜素具有显著的负相关性,说明受金毒化后的植物叶体中高含量的类胡萝卜素是控制遥感图像特征的主要因素。TM4 与土壤和叶体中的金含量具有高的正相关关系。该相关模型可用于遥感资料定量探测植物叶体中的金、色素、水含量和叶面温度等。

表 2.12 河台金矿区生物地球化学效应遥感特征多元相关系数矩阵

项目	TM1	TM2	TM3	TM4	TM5	TM7	TM6
RTM2	0.193	0.185	0.115	0.121	0.303	0.270	0.679
SAu	0.226	0.194	0.258	0.627	0.326	0.291	0.037
Lau	0.229	0.197	0.018	0.497	0.374	0.361	−0.119
LCu	0.452	0.440	0.325	0.367	0.381	0.413	−0.141
Lag	−0.009	−0.012	0.080	0.115	−0.129	−0.219	−0.061
Ch	−0.344	−0.375	−0.294	−0.134	−0.313	−0.329	−0.653
R	−0.828	−0.851	−0.742	−0.676	−0.659	−0.641	−0.422
W	−0.556	−0.535	−0.545	−0.180	−0.183	−0.260	0.040
T	0.503	0.501	0.467	0.500	0.656	0.682	0.813

注：用表 2.7、2.8 等数据分析，样本数为 33。TM1～TM7 为 Landsat TM 波段数，RTM2 为植物叶面室内波谱反射率按 TM2 波段的积分值。Ch 为叶绿素总值；R 为类胡萝卜素；SAu 为土壤中金含量；LAu、LCu、LAg 为植物叶中金、铜、银含量；W 为植物叶中水含量；T 为叶面温度。

(2)多因素模糊评价模型

该模型首先依据标准类别参数和指标空间确定各因素各类别对目标的隶属度，作为判别距离的度量，再结合要素的权重指数，采用适当的模糊算法计算各遥感生物地球化学实体的归属等级类别，作为评价的基础。该方法能通过隶属度表达人们对目标与因素之间关系的模糊性认识，用适当的算法将这种认识量化并反映到结果的分类中。该方法是近十多年迅速发展的一种新的数学方法。目前较常用的方法有：一是以模糊图论为基础的 Prim 聚类算法，是基于模糊从属程度的软分类——ISODATD 方法；二是基于模糊等价关系的聚类方法，此处运用后者，其评价聚类过程分三步：

① 建立待分类各点间的模糊关系，为了能进行聚类，要保证这种关系具有自反性和对称性；

② 求模糊关系的传递闭包，使所得的传递闭包是一种模糊等价关系；

③ 选定适当的阈值(α)，运用②求出的模糊等价关系的 λ 水平集的等价关系进行评判分类。选用河台金矿 9 个研究点(表 2.7 中的 H1～9)每个点选 27 个指标(即土壤中 Au，Ag，Cu，植物叶中的 Au，Ag，Cu，叶绿素总量，类胡萝卜素，叶体中水含量，叶面温度，叶面波谱按 TM1～7 波段的反射

率积分值，TM 卫片 1～7 波段的灰度值，TVI 和 MSI 指数等），进行模糊聚类评价。结果为：当阈值 $\lambda=0.9955$ 时，H1、H2 分为一组，H3～H8 分为一组，H9 为一组；当 $\lambda=0.9983$ 时，H1 为一组，H2、H3、H4、H6 为一组，H5、H7、H8 为一组，H9 为一组。

从以上结果可知，当 λ 值为 0.9955 时，远离金矿区的点（H1、H2、H9）和金矿及其围岩（H3、H4、H5、H6、H7、H8）能准确分开。若提高阈值，取 λ 为 0.9983 时，可将金矿（H5、H7、H8）和围岩（H3、H4、H6）进一步分开。

由于阈值（λ）的取值不同，待评判各点的划分结果也不相同。因而，多因素模糊评价模型给我们提供了以择优原则选取最符合实际的评判结果的方法。

（3）灰色系统预测模型

自然界一切事物按研究对象信息的确定程度分为三类：信息明确的系统称为白色系统；信息完全不明确的称为黑色系统；介于两者之间的叫做灰色系统。遥感生物地球化学信息是研究目标中各种地物波谱信息的综合反应，这些信息有的是已知的，有些是不明确的，它们受大气、仪器、地物等不可知因素的影响，因此具有一定的误差（噪音）。按邓聚龙教授（1987）的观点，认为它们是一个灰数集，故可用灰色系统的理论进行研究。

灰色系统建模一般按五步建模法来完成，即

① 语言模型：即模型的概念、目标和实施途径；

② 网络模型：x_i 前因 ⟶ ⊙ ⟶ 环节 1 ⟶ 环节 2 ⟶ 后果 y_i

环节 3（后果 y_i ⟶ 环节 3 ⟶ ⊙）

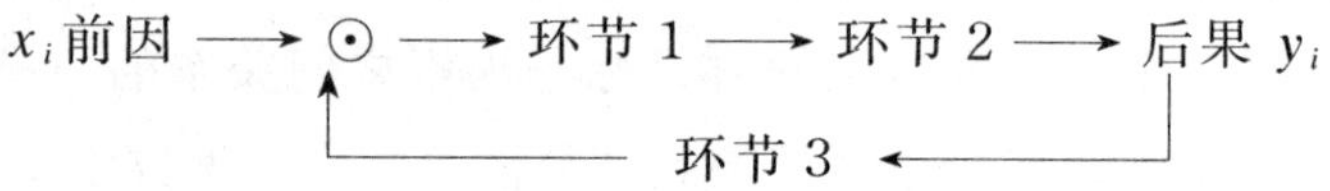

⊙—灰化网络

③ 量化模型：如 $x_i/y_i=\kappa_i$（系数），即：

$$x_i \longrightarrow \kappa_i \longrightarrow y_i$$

④ 动态模型：表示为 $\begin{cases} x_i^{(0)}(\kappa) \\ y_i^{(0)}(\kappa) \end{cases} \quad \kappa=1,2,\cdots,n$

即：

拉氏关系模型 $\quad y_i(s) \longleftarrow \boxed{\dfrac{4}{1+0.3s}} \longleftarrow x_i(s)$

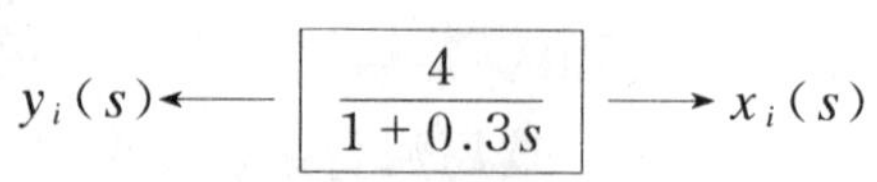

⑤ 优化模型：对所建模型进行调整、修改和优化。

下面以河台金矿的资料建立遥感生物地球化学的金矿预测模型。

建模步骤为：

① 给出灰数集的白化数，进行预处理，如规格化、标准化等，河台金矿TM卫片资料灰数集的白化数见表2.13。

② 建立给定灰类的专家数据集（表2.13）及相应的灰类白化函数：

$$f(x)=\frac{1}{\sqrt{2\pi s}}\exp\left[-\frac{(x-a)^2}{2s^2}\right]$$

其中，a 为地物的TM灰度值；s 为 a 的方差。

③ 建立灰色判别公式（即量化模型）；

④ 构造判别向量（表2.13）。

表2.13　河台金矿区主要判别目标的判别数据

类别	Ⅰ（金矿）		Ⅱ（花岗岩类）		Ⅲ（变质岩类）	
	a	s	a	s	a	s
TM1	68.13	1.59	71.75	1.06	65.25	3.63
TM2	29.25	1.77	32.62	0.18	26.17	3.5
TM3	27.88	0.18	30.13	1.24	21.41	5.27
TM4	72.0	6.01	72.25	15.91	51.58	13.59
TM5	59.13	2.3	79.38	14.67	34.08	18.95
TM6	130	1.41	133.6	1.77	128.7	1.53
TM7	17.26	1.43	25.55	1.77	12.17	2.02

注：TM1～TM7：Landsat波段数；a：叶冠TM卫片灰度值；s：a 的方差

设给定的灰类共 m 个，对于第 i 个点所的出的判别向量为：

$$\boldsymbol{\sigma}_i=[\sigma_1,\sigma_2,\cdots,\sigma_m]$$

若 $\sigma_{ik}=\max\sigma_{ij}, i>j$，则可判定第 i 点属于 k 类，因此，只要所给的 m 个灰类中有一个（如第 n 个）是金矿，则根据判别向量即可达到预测金矿的目的。图2.12是灰色预测模型流程示意图。

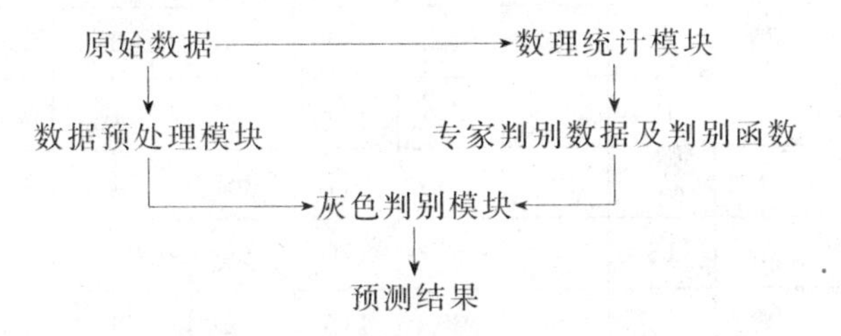

图2.12　灰色预测模型流程示意图

从表 2.7 可知，H1、H2 为花岗岩类，H3、H4、H9 为变质岩类，H5、H8 为已知金矿体。研究中在河台金矿外围选了 23 个待判点(点距为 60 m)，建立待判 TM 资料的样品集(表 2.14)，然后按上述步骤得出由判别向量构成的判别矩阵(表 2.14)。

表 2.14 河台金矿区待判点集参数和灰色判别矩阵

待判点(H)	TM 灰度值							灰色判别矩阵		
	TM1	TM2	TM3	TM4	TM5	TM6	TM7	Ⅰ($\sigma_{i\mathrm{I}}$)	Ⅱ($\sigma_{i\mathrm{II}}$)	Ⅲ($\sigma_{i\mathrm{III}}$)
1	71	32	29	87	90	135	27	0.014 7	0.051	0.01
2	73	33	31	64	69	132	24	0.022 9	0.059 7	0.014 5
3	66	26	20	58	14	130	13	0.0408	0.0074	0.1145
4	69	30	28	61	52	129	14	0.100 6	0.011 5	0.127
5	69	31	28	68	61	129	18	0.148 7	0.018 2	0.117 5
8	67	28	28	76	58	131	16	0.147 7	0.020 1	0.062 6
9	62	23	17	36	36	127	10	0.002 9	0.000 7	0.084 1
20	62	26	27	53	67	118	16	0.005 3	0.022 2	0.030 6
21	65	27	27	34	50	116	21	0.061	0.009	0.035 8
22	60	21	20	30	23	116	27	0.000 9	0.000 8	0.018
23	58	24	21	40	47	118	24	0.000 3	0.010 4	0.01
24	57	21	18	21	14	111	21	0.000 9	0.000 6	0.01
25	57	20	19	21	14	111	20	0.004 3	0.000 2	0.009 3
26	69	32	37	44	74	115	32	0.031 5	0.012 2	0.018 7
27	58	22	20	37	40	109	22	0.000 1	0.002 9	0.016 3
28	54	22	18	47	35	111	22	0.000 1	0.004 4	0.147
29	67	31	36	58	92	117	31	0.395 6	0.013 6	0.026 3
30	60	25	25	43	40	111	19	0.001 5	0.012 5	0.025 2
31	56	19	17	40	23	111	19	0.013	0.001	0.010 2
32	63	26	28	50	61	117	26	0.046 5	0.020 5	0.033 6
33	57	22	18	44	31	110	22	0.000 1	0.003 7	0.015 7
34	56	23	19	44	36	115	23	0.000 1	0.006 7	0.016 9

续表

待判点(H)	TM灰度值							灰色判别矩阵		
	TM1	TM2	TM3	TM4	TM5	TM6	TM7	Ⅰ($\sigma_{i\text{Ⅰ}}$)	Ⅱ($\sigma_{i\text{Ⅱ}}$)	Ⅲ($\sigma_{i\text{Ⅲ}}$)
36	58	24	21	38	47	117	24	0.000 3	0.010 2	0.019 3
38	61	27	26	49	53	114	21	0.012 9	0.011 7	0.028 1
39	57	21	20	24	34	112	21	0.000 9	0.000 8	0.011 8
40	63	25	26	37	41	114	25	0.001 7	0.001 8	0.033 5
41	62	24	18	56	39	125	9	0.001 5	0.005 3	0.042 5
42	71	31	26	84	81	130	25	0.059 4	0.037 3	0.082 6

本模型把所判别数据分为三类：第Ⅰ类为金矿，第Ⅱ类为花岗岩类，第Ⅲ类为变质岩类。由判别法可知，若 $\sigma_{i\text{Ⅰ}}>\sigma_{i\text{Ⅱ、Ⅲ}}$，则 i(Ⅰ)判别为金矿(点)；若 $\sigma_{i\text{Ⅱ}}>\sigma_{i\text{Ⅰ、Ⅲ}}$，则 i(Ⅱ)点属于花岗岩类；若 $\sigma_{\text{Ⅲ}}>\sigma_{i\text{Ⅰ、Ⅱ}}$，则 i(Ⅲ)点就判为变质岩类。由表 2.14 可知：

属于第Ⅰ类(金矿)的点为：H5、H8、H26、H29、H31、H32；

属于第Ⅱ类(花岗岩)的点为：H1、H3；

属于第Ⅲ类(变质岩类)的点为：上述各类以外的所有点。

H5、H8 为已知金矿，H26、H29、H31、H32 经实地采样验证后证实具有金矿化。

3. 金矿遥感探测模型的找矿应用

根据以上理论、经验和统计模型，在华南、秦岭、东北广大植被地区进行了金矿的找矿应用研究。本研究主要选用美国 Landsat TM 资料和成像光谱(AIS)资料按模型的研究结果进行图像处理。首先将 TM 7 个波段进行主成分分析，选择 2,3,4 主成分配上红、绿、蓝合成假彩图，再经直方图均衡。对 AIS 资料进行几何纠正，除电子扫描线后，再选 7/6,8/6,9/6,10/6 波段的比值资料进行主成分分析，选 2,3,4 主成分配上红、绿、蓝合成假彩图，再经直方图均衡。部分结果见图 2.13～图 2.16。从图中可知，受到金毒化的植被在处理后的遥感图像上呈现特征的金黄色，与背景植被相区别。根据以上金遥感生物地球化学异常，经济、快速、准确地在华南、秦岭和东北广大植被地区发现了 28 个金矿远景区，并经野外取样和山地工程的验证。

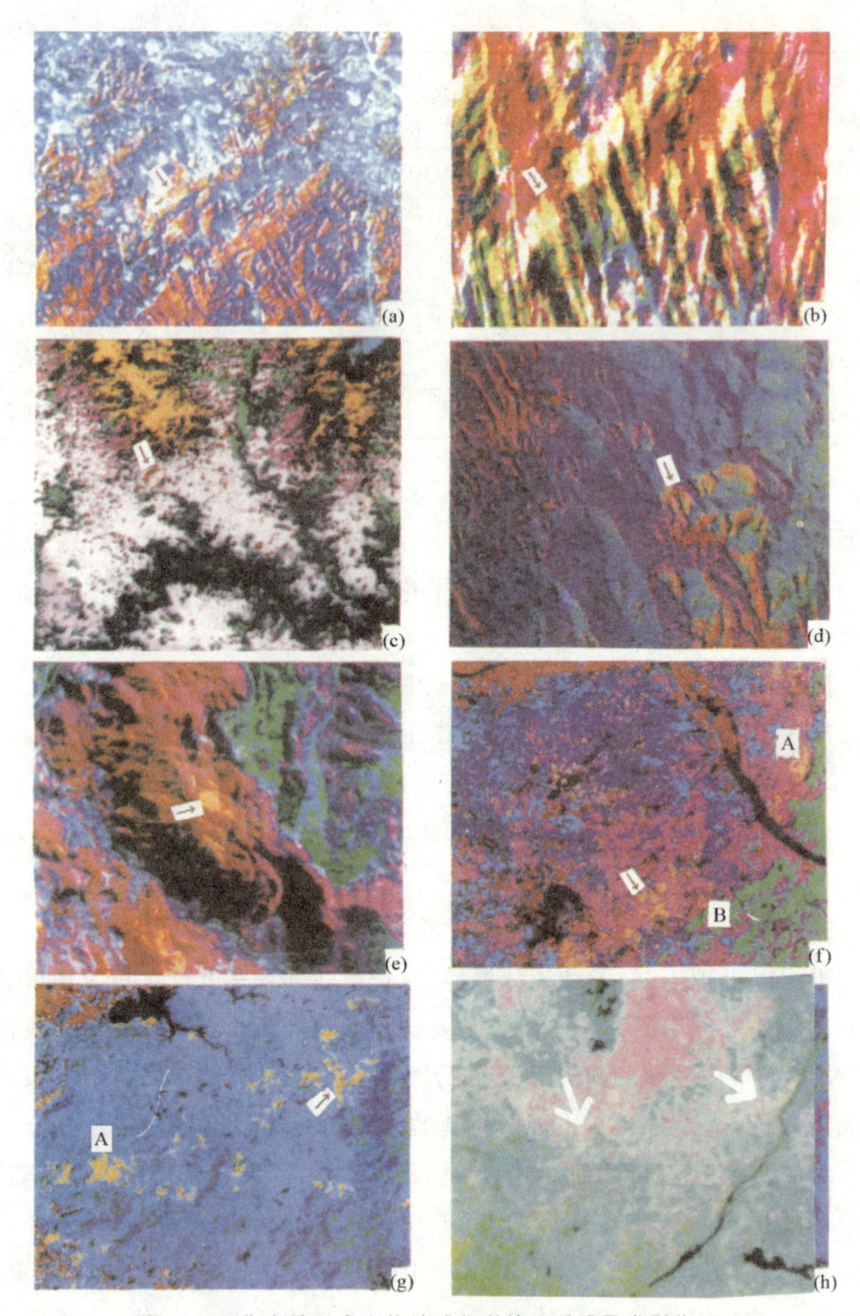

图 2.13 华南地区金生物地球化学效应遥感异常影像图

(a) 河台金矿 TM 卫片假彩图；(b) 河台金矿 AIS 假彩图；(c) 北市 TM 卫片假彩图；(d) 北市 AIS 假彩图；(e) 云浮 AIS 假彩图；(f) 抱板 TM 卫片假彩图；(g) 布磨 TM 卫片假彩图；(h) 雅亮 TM 卫片假彩图。图中箭头和 A、B 指处的金黄色调[图(c)为暗红色]均为金生物地球化学效应异常，TM 比例尺均为 1∶25 万，AIS 比例尺均为 1∶5 万

图 2.14　华南云浮地区三维 AIS 立体假彩图

图中金黄色为金生物地球化学效应异常（箭头所指）

图 2.15　秦岭太白双王地区 TM 卫片假彩图

图中 a 为双王金矿，金黄色为金生物地球化学效应异常（箭头所指），比例尺为 1∶25 万

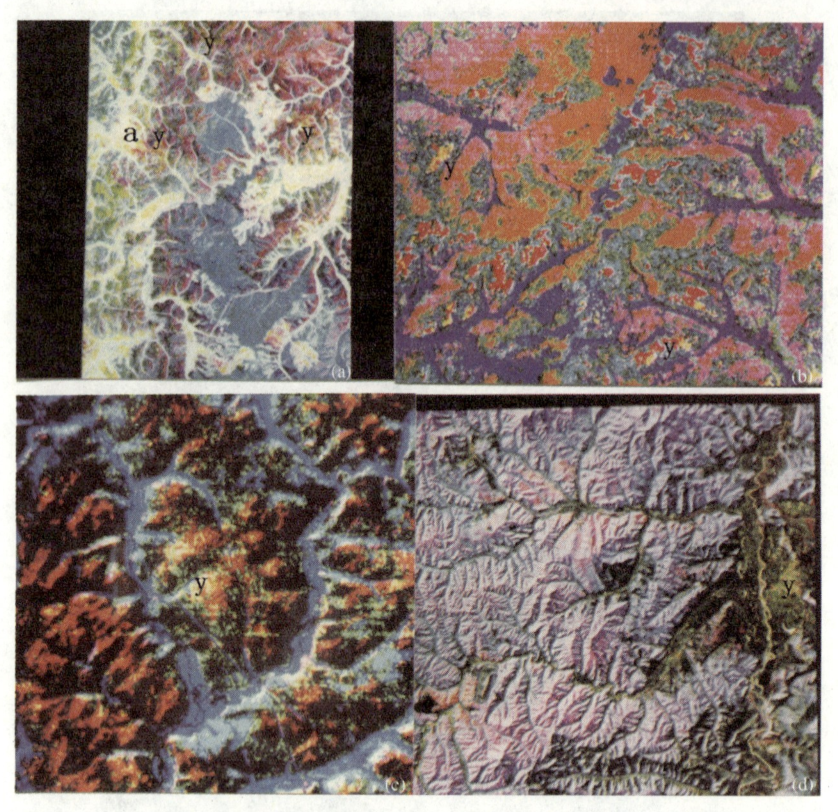

图 2.16 黑龙江地区 TM 卫片假彩图

(a) 团结沟金矿区;(b) 黑河地区;(c) 呼玛地区;(d) 穆陵地区。
图中金黄色为金生物地球化学效应异常(y),比例尺为 1:25 万

二、钼矿资源遥感探测

1. 研究区概况与地质背景

研究区位于广东省肇庆市北东 14 km,鼎湖山自然保护区西侧,地理坐标为 23°10′N,112°30′E(图 2.17)。

本区为粤西中低山地貌,地处南亚热带和热带北部过渡带气候区,植被和土壤盖层厚,钼矿均为植被覆盖,覆盖率大于 90%。主要植物为针阔叶混交林,次生针阔叶林。主要植物有马尾松(*Pinas Massoniana*)、鼠刺(*Itea Chinensis*)、桃金娘(*Rhodomyetus Tomentosa*)、芒萁(*D. Linearis Var. Dichotoma*)、藤黄檀(*Dalbergia Hance*)。植物分上、中、下三层,上层以马

尾松和鼠刺为主(20%～35%),中层以阔叶林为主(15%～25%),下层以芒萁和草类为主(20%～40%)。山谷以阔叶林为主,山坡为针阔叶混交林,山脊则主要是针叶林、芒萁和草类。该矿由广东省有色933地质队于20世纪80年代初评价为特大型斑岩钼矿,产于燕山晚期斜长花岗斑岩与古生代滨海、浅海相泥砂、粉砂质沉积岩的接触带。成矿蚀变带宽大,分带明显。

我们在不同蚀变带和不同钼浓度梯度带上选了11个观测研究点,以研究钼生物地球化学效应的遥感探测模型。

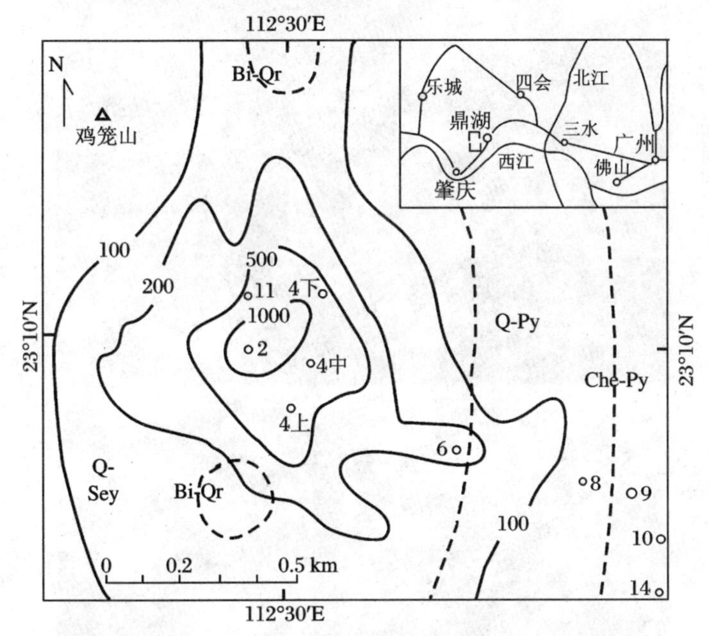

图 2.17 鼎湖钼矿区交通位置、钼矿地质和研究点分布图

2:研究点号;( )500:钼次生异常等值线;○:蚀变带界线;Bi-Qr:黑云母钾长石化带;Q-Sey:硅化绢云母化带(以上为内蚀变带);Q-Py:硅化黄铁矿化带;Che-Py:绿泥石黄铁矿化带(以上为外蚀变带);◇:研究区位置。

2. 遥感探测模型研究

1) 理论模型

图2.18是鼎湖斑岩钼矿区的植被景观图;图2.19是钼矿区和背景区藤黄檀叶体细胞结构透射电镜图;图2.20是研究区鼠刺叶面室内波谱曲线。表2.15为研究区岩石、土壤和植物叶体成分、色素、水含量、叶面温度等;表2.16是研究区叶面波谱特征;表2.17是研究区叶冠TM卫片灰度

值；表 2.18 是研究区叶冠 AIS 灰度值。从以上图表可知：

(1)由于受钼等元素的毒化，钼矿区植被普遍有黄化病，枝叶枯化，叶面变粗糙并普遍有黄褐斑，在土壤中钼含量超过 500×10^{-6} g 后，喜钼类豆科植物的物种和数量逐渐减少，到钼含量超过 900×10^{-6} g 时，喜钼的豆科植物灭绝，如根本就找不到鸡血藤，亮叶猴耳环等，而鼠刺种群越来越茂盛(图 2.18)。

图 2.18　鼎湖斑岩钼矿区的植被景观图

(a) 矿区景观；(b) 枯死枝叶

(2)矿区岩石中的 Mo 是正常区的 120 倍，Cu 是正常区的 10 倍，Zn，Cr，Ni，Y 等则无明显差异。矿区土壤中的 Mo 是正常区的 250 倍，Cu 近 4 倍，Zn，Cr，Ni，Y 等无明显差异，Mg 是正常区的 1/3，Fe 是正常区的 1/2。

从富集系数看，除 Mo 为极高的正异常外，其余均为弱的正或负异常。

矿区植物叶体中的 Mo 是正常区的 20 倍，Mn 是正常区的 3 倍，其他无明显差异。从富集系数看，Mo，Cr，Ni 呈显著的正异常，其他则为弱的负异常，说明钼对植物吸收 Cr，Ni 有一定的促进作用。

矿区土壤中的水含量比正常区的低 10%，氮、磷、有机碳、氨态氮均比正常区的高，硝态氮无明显变化。研究区土壤均为酸性，矿区土壤的氧化还原电位值比正常区的高。矿区植物叶中的氮、磷、有机碳比正常区的低（表 2.15）。

表 2.15　研究区岩石、土壤和叶体成分

点号	2	4上	4中	4下	11	6	13	8	9	10	14	丰度值
Rmo	1189	251.3	297.9	255.4	389.9	52.44	19.08	10.03	7.47	42.73	11.83	3
Smo	1036	617.6	825.7	634.6	671.3	318.4	91.57	20.11	12.03	4.432	4.123	
Pmo	7.713	4.864	6.565	5.293	4.223	1.278	2.515	0.619	0.314	0.333	0.323	0.5
Cu	7.709	6.534	7.195	8.035	8.834	7.776	8.320	7.132	5.799	6.356	6.432	20
Zn	39.33	38.48	29.24	37.31	29.05	41.43	28.95	31.23	32.00	41.71	41.53	50
Cr	2.784	2.068	2.514	3.846	2.925	2.645	3.334	2.190	3.460	4.115	4.125	0.05
Ni	2.228	1.523	1.570	1.573	0.950	1.523	1.620	5.000	2.480	1.998	1.958	0.01
Y	0.309	0.488	0.625	0.312	0.666	0.806	1.376	0.553	0.113	0.236	0.236	1
Mg	1723	1690	2424	2035	1772	1879	2792	2150	2412	2157	2163	70000
Fe	74.39	88.19	118.7	84.92	96.55	83.04	124.4	93.33	95.18	75.58	76.66	100
a + b	144.5	158.6	170.0	183.8	162.5	154.1	139.4	114.3	114.0	121.0	125.5	
R	19.19	20.72	18.93	23.13	11.55	16.47	8.467	15.38	16.35	13.88	18.18	
W	12.02	12.01	11.99	12.42	12.35	12.83	12.23	12.84	12.57	12.41	12.43	
N	1.944	1.524	1.986	2.298	1.950	1.744	2.015	2.012	2.016	2.159	2.162	
P	0.803	0.075	0.076	0.088	0.079	0.803	0.01	0.086	0.090	0.105	9.112	
C	47.63	47.23	50.53	48.61	49.53	47.56	48.02	47.71	47.81	47.56	47.68	
T	20.8	20.5	21.3	20.5	20.7	18.0	21.2	22.1	23.1	22.9	23.0	
SW	1.396	1.375	2.525	1.958		2.075		1.52		2.01		
SN	0.083	0.123	0.136	0.089		0.115		0.043		0.067		
SP	0.148	0.0217	0.0234	0.0208		0.0243		0.0183		0.016		
SC	2.08	3.16	5.29	2.30		2.85		0.859		1.5		

续表

点号	2	4上	4中	4下	11	6	13	8	9	10	14	丰度值
N_1	5.44		3.22			3.88		3.31		4.04		
N_2	15.8		16.1			15.00		16.6		16.5		
PH	3.89	3.5		3.8		3.71	3.24	4.39	3.94	3.3		
Eh	147	147		140		159	159	176	151	115		

注：点2：钼矿中心区；4上、4中、4下：钼矿区4号点的山脊、山坡和山谷；6，11：内蚀变带；8、9：外蚀变带；10、14：正常区；13：斜长花岗斑岩；Rmo、Smo、Pmo：分别为岩石、土壤和植物叶中的Mo含量(10^{-6} g)；Cu，Zn，Cr，Ni，Y，Mg，Fe：研究区植物叶中的含量(10^{-6} g)；a+b，R：研究区植物叶中的叶绿素总量和类胡萝卜素(mg/g)；W，N，P，C，T：研究区叶体中的水、N、P、C含量(%)和叶面温度(℃)；SW，SN，SP，SC，N_1，N_2，PH，Eh：研究区土壤的水，N，P，C，氨态氮，硝态氮含量(%)，PH和Eh值。岩石为新鲜原石。土壤为AB层，叶体为研究区马尾松、桃金娘、芒萁、鼠刺、藤黄檀等植物的均值。1988年10月的样品分析。

(3)矿区植物叶体因受钼毒化，叶体细胞变形直至破裂[图2.19(b)]，核膜界线消失，细胞核解体，线粒体嵴和基质消失成“空壳”，叶绿体被破坏，叶绿体细胞中存在颗粒物，致使色素体不能合成，电子传递中断，呼吸作用、能量释放和新陈代谢发生异常，并使光合作用发生变化，影响碳水化合物的代谢。而正常区植物叶体的细胞结构则完整无缺[图2.19(a)]，可见清晰双层核膜结构，核仁完整，线粒体内馅有明显的嵴，叶绿体结构完整，可见明显的片层结构。

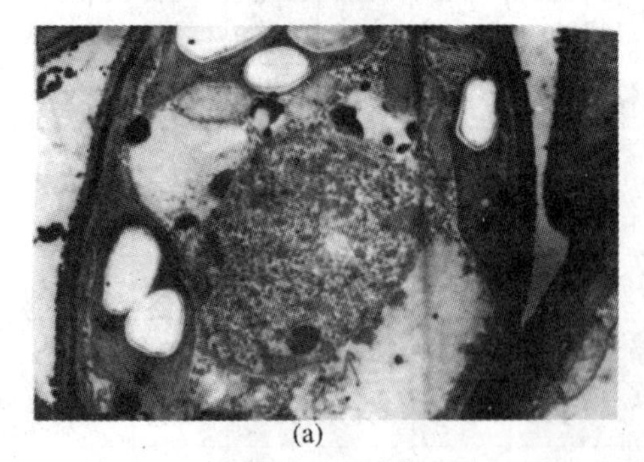
(a)

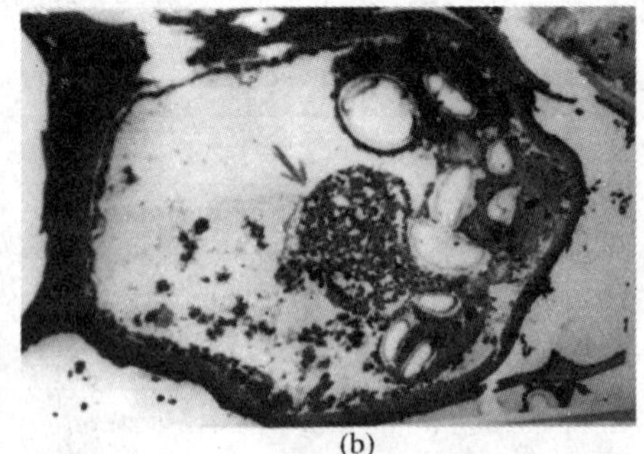
(b)

图2.19 钼矿区和背景区藤黄檀叶体细胞结构透射电镜图

(a) 正常区×5 900；(b) 矿区×2 700

(4)钼矿区植物叶面波谱的反射率比正常区的高10%～15%，波形在可见光波段出现5～10 nm的蓝移(图2.20，表2.16)。

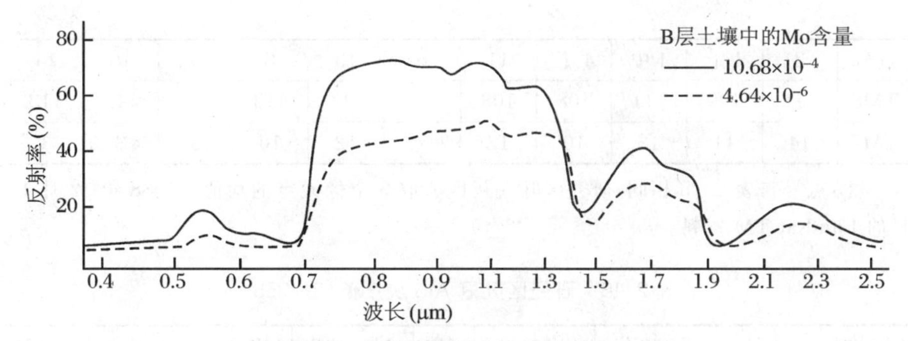

图 2.20 研究区鼠刺叶面室内波谱曲线

表 2.16 研究区叶面波谱特征

点号	2	4上	4中	4下	11	6	13	8	9	10
G	10.2	12.8	11.5	10.5	9.9	9.9	12.9	10.5	11.5	13.8
Gλ	552	551	553	554	550	550	552	553	550	555
R	5.4	5.8	5.7	5.4	4.9	5.5	5.8	5.2	5.7	6.4
Rλ	676	678	675	676	680	676	674	679	673	677
L	4.1	3.6	3.3	3.8	4.1	4.1	4.5	4.2	4.7	4.6
Lλ	726	718	718	718	718	718	722	718	708	726
IR	62.4	62.3	58	58.2	59.5	62.1	70.1	62.2	54.7	65.9
MR	20	16.8	19.4	19.4	15.9	15.5	20.3	20.6	17	17.2

注：点号与表 2.15 相同，G,Gλ：绿光最大反射率(%)及波长位置(nm)；R,Rλ：红光最小反射率(%)及波长位置(nm)；L,Lλ：红光陡坡最大斜率值及其位置(nm)；IR：近红外最大反射率(%)；MR：2200 nm 处的反射率。研究区植物室内叶面波谱的均值。1988 年 10 月的样品分析。

(5)钼矿区植物叶冠 TM 卫片的灰度值和 AIS 灰度值均比正常区的高 7%～55%(图 2.20，表 2.17、表 2.18)。

表 2.17 研究区叶冠 TM 卫片灰度值(0～255)

点号	2	4上	4中	4下	11	6	13	8	9	10	14
TM1	58	53	55	57	55	55	59	57	56	54	54
TM2	23	18	19	20	19	18	21	23	22	20	18
TM3	20	15	16	17	16	16	19	19	18	17	16
TM4	42	39	43	49	36	30	45	57	44	36	25
TM5	43	35	36	35	32	28	38	40	39	32	12

续表

点号	2	4上	4中	4下	11	6	13	8	9	10	14
TM6	111	109	111	108	108	108	111	113	111	112	113
TM7	14	11	12	10	12	7	12	10	9	8	3

注:点号与表2.15相同,研究区叶冠灰度值取5个像元点的均值。1988年12月17日的Landsat TM资料。

表2.18 研究区叶冠AIS灰度值(0～255)

波段数	1	3	6	7	8	9	10	11	12	13	15	17	18	19
矿区	166	139	178	158	193	166	176	150	196	163	188	163	177	144
方差	11	4.2	5.7	4.9	15	9	7.6	14	12	10.3	12	5.9	6.5	12.5
正常区	165	134	177	139	164	147	161	119	180	143	167	145	162	122
方差	12.7	4.6	5.4	7.9	16.1	13.1	11.2	20.2	12.9	13.1	15.3	7.2	6.1	7.9
矿-正	1	5	1	19	29	29	15	31	16	20	21	18	15	22

注:矿-正:矿区AIS灰度值减正常区的灰度值。1990年12月18日的资料分析。

(6)理论模型。综上所述,将研究的植物生态特征、叶面波谱特征、叶冠遥感图像特征与钼矿区的化探等资料进行复合分析,它们的中心区域重叠在一起(图2.21),说明以上各种钼遥感生物地球化学效应的特征可作为在植被地区探测钼矿的有效标志。

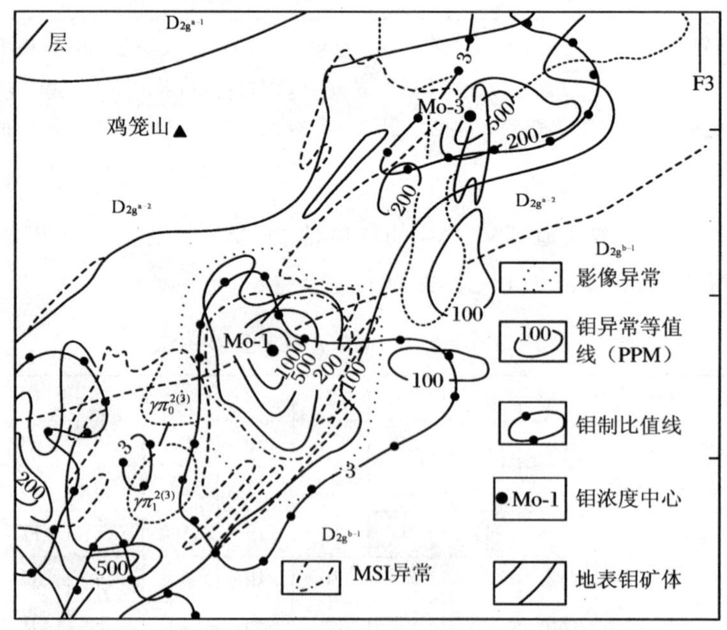

图2.21 研究区化探、波谱特征、图像特征多元信息复合图

2）经验模型

（1）绿度指数与水效应指数模型

表 2.19 是研究区的植被叶面绿度指数（VI）和水效应指数（MSI）。从表中可见，正常区的绿度指数是矿区的 2 倍，说明正常区的植被比钼矿区的长势旺盛，而水效应指数则相反，即正常区的水效应指数是钼矿区的 1/2，由于钼矿区植物长势差，对水效应特别敏感。总之，VI 和 MSI 指数能明显地将钼矿区和正常区区分开，可作为植被地区探测钼矿床的重要指标。

表 2.19 研究区的植被叶面绿度指数和水效应指数

点号	2	4上	4中	4下	11	6	13	8	9	10	14
VI	8	8	9	8	9	10.5	9	10	12	12.5	16
MSI	2.5	2.6	3.0	3.0	0.86	1.25	0.57	1	0.53	1.3	1.2

注：点号与表 2.15 相同；VI：1988 年 12 月的 TM 资料分析，MSI：1988 年 11 月室内叶面波谱资料分析，每个点由 11 个样品参加统计。

（2）主成分分析模型

研究区植被叶冠 TM 卫片 7 个波段灰度值的主成分分析结果表明（表 2.20），第一主成分（植被叶冠的波谱辐射特征）占 76.4%，第二主成分（植物的绿度特征）占 21.4%，而第三主成分（植物的湿度、温度、噪音等）仅占 2.2%，可见遥感信息的第一和第二主成分代表了钼遥感生物地球化学效应的主要特征。因此，将第一和第二主成分做成平面分布图（图 2.22），则很容易将钼矿区和正常区区别开。

表 2.20 研究区 TM 卫片主成分分析特征

主成分		1	2	3
最小向量		0	8	169
最大向量		141	93	255
向量均值		37.98	40.05	235.2
标准方差		19.36	13.45	14.22
协方差矩阵	1	374.8	192.1	-190.4
	2	192.1	180.9	-29.99
	3	-190.4	-79.99	202.2

续表

主成分		1	2	3
相关矩阵	1	1		
	2	0.738	1	
	3	−0.692	−0.157	1
本征值		0.764	0.214	0.022
本征向量	1	−0.797	−0.417	0.436
	2	−0.049	−0.615	−0.736
	3	0.601	−0.608	0.518

注:1988年12月17日的Landsat TM资料分析。

3）统计模型

(1)相关分析模型

将研究区TM卫片7个波段的灰度值与相应叶面波谱反射率特征、植物生理生态及成分特征进行多元相关分析,从部分分析结果可知(表2.21),TM的灰度值与研究区植物叶中的Cu和Y成正相关,与Zn成负相关(相关系数均大于0.4);TM2与植物叶中的Ni成正相关($r=0.669\,2$),与叶绿素总量成负相关($r=-0.476\,9$);TM3与植物叶中的Ni成正相关,与叶绿素总量成负相关;TM4与叶中的Ni,Fe和类胡萝卜素成正相关($r=0.512\,1$),与Zn则成负相关;

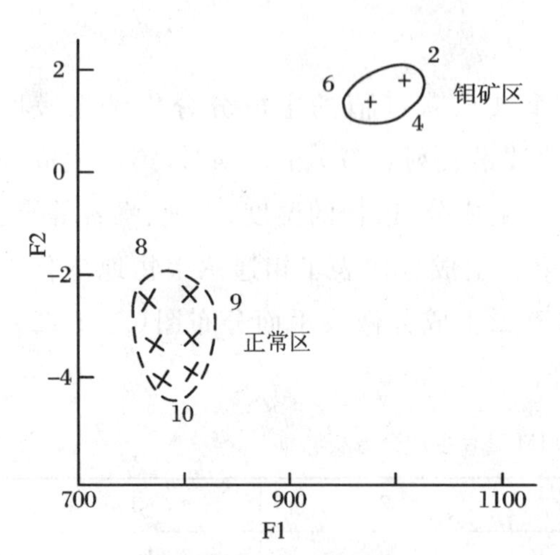

图2.22 研究区主成分分析图

F_1:第一主成分;F_2:第二主成分;2:点号。1988年12月的遥感资料分析

TM5与叶中Mo成正相关($r=0.408\,2$),与Zn,Cr,P成强的负相关(r最大值为$-0.559\,2$);TM7与叶中的Mo,Cu,Fe成正相关(r最大值为$0.704\,4$),与Zn,Cr,P和叶中水含量成负相关;TM6与叶中的Mo、Cu、叶绿素总量成负相关,与叶面温度、P、Mg、Ni成正相关,其中与叶面温度的相关系数高达0.828 5。可见,用相关模型可以探测植物叶中的Mo及伴生元

素、色素、水含量、叶面温度等遥感生物地球化学效应的定量特征。

表 2.21 研究区遥感生物地球化学效应特征多元相关分析矩阵

TM 波段	1	2	3	4	5	6	7
V1	−0.0497	0.3978	0.4104	−0.1997	0.0156	0.0614	0.5736
RTM2	−0.0702	0.3787	0.3844	−0.2284	0.0058	−0.3360	0.5284
Rmo	0.0353	−0.1329	−0.1293	0.063	0.2731	0.6016	−0.654
Smo	0.1699	−0.1375	−0.1223	0.2063	0.3934	0.6664	−0.7807
Pmo	0.2019	0.0259	0.0331	0.2586	0.4082	0.7044	−0.4721
Cu	0.4232	−0.1013	0.0368	0.1298	0.1181	0.4083	−0.5945
Zn	−0.4126	−0.3089	−0.2178	−0.567	−0.4742	−0.5681	−0.0168
Cr	0.0083	−0.073	0.0282	−0.3018	−0.478	−0.5569	0.3104
Ni	0.2784	−0.6696	0.5443	0.5121	0.3153	0.0309	0.507
Y	0.4155	−0.0848	0.107	0.1167	0.1643	0.3212	−0.1748
Mg	0.3786	0.2209	0.2843	0.2727	0.0409	0.1109	0.5882
Fe	0.3539	0.047	0.0703	0.4032	0.3256	0.4313	0.067
a+b	−0.0424	−0.4769	−0.4316	0.0091	0.0349	0.3413	−0.758
R	−0.2747	−0.1607	−0.2702	0.503	−0.0634	−0.0105	−0.2193
W	0.0412	0.1212	0.0844	−0.0166	−0.1831	−0.4872	0.0398
N	0.3373	0.2847	0.3141	0.1803	−0.1566	−0.2343	0.3689
P	0.0053	−0.029	0.1153	−0.3196	−0.5592	−0.6519	0.6908
C	0.0253	−0.1744	−0.2363	0.1625	0.0848	0.3471	−0.0166
T	−0.0496	0.3649	0.2848	0.1347	−0.0739	−0.2193	0.8285

注：项目符号与表 2.15 相同。1988 年旱季资料的分析处理。

(2)灰色系统预测模型

研究区钼生物地球化学效应的遥感特征，用灰度值或色度值等进行定量描述。但由于地物、环境、大气窗口、传感器等构成一个干扰系统，所获取的遥感信息具有一定的误差，因此，钼生物地球化学效应遥感图像灰度值自然属于灰色系统(Gray system)中的一个数集。首先对研究区的 TM 卫片 7 个波段灰度值进行统计分析，得出专家判别数据(表 2.22)。根据统计结

果,建立相应的灰类白化函数:

$$f(x) = \frac{1}{\sqrt{2\pi s}}\exp\left[-\frac{(x-a)^2}{2s^2}\right]$$

式中,a 为均值;s 为方差。

表 2.22 研究区 TM 卫片灰度值专家判别数据

点号	TM1		TM2		TM3		TM4		TM5		TM6		TM7	
	a	s	a	s	a	s	a	s	a	s	a	s	a	s
2	58	0.817	23	0.957	20	0.957	42	1.00	43	1.50	110	0.500	14	1.732
4 上	53	0.577	18	0.957	15	0.100	39	1.51	35	2.10	109	0.817	11	1.599
4 中	55	1.140	19	1.483	16	1.924	43	1.22	36	2.87	111	0.577	12	1.708
4 下	57	1.708	20	0.957	17	0.817	49	1.34	35	2.98	108	0.100	10	1.258
11	55	0.957	19	0.817	16	0.577	36	1.14	32	2.67	108	0.100	12	2.646
6	55	0.500	18	0.577	16	0.500	30	2.87	28	2.65	108	0.817	7	0.817
8	57	0.500	23	1.000	19	1.690	53	1.71	41	0.82	112	0.577	11	0.817
9	56	0.500	22	0.817	18	0.817	44	1.81	39	1.06	111	0.100	9	1.291
10	54	1.155	20	1.633	17	1.414	36	1.98	32	2.26	112	0.577	8	1.796

注:点号与表 2.15 相同。1988 年旱季 TM 资料分析。

然后用表 2.22 中的 TM 灰度值数据作为待判样品集,求出由判别向量组成的判别矩阵(表 2.23)。本模型把待判数据分为三类,第Ⅰ类为钼矿内蚀变带(钼矿体与其有成因联系的斜长花岗斑岩),第Ⅱ类为外蚀变带,第Ⅲ类为正常区。由判别法则可知,当 $\sigma_{i\text{I}} > \sigma_{i\text{II}}$、Ⅲ时,则Ⅰ就判别为内蚀变带;当 $\sigma_{i\text{II}} > \sigma_{i\text{I}}$、Ⅲ时,则Ⅱ判定为外蚀变带;当 $\sigma_{i\text{III}} > \sigma_{i\text{I}}$、Ⅱ时,则Ⅲ判定为正常区。由表 2.23 的结果不难判定出:

Ⅰ(内蚀变带):2、4 上、4 中、4 下、11、6、13、1、5 等;

Ⅱ(外蚀变带):8、9、3、7、9-1 等;

Ⅲ(正常区):10、14、(10-1～4)、14-1～5 等。

第Ⅰ类中的 2、4 上、4 中、4 下、11、6 为已知钼矿,未知的 1、5 号点经野外地质验证属新发现的钼矿体。由此可见,灰色预测模型具有很大的灵活性和准确性,并不受人为因素干扰,是一种较理想的钼生物地球化学效应遥感找隐伏矿产的定量预测模型。

表 2.23 研究区待判 TM 卫片灰度值和灰色系统判别矩阵

点号	TM1	TM2	TM3	TM4	TM5	TM7	TM6	Ⅰ	Ⅱ	Ⅲ
2	58	23	20	42	43	14	110	0.1053	0.0569	0.0176
4上	53	18	15	39	35	11	109	0.1067	0.0361	0.0617
4中	55	19	16	43	36	12	111	0.1406	0.0691	0.0971
4下	57	20	17	49	35	10	108	0.1045	0.0888	0.0379
11	55	19	16	36	32	12	108	0.1257	0.0293	0.0816
6	55	18	16	30	28	7	111	0.0662	0.0346	0.0635
13	59	21	19	45	38	12	112	0.1216	0.1077	0.0639
8	57	23	18	53	41	11	111	0.0679	0.1672	0.0746
9	56	22	17	44	39	9	111	0.1048	0.1850	0.0954
10	54	20	17	36	32	8	112	0.0840	0.0585	0.4071
14	54	18	16	25	12	3	113	0.0432	0.0033	0.094
1	59	20	23	58	36	13	109	0.0973	0.0167	0.0188
3	56	22	24	57	37	10	108	0.0719	0.0918	0.0390
5	58	23	20	63	42	7	110	0.0777	0.0519	0.0236
7	57	25	19	60	35	8	107	0.0610	0.0633	0.0338
9-1	56	20	18	62	35	9	111	0.0963	0.1254	0.0982
10-1	55	20	17	27	30	8	112	0.0756	0.0436	0.3756
10-2	56	21	18	32	31	9	111	0.0896	0.0972	0.0992
10-3	57	22	16	25	32	5	112	0.0752	0.0805	0.3488
10-4	54	20	15	20	12	3	111	0.0587	0.0264	0.0997
14-1	54	19	16	18	12	2	114	0.0468	0.0023	0.054
14-2	55	18	17	17	7	7	113	0.0532	0.0131	0.0978
14-3	56	20	15	18	8	4	112	0.0611	0.0572	0.3523
14-4	55	19	16	19	9	1	113	0.0554	0.0063	0.0891
14-5	54	18	15	18	8	3	114	0.0365	0.0032	0.0565

注：点号与表 2.15 相同，1,5 在内蚀变带，3,7 在外蚀变带，9-1 在 9 号点附点，10-1～4 在 10 号点周围，14-1～5 在 14 号点周围，TM1～7：Landsat TM 波段数，Ⅰ、Ⅱ、Ⅲ：灰色系统判别矩阵，1988 年 12 月 17 日资料。

3. 钼遥感探测模型的找矿应用

根据以上研究结果，用研究区 TM 卫片的 TM 5 + TM4 + TM2/TM3 合成假彩图，再进行主成分分析（表 2.20）并合成假彩图[图 2.23(a)]，图中酱红色为受钼毒化植物叶冠的特征色调（图 2.23 中 A 处），正常区植物叶冠色调为乳白夹淡紫红色（图 2.23 中 E 处），而图 2.23 中 B 处黄色环形异常为新发现的遥感生物地球化学异常区，经地质验证为多金属矿化区。

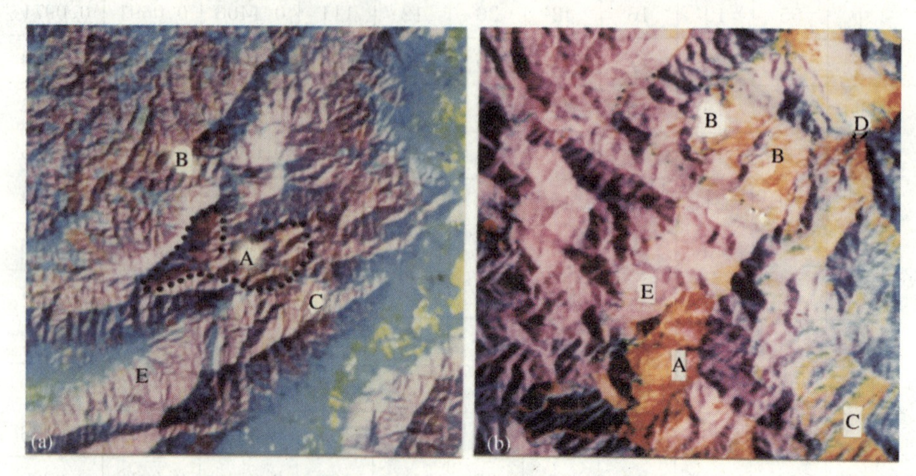

图 2.23 研究区 TM(a)和 AIS(b)经比值与主成分分析合成的假彩图

A：钼矿体；B、C、D：钼、金以及多金属毒化效应的遥感影像异常；E：正常植被

1988 年(TM)和 1990 年(AIS)旱季资料分析处理。

由于 AIS 7、8、9、10、11 等波段在钼矿区植物叶冠的灰度值与正常区的差值最大，而 1、6 波段的最小（表 2.18），故用 7/6、8/6、9/6、10/6 和 11/6 等波段比值合成后进行主成分去相关分析，能最大限度地放大受钼毒化植物的特征信息。图 2.23(b)是研究区 AIS 资料经几何纠正、除电子条带、比值、主成分分析后合成的假彩图。图中 A 处酱黄色为受钼毒化植物叶冠特征信息，极易与 E 处的正常植物叶冠乳白色调相区别。图中 B、C、D 棕黄色和红黄色的色调异常区，经地质验证为多金属矿床铁帽区植被叶冠异常区，图中 A 处周边经地质验证为与钼矿伴生的斑岩型金矿化区。因此，图中遥感生物地球化学异常的 A、B、C、D 等处为有利的找矿远景区。

三、内蒙古多金属矿产资源遥感探测——以巴林右旗永安铅锌矿为例

1. 研究区概况与地质背景

研究区位于内蒙古自治区赤峰市巴林右旗岗根苏木村北，行政区划隶

属于幸福之路苏木。其地理坐标范围是：118°37′18″E～118°43′50″E，44°01′05″N～44°06′45″N。研究区南距大板镇 80 km，北距索布力嘎镇（白塔子）15 km 左右，交通便利。图 2.24 为研究区交通位置图。

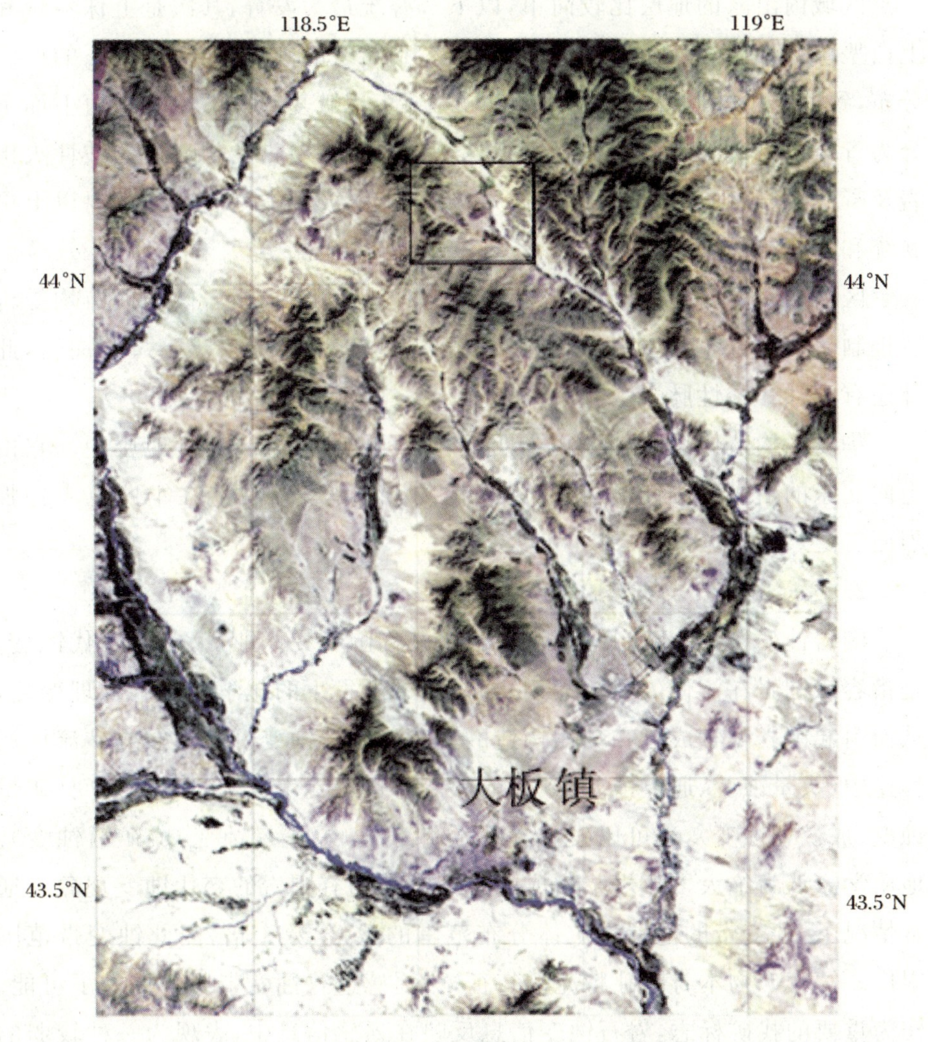

图 2.24　研究区（图中方框部分）交通位置图

研究区古生代地层划隶属华北地台大区，内蒙古草原地区，乌兰浩特—哈尔滨地层分区，中、新代地层区划属滨太平洋地层区，大兴安岭—燕山地层分区，乌兰浩特—赤峰地层分区。区内出露的地层主要有二叠系下统青风山组（P_{1q}）、黄岗梁组（P_{1h}）、侏罗系上统满克头鄂博组（J_{3m}）、玛尼吐组（J_{3mn}）、白音高老组（J_{3b}）、白垩系上统黑依哈达组（K_{2h}）及第四系（Q）。

探测矿区位于大兴安岭褶皱带的西南端，黄岗梁—甘珠尔庙复背斜带中段南侧，属黄岗—甘珠尔庙多金属成矿带中部，海苏坝—后卜河蕴矿带内。

区域内出露的地层比较简单，以下二叠统最为发育，其次是上侏罗统和上白垩统，第四系广泛发布。岩浆的侵入和断裂的破坏，加之第四系的广泛分布，致使中生代和晚古生代地层分布零乱、褶皱复杂。下二叠统由上而下分为青风山组、大石寨组、黄岗梁组。上侏罗统主要为陆相喷发的酸性火山岩及凝灰岩、砂砾岩等。区内第四系极其发育，成因类型复杂。主要以上更新统和全新统最为发育。

区内岩浆岩活动比较强烈，其侵入时代为燕山晚期，岩体的展布均受构造控制。区内分布有中营子和八家房两岩体，岩石类型为黑云母花岗岩，此外还有中性—酸性脉岩。

华夏系构造体系在区内相当明显，广泛展布于早二叠世地层中。它由走向北东的褶皱和压性、压扭性断裂构成。新华夏系构造在本区也表现强烈而广泛。

2. 遥感图像处理与信息提取

围岩蚀变(Wall-Rock Alteration)，又称围岩交代蚀变、主岩交代蚀变，是指容矿围岩在流体(气相、液相)的作用下所发生的化学变化和物理变化，从而引起围岩化学成分和结构构造的变化。围岩蚀变可发生在成矿流体运移途中(头晕蚀变、通道蚀变、成矿前蚀变)，也可发生在矿质沉淀期间(矿晕蚀变、成矿期蚀变)，还可以发生在矿质卸载之后(尾晕蚀变、成矿后蚀变)。地质学家认为绝大多数岩浆生成的矿床都伴随有围岩的交代蚀变现象。通常情况下，蚀变带的范围是矿体分布范围的数倍、数十倍，因此蚀变带范围很广。蚀变矿物本身的独特光谱特征，为遥感进行蚀变带探测提供了可能。作为重要的找矿标志，岩石蚀变信息反映在遥感信息中，表现为一种较弱的色调异常，可通过一系列的图像处理过程，将异常信息分离出来。对于在可见光至近红外具有 30 m 空间分辨率的 TM 或 ETM 传感器来说，只要地表有一定面积一定蚀变强度的蚀变岩石出露，都有可能被探测，因此常用来提取围岩蚀变信息并快速圈定成矿靶区。

本研究中，选取相邻两景 ETM+影像，获取时间分别为 2000 年 6 月 26 日和 2000 年 7 月 12 日，影像时相较为一致，轨道编号分别为 122－29 和

122－30。两景影像中研究区域天气晴好且无云。为处理方便，经过直方图匹配后，对两景影像进行了镶嵌并切割了研究子区。

1)遥感图像特征

不同岩性和不同构造的岩层由于具有不同的光谱特征和纹理结构，在遥感影像上也会表现出各自的影像特征(表 2.24)。图 2.25 是探区及其周边合成假彩图。

表 2.24　不同岩性及构造的影像特征

岩性或构造		影像特征及其识别
岩性	沉积岩	无特殊光谱特征，但在高分辨率影像上可显示出岩层走向和倾向，胶结状态良好的沉积岩在较大范围内呈条带状延伸，坚硬的沉积岩常形成与岩层走向一致的山脊，松软的沉积岩则形成条带状谷地。
	岩浆岩	多呈团块状和短的脉状或鸡爪状，酸性岩在影像上色调较浅，平面形态常呈圆形、椭圆形和多边形；基性岩色调最深，呈花斑状色块，边界清晰；中性岩的色调介于上述二者之间，常被区域性裂隙分割成棱角清晰的山岭和 V 形河谷，侵入岩体常呈环状负地形。
	变质岩	由岩浆岩变质而来的正变质岩和由沉积岩变质而来的负变质岩在影像上均具有与原始母岩相似的特征。
构造	水平岩层	高分辨率影像上可识别水平岩层经切割形成的地貌，并呈现出硬岩的陡坡与软岩形成的缓坡呈同心圆状分布，硬岩的陡坡具有较深的阴影，软岩色调较浅。
	倾斜岩层	低分辨率影像上，顺向坡有较长的坡面，逆向坡坡长较短。
	褶皱	表现为不同色调的平行色带，识别时选择影像上显示最稳定、延续性最好者作为标志层，标志层的色带呈封闭的圆形、椭圆形、橄榄形、长条形或马蹄形等褶皱的重要标志。
	断层	在影像上表现为线性的色调异常，于两侧岩层色调均不同，或者两种不同色调的分界面呈线性延伸，在识别时还需结合影像的基本特征与岩性和整体构造特征进行。

结合表 2.24，从图 2.25 可以解译出主要探测矿区(图中矩形区域)内岩体和构造的以下影像特征：

(1)岩体特征

① 在 TM4,7,3 假彩色合成图像和 TM4,5,3 直方图均衡化图像上，岩浆岩以绿色调为主，其中绿-深绿调是基础。深绿色调是花岗岩的假彩色，代表了岩体主体，而浅色调则是岩体表面风化冲沟的反映。② 浅色调为似

菱形网格状，可能代表岩体内部节理的方向，说明这些冲沟是沿节理风化而成的。③ 岩体边界轮廓基本清楚，这在用不同方法处理的图像上都是一致的。

(2)构造特征

环形构造影像：① 矿区发育三个较为完好的环形结构，并且环环叠加(如图2.25所示)，大环半径约3 km，这个环包括多种色调，红色是植被比较茂盛的地区，绿色是花岗岩体，浅绿色为风化沉积，白色是冲积沙地。② 环内有小环，也近似圆形，半径约1 km。两环排列方向与矿体走向近于平行，因此环内色调主要为灰、浅绿色。这个环也可能为岩体内的蚀变环。线性构造：本区域主要受到华夏系构造，线性，构造主要呈北东30°，规模较大，数目众多，影像清晰。其他方向主要是北西向新构造，规模较小。

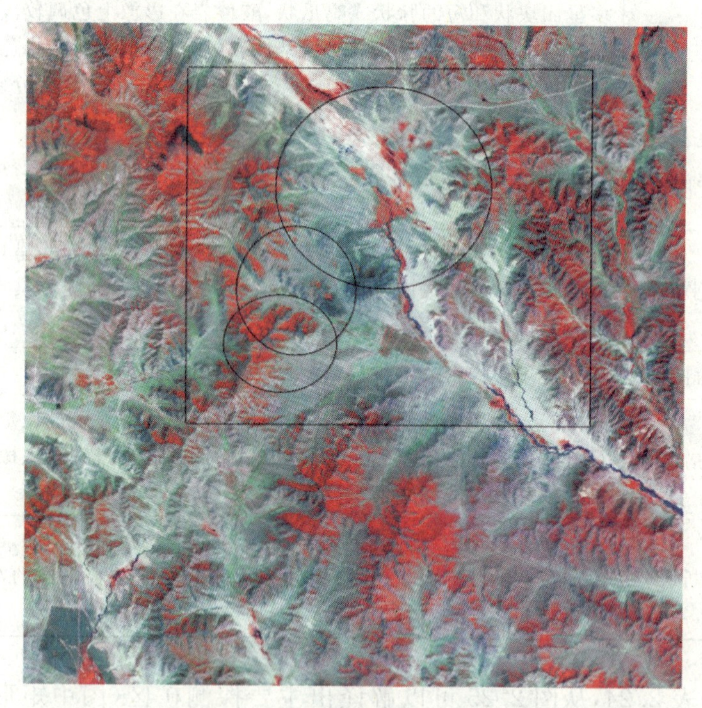

图2.25　探区及其周边合成假彩图

R,G,B分别对应ETM4,7,3波段

2)蚀变遥感图像异常信息提取

据研究，在可见光至近红外光谱区(0.325～2.5 μm)，主要造岩矿物中各主要化学成分(Si,Al,Mg和O)并不产生具有鉴定意义的反射谱带，在岩石反射谱带中占据主导地位的是岩石中为数不多的次要矿物(含铁矿物及蚀变矿物)中的 Fe^{2+},Fe^{3+},OH^- 和 CO_3^{2-} 等离子或离子基团,它们形成了反射谱的特征吸收谷。在 TM 图像上的反映是:由于 Fe^{2+} 的吸收谷分布在 1.1～2.4 μm 光谱范围内,因此其存在导致 TM7 图像亮度值降低;Fe^{3+} 在 0.85～0.94 μm 谱段具有较强吸收,在 0.45 μm 和 0.55 μm 处也表现出吸收特征,故其存在引起 TM1,2,4 图像亮度值降低,而在 TM3 图像上存在相对高值;OH^- 的吸收谱带主要分布于 1.4 μm、2.2～2.3 μm 以及 2.3～2.4 μm,在 2.2～2.3 μm 处存在强吸收谷,因此其存在使得 TM7 亮度值降低,而在 TM5 具有相对高值;CO_3^{2-} 的存在导致相似的图像特征。围岩蚀变是热液矿床的重要找矿标志,很多矿床成矿时均伴有热液蚀变。一般而言,蚀变越强,成矿可能性越高;蚀变范围越宽,矿化规模可能越大,因此指导找矿意义越大。

如上所述,蚀变矿物具有自身独特的光谱特征,当蚀变达到一定强度时,必然在遥感影像中表现出异常。但通常情况下,这种异常很微弱,人眼无法将其直接从原始影像中提取出。因此必须通过一些特别的图像处理技术来进行增强及提取。常用的蚀变遥感异常提取方法有主成分分析法(PCA)、比值法及它们的混合法。

(1)主成分分析法(PCA,又称 K-L 变换法)

原始遥感影像的各波段间存在一定的相关性,即是说影像中的信息存在重复。为了去除重复并突出主要信息,常使用主成分分析法去相关。主成分分析是基于变量之间的相互关系,在信息总量守恒的前提下,利用线性变换的方法来实现去相关。经过主成分分析后的各主分量之间信息不再存在重复或冗余现象。主成分分析的这一基本性质在蚀变异常信息提取中被充分利用。ETM+多波段数据通过主成分分析获得的每一主分量通常各自代表一定的地质意义,且互不重复,也就是说各主分量具有独特的地质意义。在利用主成分分析法提取蚀变遥感异常时,常用 TM1、TM4、TM5、TM7 等 4 个波段进行主成分分析来提取含羟基的蚀变矿物异常,对代表羟基化物主分量的判断准则是:构成该主分量的特征向量,其 TM5 系数应与 TM7 及 TM4 的系数符号相反,TM1 一般与 TM5 系数符号相同。根据有关地物的波谱特征,羟基信息包含于符合这一判断准则的主分量内,故此主分量可称为羟基异常主分量。另外,常用 TM1、TM3、TM4、TM5 等 4 个波段进行主成分分析来提取铁染异常。如果某主分量的特征向量中,TM3 系数应与 TM1 及 TM4 的系数符号相反,则该主分量为代表铁染异常的主分量。

(2)比值法

比值法能增强不同岩石、土壤之间的差别,是研究地物类型及分布的最简便、最常用的方法。目前,利用多波段遥感数据的比值能提取的热液蚀变矿物类型主要有:① 用 TM3/TM1、TM3/TM4、TM5/TM4 等提取由铁氧化物和硫酸盐等蚀变异常;② 用 TM5/TM7 提取由羟基矿物等引起的遥感异常。

本研究采用主成分分析法进行蚀变信息提取,结合 ETM 数据及蚀变矿物的波谱特征,用 ETM1、ETM2、ETM3、ETM4、ETM5 和 ETM7 作为初始波段进行主成分分析,选取第三主分量和 ETM1、ETM7 分别用来提取蚀变信息和纹理信息,并配以 R,G,B 合成假彩图像(图 2.26)。图中嫩黄

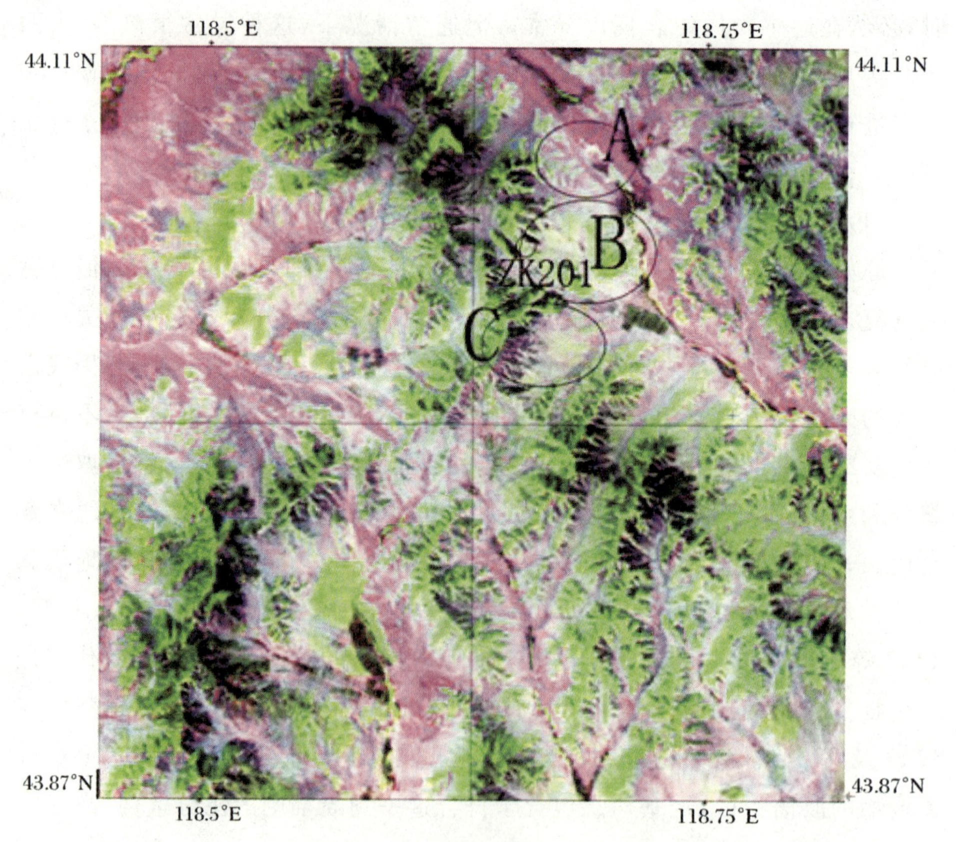

图 2.26 成矿蚀变遥感异常信息图

色调代表发生蚀变的区域。如下图椭圆区域圈定范围所示,存在着一系列蚀变带,这些蚀变带大致分布在下图所示的三个环形体A,B,C中。

3. 遥感异常区验证

如图2.26所示,研究去内蚀变带(图中嫩黄色部分)主要分布在A,B,C三个环内。其中,A环中部偏左为内蒙古巴林右旗永安矿业有限责任公司的已开采铅锌矿——马场矿区。从蚀变遥感异常图中可以看出,B环内分布着大量的蚀变带,B环及其周边地区(实地地名小西沟)被定为重点靶区,地理坐标范围为44°03′11″N~44°04′08″N,118°38′13″E~118°39′38″E。2007年9月30日在该地区的野外实地调查中,在图2.26中嫩黄色对应的地表区域发现了黄铁矿化、硅化、褐铁矿化、绿泥石化、绿帘石化、孔雀石化、黄铁绢英岩化、碳酸盐化等矿化蚀变。图2.27和图2.28均为在实地拍摄的蚀变带照片(图中箭头所指)。随后根据蚀变遥感异常信息的位置,结合实地调查的当地地质构造情况,在图2.26的B环中小圆圈所示位置布了6个钻孔(图中ZK201),进行了钻探和岩芯取样,在地表以下30~230 m处分别钻到3~5层0.5~5 m厚的锌铅多金属矿层,如表2.25所示。

图2.27 小西沟蚀变带照片1

图 2.28 小西沟蚀变带照片 2

表 2.25 巴林右旗小西沟钻井 ZK201 岩芯情况

深度	岩 性
0～25 m	块状,黑色角砾岩,有硅化、绿泥石化、绿帘石化,绢云母化、糜棱岩化、未见矿化
25～30 m	灰黑色块状硅质角砾岩,硅化为主,绢云母化、绿泥石化、闪锌矿化、黏土化
30～36 m	矿层,硅化加强,闪锌矿化、黄铜矿化、黄铁矿化
36～52 m	碳酸盐化、黄铜矿化、碳加强
68.5～72.6 m	矿化带
72.6～74.9 m	矿层,闪锌矿为主,次为方铅矿、黄铜矿、黄铁矿
74.9～77.5 m	矿层,构造糜棱岩化
77.5～98.5 m	矿化,白色石英增多,矿化减弱
98.5～101 m	99 m 矿层
106～107.5 m	强矿化
111～112 m	有 1 m 矿化

续表

深度	岩　性
118～121.8m	强矿化
121.8～124.5 m	有矿化
124.5～127.5 m	弱矿化
131～146 m	灰白色的硅质岩,黄铁矿化,未见有矿
146～147 m	10 cm 闪锌矿化、石榴子石化
148m	10 cm 矿化
149 m	10 cm 矿化
154～157 m	闪锌矿,方铅矿层
170 m	灰色石英岩
173 m	有矿化,采样
200～203 m	角砾岩,灰黑色
204 m	1 m 多厚 Pb - Zn 矿

本次研究实例表明,通过遥感蚀变矿区矿化蚀变信息来确定找矿靶区范围具有很强的实用性,且具备常用地质方法不具备的大面积、快速、高效调查的优势,这种方法具有很好的应用前景。本次研究中,遥感蚀变异常信息的另一个比较集中的地区(图 2.26 中 C 环所示区域)尚未进行实地调查,有待进一步验证。

第三节　能源资源遥感探测

一、陆地油气资源遥感探测——以南盘江地区为例

随着航空航天事业的蓬勃发展,遥感油气资源勘探技术也取得了很大的进展,油气烃类微渗漏的遥感探测已成为油气资源遥感研究的重要方向之一。在国外,美国国家宇航局(NASA)和地质卫星委员会(GEOSAT)20世纪 80 年代初在怀俄明州帕特里克・庄(Patrick Draw)、西弗吉尼亚州洛

斯特·里弗纳(Lost Lyfna)和得克萨斯州考耶诺萨(Cowyenosa)三个油气田区联合开展了烃类微渗漏遥感探测研究，证明利用遥感技术直接探查油气藏是可行的。Singhroy 等(1988)研究了加拿大维利(Willey)油气田土壤气体地球化学异常，发现由烃类微渗漏造成的地表化学环境变化使土壤的光谱反射率在 0.4～1.1 μm 光谱域有较大变化。Segal 等(1989)基于美国犹他州里斯本(Lisbon)谷地 Landsat TM 数据，应用波段比值和彩色空间变换方法提取矿物岩石的波谱特征信息，证明由烃类微渗漏造成的地表矿物岩石蚀变褪色现象是由含 Fe^{3+} 矿物减少和高岭石等黏土矿物增加所引起的，这种现象在 TM 影像上表现为色调异常。Carter 等(1988)发现由烃类微渗漏造成的土壤、岩石和植物的光谱特性变化，在陆地卫星影像上表现为不同的色度、彩度和亮度。国外许多大石油公司和科研机构都建立遥感研究组，利用遥感资料，结合地理信息系统(GIS)技术寻找油气资源远景区(Everett J R 等 ,2002)。在国内，从 1978 年对新疆塔里木盆地西部进行遥感油气地质应用研究以来，根据油气藏烃类微渗漏理论，应用航空航天遥感技术，陆续在我国各生油盆地开展了油气遥感勘查工作，并取得了较好的研究与勘查效果(王锡田，1988；朱振海等，1991；王云鹏等，1999；陈圣波，2002；侯卫国，2002)。本节以南盘江地区作为研究对象，开展了油气烃类微渗漏的遥感标志的地球化学工作和土壤光谱工作，揭示了烃类微渗漏蚀变的地球化学特征及其形成机制和蚀变信息的土壤光谱特征，探讨了油气烃类微渗漏蚀变信息的遥感提取技术方法，为遥感图像处理和油气烃类微渗漏的遥感探测提供可靠的理论依据。

1. 研究区地质概况

南盘江地区位于滇、黔、桂三省接壤部位，流域面积约为 65 000 km^2。区内地势北西高，南东低，大部分地区属于云贵高原，西部为高山区，山高谷深，相对高差较大；中部为中高山区；东部为丘陵地带，区内的地形总的来说是以山地和丘陵为主，有部分为山间盆地(平原)，植被覆盖茂盛。在大地构造性质上分属扬子准地台、华南褶皱系和三江褶皱系三大构造单元(中国石油地质志编辑委员会，1987)。研究区的北西侧为滇东隆起，北侧为黔西南坳陷，东侧为乐业、罗甸断阶，南侧为马关隆起，研究区的中央地带为南盘江坳陷(赵志东，1989)(图 2.29)。研究区的构造相当发育，方向较为复杂且分布不均一，主要构造方向以北东向和北西向为主，局部地段有近东西向和南北向断裂构造。在研究区内已发现的油气田(点)有百色盆地、罗平和秧坝地区等。

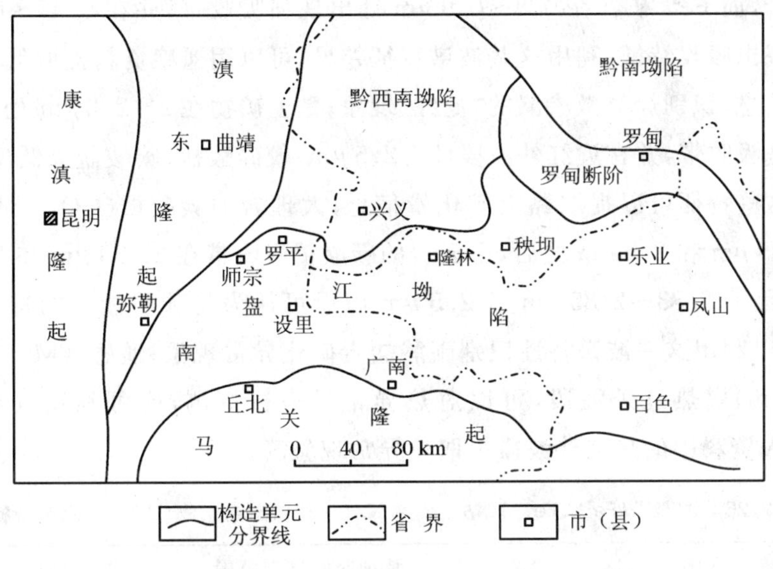

图 2.29　南盘江地区构造单元划分

2. 烃类微渗漏蚀变遥感特征信息提取

1)烃类微渗漏蚀变的光谱响应

油气烃类微渗漏主要是指埋藏在地下深部的油气藏中的烃类物质通过多种方式,以覆盖层的断裂、节理、微细裂隙、孔隙等为通道运移至地表,甚至进而扩散到近地表的空中的现象(郭德方,1995)。油气田的烃类以微烃方式沿微裂隙垂直向上运移,并与周围物质相互作用,产生蚀变现象,从而引起了地面物质产生理化异常。主要的蚀变现象有土壤吸附烃异常、红色土壤岩层褪色、黏土矿物异常、碳酸盐矿物异常、地植物异常及热异常等。烃类微渗漏效应导致的异常或蚀变现象在遥感光谱上表现为光谱反射率的变化,在遥感影像上呈现烃类微渗漏蚀变晕,遥感直接找油实质上就是应用遥感技术探测烃类异常和烃类蚀变现象。

烃类微渗漏物质在向上渗漏时,烃类物质可以被土壤的矿物颗粒所吸附,引起土壤烃组分异常,通常可以在 2.27～2.46 μm 谱段范围内利用红外细分对比进行探测。另外,烃类微渗漏的液体或气体中所含氢硫化物和碳氢化物改变了上覆岩石的氧化—还原环境,使得矿物中的高价铁离子(Fe^{3+})向低价铁(Fe^{2+})转移,导致黄铁矿、菱铁矿等增加,高岭土等黏土矿物以及碳酸盐岩矿物增加等蚀变现象。这些蚀变现象在遥感光谱上都能反映(表2.26),例如,Fe^{2+}矿物在1 μm处有强吸收带,在1~1.5 μm处有宽吸收带,而Fe^{3+}矿物在0.8~0.9 μm处出现强吸收带,并在0.45~0.5 μm处表现出吸收特征,利用这些波谱特征差异,可以用遥感资料提取低价铁富集晕信息,识别烃类微渗漏的"褪红"现象;黏土矿物在2~2.2 μm处有很强的羟基吸收带,并在近红外波段(2~2.5 μm)较硅酸盐、碳酸盐呈低反射率,利用这些特征可以提取黏土矿化晕信息;大理岩的碳酸根(CO_3^{2-})吸收带在2.35 μm和2.5 μm之后,白云岩的碳酸根吸收带在2. 33 μm和2.5 μm以后,因而2.33~2.35 μm及2.5 μm以后可认为是碳酸盐岩的特征吸收带,可以利用这一波谱特性识别碳酸盐岩矿化异常现象;遥感TM6(10.4~12.6 μm)属热红外波段,可以对热异常晕进行探测,或可利用气象卫星NOAA资料中的热红外波段提取热异常现象等。

表2.26 铁离子(Fe^{2+},Fe^{3+})、黏土矿物(OH^-)和碳酸盐矿物(CO_3^{2-})的波谱特性

<table>
<tr><th colspan="2">矿　物</th><th>特征吸收谱带范围</th><th>与遥感TM相关波段</th></tr>
<tr><td rowspan="3">铁离子</td><td>Fe^{2+}</td><td>1~1.5 μm</td><td>TM1</td></tr>
<tr><td>Fe^{3+}</td><td>0.45~0.5 μm,0.7~0.9 μm</td><td>TM1,4</td></tr>
<tr><td>$Fe^{2+}+Fe^{3+}$</td><td>0.4~1.5 μm</td><td>TM1,4</td></tr>
<tr><td rowspan="4">黏土矿物</td><td>绿泥石</td><td>2.35 μm</td><td rowspan="4">TM7</td></tr>
<tr><td>蒙脱石</td><td>2.25 μm</td></tr>
<tr><td>伊利石</td><td>2.2 μm</td></tr>
<tr><td>高岭石</td><td>2.2 μm</td></tr>
<tr><td rowspan="4">碳酸盐</td><td>总　体</td><td>2.05~2.35 μm</td><td rowspan="4">TM7</td></tr>
<tr><td>大理岩</td><td>2.35,2.5 μm以后</td></tr>
<tr><td>白云岩</td><td>2.33,2.5 μm以后</td></tr>
<tr><td>方解石</td><td>2.35 μm</td></tr>
</table>

2)土壤地球化学及波谱特征

(1)土壤地球化学特征

土壤地球化学特征的研究有助于了解烃类蚀变和化学成分特征,是油气遥感的主要内容之一。地表烃类蚀变标志中,如"褪红"、黏土矿化、碳酸盐化等都和地表土壤化学成分紧密相关。本研究的土壤样品主要采自南盘

江坳陷的罗平、设里、坝林、隆林、秧坝和百色等子区，共采集样品 120 个。土壤的矿物成分由 X 衍射结果计算而来，化学成分包括了常见的氧化物成分。从样品的矿物和化学成分分析结果可知：

① 在南盘江地区不同程度地存在着“褪红”、黏土矿化、碳酸盐矿化等烃类微渗漏蚀变异常现象。矿物组成在设里和秧坝以黏土矿物伊利石、高岭土、石英为主，在罗平和隆林以碳酸盐矿物方解石、白云石为主。

② 设里和秧坝地区除黏土矿物含量高外，绿泥石含量亦相对较高，反映了烃类蚀变中的“褪红”和“黏土矿化”。

③ 化学成分上反映“褪红”现象 Fe^{2+}/Fe^{3+}（FeO/Fe_2O_3）以秧坝最高，隆林与设里相近，而罗平最低；反映黏土矿化现象的 K_2O，Na_2O，MgO，Al_2O_3 以秧坝、设里较高；反映碳酸盐矿化现象的 CaO，CO_2，则以是罗平、隆林为高。

④ 根据样品的分布，分典型含油区和非油区进行统计，其结果表明，在矿物成分上，含油区的土壤中石英含量相对降低，黏土矿物如伊利石、高岭土、绿泥石和碳酸盐矿物如方解石、白云石等含量相对增加；在化学成分上含油区的 FeO，Na_2O，Al_2O_3，MgO 和 CaO 相对增加，而 Fe_2O_3，K_2O 和 SiO_2 相对降低。

(2)波谱特征

地表地物的反射光谱特征是联系地物成分和遥感图像的纽带，在光谱遥感找矿和成分—光谱—遥感图像一体化研究中，必然要了解地表烃类蚀变的岩石和土壤光谱特征。

采集的样品在日立 UV-340 型分光光度计上测量其可见至近红外波段的光谱，波长范围为可见至近红外波段(0.4～2.5 μm)，共采集 211 个光谱数据。图 2.30 为南盘江地区含油区和非油区土壤的光谱曲线，图中曲线 1,2,3 为已知油气区(罗平、百色)的土壤光谱曲线，曲线 4,5 为非油气区的土壤光谱曲线。从光谱曲线上看出：

① 整个可见至近红外波段(0.4～2.5 μm)，油气区的土壤反射率明显低于非油气区土壤反射率；

② 可见光波段包含了铁(Fe^{2+}，Fe^{3+})的主要吸收峰，其反射率的降低和铁含量紧密相关；

③ 在 1.4 μm 和 1.9 μm 处存在着较强的吸收峰，这主要是由黏土矿物

中的水或羟基(—OH)引起的;

④ 在 2.2~2.5 μm 波谱上存在多个吸收峰,其中 2.2 μm 处的吸收峰是典型黏土矿物的吸收特征,由 Al—OH 分子振动引起的结果,2.3 μm 处的吸收峰是 Mg—OH 分子振动的结果,在 2.3 μm 附近的吸收峰可能与 CO_3^{2-} 的振动有关。

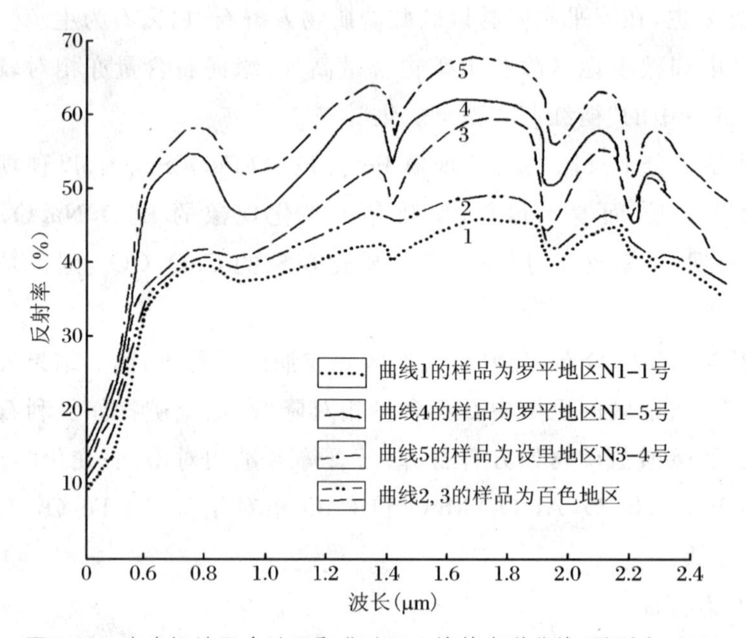

图2.30 南盘江地区含油区和非油区土壤的光谱曲线(马跃良,1998)

(3)烃类微渗漏蚀变遥感信息提取

① 土壤成分因子的提取

土壤成分因子的提取主要考虑到两个因素:一是和烃类蚀变紧密联系的,即能较为准确而灵敏地反映烃类蚀变特征;二是在光谱数据上有特征反映的,这样能有效地进行遥感图像处理及烃类蚀变信息的提取。在油气田的上方土壤的成分特征是研究蚀变成分特征最直接的标志,如 Fe^{2+} 的升高和 Fe^{3+} 的降低与土壤的"褪红"有关,黏土矿物的富集和 K_2O、Na_2O、Al_2O_3 的增加与土壤的黏土矿化有关,碳酸盐矿物和 CaO、MgO 的增加与土壤的碳酸盐矿物有关。

油气微渗漏蚀变造成的土壤"褪红"现象的主要原因是蚀变造成土壤中的 Fe^{3+} 向 Fe^{2+} 的转化,因而 Fe^{2+}/Fe^{3+} (FeO/Fe_2O_3)是最直接的成分标志,故选择 FeO/Fe_2O_3 作为"褪红"的土壤成分因子。在选择土壤黏土矿化的成分因子时，首先是土壤中黏土矿物的总含量，即蒙脱石、伊利石、高岭石和绿泥石的总量，但由于本地区母岩差异较大，从样品的矿物成分分析结果可知，在不同子区蚀变造成的黏土矿物的类型不同，因而，为了全面考虑黏土矿化蚀变信息，我们从化学成分的组合角度出发，选择($K_2O+Na_2O+Al_2O_3$)、(K_2O+Na_2O)/Al_2O_3、($K_2O+Na_2O+Al_2O_3$)/SiO_2和K_2O/Na_2O等作为黏土矿化的成分因子。烃类微渗漏蚀变的另一个标志是碳酸盐矿化，CaO + MgO 能反映出土壤中碳酸盐矿化蚀变产物方解石和白云石的成分变化，CaO/MgO 可作为二者的成分强度比较因子，因而选择 CaO + MgO 和 CaO/MgO 作为碳酸盐矿化的成分因子。表 2.27 为南盘江地区含油区与非油区土壤成分因子统计对比表。

表 2.27 南盘江地区含油区与非油区土壤成分因子对比表

烃类蚀变类型	成分因子	含油区	非油区
褪红现象	FeO	3.4900	1.2829
	Fe_2O_3	1.1350	5.5414
	FeO/Fe_2O_3	3.0749	0.2315
黏土矿化	K_2O	2.7400	2.0186
	Na_2O	1.2913	1.1486
	Al_2O_3	14.6088	14.4500
	SiO_2	60.1163	58.7243
	$K_2O+Na_2O+Al_2O_3$	18.6401	17.6172
	$(K_2O+Na_2O+Al_2O_3)/SiO_2$	0.3101	0.3000
	$(K_2O+Na_2O)/Al_2O_3$	0.2760	0.2192
	K_2O/Na_2O	2.1219	1.7574
碳酸盐矿化	CaO	5.8875	3.9114
	MgO	1.9625	1.1400
	CaO + MgO	7.8500	5.0514
	CaO/MgO	3.0000	3.4311

注：非比值因子的数值为百分含量。

从表 2.27 和图 2.31 可以看出：a. 含油区的 FeO/Fe_2O_3 比值大于非油区的，表明含油区的土壤“褪红”强度大于非油区；b. (K_2O+Na_2O+

Al_2O_3)、($K_2O+Na_2O+Al_2O_3$)/SiO_2 等成分因子含油区的大于非油区的，说明了含油区土壤的黏土矿化的富集强于非油区，从矿物成分上看，在南盘江地区的黏土矿化中以高岭石化为主，强度次序为高岭石化>伊利石化>蒙脱石化；c. CaO+MgO 的总含量含油区的大于非油区的，即说明了在含油区土壤的碳酸盐矿物富集也强于非油区的。因而，用提取的土壤成分因子能够明显表示出与烃类微渗漏蚀变信息相应的成分特征。

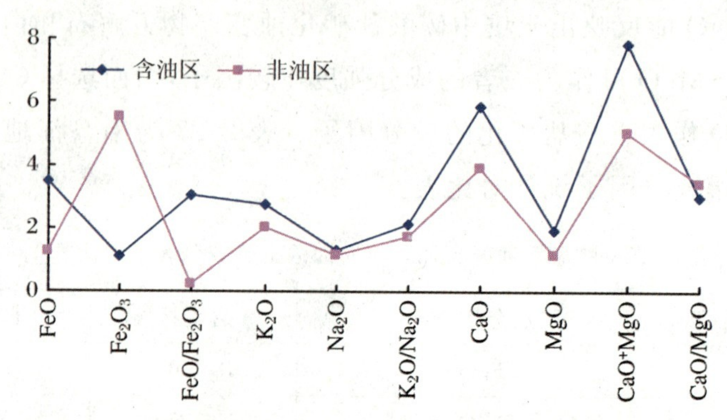

图 2.31 南盘江地区含油区与非油区土壤成分因子对比图

② TM 波段因子提取

首先，由光谱数据根据“辛普生法”积分计算出 TM 波段的平均反射率及反射率比值，再选择与烃类微渗漏蚀变有关的土壤成分因子，然后进行有关的相关分析。从相关分析而知：a. TM 各波段与矿物、化学成分的相关性较差，因而用 TM 单波段很难提取烃类蚀变信息；b. 黏土矿物与 TM 各波段呈负相关，说明了黏土矿物含量的增加引起可见至近红外波段反射率的下降，碳酸盐矿物正好相反；c. 在 TM 比值中，TM5/TM4 与黏土矿物相关性较好，TM5/TM7 比值与黏土矿物和碳酸盐矿物相关的绝对值较大，这是由黏土矿物和碳酸盐矿物在 TM7 波段有一系列的吸收引起的。

因而，根据烃类微渗漏蚀变信息的光谱响应和上述分析选择 TM3/TM1、TM4/TM1 用于识别“褪红”蚀变信息，TM5/TM7、TM5/TM4 用于识别黏土矿化和碳酸盐矿化蚀变信息。

(4)烃类蚀变信息特征分析及提取

烃类微渗漏蚀变信息提取主要通过土壤的光谱数据及其拟合的 TM 波段反射率因子与矿物成分、化学成分的统计分析，探索其定量关系，达到利用 TM 波段提取土壤的烃类微渗漏蚀变信息的目的。

为了探讨烃类蚀变特征和遥感探测机理，对上述提取的土壤成分因子与TM波段比值因子进行了相关分析和回归趋势分析。从相关分析的结果表明，土壤成分因子与TM比值因子之间有一定的相关性，图2.32和图2.33分别是TM1/TM3与FeO/Fe_2O_3和TM5/TM7与$(K_2O+Na_2O+Al_2O_3)$的回归趋势分析结果，最好地反映了两者之间的关系。

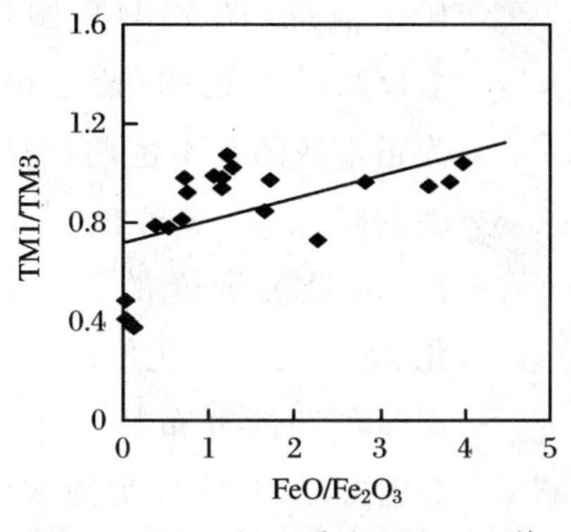

图2.32 TM1/TM3和FeO/Fe_2O_3的二维散点图及回归分析

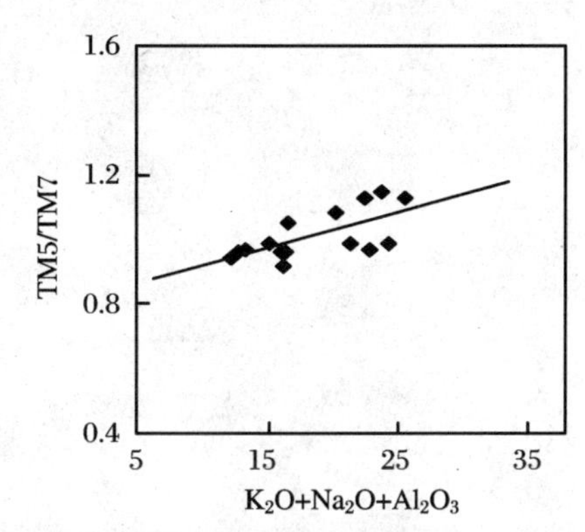

图2.33 TM5/TM7和$(K_2O+Na_2O+Al_2O_3)$的二维散点图及回归分析

图2.32反映了TM1/TM3和“褪红”因子(FeO/Fe_2O_3)的相互关系及其变化规律，分析结果表明，TM3/TM1和FeO/Fe_2O_3显示出较好的相关性，其回归方程为：

$$\frac{TM1}{TM3}=0.0898\frac{FeO}{Fe_2O_3}+0.7215$$

图2.33显示了TM5/TM7因子和$(K_2O+Na_2O+Al_2O_3)$成分因子有较好的相关性，说明TM5/TM7比值因子在反映黏土矿化的相关化学成分变化方面是十分灵敏的，其回归方程为：

$$\frac{TM5}{TM7}=0.0111(K_2O+Na_2O+Al_2O_3)+0.8073$$

另外，TM5/TM7因子与其他土壤成分因子的相关程度不高，TM5/TM4比值因子与反映黏土矿化和碳酸盐矿化的土壤成分因子也有一定的相关性，也可反映黏土矿化和碳酸盐矿化的蚀变信息。

综上所述，我们选择TM1/TM3比值因子用于识别“褪红”蚀变，TM5/TM7、TM5/TM4比值因子用于识别“黏土矿化”和“碳酸盐化”蚀变。

3. 烃类蚀变信息的遥感图像特征

综合以上的分析，我们利用遥感TM资料对研究区进行油气烃类微渗漏的检测研究，选定用TM5/TM7提取黏土化晕和碳酸盐岩化晕，合成方案为TM5/TM7、TM5、TM7三个比值和波段组合，配以红、绿、蓝合成，进行直方图均衡，得到的图像综合地反映出烃类微渗漏蚀变中的黏土矿化和碳酸盐矿化信息（图2.34），图像上反映的冷色调（蓝色调）为正常区的基本色调，而反映的暖色调（浅黄色、黄红色）为烃类蚀变的黏土矿化、碳酸盐岩矿化信息。根据暖色调的分布特征进行分区圈闭，划定烃类蚀变信息的有利地区，从而推测可能的油气预测区。图2.35是新疆独山子漏油景观[图中左侧(a)，(c)]、油气烃类微渗漏蚀变的地表红化景观[图中左侧(b)]和油气烃类微渗漏蚀变的地表红化在TM卫片中的特征信息[图中右侧(a)，(b)

图2.34 南盘江地区油气烃类微渗漏区黏土化晕和碳酸盐岩化晕在TM卫片上的反映(浅黄色)

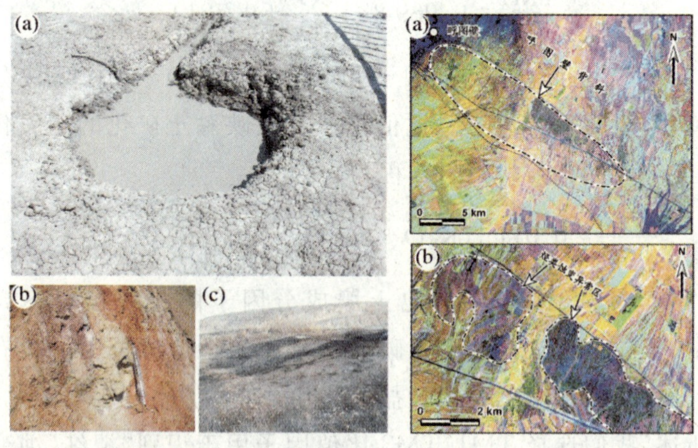

图2.35 新疆独山子漏油景观[图中左侧(a)，(c)]、油气烃类微渗漏蚀变的地表红化景观[图中左侧(b)]和油气烃类微渗漏蚀变的地表红化在TM卫片中的特征信息[图中右侧(a)，(b)中的虚线所示](Bihong Fu et al.，2007)

中的虚线所示]。图 2.36 是新疆独山子油气烃类微渗漏蚀变的地表红化景观三维 TM 卫片的特征信息图(图中粉红色所示)。从以上结果不难看出,利用遥感信息,能快速、经济、准确地探测陆地油气资源。

图 2.36 新疆独山子油气烃类微渗漏蚀变的地表红化景观三维 TM 卫片的特征信息图(图中粉红色所示)(Bihong Fu et al.,2007)

二、海洋油气遥感探测——以南海为例

1. 研究区概况

南海位于 98°E～123°E,3°S～25°N,为西太平洋最大的边缘海和世界上最大的热带海盆,面积 360 多万平方公里。濒临华南大陆,印支半岛和印尼群岛的南海大陆架宽广平坦,其中南部到西南部的大陆架是世界上最平坦的大陆架,最宽 285 km,最大水深 150 m。而濒临菲律宾的南海大陆架窄小陡峻。西太平洋集中了全球最多的边缘海。南海又以其非弧后扩张成因而不同于西太平洋的多数边缘海。南海处在欧亚、印—澳及太平洋三大板块相互作用的交汇处,区域构造动力学条件相当复杂,从中生代晚期开始经历了太平洋构造域和特提斯构造域的共同作用,而新生代又经历了印度板

块—亚洲大陆的碰撞和亚洲大陆—菲律宾板块碰撞的影响，因而其具有非常复杂而又独特的构造特征与演化过程。南海的形成机制至今仍存在异议，如存在被动俯冲—拉张、走滑拉分触发、地幔柱活动、原地重融等观点，故南海成为了地球演化理论研究的最有利对象之一。几乎各种地质作用（陆内裂谷拉张与海底扩张、地壳俯冲与碰撞、走滑与断裂、隆升与沉降、岩浆活动与变质作用、沉积与剥蚀等）都在南海发生并保存了记录。经过上述这些复杂的地球动力作用及活动和构造演化过程，南海形成了多种类型的沉积盆地，有逾万米深的沉积张裂断陷，也残留了巨厚的中生代残留盆地，还有板缘走滑拉分和会聚型盆地，且盆地含油气性各具特色，故又使其具有重要的油气勘探理论研究意义。南海深水海域广阔，其中，南海北部琼东南盆地、珠江口盆地、台西南盆地等和南海南部南沙海域 13 个新生代沉积盆地均部分或全部位于深水区，且这些深水盆地均属准被动大陆边缘盆地，从烃源岩、油气储盖组合、圈闭及油气运聚成藏条件等诸方面综合分析，均具备形成大中型油气田的基本地质条件，具有良好的油气勘探前景和资源潜力。初步的油气资源评价结果表明，南海北部陆坡深水区石油资源量高达 1.09×10^{9} t，天然气资源量达 2.4×10^{12} m^{3}，表明该区具有巨大油气资源潜力和良好的勘探前景。近年来，在邻近陆坡深水区的南海北部陆架盆地浅水区的钻探中，6%的钻井获工业油气流，43%的钻井发现油气层，13%的钻井获油气显示，并且在南海北部陆坡深水区琼东南盆地南部坳陷带和珠江口盆地白云凹陷北斜坡 200～380 m 外浅海海域，近年钻探的多个构造均获重大油气发现，获得探明 + 控制 + 预测天然气地质储量达千亿立方米。可见，南海陆坡深水区应是我国油气资源接替的重要战略选区和增储上产非常现实的勘探新领域。南海大陆架含油气面积达 40 多万平方公里，储量 1 000～2 000亿桶，为世界上第二个波斯湾。由于南海周边的国度不一样，经济发展和社会文明程度均不平衡，疆界岛屿和资源为历来各家争执的焦点，给油气调查与开发带来极大的不便，无法获取系统的南海油气调查资料。然而遥感调查则不受疆界与国家的限制，为海洋油气调查提供了方便。

2. 遥感探测模型研究

1）理论模型

图 2.37 是海面油膜与海水表面的红外反射光谱；图 2.38 是南海北部

湾海表温度等值线图，图 2.39 是海水表层中海洋浮游植物含量变化对波谱的效应；图 2.40 是南沙海域叶绿素 a 的平面分布特征；图 2.41 是南海油气微渗漏遥感生物地球化学效应的理论模型。从以上结果可知：

① 海面油膜在红外波段的反射率比清洁海水的高 10%～30%，油气微渗漏海区表面的温度比正常海区的高出 0.5～2 ℃（图 2.37、图 2.38）。

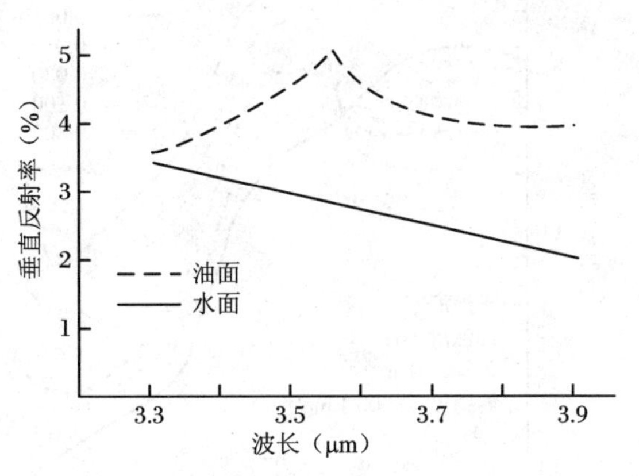

图 2.37 海面油膜与海水表面的红外反射光谱

（Kambie，G.S.，1974）

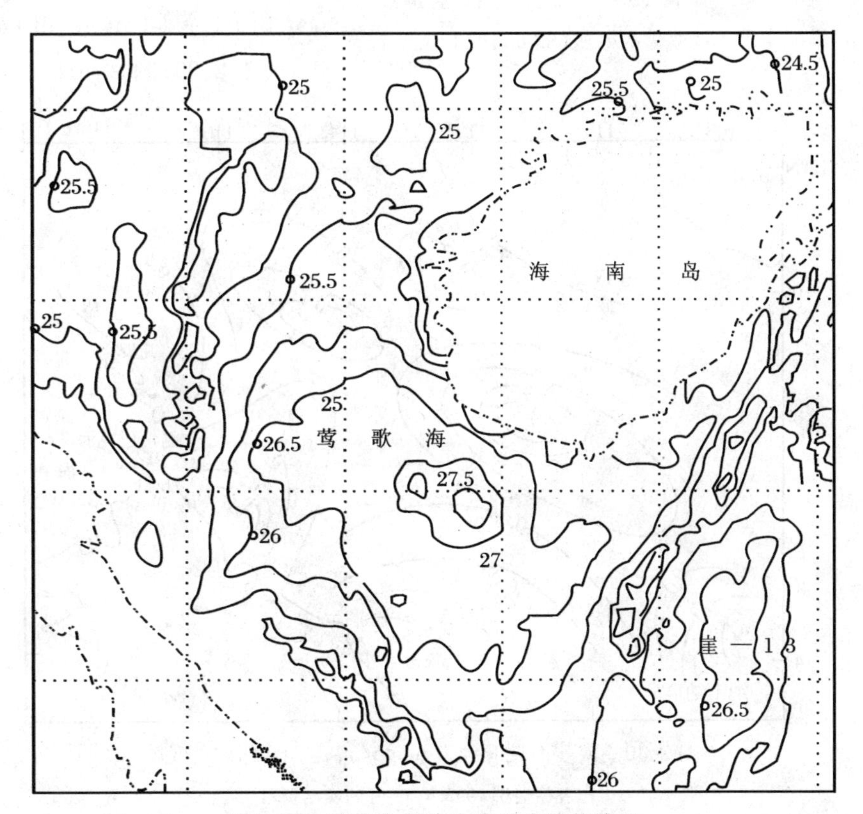

图 2.38 南海北部湾海表温度等值线图

27 ℃等值线区与莺歌海油气田空间位置相一致，1990 年 5 月 16～30 日的 NOAA 资料 SST 分析处理

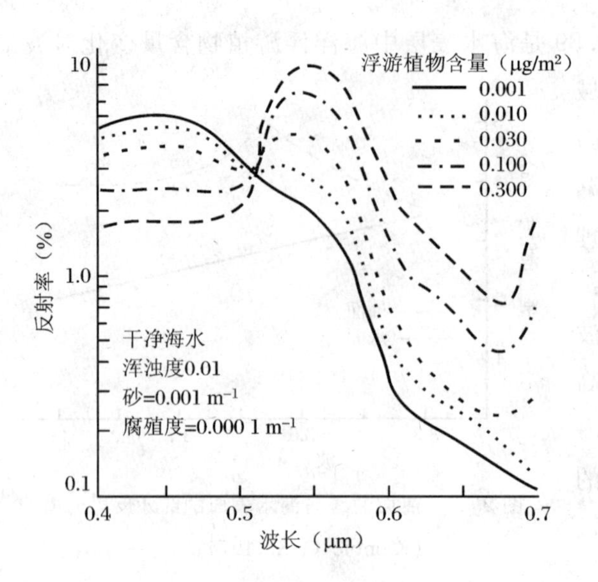

图 2.39　海水表层中海洋浮游植物含量变化对波谱的效应(Suits,1973 年)

② 浮游植物含量高的海水与含量低的海水的波谱的反射率和波形不一样,含量高的反射率在蓝绿波段比含量低的低,在黄、红光波段比含量低的高。含量高的波谱在绿光和红光处波形有两个强的吸收峰,而含量低的波谱则无明显的吸收峰。另外南沙海域叶绿素 a 的高浓度区与南沙海域已知油气田的空间位置相吻合(图 2.39、图 2.40)。

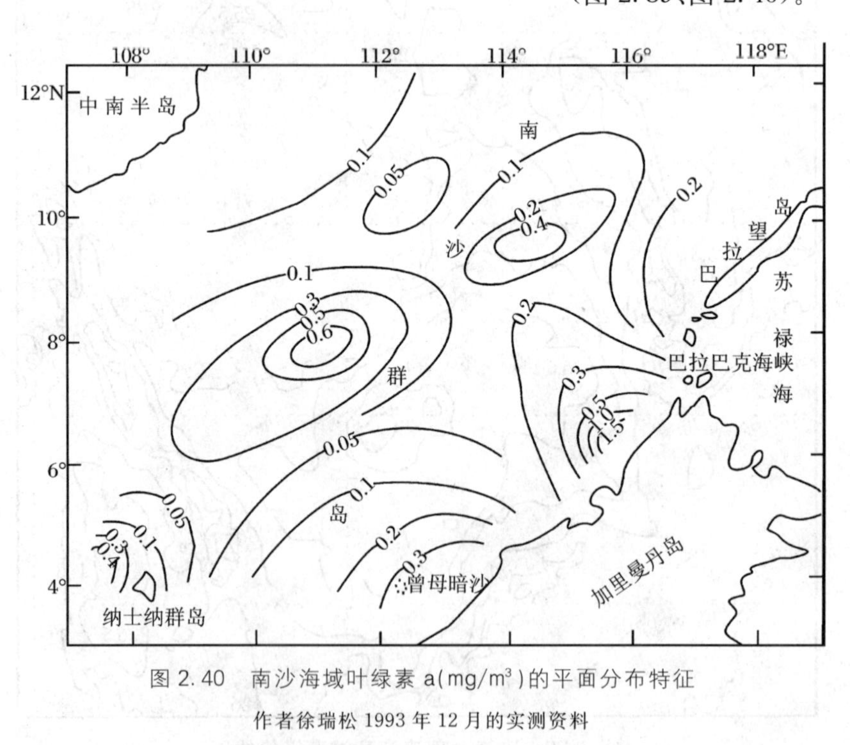

图 2.40　南沙海域叶绿素 a(mg/m^3)的平面分布特征

作者徐瑞松 1993 年 12 月的实测资料

③ 南海油气微渗漏区海面温度升高 0.5～2 ℃,同时喜烃类的海洋生物增加,可作为海洋油气遥感生物地球化学效应的有效探测标志(图 2.41)。

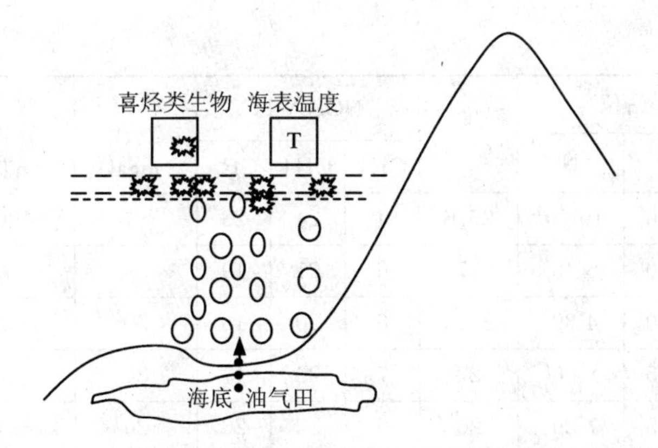

图 2.41　南海油气微渗漏遥感生物地球化学效应的理论模型

2)统计模型

(1)海表温度效应模型

本研究从 1993 年 3 月 15 日至 4 月 2 日的南海海域 NOAA-11 资料优选出无云的资料进行研究,同时选取 17 个同期海洋物理调查点海表温度、重力、磁力和热流值等资料,将 NOAA-11 的 CH 1、4、5 波段的灰度值与以上海洋油气调查资料进行相关分析(表 2.28),多元相关分析的结果列于表 2.29 中。

表 2.28　南海海域 NOAA 和海洋物理实测资料

序号	站位		温度 T (℃)	NOAA-11			重力异常 (mgal)	磁力异常 (nT)	热流值 (mW/m²)
	E	N		CH1	CH4	CH5			
1	112°20′	10°40′	26.3	6	23	21	−10	25	120
2	113°30′	10°00′	26.5	5	23	22	30	−60	60
3	115°30′	9°13′	26.7	4	24	24	10	−30	60
4	112°50′	7°00′	26.9	6	22	20	30	20	60
5	109°40′	7°30′	26.8	10	22	23	60	—	60
6	109°40′	6°35′	26.9	9	19	18	—	−30	120
7	110°30′	5°45′	26.2	8	20	18	30	20	90
8	110°40′	5°35′	27.4	6	20	18	40	20	90
9	111°25′	4°50′	27.3	7	21	19	38	−20	95
10	109°45′	4°30′	27.2	8	23	21	30	30	120
11	108°40′	5°40′	26.5	7	23	22	28	—	60
12	116°30′	12°00′	26.7	6	23	21	90	−50	60

续表

序号	站位		温度 T (℃)	NOAA-11			重力异常 (mgal)	磁力异常 (nT)	热流值 (mW/m^2)
	E	N		CH1	CH4	CH5			
13	116°30′	10°30′	26.6	4	24	23	-10	100	60
14	111°10′	8°45′	27	6	21	19	—	-70	60
15	111°30′	4°30′	27.3	6	20	18	30	-30	100
16	108°35′	8°00′	27	7	20	17	30	-50	80
17	112°35′	7°20′	26	6	22	20	20	-50	60

注：表中NOAA为1993年3月15日到4月2日的资料，海洋地球物理为1992年12月的资料，CH1,4,5的灰度值为0～255。

表2.29 南海海域NOAA与海洋物理资料的多元相关分析系数矩阵

	y	x_1	x_2	x_3	x_4	x_5	x_6
y	1						
x_1	0.133	1					
x_2	0.384	-0.502	1				
x_3	0.355	-0.301	0.910	1			
x_4	0.202	0.3	-0.4	0.2	1		
x_5	0.04	-0.103	0.131	0.122	-0.253	1	
x_6	0.245	0.422	-0.359	-0.390	-0.243	0.085	1

注：用表2.28数据分析；y:海表温度(℃)；x_1:CH1；x_2:CH4；x_3:CH5；x_4:重力异常(mgal)；x_5:磁力异常(nT)；x_6:热流值(mW/m^2)。

分析结果为：

$$y = 47.45 - 0.23x_1 + 0.0918x_2 + 0.0181x_3 - 0.0435x_4 - 0.35x_5 + 0.464x_6$$

式中，y、x_1～x_6的意义与表2.29相同，R为0.5911。

从表2.29可知，海表温度与NOAA-11的CH 1,4,5波段的灰度值、重力异常、磁力异常和热流值均呈正相关关系，其中温度与NOAA热红外波段灰度值的相关性较好。

该模型可根据海洋油气微渗漏中温度效应定量探测海洋油气异常。

(2)海表色素效应模型

本研究用1993年3月15日至4月2日南沙海域NOAA-11无云资料

中的28个叶绿素调查点的CH1,4,5波段的灰度值和同期实测叶绿素资料进行多元相关分析(表2.30),分析结果列于表2.31中,多元相关分析的结果为:

$$y = 35.9 + 0.4856x_1 - 0.2432x_2 + 0.6572x_3 + 0.5152x_4$$

式中,y、$x_1 \sim x_4$ 的意义与表2.31相同,R 值为0.569。

从以上分析结果可知,南沙海域叶绿素a的含量与海表温度呈正相关,与NOAA可见光波段的灰度值成负相关,与热红外波段的灰度值呈正相关。

该模型可根据海洋油气微渗漏中的海洋浮游生物效应,定量、快速、经济、准确地探测海洋油气异常。

表2.30　南沙海域NOAA-11灰度值(0～255)和叶绿素a的实测资料

序号	经度(E)	纬度(N)	叶绿素a (mg/m^2)	T(℃)	CH1	CH4	CH5
1	110°20′	11°59′	0.06	26.5	7	21	20
2	111°31′	12°1′	0.07	26.5	7	20	17
3	113°00′	12°00′	0.11	26.3	5	23	22
4	113°00′	10°59′	0.05	27.3	6	23	22
5	111°59′	10°59′	0.05	26.4	6	22	19
6	110°00′	11°00′	0.08	26	6	21	20
7	109°59′	9°59′	0.23	26.5	6	21	19
8	110°29′	9°57′	0.06	26	6	21	19
9	112°53′	9°32′	0.09	26	5	23	21
10	112°00′	8°30′	0.04	26	8	22	20
11	111°1′	8°30′	0.06	26	6	20	18
12	109°30′	8°00′	0.05	26	10	20	18
13	108°30′	7°59′	0.09	26.5	7	19	17
14	108°30′	7°30′	0.06	27	7	19	16
15	109°31′	6°30′	0.06	27.1	7	20	18
16	108°30′	6°29′	0.05	26	6	20	17
17	108°25′	5°51′	0.04	26.5	7	23	22
18	108°30′	5°30′	0.05	26.8	6	23	22
19	109°	6°1′	0.05	26.7	6	20	18
20	111°59′	7°32′	0.07	26.8	7	21	20

续表

序号	经度(E)	纬度(N)	叶绿素 a (mg/m^2)	T(℃)	CH1	CH4	CH5
21	112°30′	7°30′	0.06	26	5	22	20
22	111°00′	6°00′	0.04	27	6	20	18
23	110°16′	5°16′	0.05	26	9	22	21
24	112°00′	5°2′	0.10	27	5	21	19
25	112°2′	5°29′	0.09	27	7	20	18
26	112°1′	5°50′	0.09	26.7	7	20	18
27	113°1′	8°31′	0.08	26	6	21	20
28	113°00′	8°31′	0.08	26	6	23	22

注:NOAA-11 为 1993 年 3 月 15 日至 4 月 2 日的资料,色素和海表温度为同期实测资料。

表 2.31 南沙海域叶绿素 a、海面温度与 NOAA-11 灰度值的相关系数矩阵

	y	x_1	x_2	x_3	x_4
y	1				
x_1	0.299	1			
x_2	−0.341	−0.113	1		
x_3	0.027	0.217	−0.291	1	
x_4	0.023	0.139	−0.212	0.947	1

注:用表 2.30 的资料分析,y:叶绿素 a;x_1:海面温度(℃);x_2:CH1;x_3:CH4;x_4:CH5。

3. 油气微渗漏遥感生物地球化学模型的找矿应用

根据以上模型,用南海 NOAA-11 资料,首先进行除云、大气订正和几何纠正,用 CH4,5 波段进行 SST 处理,SST 计算海面温度的模型是:

$$T_s = C_1 + C_2 T_b + C_3 T_b^2$$

式中,T_s 为海表真实温度,Tb 为 NOAA 热红外波段的灰度值,C 为回归系数,用该模型计算温度在低纬度地区的误差大小为 1 ℃。部分结果见图 2.42~图 2.44,从图中可见,海表温度中的相对高温区与南海周边已探明和已在开采的油气田相吻合,并在已知油气田的周围发现一些油气远景区。

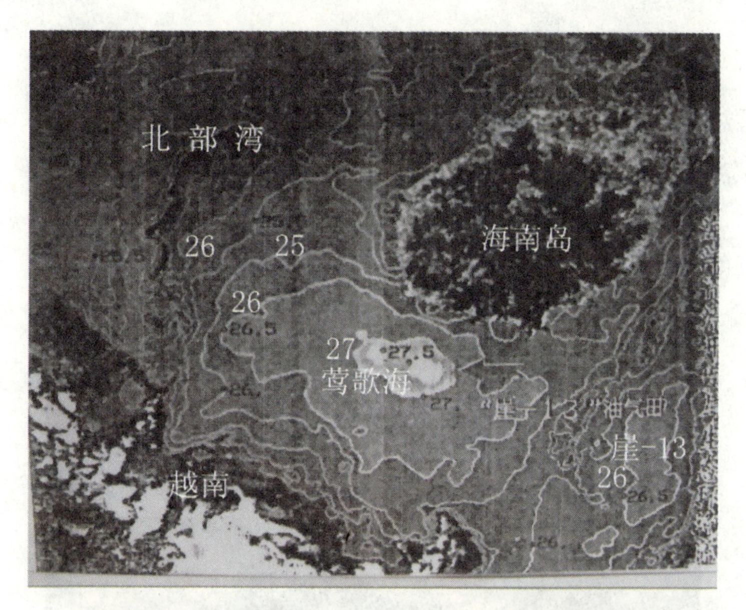

图 2.42　南海北部湾 NOAA 假彩与 SST 分析结果复合图

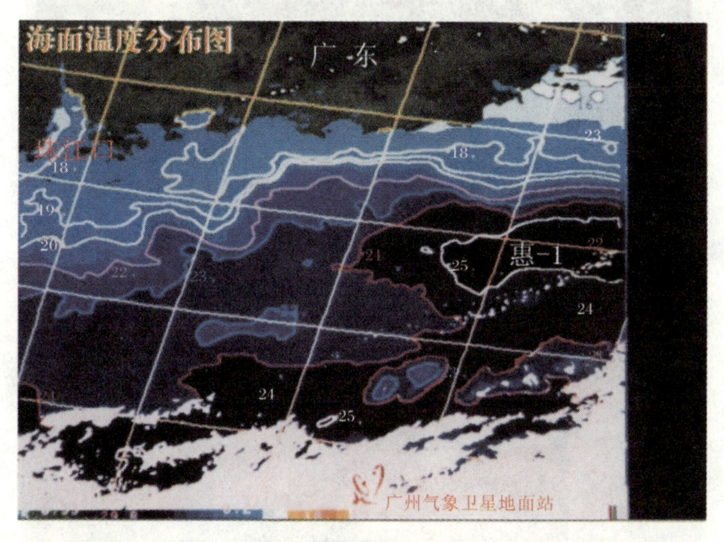

图 2.43　南海北部 NOAA 假彩与 SST 分析结果复合图

根据海洋油气微渗漏的生物效应原理，在含油气盆地的海水中含有较高的烃类物质，因而在富烃类的海水中生长着喜烃类的海洋微生物、喜烃藻类和喜烃类浮游生物等，本研究用 1994 年 4 月 12 日 NOAA-11 CH5，2，1 波段加红、绿、蓝合成假彩图，并进行拉伸（图 2.45），图中莺歌海油气田呈粉红色（图中 1）与正常海水的蓝色相区别，据此不难判断，北部湾越南一侧沿岸大片的粉红色应为找油气的有利海域（图中 2，3 处）。

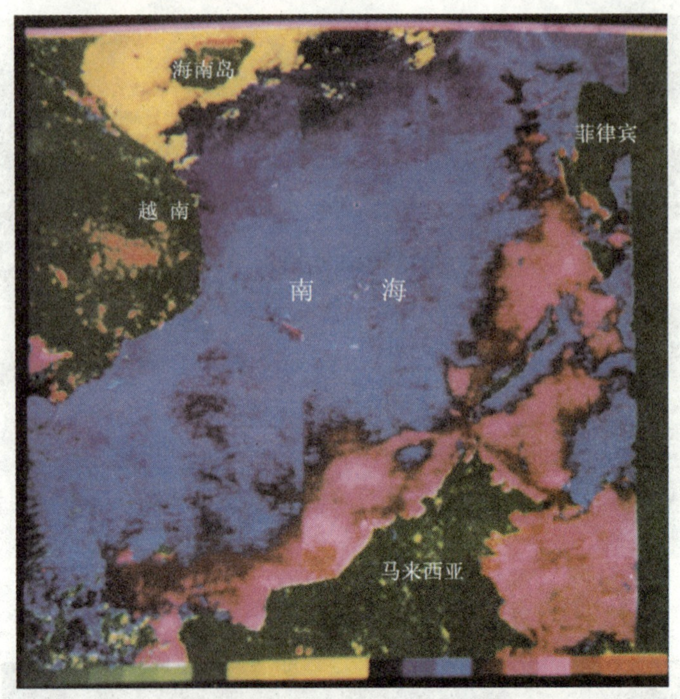

图 2.44 南海 NOAA-11 SST 处理后的假彩图

图中色标起点(绿色)为 23 ℃,终点(红色)为 33 ℃,每小格为 0.5 ℃

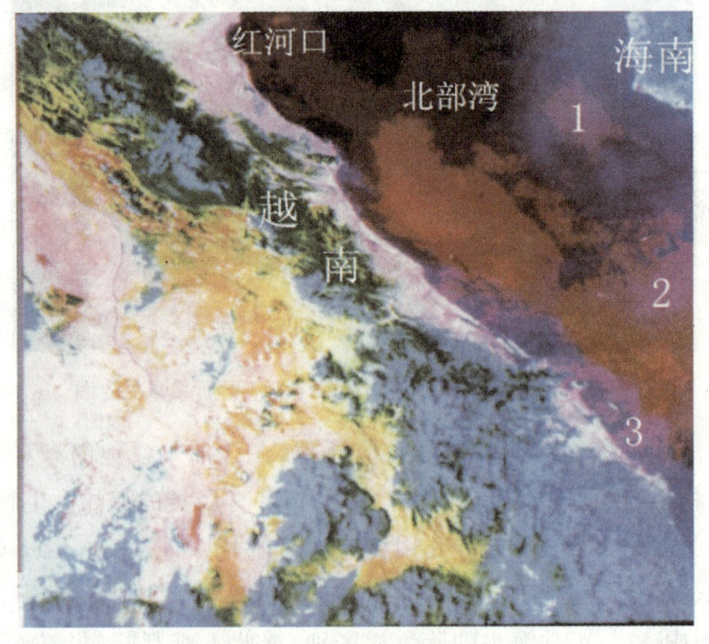

图 2.45 南海北部湾 1994 年 4 月 12 日的 NOAA-11 CH5,2,1 假彩合成

三、内蒙古东部煤矿遥感探测

1. 研究区概况与地质背景

内蒙古东部的锡林浩特盟，是我国近年来发现的重要煤炭基地，有数个超百亿吨的特大型煤矿。以褐煤为主，主要产于晚侏罗纪和早白垩纪的湖泊沉积地层中，煤层平缓稳定，最厚达一百多米。该区为我国最大最优质的草原之一(图 2.46)，属于温带内陆气候区，秋冬季为多风季节，铁路和公路交通发达，地大物博，人口稀少，有利于该区煤炭资源的综合开发利用。

图 2.46　内蒙古锡林浩特市煤矿遥感探测区景观图
作者 2004 年拍摄

锡林浩特市距河北省张家口市 440 km，距苏尼特右旗赛汉塔拉镇 370 km，上述两地都有铁路与京包线及集通线相连。随着锡林浩特市周边旗县的发展，各乡镇和旗县的公路网络也不断完善，锡林浩特市—阿尔善油田公路通过详查区。另外，从集通线铁路的桑根达来车站到锡林浩特市的铁路已于 2003 年建成通车，极大地方便了锡林浩特市与内地的运输联系。锡林浩特市建有机场,其航线可直达北京及呼和浩特市,交通甚为便利。

通过对全部煤芯的地质鉴定及描述,发现各煤层在物理性质上没有显著差别。煤的颜色一般为深褐色、黑褐色、褐色、条痕呈浅褐色或棕褐色,光泽多为弱沥青光泽,次为暗淡光泽,风化后无光泽。煤的断口:光亮型煤和半亮型煤常具贝壳状断口及阶梯状断口,半暗型煤多为不平坦状断口,暗淡型煤多具参差状断口及纤维状断口,镜煤内生裂隙发育,裂隙比较平坦,有时见有钙质及黄铁矿薄膜充填,敲击易碎成棱角小块,暗煤则具有一定的韧性。煤的吸水性强,易风化,风化后呈团块状及鳞片状,易自燃发火。煤的结构:各种煤岩类型交替出现,以3～5 mm的中条带及1～3 mm的细条带为主,偶见大于5 mm的线理状或不连续的透镜状及块状结构。层理为连续的水平层理,偶见不连续的缓波状层理。燃点一般为300 ℃左右,燃烧试验为剧燃。残灰呈粉状到块状,灰白到灰色。煤风化后煤质疏松,呈土状。燃烧时火焰不大。区内各煤层有机显微煤岩组分以镜质组和丝质组为主,镜质组含量为65.1%～98.4%,平均为87.0%,半镜质组含量为0～1.3%,平均为0.5%;丝质组含量为0.4%～32.8%,平均为11.9%,稳定组含量为0～1.7%,平均为0.7%;煤中矿物质以黏土组含量最高,在2.3%～21.7%之间,氧化物组含量最低,在0～0.2%之间,硫化物组在0～4.5%之间,碳酸盐组在0～0.4%之间。区内各煤层的变质阶段均为烟煤0阶段。

2. 遥感特征信息分析与提取

2004年初,从中国科学院北京卫星地面站获取了美国陆地资源卫星2001年7月10日的ETM资料,该资料全色波段的空间分辨率为15 m,多光谱波段为29 m,热红外波段为60 m,温度分辨率为0.2 ℃。将ETM资料调入ENVI4.2图像处理系统,进行大气和几何纠正后,首先用ETM的5,3,1波段完成模拟真彩图(图2.47),用于地物的解释分析。再将ETM的热红外波段进行LST分析处理,LST计算地表温度的模型是:

$$T_L = C_1 + C_2 + T_b + C_3 T_b^2$$

式中,T_L:地表真实温度;T_b 为ETM热红外波段的灰度值;C 为回归分析系数。分析结果见图2.48。

图2.47 内蒙古锡林浩特市煤矿遥感探测区ETM卫星模拟真彩图

2001年7月10日ETM的5,3,1波段加红绿色合成

图2.48的分析结果表明,该区地表高温区为32℃,低温区为28℃(水体),与实地测量结果基本一致。图中褐黄色为背景高温区(31℃左右),红色为异常高温区(32℃左右),红色异常区从北到南分1,2,3,4号高温异常区,其中1号高温异常区为已在开采的超大型胜利煤田,2,3,4号高温异常区为未知的煤田异常区。

3. 煤矿遥感探测异常的钻探验证

图2.48中的2号高温异常区,于2004年10～11月间经钻探证实为一大型优质煤田(图2.49),其上覆盖第四纪覆盖层仅为5～15 m。现已成为煤炭公司正在开采的煤矿。

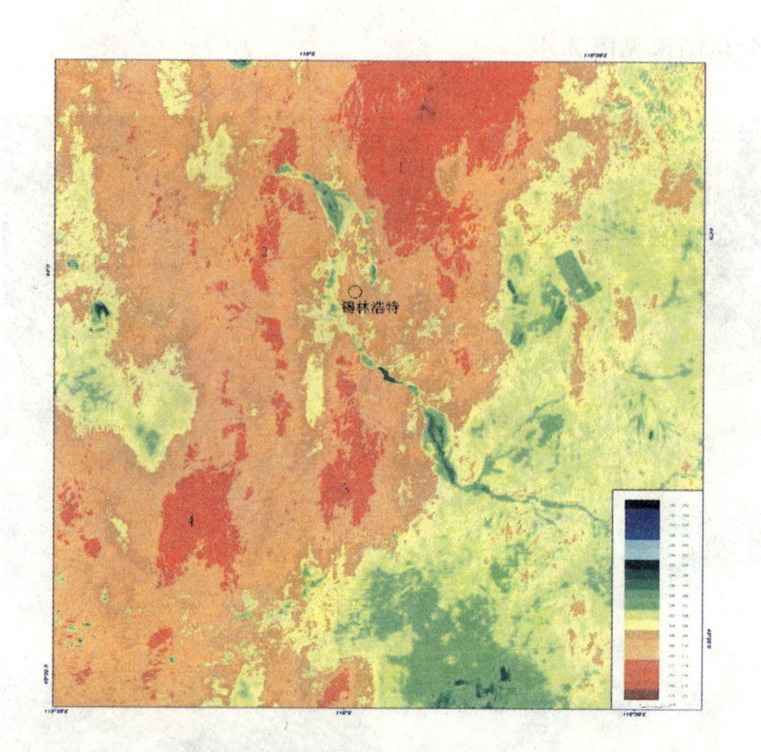

图2.48 内蒙古锡林浩特市煤矿遥感探测区 ETM 卫星热红外异常图

2001 年 7 月 10 日 ETM 热红外波段经 LST 分析处理，温度分辨率为 0.2℃。图中 1,2,3,4 号高温红色异常为煤矿遥感异常，其中 1 号异常为已知超大型胜利煤田，2 号经钻探验证为一大型优质煤田

图 2.49 2004 年 10 月底，徐瑞松等在图 2.48 中的 2 号煤矿遥感异常区观看煤矿打钻岩心，验证煤矿遥感异常

第四节　华南红土资源遥感探测

一、研究区概况

红土作为岩石圈的"皮肤",在整个地球的演化中,不停地与岩石圈、水圈、气圈和生物圈进行着物质和能量的交流,并客观地记录下这些信息,成为我们进行数字地球开发、全球变化研究和探矿的重要信息载体。世界红土总面积为 $6.6\times10^7\ km^2$,占全球土壤总面积的45.2%,在红土上生存的人口为25亿多,占全球人口的48%。我国红土面积为 $2.18\times10^6\ km^2$,占全国土地面积的1/5,人口为5亿多。红土耕地面积为 $2.8\times10^7\ hm^2$,占全国的30%。在全国30%的耕地上贡献了全国一半以上的农产品,哺育了全国一半以上的人口。我国红土区区位条件优越,社会经济发达,是我国热带、亚热带经济林果、经济作物和粮食生产的主要基地。华南红土又是我国红土中的精华,具有热带和南亚热带极佳的湿热条件,社会、经济发达,是华南沿海生态环境的重要脆弱带,资源环境记录丰富,全球变化响应强烈,是进行数字地球、全球变化和资源环境研究的极佳舞台。以全球变化研究的核心计划之一"过去全球变化"为宗旨,利用华南沿海多期次红土发育的优势地质条件,运用地貌学、沉积学、火山学、年代学、地球化学和矿物学方法,初步揭示了华南沿海若干多旋回火山岩—红土系列和沉积物—红土系列剖面的年代序列和古环境记录。同时,开展了青藏高原湖泊沉积和黄土高原黄土古土壤沉积序列的高分辨率年代学和环境指标研究。初步的研究结果表明,火山岩—红土系列存在着0.057,0.1,0.4和0.8Ma B.P.等不同时间尺度的喷发周期,"多旋回阶地沉积物—红土系列"可与华北"水系沉积物—古土壤系列"对比,发生于0.7～0.9Ma B.P.的红土阶地事件可称为"中更新世地貌事件",其与世界海洋沉积记录的"中更新世革命"大体同期,这些事件与青藏高原地区、北方黄土区、华北与华东沿海、台湾岛以及南海海域等地发生的一系列地貌事件以及相伴随的气候、构造、火山事件相似。因此，华南陆缘多旋回红土所记录的古环境事件及多旋回性与黄土—古土壤系列、冰碛系列以及河—湖相系列所记录的全球变化的多旋回性有着某种程度的相似性，红土的发育和演化也受控于气候—构造耦合系统，并服从于气候—构造旋回的规律性。全球变化研究是20世纪80年代兴起的跨学科、综合性的、迄今规模最大的国际合作研究行动。国际科学界组织了规模宏大的国际全球变化研究计划体系，由国际地圈生物圈计划(IGBP)、世界气候研究计划(WCRP)、生物多样性计划(DIVERSITAS)和全球变化的人文因素计划(IHDP)四大计划组成。其中，IGBP由7项核心计划组成：国际全球大气化学、全球变化与陆地生态系统、水文循环的生物圈问题、海岸带海陆交互作用、全球海洋通量联合研究、过去全球变化和土地利用与土地覆被。

本研究的范围为109°56′E～113°27′45″E，20°16′27″N～23°19′7″N。华南红土区以热带和南亚热带次生雨林和针阔叶混交林为主，覆盖率为30%～95%。

二、样品采集与分析

2004年11月份从北到南分15个观测点并按不同的岩性及其上覆盖的红土和植被进行观测取样，观测点位置见图2.50。

样品采集按每个观测点红土层的A、B、C层(A为含有机质层，B为中间层，C为风化壳层)和原岩取样，每个土样取500 g，并即时称鲜重，然后用塑料袋密封包装并记录，同时用台湾产CENTR301K型测温仪(分辨率为0.1℃)播入土表下10 cm至恒温，并记录所测温度。在观测取样点用GARMINeTrex型GPS现场测地理坐标和高程并记录。在土壤样观测取样的同时，用美国Analytical Spectral Devices公司生产的Field Spec便携式分光辐射光谱仪(波长为350～2 500 nm，波谱分辨率和测量取样间隔为1 nm)，测其上覆主要植被叶冠(如马尾松、桃金娘、芒萁、桉树等)的反射光谱，并取鲜叶样称重包装并记录，每个叶样取500 g，叶冠向阳垂直测量，测量距离统一为0.5 m，天气均为晴天、无云。

在室内，将野外所取土样和植物叶样在烘箱中60 ℃烘干并恒温半小时后称重，计算土壤和叶体水含量，然后将岩石、土壤磨碎至200目缩分制样，将叶样 85 ℃烘干后酸溶，到中科院广州地球化学所用常量分析法、原子吸收和 ICP-AES 分析主量元素、微量元素和稀土元素的含量。

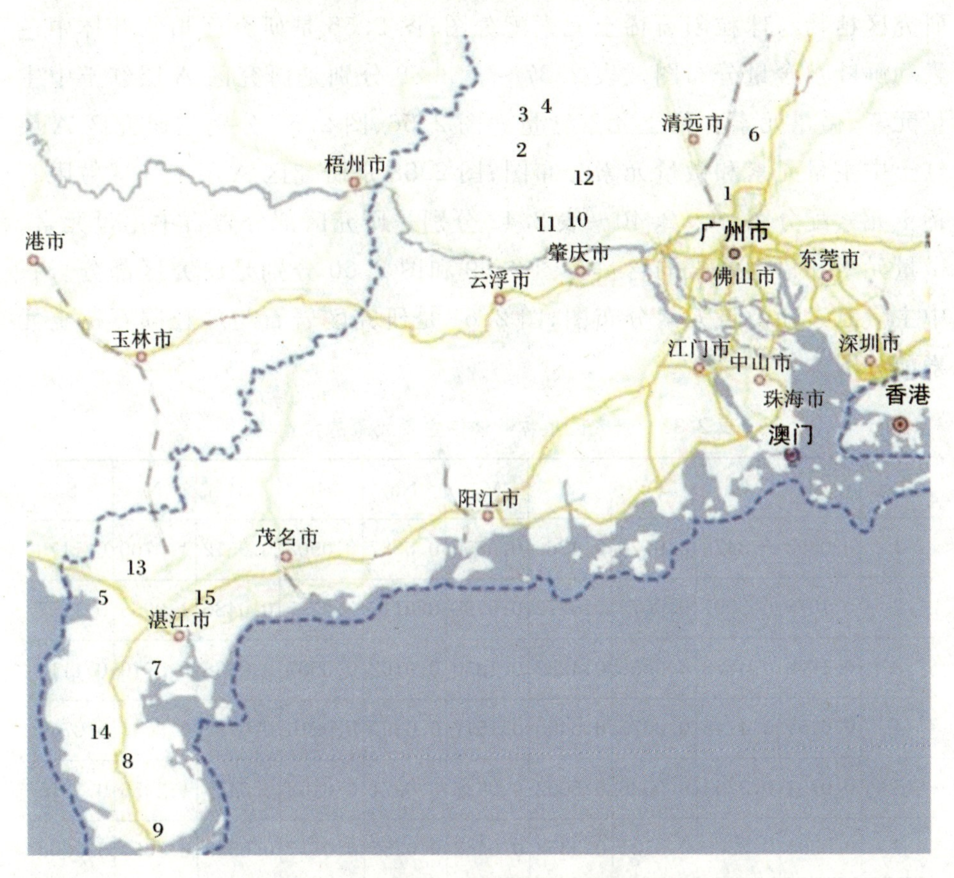

图 2.50　研究区交通位置和观测取样点

15 个观测与采样点的位置、岩性和土壤状况分别为：1：广州和龙水库，震旦纪 C 组二云母石英片岩，赤红壤；2：广东河台金矿，震旦纪 C 组二云母石英片岩，赤红壤；3：广东河台金矿氢化池旁，震旦纪 C 组二云母石英片岩，赤红壤；4：伍村，燕山晚期二云母花岗岩，赤红壤；5：遂溪西，燕山晚期二云母花岗岩，赤红壤；6：广州帽峰山，燕山晚期花岗岩，山地黄红壤；7：湖光岩，喜山三期 C 组玄武岩，砖红壤；8：英利东，喜山三期 C 组玄武岩，砖红壤；9：海安，喜山三期 C 组玄武岩，砖红壤；10：七星岩东，石碳中、上统船山灰岩，赤红壤；11：七星岩西，门口中泥盆泥砂质粉砂岩，赤红壤；12：鼎湖中，泥盆泥质、粉砂质砂岩，山地黄红壤；13：廉江西，中泥盆泥质，粉砂质砂岩，赤红壤；14：雷洲，西北海组 Q2 红色粉砂岩，赤红壤；15：水东，Q4 风成老红砂

样品分析结果见表 2.32～表 2.42。表 2.32 是研究区植物叶体中主量元素的含量；表 2.33 是研究区植物叶体中微量元素的含量；表 2.34 是研究区植物叶体中痕量元素的含量；表 2.35 是研究区植物叶体中稀土元素的含

量;表2.36是研究区植物叶体中色素和水含量。图2.51～图2.53分别是研究区植物叶体中主量元素、微量元素和痕量元素分布图;图2.54是研究区植物与球粒陨石稀土元素配分图;图2.55是研究区植物叶体中色素和鲜叶水含量分布图。表2.37～表2.39分别是研究区A层红土中主量元素、微量元素和稀土元素含量。图2.56、图2.57分别是研究区A层红土中主量元素和微量元素分布图;图2.58是研究区A层红土球粒陨石稀土元素配分图。表2.40～表2.42分别是研究区部分岩石中主量元素、微量元素和稀土元素的含量。图2.59和图2.60分别是研究区部分岩石中主量元素和微量元素分布图;图2.61是研究区岩石与球粒陨石稀土元素配分图。

表2.32 研究区植物叶体中主量元素的含量(%)

样点	Al	Ca	Fe	K	Mg	Na	Mn	P	N	S
1	0.0893	0.3478	0.0120	0.4366	0.0550	0.0387	0.0908	0.0512	1.0700	0.1170
2	0.1078	0.3097	0.0072	0.5772	0.0796	0.0117	0.0795	0.0486	1.0963	0.1107
3	0.1798	0.4778	0.0058	0.4232	0.1330	0.0103	0.0507	0.0638	0.9710	0.1110
4	0.0151	0.4148	0.0073	0.6495	0.1517	0.0097	0.0219	0.0726	0.8600	0.0740
5	0.0751	0.3763	0.0086	0.5002	0.0826	0.0971	0.0103	0.0473	1.2955	0.1315
6	0.0394	0.2205	0.0121	0.3358	0.0463	0.0257	0.0617	0.0548	0.9660	0.0600
7	0.0432	1.3177	0.0325	1.5550	0.4134	0.0589	0.0080	0.1660	1.8290	0.1370
8	0.0423	1.4773	0.0298	0.5151	0.1866	0.3374	0.1202	0.0665	1.3380	0.1100
9	0.0693	1.0153	0.0674	0.5025	0.2137	0.4056	0.0261	0.0600	1.2420	0.0700
10	0.0193	1.3508	0.0077	0.6311	0.1950	0.2683	0.0216	0.0791	1.4400	0.1130
11	0.1821	0.5327	0.0069	0.4926	0.1166	0.0125	0.0189	0.0622	1.2620	0.0980
12	0.2335	0.5785	0.0052	0.8096	0.1063	0.0292	0.0220	0.0945	1.6997	0.1453
13	0.1134	0.6696	0.0172	0.4489	0.1149	0.0695	0.0052	0.0521	1.2110	0.0490
14	0.0180	0.9375	0.0044	0.6060	0.1865	0.0545	0.0449	0.1098	1.7255	0.1460

续表

样点	Al	Ca	Fe	K	Mg	Na	Mn	P	N	S
15	0.0945	0.5953	0.0388	0.3866	0.1241	0.3293	0.0310	0.0535	1.0625	0.0795
丰度	0.02	1.50	0.02	1.10	0.32	0.12	0.02	0.20	1.90	0.48
毒性	中	弱	弱	弱	弱	中	中	弱	弱	强

注:植物为各样点马尾松、桃金娘、芒萁、桉树、木麻黄、凤凰树和竹子叶体成分的均值,丰度值取自 Brook(1983),以下各表相同。

表 2.33　研究区植物叶体微量元素的含量(mg/kg)

样点	Mo	Cu	Pb	Zn	Zr	Ag	Cd	Cr	As	Hg
1	0.1279	5.2548	7.7672	28.562	0.2401	0.0044	0.0829	0.7935	0.7050	0.0575
2	0.0486	4.1725	11.2361	24.426	0.2541	0.0037	0.1165	0.8152	0.5147	0.0380
3	0.0846	4.5832	41.4507	30.496	0.1745	0.0045	0.1054	0.7361	0.3995	0.0265
4	0.0425	4.3185	1.9875	15.265	0.1893	0.0024	0.0461	0.7016	0.5740	0.0293
5	0.0740	3.8998	4.6821	21.065	0.2664	0.0024	0.1205	0.9302	0.5290	0.0278
6	0.0930	3.8259	4.8576	44.159	0.5722	0.0081	0.1126	1.0217	0.2710	0.0120
7	0.1049	13.075	1.8595	26.431	0.8113	0.0040	0.0573	2.2883	0.5040	0.0290
8	0.0848	6.3696	2.2090	35.024	0.6731	0.0005	0.1645	3.5558	0.5920	0.0350
9	0.0748	5.3620	0.9202	18.046	1.0510	0.0026	0.0488	2.7909	0.7120	0.1230
10	0.2822	3.1634	4.3115	20.935	0.7088	0.0040	0.0687	2.2513	0.6890	0.0790
11	0.0438	3.7766	7.1530	29.456	0.3894	0.0031	0.2508	1.1807	0.7470	0.0050
12	0.1154	6.8833	6.3002	39.391	0.3699	0.0040	0.5556	1.6115	0.8107	0.0210
13	0.1891	4.8475	5.2837	14.881	0.5100	0.0041	0.1404	1.3344	0.6240	0.0100
14	0.1080	5.5726	3.2346	17.934	0.2919	0.0008	0.0744	1.5650	0.4785	0.0405
15	0.0641	2.9406	2.4733	21.159	0.6530	0.0022	0.0549	1.3416	0.6100	0.0435
丰度	0.6	10	2.5	50	7.5	0.03	0.005	1.8	0.12	0.012
毒性	中	强	强	中	弱	强	中	强	极毒	强

表 2.34 研究区植物叶体中痕量元素的含量(mg/kg)

样点	1	2	3	4	5	6	7	8	9	10	11	12	13	14	15	丰度	毒性
Sc	0.1766	0.1422	0.2492	0.0464	0.0823	0.0755	0.0753	0.2642	0.3143	0.0832	0.1918	0.0764	0.2713	0.1052	0.2500	0.01	弱
Ti	13.66	10.83	10.09	10.40	12.56	15.46	49.44	42.83	66.28	13.96	11.11	12.88	20.34	16.28	28.12	32.0	中
V	0.4973	1.6091	0.6954	1.5434	1.9075	1.0706	4.8164	4.3742	4.1332	3.2526	2.5727	2.8503	2.6210	4.5869	2.8808	1.5	弱
Co	0.9422	0.5254	1.1858	0.2456	0.0610	1.0518	0.5551	0.8703	1.4622	0.1550	0.2656	0.1518	0.1781	0.0614	0.3328	1.0	强
Ni	2.8084	1.8530	1.2926	0.7116	0.7451	2.4551	3.1606	6.0022	13.746	2.4351	2.3983	2.8944	1.3419	1.1904	0.7842	2.0	强
Ga	1.2055	1.4575	1.9636	0.6203	0.7411	0.3778	0.7180	1.1818	1.2420	0.1664	3.2518	1.0685	1.1484	0.3803	0.4258	0.05	弱
Ge	0.0423	0.0821	0.1139	0.0220	0.0344	0.0199	0.0586	0.0415	0.0408	0.0383	0.1409	0.0370	0.0410	0.0812	0.0395	0.20	弱
Rb	25.769	26.558	33.957	24.602	29.353	11.683	51.170	8.1954	6.4580	4.6040	23.015	22.303	19.160	12.050	9.0179	5.00	弱
Sr	8.7845	5.8146	9.5471	39.854	15.854	5.0044	83.755	72.924	43.523	14.532	21.933	10.322	12.893	37.366	7.9773	40.00	弱
Nb	0.0631	0.0450	0.0406	0.0377	0.0696	0.0859	0.1908	0.1331	0.1427	0.0553	0.0588	0.0426	0.0742	0.0681	0.2238	0.02	弱
Sn	0.3050	0.2649	0.1898	0.0994	0.1189	0.4072	0.1976	0.1142	0.1233	0.4185	0.2092	0.4770	0.1159	0.1843	0.2743	0.25	中
Cs	0.5718	0.2480	0.7297	0.1493	0.4828	0.0442	0.2789	0.1347	0.1427	0.0892	0.7729	0.1570	0.2955	0.4054	0.1705	0.12	弱
Ba	60.294	59.905	26.461	86.116	31.268	13.968	29.345	53.896	54.281	5.2553	114.31	47.845	48.122	17.368	13.653	22.00	中
Hf	0.0088	0.0074	0.0160	0.0044	0.0072	0.0096	0.0173	0.0137	0.0215	0.0112	0.0267	0.0078	0.0122	0.0066	0.0176	0.01	弱
Ta	0.0074	0.0044	0.0063	0.0028	0.0061	0.0083	0.0177	0.0101	0.0126	0.0051	0.0095	0.0043	0.0061	0.0088	0.0305	0.01	弱
W	0.1466	0.1293	0.2168	0.0291	0.0421	0.1323	0.0491	0.0460	0.0414	0.0918	0.0635	0.0847	0.0684	0.0646	0.1369	0.07	中
Th	0.0880	0.0437	0.0430	0.0288	0.0739	0.1041	0.0776	0.0382	0.0450	0.0641	0.0499	0.0429	0.0745	0.0498	0.3813	0.01	弱
U	0.0339	0.0220	0.0453	0.0187	0.0202	0.0472	0.0208	0.0126	0.0112	0.0189	0.0149	0.0142	0.0215	0.0167	0.0634	0.02	强

表 2.35　研究区植物叶体中稀土元素的含量(mg/kg)

样点	1	2	3	4	5	6	7	8	9	10	11	12	13	14	15	丰度
La	22.519	55.836	44.010	0.8533	14.273	0.2983	2.2759	3.1883	3.2512	0.2009	48.534	2.7089	8.8501	0.4657	0.8595	0.003～15
Ce	117.80	118.59	311.99	0.5974	29.685	0.6050	2.0784	1.2413	1.0846	0.4191	80.249	21.604	325.14	0.9307	1.7966	0.25～16
Pr	5.2933	11.129	12.677	0.1725	2.3288	0.0609	0.4534	0.6539	0.5865	0.0444	12.998	0.5597	1.9906	0.0868	0.1749	0.06～0.3
Nd	18.026	35.833	50.417	0.6915	7.2110	0.2096	1.7699	2.4201	2.1976	0.1510	51.847	1.9308	6.4232	0.2893	0.5753	0.3
Sm	2.7408	4.2229	8.0223	0.1486	1.1944	0.0376	0.3794	0.4280	0.3924	0.0254	11.888	0.3395	1.0882	0.0455	0.1055	0.1.0.8
Eu	0.4054	0.5695	1.4143	0.0463	0.1656	0.0047	0.1160	0.1249	0.1197	0.0042	2.2937	0.0620	0.1606	0.0071	0.0134	0.03～0.13
Gd	1.1279	1.8028	3.3760	0.1538	0.7198	0.0236	0.3485	0.4365	0.3988	0.0223	9.6599	0.1863	0.4440	0.0241	0.0659	0.002～0.5
Tb	0.1263	0.1832	0.5958	0.0228	0.0838	0.0041	0.0558	0.0482	0.0548	0.0036	1.0663	0.0267	0.0571	0.0038	0.0110	0.001.0.12
Dy	0.6292	0.6558	2.7424	0.1075	0.3945	0.0240	0.2596	0.1965	0.2493	0.0202	4.0742	0.1424	0.2851	0.0219	0.0697	0.05～0.6
Ho	0.0877	0.0885	0.4190	0.0201	0.0582	0.0043	0.0465	0.0319	0.0462	0.0037	0.6621	0.0245	0.0466	0.0039	0.0134	0.03～0.11
Er	0.1757	0.1889	1.0710	0.0451	0.1315	0.0136	0.1046	0.0716	0.1027	0.0100	1.4309	0.0593	0.1166	0.0100	0.0361	0.08～0.38
Tm	0.0187	0.0211	0.1140	0.0051	0.0134	0.0020	0.0112	0.0069	0.0106	0.0015	0.2352	0.0072	0.0133	0.0013	0.0050	0.004～0.07
Yb	0.1069	0.1130	0.5645	0.0267	0.0742	0.0127	0.0559	0.0370	0.0528	0.0093	0.6548	0.0408	0.0788	0.0078	0.0335	0.02～0.6
Lu	0.0160	0.0140	0.0746	0.0038	0.0091	0.0023	0.0079	0.0052	0.0078	0.0015	0.0743	0.0052	0.0103	0.0012	0.0049	0.03
LR	166.78	226.18	428.53	2.5096	54.858	1.2161	7.0730	8.0565	7.6319	0.8449	207.81	27.205	343.65	1.8252	3.5252	
HR	2.2884	3.0672	8.9573	0.3849	1.4844	0.0868	0.8901	0.8338	0.9230	0.0720	17.757	0.5924	1.0518	0.0739	0.2396	
TR	169.07	229.25	437.50	2.8945	56.343	1.3029	7.9631	8.8903	8.5549	0.9169	225.57	27.698	344.71	1.8991	3.7648	0.2～5.7
L/H	72.883	73.743	47.842	6.5208	36.956	14.015	7.9465	9.6620	8.2689	11.742	11.703	55.250	326.73	24.684	14.713	

注：TR：稀土总量；LR：轻稀土；HR：重稀土；L/H：轻稀土和重稀土比值。

表 2.36 研究区植物叶体中色素和水含量(鲜样:mg/100 g)

样点	地点	Ca	Cb	Ct	Cxc	Ca/Cb	含水%
1	和龙水库	140.92	52.498	193.421	22.21	2.6023	52.991
2	河台金矿	79.454	30.678	110.132	13.499	2.5935	52.446
3	氰化池旁	63.031	24.753	87.7846	11.443	2.6044	51.795
4	伍村	54.968	20.936	75.9039	10.279	2.6605	55.885
5	遂溪西	80.121	29.69	109.812	17.014	2.6859	52.358
6	帽峰山	89.251	22.368	111.62	10.027	3.9901	62.844
7	湖光岩	259.98	86.946	346.929	48.799	3.0082	65.067
8	英利东	199.35	74.831	274.185	38.292	2.6641	58.705
9	海安	110.58	37.867	148.446	22.231	2.9202	56.955
10	七星岩东	94.754	36.921	131.674	22.229	2.5664	46.851
11	七星岩西	104.95	40.58	145.525	16	2.5895	38.431
12	鼎湖	153.57	55.104	208.677	27.681	2.7645	56.678
13	廉江西	74.6	28.119	102.72	15.527	2.6532	53.216
14	雷州北海	296.95	76.168	373.122	49.072	6.0449	57.364
15	水东	40.281	10.868	51.1496	5.4934	3.7063	57.389

注:Ca,Cb:叶绿素 a 和 b;Ct:叶绿素 a 加 b;Cxc:类胡萝卜素。

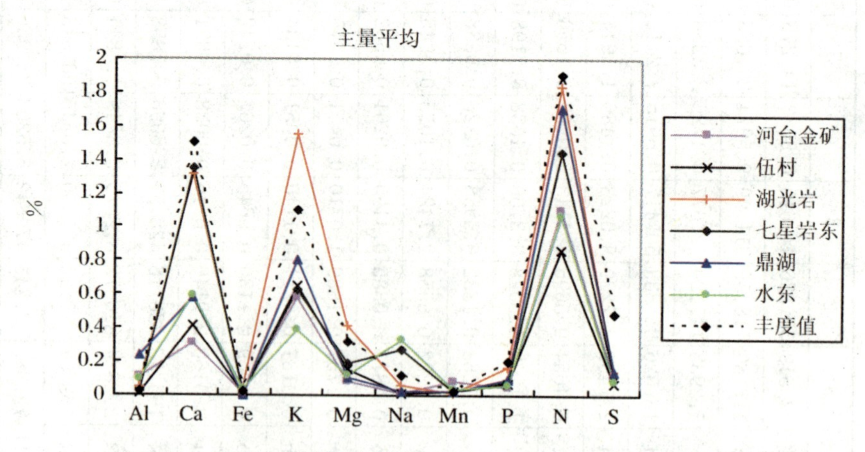

图 2.51 研究区植物叶体中主量元素分布图(用表 2.32 数据)

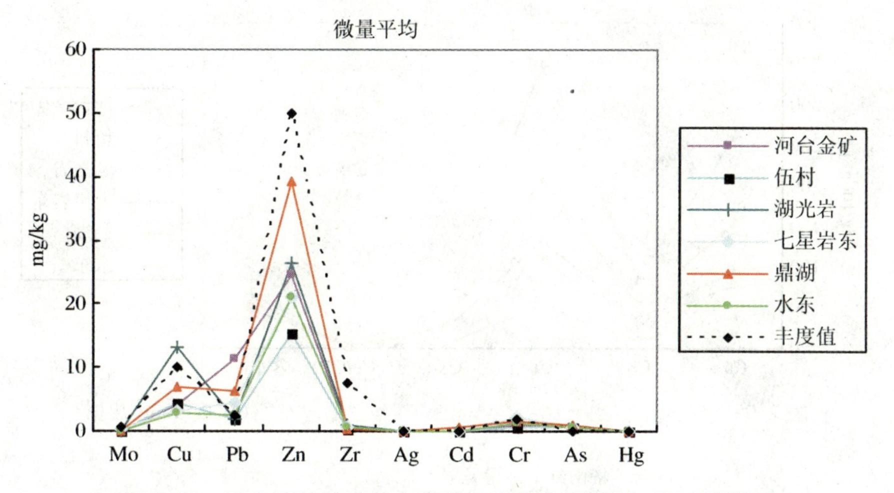

图 2.52　研究区植物叶体中微量元素分布图(用表 2.33 数据)

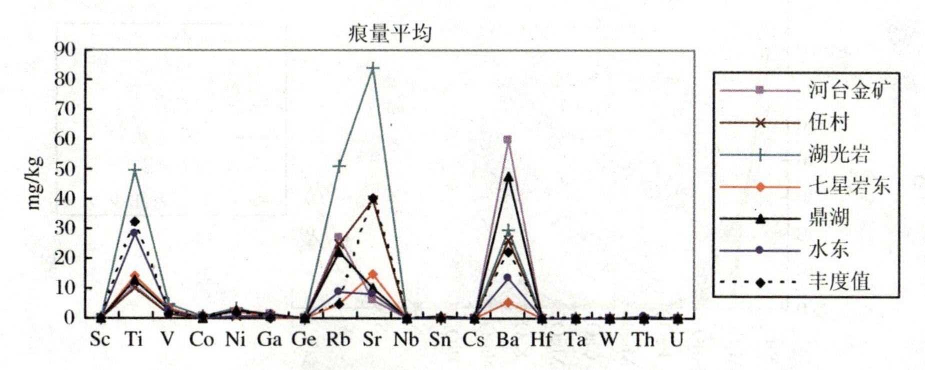

图 2.53　研究区植物叶体中痕量元素分布图(用表 2.34 数据)

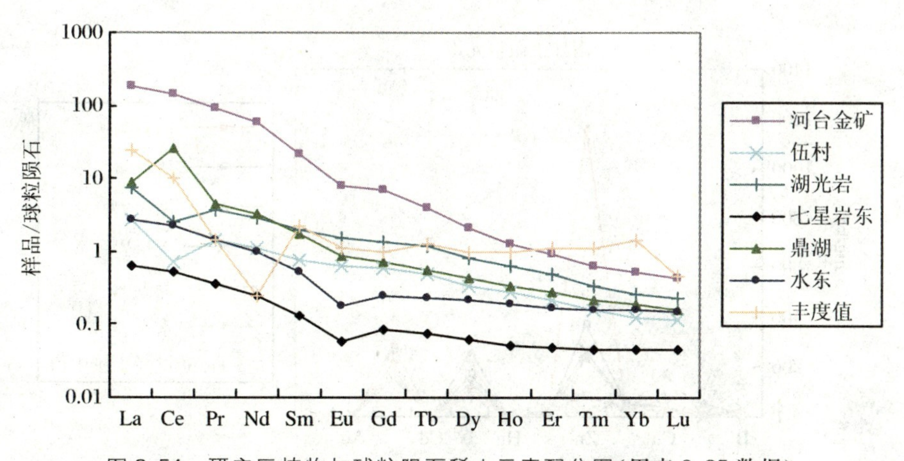

图 2.54　研究区植物与球粒陨石稀土元素配分图(用表 2.35 数据)

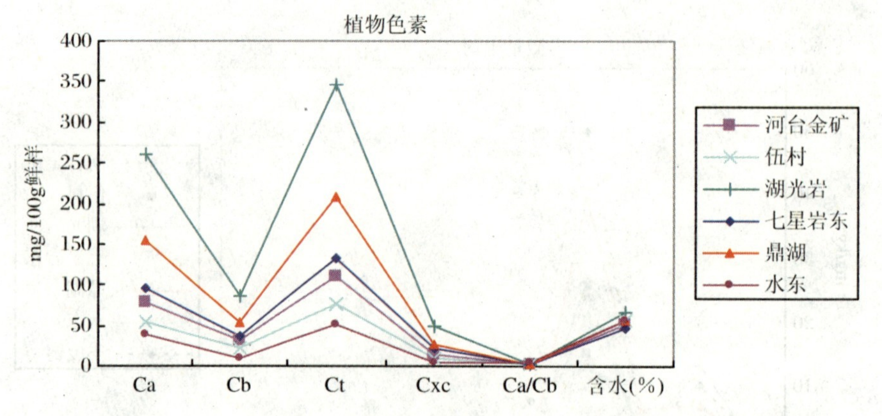

图 2.55 研究区植物叶体中色素和鲜叶水含量分布图(用表 2.36 数据)

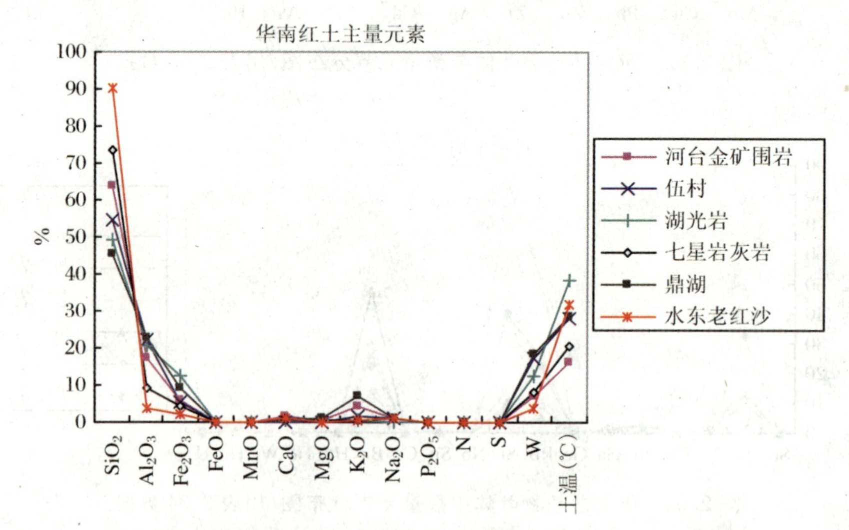

图 2.56 研究区 A 层红土中主量元素分布图(用表 2.37 数据)

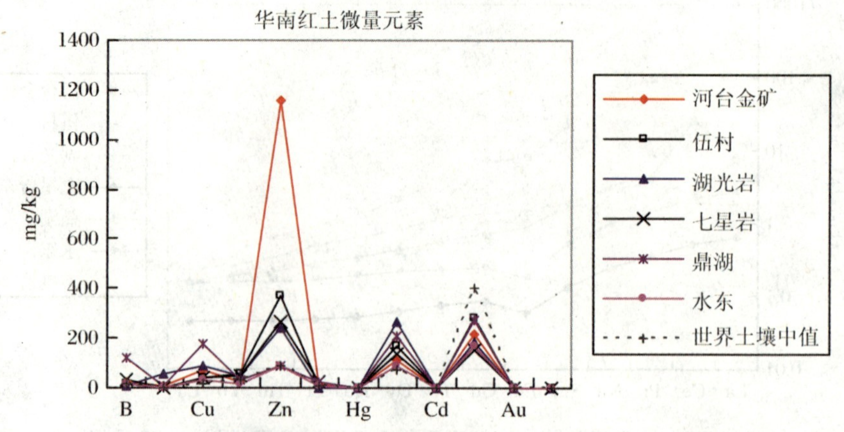

图 2.57 研究区 A 层红土中微量元素分布图(用表 2.38 数据)

表 2.37　研究区 A 层红土中主量元素含量(%)

样点	SiO_2	Al_2O_3	Fe_2O_3	FeO	MnO	CaO	MgO	K_2O	Na_2O	P_2O_5	N	S	W%	土温(℃)
1	61.55	16.76	8.33	0.03	0.04	0.13	0.57	3.4	0.11	0.07	0.035	0.061	7.234	29.8
2	64.01	17.18	6.08	0.06	0.01	1.56	0.49	4.1	0.93	0.03	0.03	0.0508	6.832	16.0
3	66.99	16.10	4.17	0.03	0.02	0.31	0.28	3.4	0.97	0.03	0.0487	0.0589	13.19	20.0
4	54.73	22.06	5.60	0.04	0.02	0.25	0.19	1.43	0.87	0.04	0.1514	0.0253	17.24	28.1
5	90.09	4.15	0.63	0.14	0.01	0.37	0.07	0.11	0.10	0.02	0.0122	0.0411	2.588	35.9
6	60.33	18.83	3.56	0.03	0.03	1.18	0.54	5.18	0.26	0.03	0.0768	0.0655	11.10	24.4
7	49.01	20.36	12.21	0.05	0.22	0.39	0.36	0.62	0.09	0.08	0.0157	0.0704	12.54	38.4
8	36.27	26.07	14.29	0.09	0.14	1.00	0.34	0.50	1.40	0.14	0.124	0.0609	8.696	37.5
9	30.10	23.88	26.69	0.09	0.17	0.19	0.16	0.34	0.39	0.08	0.0312	0.0491	8.721	30.8
10	73.74	9.08	4.13	0.05	0.09	0.94	0.63	0.57	0.84	0.01	0.2237	0.0324	7.893	20.4
12	45.56	22.77	9.28	0.07	0.03	0.63	0.99	6.85	0.93	0.03	0.1872	0.04	18.36	28.6
13	62.19	18.03	7.02	0.02	0.02	0.44	0.49	3.08	0.92	0.02	0.0411	0.0163	18.36	28.6
14	79.19	8.98	4.45	0.06	0.01	0.38	0.14	0.77	0.83	0.01	0.0243	0.0477	8.88	40.8
15	90.37	3.93	2.00	0.02	0.01	1.00	0.10	0.51	0.87	0.01	0.0221	0.0314	3.641	31.8

表 2.38 研究区 A 层红土中微量元素含量(mg/kg)

样点	B	Mo	Cu	Pb	Zn	As	Hg	Cr	Cd	Zr	Au	Ag
1	112.7	55.94	53.17	33.82	207.4	317	0.051	128.2	0.155	212	0.006	1.80
2	23.9	11.64	72.6	27.53	1160.9	16.3	0.005	115.6	0.589	219	0.015	1.10
3	114.6	3.961	71.39	37.98	1799.2	20.5	0.018	213.9	0.567	138	0.054	2.20
4	19.3	3.774	43.74	54.59	371.2	6.0	0.093	171.4	1.23	283	0.006	0.70
5	0.00	55.23	16.28	15.96	193.2	5.1	0.016	93.94	0.123	57.00	0.039	0.70
6	13.4	70.94	14.88	40.48	181.7	3.2	0.048	58.2	0.104	285	0.006	1.80
7	10.6	55.23	92.37	45.82	238.2	0.52	0.032	264	0.171	183	0.025	2.50
8	7.80	5.093	98.55	30.56	210.10	10.50	0.051	397.4	0.516	162	0.02	1.80
9	1..06	5.039	185.0	16.98	181.5	7.2	0.116	619.2	0.125	184	0.015	2.10
10	28.6	3.723	43.6	49.65	265.7	20.9	0.155	139.6	1.579	149	0.029	1.10
12	116.7	11.21	173.1	34.47	90.57	26.3	0.064	210.8	0.303	271	0.004	0.70
13	42.8	3.662	64.03	45.11	130.5	21.6	0.023	152.5	0.308	223	0.013	1.10
14	20.2	4.955	38.85	17.54	92.46	16.3	0.014	114.2	0.255	163	0.016	1.10
15	15.2	3.341	30.43	13.01	92.22	6.3	0.019	92.28	0.336	169	0.018	0.70
世界土壤中值	20	1.2	20	35	90	6	0.06	70	0.35	400	0.015	0.05
中国土壤平均含量	44.6	2.34	24	24.3	83.1	13.8	0.05	71	0.082	255	0.03	0.35

表 2.39 研究区 A 层红土中稀土元素含量(mg/kg)

样点	La	Ce	Pr	Nd	Sm	Eu	Gd	Tb	Dy	Ho	Er	Tm	Yb	Lu	LR	HR	TR	LR/HR
1	34.52	63.84	8.006	27.71	4.758	0.732	3.518	0.476	2.249	0.322	0.769	0.085	0.529	0.082	139.5	8.03	147.596	17.380
2	26.78	74.99	6.611	26.13	4.283	0.568	2.853	0.359	1.561	0.225	0.6	0.072	0.468	0.074	139.3	6.212	145.574	22.434
3	19.88	51.18	4.561	16.62	3.032	0.453	2.133	0.291	1.376	0.21	0.509	0.071	0.438	0.064	95.72	5.092	100.818	18.799
4	26.180	70.890	6.559	25.310	5.496	1.160	5.408	0.871	5.406	1.148	3.595	0.538	3.351	0.545	135.50	20.862	156.457	6.4996
5	28.77	53.71	6.089	20.86	3.534	0.222	2.384	0.331	1.379	0.194	0.461	0.051	0.323	0.051	113.10	5.174	118.359	21.875
6	15.76	77.00	4.716	17.63	3.274	0.504	2.149	0.305	1.689	0.321	1.016	0.166	1.279	0.206	118.80	7.131	126.015	16.671
7	27.76	98.64	6.832	24.34	4.486	0.992	3.804	0.584	3.004	0.534	1.457	0.211	1.356	0.201	163.00	11.151	174.201	14.622
8	19.46	62.94	5.658	24.12	5.698	1.753	5.144	0.715	3.735	0.633	1.672	0.225	1.453	0.213	119.6	13.79	133.419	8.6750
9	11.13	75.59	3.507	15.39	4.09	1.369	4.397	0.691	3.904	0.715	1.931	0.279	1.742	0.263	111.00	13.922	124.998	7.9784
10	26.07	62.94	6.072	23.33	4.75	0.915	4.512	0.729	4.352	0.918	2.759	0.41	2.543	0.405	124.0	16.628	140.705	7.4619
12	19.66	64.01	4.354	15.64	2.931	0.337	2.188	0.32	1.737	0.354	1.139	0.194	1.459	0.263	106.9	7.654	114.586	13.970
13	10.7	67.8	1.755	6.369	1.404	0.244	1.804	0.285	1.795	0.372	1.132	0.196	1.428	0.254	88.27	7.266	95.538	12.148
14	8.44	21.37	1.708	5.853	1.015	0.147	0.705	0.13	0.795	0.168	0.556	0.092	0.671	0.113	38.53	3.23	41.763	11.929
15	6.59	17.46	1.532	5.873	1.033	0.128	0.817	0.121	0.628	0.111	0.352	0.048	0.330	0.061	32.61	2.468	35.084	13.215
世界土壤中值	40	50	7	35	4.5	1	4	0.7	5	0.6	2	0.6	3	0.4	137.5			
中国土壤平均值	38.6	83.4	9.67	41.4	6.6	1.18	5.39	0.67	3.92	0.73	2.09	0.3	1.97	0.28	180.8			

表 2.40 研究区部分岩石主量元素含量(%)

样点	SiO_2	Al_2O_3	Fe_2O_3	FeO	MnO	CaO	MgO	K_2O	Na_2O	P_2O_5	N	S
1	64.39	15.03	4.10	0.37	0.06	0.98	0.79	7.50	2.78	0.10	0.008	0.051
2	69.16	14.01	4.4	0.1	0.01	0.36	2.01	7.39	0.23	0.04	0.005	0.081
4	59.61	18.89	4.18	0.38	0.10	7.00	0.54	0.52	0.94	0.17	0.012	0.054
9	50.07	15.7	9.57	1.07	0.12	8.03	7.07	0.96	5.22	0.23	0.011	0.041
10	0.10	0.12	0.13	0.02	0.003	55.53	0.18	1.10	0.11	0.003	0.002	0.048
14	41.3	6.01	40.24	0.09	0.31	0.14	1.02	0.02	0.04	0.15	0.02	0.196
地壳	57.64	15.45	2.43	4.30	0.15	7.01	3.87	2.32	2.87	0.23		0.04

表 2.41 研究区部分岩石中微量元素含量(mg/kg)

样点	B	Mo	Cu	Pb	Zn	As	Hg	Cr	Cd	Zr	Au	Ag
1	12	44	18	601	249	2.5	0	145	0.36	249	0.04	2.5
2	25	66	203	24	154	6.8	0	96	0.10	154	0.02	0.4
4	13	50	11	46	224	2.8	0	84	0.24	224	0.01	1.4
9	1.6	42	94	19	242	2.4	0	270	0.30	242	0.04	1.8
10	12	44	22	13	133	2.7	0	57	0.33	133	0.02	3.6
14	16	48	98	47	185	3.8	0.1	283	0.19	185	0.03	2.9
地壳	12	1.1	47	16	85	1.7	0.1	83	0.13	170	0	0.07

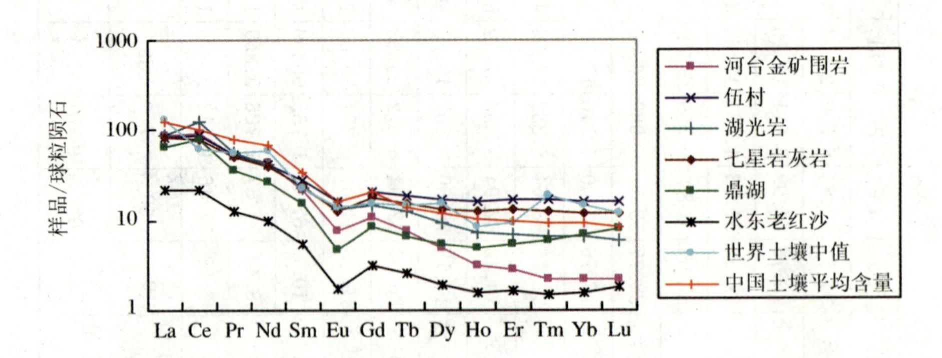

图 2.58 研究区 A 层红土与球粒陨石稀土元素配分图(用表 2.39 数据)

表 2.42　研究区部分岩石中稀土元素含量(mg/kg)

样点	La	Ce	Pr	Nd	Sm	Eu	Gd	Tb	Dy
1	37.22	35.63	11.18	42.43	8.073	1.443	6.299	1.0	5.804
2	36.4	68.73	8.59	30.8	5.032	0.711	2.62	0.367	1.329
4	16.83	28.65	4.486	16.76	3.045	0.49	2.445	0.38	1.992
9	29.92	36.1	6.43	27.08	6.0	2.062	7.038	1.031	5.385
10	0.961	0.877	0.142	0.45	0.113	0.017	0.092	0.015	0.096
14	5.852	13.16	1.466	5.13	1.049	0.14	0.782	0.124	0.729
地壳	18	34	4.8	1.8	4.4	1	4.1		3.8

样点	Ho	Er	Tm	Yb	Lu	LR	HR	TR	L/H
1	1.066	3.154	0.476	3.37	0.48	135.97	21.649	157.62	6.2809
2	0.163	0.386	0.051	0.322	0.045	150.26	5.283	155.54	28.442
4	0.331	0.882	0.118	0.734	0.101	70.261	6.983	77.244	10.061
9	1.009	2.478	0.314	1.834	0.261	107.59	19.35	126.94	5.5603
10	0.019	0.064	0.01	0.064	0.009	2.56	0.369	2.929	6.9376
14	0.122	0.382	0.058	0.449	0.071	26.797	2.717	29.514	9.8627
地壳		2.8		2.4					

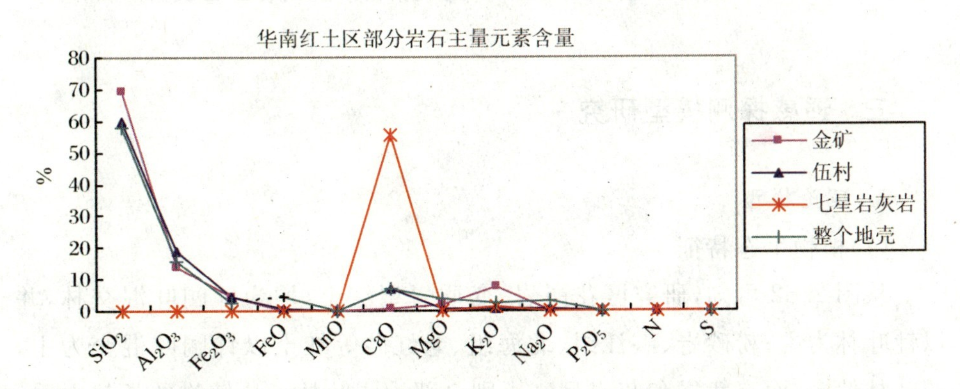

图 2.59　研究区部分岩石中主量元素分布图(用表 2.40 数据)

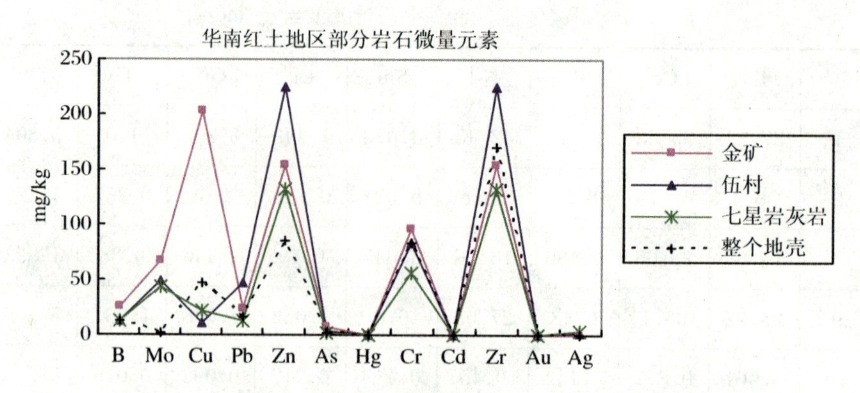

图 2.60 研究区部分岩石中微量元素分布图(用表 2.41 数据)

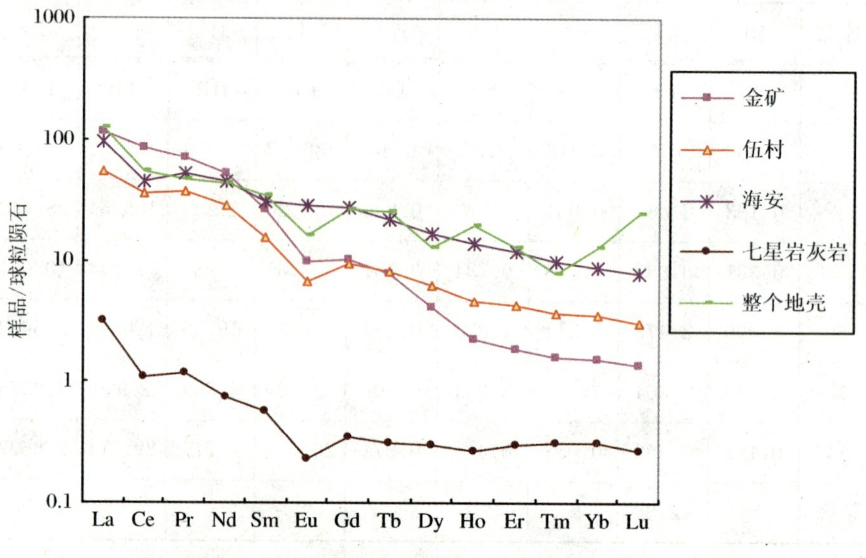

图 2.61 研究区岩石与球粒陨石稀土元素配分图(用表 2.42 数据)

三、遥感探测模型研究

1. 理论模型

(1)植物生态特征

从图 2.62 可知,研究区花岗岩、变质岩型红土,均为针阔叶混交林,并以针叶林为主;粉砂岩、湛江组、北海组、老红砂等红土以针阔叶混交为主,阔叶林偏多,而玄武岩和灰岩型红土则全部为阔叶林。从植物的长势上看,玄武岩和粉砂岩型红土最好,花岗岩、湛江组、北海组、老红砂型红土次之,变质岩、灰岩型红土最差。

(a)　　　　(b)

图 2.62　研究区植物景观照片,2004 年 11 月拍照

(a) 玄武岩型红土上覆植被景观;(b) 变质岩型红土上覆植被景观

(2)成分特征

从以上图表可知,研究区植物叶体中的主量元素含量与世界植物的丰度值相比,Al,Fe,Mg,Mn,Na,K 高于丰度值,Ca,P,N,S 则低于丰度值(表 2.32),研究区岩土和其上覆的红土的主量元素分布特征基本一致(表 2.37、表 2.40),但研究区植物叶中的主要元素含量是其下伏红土中的 1/10～1/1 000,其氮含量最高的是玄武岩型红土和 Q_2 型红土上的植物叶,最低的是伍村花岗岩型红土上的植物叶;P 含量最高的为玄武岩型红土上的植物叶,最低的为花岗型岩上的植物叶;Fe 含量最高的为玄武岩型红土上的植物叶,最低的为 Q_2 型红土上的植物叶。研究区植物叶中的微量元素含量与世界植物的丰度值相比,Cd 是丰度值的 10～111 倍,植物叶中 Cu,Cr,Pb,As,Hg 的含量为同一数量级,其余均低 1～3 个数量级(表 2.33)。与其下伏 A 层红土中的含量相比(表 2.38),除 Pb,Zn 含量为同一数量级外,其余均低 1～3 个数量级,并不遵循岩石、土壤中的元素地球化学的偶数定律。研究区植物叶中的痕量元素的含量除 Ge 比世界丰度值低 1～2 个数量级和 Sc,Th 高一个数量级外,其他均在同一数量级(表 2.34)。研究区植物叶中的稀土元素含量与世界植物的丰度值相比,高出 2 个数量级,但与其下伏 A 层红土中的相比,除 La,Ce,Pr,Nd 低 1 个数量级外,其他均处在同一个数量级水平(表 2.35、表 2.39),并与其下伏岩石、土壤的稀土元素分布规律相一致,即具有轻稀土元素富集,Eu 亏损和偶数规则(图 2.54、图 2.58、图 2.61)。

从表 2.36 和图 2.56 中的研究区植物叶中的色素和水含量可知，北海组和玄武岩型红土上的叶绿素总量最高，老红砂型红土上的最低；玄武岩型红土上的类胡萝卜素最高，老红砂和变质岩型红土上的最低。玄武岩型红土上的叶体水含量最高，灰岩型红土上的最低。

(3)波谱特征

表 2.43 是研究区植物叶面波谱特征；图 2.63 是金矿、氰化池和伍村马尾松的叶面反射光谱图；图 2.64 是金矿和伍村马尾松叶面光谱的一次微分曲线；图 2.65 是金矿和伍村马尾松叶面光谱的二次微分曲线。从以上图表可知：

表 2.43 研究区植物叶面波谱特征

点号	G (%)	R (%)	NIR (%)	TM3	TM4	EVI	TVI	MSI	680～1250 nm (%)	S	SS
1	5.736	2.933	31.32	1.968	42.356	364.2	1.188	0.580	27.47	0.0596	0.00417
2	3.625	2.030	24.37	1.342	32.887	591.2	1.192	0.418	21.10	0.0487	0.00331
3	3.597	1.210	27.28	0.909	37.360	1862	1.205	0.359	23.35	0.0578	0.00395
4	7.633	3.421	32.27	2.422	43.380	275.7	1.181	0.592	30.29	0.0614	0.00377
5	8.564	3.745	47.03	2.812	63.818	335.3	1.190	0.484	40.72	0.0874	0.00603
6	7.072	3.681	37.32	2.471	48.729	275.4	1.185	0.456	32.20	0.0685	0.00477
7	10.620	4.942	53.39	3.486	74.235	218.6	1.188	0.692	47.05	0.1026	0.00766
8	13.170	9.148	73.59	5.969	100.310	87.9	1.178	0.515	63.37	0.1333	0.00964
9	14.370	8.147	64.22	5.688	86.585	96.8	1.173	0.532	57.22	0.1097	0.00786
10	8.667	3.108	35.12	2.482	48.096	363.6	1.184	0.649	32.67	0.065	0.0044
11	2.487	0.715	27.14	0.559	36.653	5309.0	1.212	0.379	23.17	0.0609	0.00399
12	5.109	1.659	41.72	1.212	56.971	1516.0	1.208	0.474	36.90	0.0896	0.00617
13	7.003	3.125	38.06	2.283	52.094	389.7	1.190	0.463	34.20	0.0745	0.00512
14	8.484	2.738	82.19	2.070	111.690	1096.0	1.210	0.548	70.23	0.1731	0.01222
15	22.440	12.037	53.73	8.589	74.637	37.1	1.137	0.765	48.86	0.0823	0.00599

注：550：绿光反射峰位置；G：绿光波段最大反射率；680：红光吸收峰位置；R：红光波段最小反射率；760～900：近红外波段最大反射峰位置；NIR：近红外波段最大反射率；TM3、4：叶面波谱反射率按 Landsat TM3、4 波段的积分值；EVI：$[(NIR-R)/(NIR+R)+0.5]^{1/2}$；TVI(归一化指数)：$[(TM4-TM3)/(TM4+TM3)+0.5]^{1/2}$；MSI(水效应指数)：(R1600－R1790)/(R1270－R1360)；R：1270、1360、1600、1790 nm 处的反射率；680～1250：680～1250 nm 反射率均值；S：680～1250 nm 处反射率均值的方差；SS：700～750 nm 处反射光谱陡坡斜率的均值。

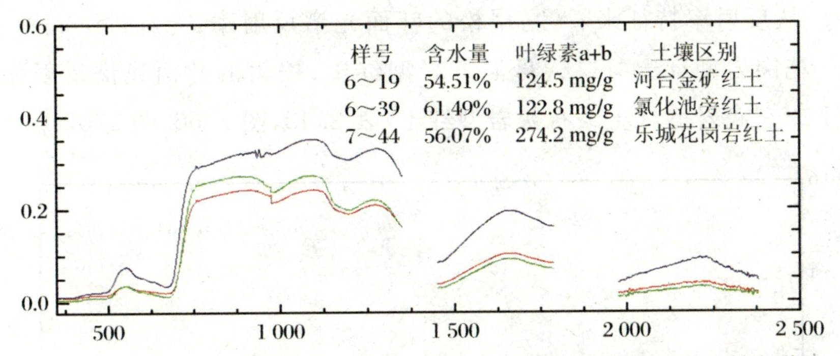

图 2.63　金矿(红线)、氰化池(绿线)和伍村(蓝线)马尾松的叶面反射光谱图

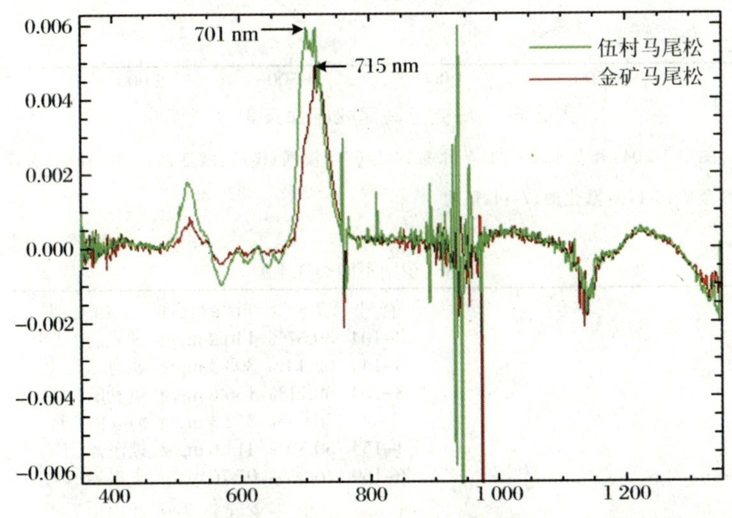

图 2.64　金矿(红线)和伍村(绿线)马尾松叶面光谱的一次微分曲线

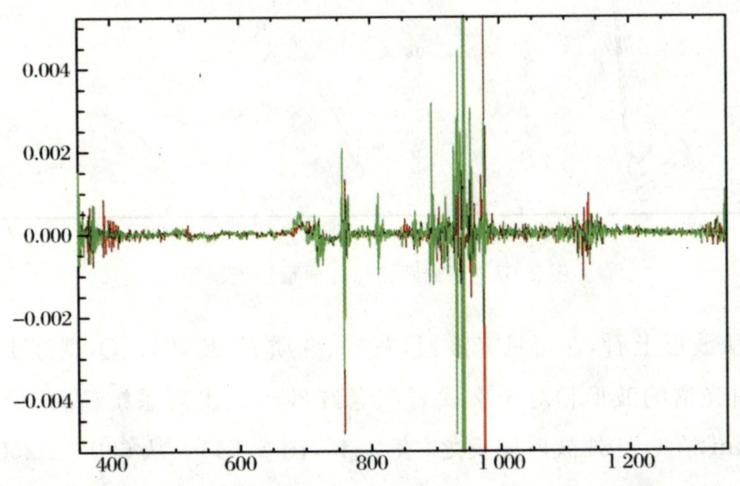

图 2.65　金矿(红线)和伍村(绿线)马尾松叶面光谱的二次微分曲线

① 从反射率特征来看，马尾松的叶面光谱反射率：老红砂＞粉砂岩型红土＞花岗岩型红土＞二云母混合岩型红土；桉树的叶面光谱反射率：Q_2型红土＞玄武岩型红土＞石灰岩型红土(表 2.43，图 2.66、图 2.67)。

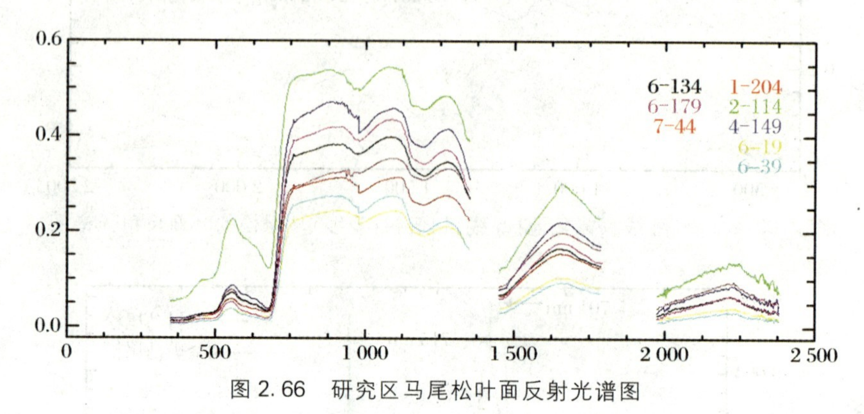

图 2.66　研究区马尾松叶面反射光谱图

图中 1-204：和龙水库；2-114：水东；4-140：遂溪西；6-19：廉江西；6-30：鼎湖；6-134：河台金矿；6-179：氰化池；7-44：伍村

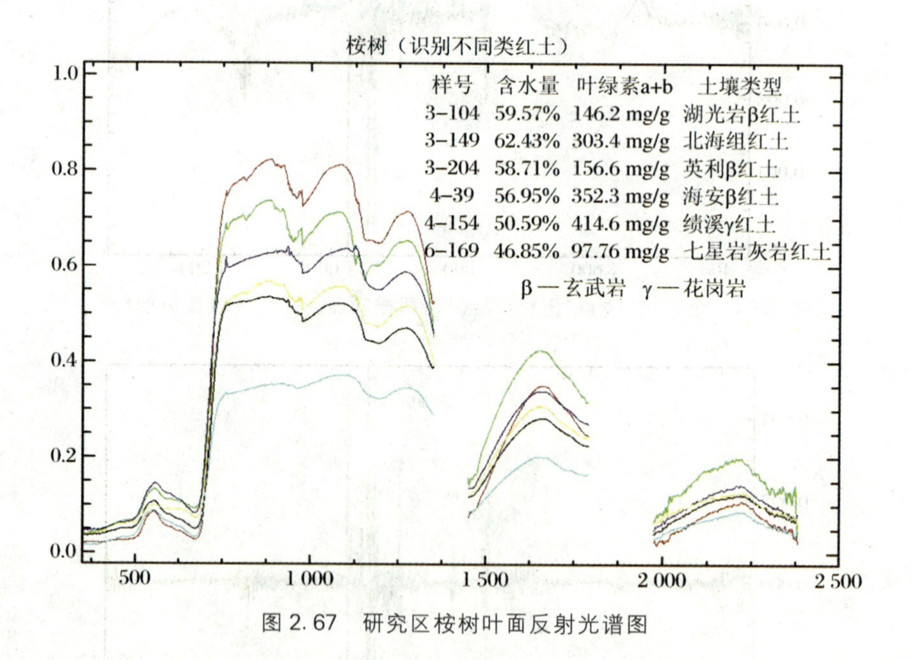

图 2.67　研究区桉树叶面反射光谱图

② 从波形上看，在可见光波段，灰岩、变质岩、粉砂岩、Q_2型红土上植被叶体反射光谱的波形相对于玄武岩和老红砂来说出现系统蓝移，位移量为 10～20 nm，在近红外波段则反之(表 2.43，图 2.64)。从 680～1 250 nm 波段的反射率统计方差来看，玄武岩和 Q_2型红土的最大，变质岩的最小，说明

玄武岩和 Q_2 型红土上植物叶面波谱的波形起伏变化大于变质岩型红土上植物叶面波谱的波形变化(表 2.43)。

③ NIR/R^2、EVI 和 TVI 值是粉砂岩、Q_2 型红土>变质岩、花岗岩、灰岩型红土>玄武岩型红土>老红砂(表 2.43)。

④ 红端陡坡的斜率均值是 Q_2 型红土的最大，变质岩红土的最小(表 2.43)。

(4)遥感影像特征

表 2.44 是研究区植被叶冠 TM 各波段的灰度值、EVI、TVI、SVI 和 SAVI 值；表 2.45 是研究区植被叶冠 AIS 各波段的灰度值。从以上结果可知，老红砂上覆植被叶冠 TM1 的灰度值最大，帽峰山花岗岩型红土上植被叶冠 TM1 的灰度值最小，它们相差 15 个灰度值；Q_2 型红土的 TM2 的灰度值最大，帽峰山 r 型红土的最小，两者相差 18 个灰度值；Q_2 型红土的 TM3 的灰度值最大，帽峰山 r 型红土的最小，两者相差 21 个灰度值；帽峰山 r 型红土的 TM4 的灰度值最大，老红砂的最小，两者相差 38 个灰度值；变质岩型红土的 TM5 的灰度值最高，玄武岩型红土的最低，两者相差 25 个灰度值；变质岩、花岗岩和粉砂岩型红土的 TM6 的灰度值最高，老红砂和玄武岩型红土的最低，两者相差 28 个灰度值；湖光岩的玄武岩型红土的 TM7 的灰度值最高，海安玄武岩型红土上的最低，两者相差 16 个灰度值(表 2.44)。研究区 AIS 各波段的灰度值相差在 5～74 之间(表 2.45)。

表 2.44　研究区植被叶冠 TM 卫片各波段灰度值(0～255)、EVI、TVI、SVI 和 SAVI 值

样号	TM1	TM2	TM3	TM4	TM5	TM6	TM7	EVI	TVI	SVI	SAVI
1	71	33	30	88	89	142	30	2.933	0.9957	0.0565	0.7342
2	72	34	29	92	81	145	28	3.172	0.7507	0.6358	0.7778
3	77	37	35	88	91	152	55	2.514	0.5762	−0.1676	0.6437
4	75	37	33	79	78	148	25	2.394	0.7116	0.0637	0.6133
5	77	68	63	74	96	147	57	1.170	0.7606	−1.294	0.1200
6	67	31	26	115	89	138	24	4.423	1.064	1.275	0.9435
7	70	56	43	88	80	145	39	2.047	0.9184	0.4762	0.5133
8	74	37	32	103	79	127	25	2.219	1.013	1.319	0.7860
9	71	33	31	82	66	135	23	2.645	0.9753	1.081	0.674

续表

样号	TM1	TM2	TM3	TM4	TM5	TM6	TM7	EVI	TVI	SVI	SAVI
10	80	38	34	89	79	147	27	2.618	0.7480	0.595	0.6680
11	79	37	34	84	80	145	26	2.470	0.7242	0.2439	0.6329
12	76	32	32	80	81	150	29	2.500	0.7027	-0.6211	0.6400
13	71	58	47	49	50	143	27	1.051	0.7246	-0.1010	0.3109
14	73	59	47	90	81	140	42	1.915	0.9022	0.4651	0.4691
15	82	39	39	77	71	129	28	1.974	0.9097	0.4054	0.4893

注：EVI(绿度指数)：TM4/TM3；TVI(归一化指数)：$[(TM4-TM3)/(TM4+TM3)+0.5]^{1/2}$；SVI(结构效应指数)：$[(TM4-TM5)/(TM4+TM5)]$；SAVI(调整土壤亮度植被指数)：$[(TM4-TM3)/(TM4+TM3+L)](1+L)$；L：土壤亮度调整指数，此处取0.5。1998年旱季Landsat TM资料，样号与图2.50相同。

表2.45 研究区植被叶冠各波段的AIS灰度值(0～255)

样点	1	3	6	7	8	9	10	11	12	13	15	17	18	19
2	148	131	170	71	117	128	129	136	151	152	132	137	169	124
3	153	136	167	93	125	121	143	145	139	157	133	134	162	123
4	143	135	166	89	132	114	139	149	131	162	140	144	173	126
12	136	143	168	145	159	165	183	158	181	164	153	183	175	117
钼矿	147	140	168	167	178	175	195	167	197	171	194	206	181	148

注：1,3～19为AIS成像光谱仪波段数，1990年12月18日的航空飞行资料，样点与图2.50相同。

(5)理论模型

从以上研究结果可知，华南不同类型红土上的植被具有不同的生理生态特征，叶体中的成分、色素和水含量均不相同，致使不同类型红土上覆植被呈现不同的叶面波谱和叶冠影像特征，以上特征可作为华南红土遥感分类的定量理论依据，如表2.46所示。

表2.46 华南红土遥感生物地球化学分类的依据

红土类型	生理生态	叶体成分	叶体色素	叶体水含量	叶面波谱	影像灰度
变质岩	混交林，长势一般	稀土最高，其他较低	中	中	R最低，S，SS值小，10～25 nm红移	6最高，其他中

续表

红土类型	生理生态	叶体成分	叶体色素	叶体水含量	叶面波谱	影像灰度
花岗岩	混交林，以针叶为主，长势较好	N，Zn 最低，痕量偏高，其他中等	较低	较高	R 较高，S 较小，5～15 nm 蓝移或红移	2、5、7 最高，1 最低，其他中
玄武岩	阔叶林，长势好	Fe，Al，K，Mg，N，Ti，Sr，V 最高，Pb 最低，其他中等	高	最高	R 高，S 值大，8～28 nm 蓝移或红移	4 最高，6 最低，其他中
粉砂岩	混交林，阔叶林为主，长势较好	Al，N，Zn，Ba 最高，Na，Zr 最低，其他中等	较高	较低	R 较低，S 值小，5～15 nm 蓝移或红移	3 最高，2、4、5、7 最低，其他中
红色砂岩(Q_2)	混交林，长势一般	S 最高，N，V 较高，Al，Fe，Co 最低，其他中等	较高	高	R 高，S 值大，6～10 nm 蓝移或红移	3 最高，其他中
灰岩	阔叶林，长势差	Ca 最高，稀土最低，其他较低	低	最低	R 低，S 值小，位移不明显	7 最低，其他中
老红砂	混交林，长势较差	Na 最高，其他低	最低	高	R 最高，S 值大，位移不明显	1 最高，其他中

注：长势分为好、较好、一般、较差、差 5 种；成分、色素和水含量分最高、较高、中、较低、最低 5 种；波谱中 R 为叶面波谱反射率；S 为 680～1250 nm 反射率均方差；SS 为 700～750 nm 波段陡坡斜率均值；等级分高低和大小；影像灰度为 0～255；1，2，3，4，5，6，7 为 TM1，2，3，4，5，6，7 波段；等级分最高、中、最低。根据表 2.32～表 2.45 资料统计。

2. 经验模型

(1)绿度(EVI)和绿度归一化指数(TVI)

研究区马尾松和桉树叶面波谱的 EVI 和 TVI 值列于表 2.43 中，研究区叶冠 TM 卫片的 EVI 和 TVI 值列于表 2.44 中。

从表 2.43 可知，研究区最大和最小 EVI 的差值是 52.61，最大和最小 TVI 的差值是 0.075 06，不同红土上覆植被叶面波谱的 EVI 和 TVI 值的大小顺序是：粉砂岩型＞Q_2型＞变质岩型＞花岗岩型＞灰岩型＞玄武岩型＞老红砂。

从表 2.44 可知，研究区最大和最小 EVI 的差值是 2.508，不同红土上覆植被叶冠 TM 卫片的 EVI 值的大小顺序是：变质岩型＞花岗岩型＞玄武岩型＞灰岩型＞粉砂岩型＞老红砂＞Q_2型。

研究区最大和最小 TM 卫片 TVI 的差值是 0.4878，TVI 值的大小顺序是：玄武岩型＞老红砂＞Q_2型＞变质岩型＞花岗岩型＞灰岩型＞粉砂岩型。

(2)水效应指数(MSI)

研究区马尾松和桉树叶面波谱的 MSI 值列于表 2.43 中,从表中结果可知,研究区最大和最小 MSI 值相差 0.4057,其大小顺序是:老红砂型>灰岩型>玄武岩型>Q_2型>花岗岩型>粉砂岩型。

(3)调整土壤亮度值的植被指数(SAVI)

研究区植被叶冠 TM 卫片灰度值的 SAVI 值列于表 2.44 中,从表中结果可知,研究区最大和最小 SAVI 值相差 0.9124,其大小顺序为:变质岩型>玄武岩型>灰岩型>粉砂岩型>花岗岩型>老红砂型>Q_2型。

(4)结构效应指数(SVI)

研究区植被叶冠 TM 卫片灰度值的 SVI 值列于表 2.44 中,从表中结果可知,研究区最大和最小 SVI 值相差 2.613,其大小顺序是:玄武岩型>灰岩型>Q_2老红砂型>花岗岩、变质岩型。

3. 统计模型

(1)多元相关分析

表 2.47 是研究区部分叶面波谱、叶冠 TM 影像特征与叶体成分、色素和水含量的相关分析结果。从表 2.47 可知,TM 卫片的 TVI 值与叶中 Al,K,Mo,P,N,S,Pb,As,Cd,Ag,Rb,Cs,L/H,Ba,Ga,Ge,W 等呈负相关,与其他均呈正相关,与 Pb,Nb,Ba 叶体水含量的相关性最高(相关系数为±0.55以上)。TM 卫片的 SAVI 值与叶中的 Ca,Fe,Na,Mn,S,Zn,Ag,Co,Sn,W,K,Pb,Cr,Ni,Sr,Ba,色素等呈正相关,与其他均呈负相关,其与 Mn,Co 的相关性最强(相关系数为±0.55 以上)。TM 卫片的 SVI 值与叶中的 Al,S,Pb,Cd,As,Rb,Cs,L/H 等呈负相关,其与 Zr,Ni 相关性最强(相关系数为 0.55 以上)。叶面波谱 MSI 值与叶中的 Al,Zn,Ga,Ge,Ba,Pb,Cd,Ag,Rb,Cs,L/H 呈负相关,与其他均为正相关,相关系数最高者为 Ba(-0.6852)。叶面波谱 S 值与叶体中的 Al,Pb,As,Cd,Ag,Rb,Ga,Cs,W,U,L/H 等呈负相关,与其他均为正相关,其中与叶体色素 a 相关性最高(相关系数为 0.7869)。叶面波谱 SS 值与叶体中的 Al,Pb,As,Cd,Ag,Ga,Cs,W,U,L/H 等呈负相关,与其他均呈正相关,其中相关性最高的为叶体中的叶绿素 a(0.7961)和类胡萝卜素(0.7932)。根据相关分析结果可知:TVI,SAVI,MSI,S,SS 值均与叶体中的营养元素(N,P,K,…)、助长元素

表 2.47 研究区部分叶面波谱叶冠 TM 影像特征与叶体成分、色素和水含量的相关分析结果

	TM5	TM7	EVI1	TVI1	SAVI	EVI2	TVI2	MSI	S	SS
TM7	0.54185	1								
EVI1	0.3493	−0.4577	1							
TVI1	0.00864	−0.3876	0.44639	1						
SAVI	0.36713	−0.4373	0.94355	0.3605	1					
EVI2	0.13581	0.04524	−0.0218	−0.43	0.0651	1				
TVI2	0.31004	0.32545	−0.0195	−0.436	−0.009	0.6066	1			
MSI	−0.1884	−0.1812	−0.1877	0.3962	−0.079	−0.538	−0.6999	1		
S	−0.0926	0.12166	−0.1921	0.4322	−0.144	−0.185	0.04318	0.2221	1	
SS	−0.0965	0.11926	−0.1797	0.468	−0.133	−0.21	0.00714	0.24952	0.9967	1
Al	−0.5533	−0.1698	−0.3046	0.2422	−0.278	−0.256	−0.7625	0.47574	0.1302	0.1733
Fe	−0.5161	−0.2575	−0.1342	0.3895	−0.057	−0.276	−0.6074	0.42221	0.3333	0.3756
Mn	0.12055	−0.0946	0.40028	0.4388	0.4443	−0.178	−0.2513	0.02157	0.3625	0.3796
Mg	−0.357	0.07387	−0.2808	0.1013	−0.168	−0.006	−0.1019	0.23272	0.4824	0.5107
Ca	−0.3575	−0.1402	−0.0798	0.0865	0.0231	0.0679	0.05713	0.11033	0.4245	0.4437
K	0.04673	−0.0109	−0.0069	0.1835	0.1368	−0.06	0.22592	0.39618	0.4728	0.4836
Na	−0.3662	−0.2972	−0.0452	0.3384	−4E−05	−0.363	−0.6679	0.55074	0.3435	0.3711
P	−0.1034	0.32928	−0.3954	−0.234	−0.261	0.2539	0.31067	0.08145	0.333	0.3585
N	0.22682	0.4173	−0.1857	−0.142	−0.134	0.0831	0.54512	−0.1258	0.2909	0.3034

续表

	TM5	TM7	EVI1	TVI1	SAVI	EVI2	TVI2	MSI	S	SS
S	0.4625	0.56526	−0.0999	−0.055	−0.032	0.1534	0.48565	−0.2022	0.3312	0.3457
Mo	−0.0258	−0.1008	0.03647	−0.038	0.0655	−0.207	−0.1866	0.37451	−0.094	−0.081
Cu	−0.0768	0.23497	−0.1936	0.1248	−0.105	−0.023	0.09558	0.15811	0.4125	0.4601
Pb	0.05365	−0.1777	0.18014	−0.317	0.1945	0.1849	0.14028	−0.1638	−0.363	−0.365
Zn	0.0029	0.00134	−0.0285	−0.227	0.0262	0.399	0.23827	−0.3037	0.0403	0.0625
As	−0.1768	−0.241	−0.1653	−0.215	−0.054	0.2808	0.08678	−0.0292	−0.354	−0.354
Hg	0.02405	−0.0333	0.12464	0.2797	0.2289	−0.27	−0.0497	0.33631	0.3044	0.3164
Cr	−0.377	−0.3446	0.06668	0.4444	0.1371	−0.253	−0.4131	0.36008	0.4331	0.4723
Cd	0.00954	−0.0461	−0.0753	−0.383	−0.04	0.3379	0.40462	−0.3363	−0.034	−0.05
Zr	−0.5151	−0.2821	−0.1146	0.3853	−0.063	−0.34	−0.5912	0.53898	0.2579	0.3112
Ag	−0.2016	0.06307	−0.1038	−0.345	−0.226	−0.104	−0.0013	−0.1633	−0.636	−0.606
Sc	−0.5139	−0.3118	−0.0948	0.4154	−0.071	−0.4	−0.8286	0.48857	0.2408	0.2841
Ti	−0.427	−0.1702	−0.1127	0.4352	−0.047	−0.307	−0.4737	0.41727	0.3839	0.4361
V	−0.4925	−0.3635	−0.1243	0.3867	−0.036	−0.131	−0.3678	0.4279	0.5235	0.5563
Co	−0.0113	0.089	0.24194	0.1433	0.3068	−0.022	−0.1499	−0.1616	−0.015	0.0177
Ni	−0.3017	−0.329	0.16426	0.3801	0.2444	−0.068	−0.1594	0.03932	0.3079	0.3326
Ga	−0.2808	−0.3304	0.14816	0.5092	0.205	−0.303	−0.3945	0.15725	0.3318	0.354
Ge	−0.4583	−0.2748	−0.1793	0.337	−0.063	−0.119	−0.488	0.57509	0.4598	0.4997
Rb	0.41071	0.65731	−0.3503	−0.437	−0.296	0.2542	0.52632	−0.2835	−0.003	0.0022

续表

	TM5	TM7	EVI1	TVI1	SAVI	EVI2	TVI2	MSI	S	SS
Sr	−0.2285	−0.2422	0.12653	0.474	0.1938	−0.176	−0.152	0.09046	0.6759	0.6843
Nb	−0.3578	−0.1523	−0.1968	0.349	−0.136	−0.24	−0.7779	0.62478	0.1782	0.2309
Sn	0.04374	−0.1594	0.14556	−0.324	0.2228	0.205	0.03816	0.01486	−0.286	−0.275
Cs	0.43705	0.38925	−0.209	−0.362	−0.154	0.7307	0.43012	−0.4245	−0.25	−0.264
Ba	−0.242	−0.3062	0.18347	0.4668	0.2365	−0.261	−0.2956	0.05769	0.3377	0.3544
Hf	−0.5091	−0.2398	−0.1851	0.3301	−0.116	−0.212	−0.6502	0.53894	0.2067	0.261
Ta	−0.2641	−0.155	−0.1533	0.2087	−0.091	−0.085	−0.7585	0.54511	0.0204	0.0601
W	0.07952	0.0994	0.15487	−0.277	0.1958	0.0242	−0.2798	−0.0316	−0.463	−0.434
Th	−0.2641	−0.1056	−0.209	0.1484	−0.17	−0.194	−0.7704	0.58959	−0.043	−0.009
U	−0.202	−0.0136	−0.1398	0.047	−0.109	−0.176	−0.7073	0.48361	−0.144	−0.11
L/HL	0.2303	0.53574	−0.3372	−0.048	−0.372	0.0136	0.42059	−0.0633	0.5119	0.4936
Ca	0.12276	0.18415	−0.0298	0.3451	0.0551	−0.021	0.34088	0.15204	0.7953	0.803
Cb	0.12012	0.0128	0.12322	0.2038	0.214	0.0222	0.22868	0.04343	0.3097	0.3413
Cx	−0.0103	0.12877	−0.0838	0.3246	0.0081	−0.099	0.21542	0.24849	0.8243	0.8336
WL	−0.1896	0.23869	−0.2686	0.0574	−0.403	0.1064	0.06884	−0.2438	0.2908	0.2951
L/HS	0.53036	0.54343	0.01972	−0.164	−0.082	0.3037	0.27832	−0.4456	−0.347	−0.326
WS	−0.3702	−0.2024	−0.0454	−0.387	−0.057	0.3852	0.42833	−0.2796	−0.115	−0.142
T℃	−0.0419	0.18404	−0.4018	0.4623	−0.367	−0.262	−0.0838	0.40225	0.8077	0.8154

注：用表 2.32～表 2.35、表 2.42～表 2.44 的资料分析。样本数为 15；TVI1：TM 影像计算的 TVI 值；TVI2：叶面波谱计算的 TVI 值；EVI1、SAVI：TM 影像计算的 SAVI 值；EVI2、MSI、S、SS：均为用叶面波谱计算的值；TVI、SVI、SAVI：MSI、S、SS 意义与表 2.43、表 2.44 相同。

(Fe,Mg,Ti,V,Ge,Sr,Ba,稀土等)、叶体色素和水含量呈正相关系数,与抑制植物生长和对植物毒性强的元素均呈负相关关系,如S,Pb,As,Cr,Cd,Ag,U等。其中S,SS与叶体色素a和类胡萝卜素的相关性最高,因此可用S和SS值定量计算叶体中的色素含量。

(2)回归分析模型

表2.48是研究区部分叶面波谱和TM影像特征与叶体部分成分、色素、水含量和表土温度的多元线性回归分析,结果表明,TVI,SAVI,SVI和S值与叶中Fe,Mn,Mo,Cd,Ge,Rb,As,Sn,Cs,U,L/H,A层土壤水含量和表土温度呈显著的多元线性关系;SS值与叶绿素a,b,a/b和类胡萝卜素具显著的多元线性关系;MSI值与叶体、B层土壤水含量,B层土温,TM5,7的灰度值呈较显著的线性关系。

表2.48 研究区部分叶面波谱和TM影像特征与叶体部分成分、色素、水含量和表土温度的多元线性回归分析

y_i	x_i	C_i	R_i
TVI	$0.02W_2+0.12T+4.540Fe+2.019Mn-0.698Mo-0.676Cd-0.346As-1.994Ge-0.01Rb+1.202Sn+0.135Cs-3.412U+0.01L/H$	0.5160	1.0
SAVI	$0.022W_2-0.08T+3.87Fe+4.21Mn-0.729Mo-0.642Cd-0.141As-0.299Ge-0.01Rb+1.265Sn+0.089Cs-3.371U-0.01L/H$	0.4380	1.0
SVI	$0.052W_2+0.014T+18Fe+10.08Mn+0.174Mo-2.08Cs-1.133As+9.925Ge-0.08Rb+2.588Sn-1.912Cs-7.063U+0.001L/H$	-0.697	1.0
S	$0.001W_2+0.004T+0.92Fe-0.046Mn-0.043Mo-0.001Cd-0.046As+0.695Ge-0.001Rb+0.063Sn-0.017Cs-0.703U+0.001L/H$	-0.017	1.0
SS	$-0.00987Ca+0.00275Cb+0.00147Cx+0.0325Ca/Cb$	-0.0619	0.904
MSI	$-0.001TM_5-0.003TM_7+0.0001W_1-0.007W_2+0.006T$	0.635	0.611

注:用表2.32~2.35、2.42~2.44的资料分析。样本数为15;W_1:植叶水含量;W_2:B层土壤水含量,T-B层土壤温度;符号与表2.44相同。

(3)聚类分析

表2.49是研究区叶冠TM卫片和叶面波谱特征的Q型聚类分析结果。从表中结果可知,若将研究区红土按7类划分,则可分成变质岩型(2、3号点)、花岗岩型(4、5、6号点)、玄武岩型(7、8、9号点)、粉砂岩型(12、13号点)、灰岩型(11号点)、北海组(14号点)和老红砂型(15号点),仅1号变质

岩型和10号粉砂型被判别到花岗岩型红土组，准确率为86%。据此可用TM卫片将研究区的红土类型进行较准确的分类。

表2.49 研究区叶冠TM卫片和叶面波谱特征的Q型集类分析结果

分类组	1	2	3	4	5	6	7
样点号	11	2、3	15	12、13	1、4、5、6、10	7、8、9	14

注：用表2.43、2.44的资料分类，样点号与表2.32相同。

四、华南红土资源分类与调查

以上华南红土的理论、经验和统计模型，可直接用于华南红土资源分类与土地资源调查。图2.68是广州白云山地区1998年10月3日TM卫片模拟真彩图，图中水体与阴坡植被无法区别开，若用植被指数模型就较容易将水体与阴坡植被分开（图2.69），并对土地类型进行较准确的分类（图2.70）。图2.71是广东省湛江湖光岩地区2000年10月30日的ETM卫片模拟真彩图，图中玄武岩和Q_2上覆植被和红树林与滩涂水生植物等均无法区别，若用主成分分析模型，突出植被的绿度信息，就能轻松将玄武岩和Q_2上覆植被，红树林与滩涂水生植物区别开（图2.72），并对玄武岩型和Q_2型红土进行准确分类（图2.73）。

图2.68 广州白云山地区TM卫片模拟真彩图

1998年10月3日TM卫片3、2、1波段配红、绿、蓝合成，任意比例尺

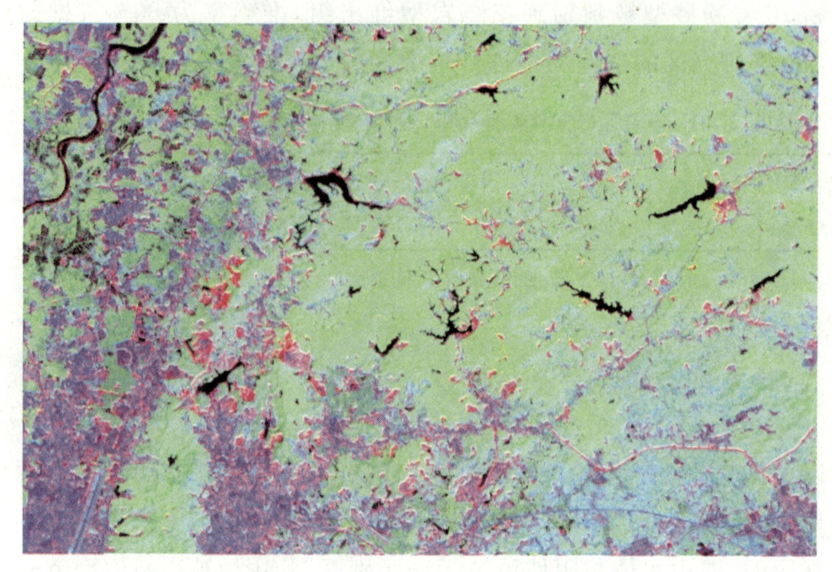

图 2.69　广州白云山地区 TM 卫片假彩图

1998 年 10 月 3 日 TM 卫片经植被指数和纹理分析，再取纹理、植被指数和 TM6 配以红、绿、蓝合成，任意比例尺

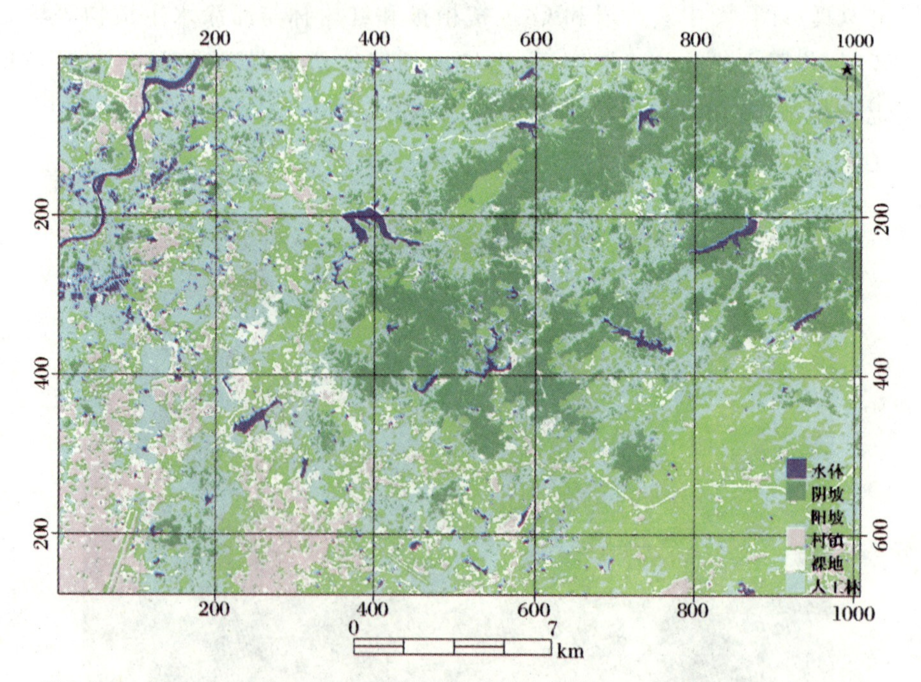

图 2.70　广州白云山地区 TM 卫片最小距离监督分类图，用图 2.69 进行监督分类

图中自然林为 262 km^2，人工林为 179.22 km^2，水体为 14.372 km^2，裸地和新公路为 45.18 km^2

图 2.71　湛江湖光岩地区 ETM 卫片模拟真彩图

2000 年 10 月 30 日 TM 卫片 3、2、1 波段配红、绿、蓝合成，任意比例尺

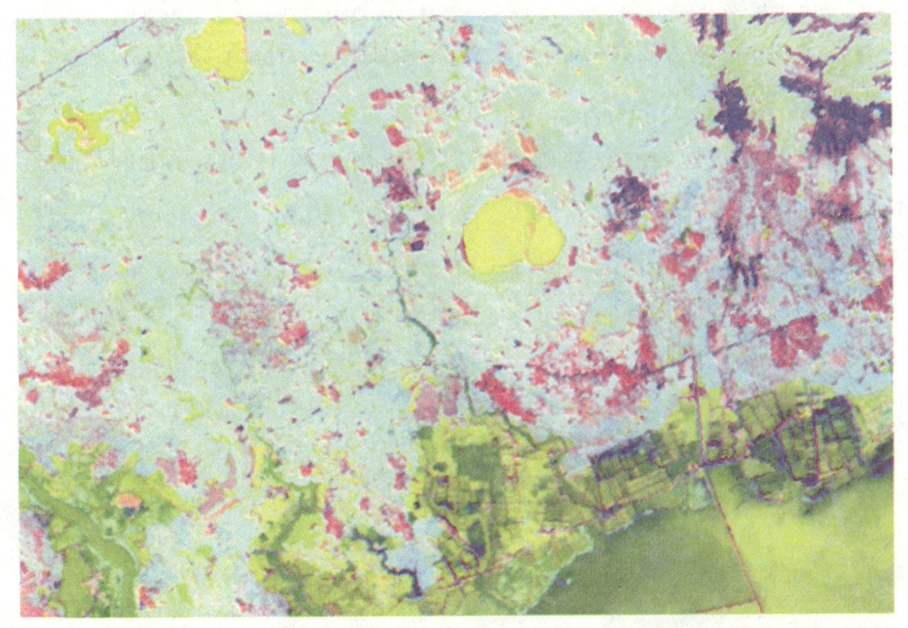

图 2.72　湛江湖光岩地区 ETM 卫片假彩图

2000 年 10 月 30 日 TM 卫片经主成分分析，取第 3、2、1 主成分配红、绿、蓝合成

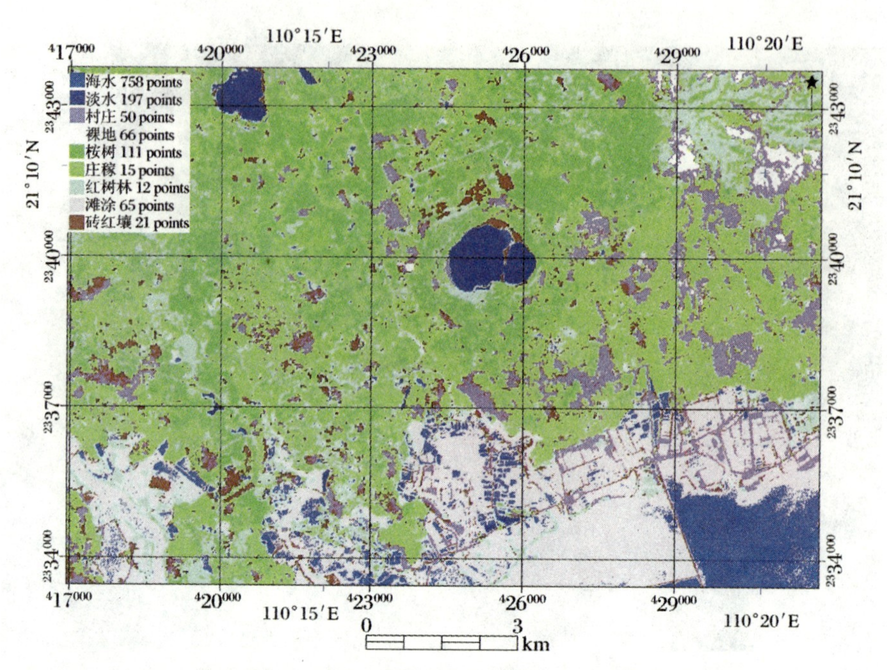

图 2.73 湛江湖光岩地区 ETM 卫片最小距离监督分类图，
用图 2.72 进行监督分类

图中桉树(玄武岩型红土)25.672 km²，经济林(Q_2，Q_4)51.82 km²，红树林 20.762 km²，淡水 8.3142 km²，海水 2.762 km²，裸露砖红壤 6.9562 km²，村镇 1.1872 km²，裸地 1.0672 km²

据此，我们快速、经济、准确地完成了华南地区 1∶50 万比例尺的红土资源调查研究。

第三章　环境遥感探测

第一节　概　　述

在城市现代化建设进程中，伴随着经济的高速增长，必然会产生一系列的环境问题。城市的发展，一方面为人类生产生活带来了极大的便利，造就了现代社会文明和经济繁荣，另一方面剧烈地改变着原有的城市自然环境，并带来了一系列矛盾和问题：人地矛盾突出、城市环境污染、大气污染、水资源匮乏和生物多样性丧失等。城市环境问题成为当今世界所面临的人口、资源与环境三大问题中的重要内容（张振德，1998）。而且，环境问题如得不到切实有效的解决，将成为社会和经济进一步发展的主要障碍。环境问题已成为全球性跨世纪的焦点问题。及时掌握城市化过程中的环境变化信息，对城市环境变化做出正确的评价，提出环境保护对策，实现社会和经济的可持续发展，已成为人类亟待解决的问题之一。

珠江三角洲地区同样也不可避免地面临着环境问题，日益恶化的环境污染和生态破坏，严重制约着经济和社会的发展。如何在经济持续高速发展的同时，有效地控制环境污染和生态破坏，促进经济和环境保护的持续协调发展，是珠江三角洲地区实现可持续发展的一个战略问题。城市环境变化的加速，用传统的调查方法需要大量的人力、物力、财力，且提供资料的周期长，难以及时为政府部门的决策提供资料。随着环境问题的日益突出，遥感技术在环境质量变化、生态环境监测和保护领域中的应用日益为人们所接受。近年来国内外大量实践表明，遥感技术是获取生态环境信息的强有力手段，在环境污染监测中能迅速获取常规手段难以得到的环境信息，并具有范围大、周期短、受地面因素影响相对小、收效快等特点，可动态反映生态环境质量的变化，大大节省环境质量变化、生态环境污染监测与调查的经费，为指导城市规划与管理提供科学依据。

大气污染、雨水酸化、水质恶化等环境质量问题已成为经济发达地区尤其是珠江三角洲的一个环境污染大害，为保证珠江三角洲地区经济和社会持续、快速、健康的发展，广东省、各级地市（县）环境监测部门以及有关大专院校和科研单位对珠江三角洲地区的环境污染问题进行了长期研究，并取得了明显的社会和经济效益。然而，由于受到技术条件和研究手段的局限，在珠江三角洲地区大气污染、酸雨、水质以及城市热岛空间的不同平台的遥感动态监测等方面有待进一步的深化研究。遥感技术具有经济、快速、准确、信息量丰富、覆盖面广等特点，能够在环境领域发挥其自身的优点，因而，遥感和环境科学相结合具有鲜明的时代特点和研究特色。

一、研究区域概况

本研究主要以珠江三角洲的中心城市——广州地区为主、深圳地区为辅作为研究对象，它们分别属于省会城市和经济特区，是土地高度集约化利用地区，也是珠江三角洲经济发展的中心城市，具有一定的代表性。从广东省遥感影像上可以看到，广东省近年来大规模的土地利用变化主要发生在珠江三角洲中心城市（图 3.1），对该地区城市环境质量变化研究具有现实意义。

珠江三角洲地区是广东省经济社会发展的龙头和主体，也是中国区域经济增长最快的地区之一。自从 20 世纪 80 年代以来，珠三角的经济发展实现了历史性的腾飞，城市化进程不断加快，以广州、深圳为核心的城市群迅速崛起，城市化水平不断提高，城市和乡村逐渐融为一体，珠三角目前城市化水平为 72.7%，是广东省城市化水平最高的地区。珠江三角洲地区已初步形成了连片的城市群，沿珠江东西两岸崛起了两条产业带，尤其是广州、深圳、珠海、佛山、东莞、中山以及香港、澳门，已形成了一个巨大的都市经济圈，人口和产业高度聚集，辐射能力较强，至 2004 年底，珠三角人均 GDP 已经超过 5 200 美元，接近中等发达国家水平。

图 3.1　广东省 NOAA 遥感影像图

广州市位于中国大陆南方、广东省中部偏南，北接南岭余脉，南临南海，地处珠江三角洲北部，跨度为 22°26′N～23°56′N、112°57′E～114°03′E，北回归线在市境中部偏北穿过，全市约三分之二的地区在北回归线以南。广州市辖 10 个区和 2 个县级市(图 3.2)，10 个区分别为荔湾、越秀、海珠、天河、白云、黄埔、番禺、花都、南沙、萝岗；两个县级市是增城市和从化市。广州市陆地总面积 7434.4 km^2。优越的地理位置使广州成为华南地区的政治、经济、文化中心与交通枢纽和我国对外贸易、国际交往、科技交流的重要口岸之一，迅速发展成为全方位开放的现代化大都市。

广州地处南亚热带，北回归线穿越北部，属南亚热带典型的海洋季风气候。全年平均气温 20～22 ℃，平均相对湿度 77%。市区年降雨量为 1 982.7 mm。广州地区地貌环境特征为丘陵和平原，地势基本上为自东北向西南倾斜。丘陵主要分布在东北部，其中以海拔 250～500 m 的高丘陵为主，大致呈东北—西南向延伸，海拔 250 m 以下的低丘陵，多分布在高丘陵的外围，尤以东部比较集中。平原主要分布在西部和南部。西部为流溪河冲积平原，总的地势平坦，但其间亦分布有东北—西南走向经过分割的砂页岩台地；南部为河海合力淤积平原，总的地势低平，珠江河网纵横，海拔高度一般在 10 m 以下。广州地区水系发达，水域面积广，珠江水系的东江、北江、西江汇集于珠江三角洲出海。南部为珠江三角洲河网区，主要为西、北、东江下游水道和珠江前、后航道交织成的河网。广州河网区主要水道总长度 416 km,其中珠江前、后航道纵贯广州市城区。

图 3.2 广州市行政区划及遥感影像图

二、研究区环境污染特征

1. 大气污染特征

珠江三角洲地处广东腹部,属南亚热带海洋性季风气候,热量充足,雨量丰沛,具有十分优越自然与地理环境。珠江三角洲地区经济高速发展,却承受着占全省 64%的工业污水、74%的生活污水和 70% SO_2 酸气污染物的重压,环境负荷格外严重。尤其是大型火电厂群的建成,大多数电厂都没有烟气脱硫装置,二氧化硫、烟尘等废气排放未得到及时有效治理,致使全区大气环境质量呈下降趋势,酸雨也成为该地区大气污染的最突出的问题。

酸雨是指 pH 值小于 5.6 的雨雪或者其他方式形成的大气降水,是一种大气污染现象。酸雨中绝大多数是 H_2SO_4 和 HNO_3，主要是人为排放的 SO_2 和 NO_x 转化而成的。由于广州市地处低纬度的南亚热带季风气候区域，排进大气的各种污染物质在高温高湿条件下，较易明显地增加降水的酸度，从而对生态环境造成一定的危害。自 1991 年起，广州市酸雨频率曲线一直在下降，20 世纪 90 年代中期有所回升，20 世纪 90 年代末期再度下降；酸雨的 pH 值曲线总体呈现上升趋势，1993 年后污染曲线有所下降，1998 年之后再度回升，污染基本得到控制（谢涤非，2002）。据统计，2004 年广州市的工业总产值达 5749.48 亿元，工业燃煤总量 1742.02 万吨，燃油总量 172.07 万吨，能源消耗量的大幅上升导致工业企业二氧化硫排放量增加。广州市机动车的增长速度很快，1997 年的拥有量是 61.7 万辆，为 1990 年 30.1 万辆的两倍之多，机动车的大量增多，造成市区的空气污染以 NO_x 污染为主，而且 NO_x 浓度多年来都超过 0.1 mg/m^3，污染相当严重（谢涤非，2002）。广州市的空气污染已由以往的煤烟型（硫酸型）向石油型（硝酸型）污染转变，主要污染物是 NO_x，且污染有加重的趋势。

近年来，广州城市生态环境在很多方面出现好转（见表 3.1），一氧化碳的排放量有所减少，月降尘量也逐年降低。2000 年广州市的公园面积由 1991 年的 1 038 hm^2 扩展到 1 725 hm^2，增长了 66%；2000 年的人均绿地由 1991 年的 3.94 m^2 增加到 5.86 m^2，增长了 48%，绿化覆盖率由 1991 年的 19.8% 上升到 27.9%（谢涤非，2002），城市环境发生了较大的变化。

表 3.1　1999～2005 年广州市空气环境质量状况统计表

项　目	1999 年	2000 年	2001 年	2002 年	2003 年	2004 年	2005 年
SO_2	0.054	0.045	0.051	0.058	0.059	0.077	0.053
NO_2	0.069	0.061	0.071	0.068	0.072	0.073	0.068
CO	2.29	2.20	1.97	1.80	1.84	1.77	1.63
总悬浮颗粒物	0.182	0.158	0.150	0.161	0.178	—	—
可吸入颗粒物	—	—	0.073	0.082	0.099	0.099	0.088
降尘量	8.16	7.34	6.26	5.94	6.11	6.18	5.48

注：资料来自 1999～2005 年度广州市环境质量通报。单位：mg/m^3，降尘量为 $t/(km^2 \cdot 月)$。

从总体上看，广州市过去 20 年内大气环境质量逐步恶化，尤其是酸雨的频率和可吸入颗粒物，这两种主要的污染物从整体趋势上依然逐步上升，尽管期间有些微小的波动。

2. 珠江水体污染特征

珠江水质现状监测结果表明，珠江广州河段的有机污染日趋严重。调查资料显示：1979～1980年期间，广东省境内珠江流域总排废、污水量470.2万吨/天，珠江三角洲378万吨/天，排入广州河道的有271万吨/天，占珠江三角洲的71.6%。1985年广州市工业废水排放量为37 400万吨，1993年为35 720万吨，1997年为21 348万吨，2000年为26 565万吨，工业废水排放有所增加。而生活污水排放量每年以9%以上的速度增长，1985年排放量为31 880万吨，1993年增加到67 138万吨，1997年为69 818万吨，2000年为73 989万吨。在工业废水中，COD（化学耗氧量）排放量1985年为84 626吨，1993年为80 247吨，BOD（生化需氧量）排放量1985年为21 308吨，1993年为22 433吨，生活污水中BOD的排放量约为工业废水中BOD排放量的3倍。城市污水处理能力的提高跟不上生活污水排放量的增加，污水综合处理能力低，导致珠江广州河段有机污染十分严重，水质发黑发臭现象时有发生，市区湖泊都处于超富营养化状态，河涌成为臭水涌。1995年度珠江水质现状监测结果表明，广州猎德断面溶解氧、高锰酸盐、生化需氧量及氨氮等指标超标最严重，这些超标都是该河段的工业废水和生活污水直接排入河流的结果，是广州前航道水发黑发臭的主要原因。2000年珠江广州河段pH、DO（溶解氧）、COD_{Mn}（高锰酸盐指数）、BOD、氨氮、总磷、砷、汞、六价铬、铅、镉、氰化物、挥发酚、石油类14项指标的监测分析表明，枯水期水质除鸭岗断面和莲花山断面为Ⅳ类水质外，其他断面均为Ⅴ类水质以及劣Ⅴ类水质；丰水期和平水期水质有所改善，鸭岗断面、硬颈海断面、东朗断面、长洲断面、莲花山断面均为Ⅳ类水质，黄沙断面、平洲断面、猎德断面为Ⅴ类或劣Ⅴ类水质。到2005年珠江广州河段水质全年除枯水期外，基本达到Ⅳ类水标准，重金属污染远远低于标准限值。

珠江广州段的水质随着时间的发展逐渐变差，其污染源从工业污染逐渐向生活污染转化，后期随着政府的重视其水质得到一定的控制，并逐步恢复。

3. 城市热岛效应特征

城市热岛效应（Heat island effect）是指城区的温度比周围高，可以把城区看成一个温热的岛屿。自从霍华德（Luke Howard）首先提出城市气温常常高于周围郊区气温这一城市气温分布特征之后，越来越多的城市观测事实证实了城市热岛效应具有广泛的普遍性。广州市同样存在热岛效应现象。城市热岛是城市化气候效应的主要特征之一，是城市化对气候影响最典型的表现。

目前，广州老城市中心区域位于珠江北岸，环市以南，黄沙大道以东，广州大道以西，可以大致以南北向的人民路、越秀路为界，将城市中心区划分为西区、中区和东区，分别对应荔湾区、越秀区和东山区。其中西区为工业、居民混合区，中区为商业居民区，东区为居民区。此外，珠江南岸的海珠区为南区（商业、居民区），环市路以北的白云区为北区。

城区内气温的水平分布与城区各职能区分布有很大的关系，无论哪个季节，西区总是最高气温所在地，高温区是以中山七路与荔湾路交界处至中山五路与北京路交界处一带为直径的近似于圆的区域。这一区域为工业居民区，工厂密度和人口密度都相当高，商业发达，交通繁忙，人为排热量在各区中最高。另外，广州地势东北高，西南低，西区是市区中地势低洼地带，热量不易扩散，堆积在一起的热量亦增加了大气中的温度。

东区和南区主要是居民区，东区是全市工业污染和人为热量较小的区域，地势也较高。南区地势比较平缓，通风性较好，因此气温比西区低一些。北区紧靠白云山，绿化程度高，工业和居民少，受城市化因素影响少，是全市气温最低处。

广州市城区温度等值线几乎是以西区为圆心（高温区）向四周逐渐降低的同心圆分布。从圆心向东北的梯度较大，向东南的梯度小。

热岛强度一般用城区的气温度与郊区气温度之差来表示。热岛强度最大区是西区，达1℃左右，其次是中区，东郊和北区最小。不同的月份，热岛强度也有很大的变化，热岛强度最大出现在12月份，冬季（10～12月和1月）的热岛强度最大，春季（3～5月和7月）热岛强度最小，均小于0.5℃。因而从总体上来看，广州市热岛以秋冬季节为强，春夏季节为弱。

影响广州市城市热岛效应的因素较多，气象和城市化最为主要的两大因素，气象条件是造成城市热岛效应的外部因素，而城市化才是热岛形成的内在因素。

广州市热岛一般出现在高压系统影响之下。这是由于在高压系统下，天气晴朗或少云，近地层静风或有微风，温度日差较大，大气层比较稳定，湿度较小，在这种天气里，大量的太阳辐射热被地表吸收并贮存在地下土壤里。在城区，大气中污染物和气溶胶的浓度高，不利于热量的释放，使城区气温下降较缓慢，形成了城郊之间的温度差异。

大气污染在城市热岛效应中起着相当复杂而重要的作用。工业、交通及日常生活中排放大量的废气，造成大气中污染物浓度特别高，它像一条厚厚的毯子覆盖在城区上空，白天它大大削弱了太阳直接辐射，城区升温减缓，夜间它将大大减少城区地表有效长波辐射所造成的热量损耗，起到保温作用，使城市比郊区“冷却”得慢一些，因而形成热岛现象。

广州市区由于其历史原因以及地形的影响，其热岛现象明显地具有区域性：从整体看西部地区比东部地区要高，且热岛强度的分布以西区为圆心向四周逐步降低。对广州市区热岛影响最大的因素是天气条件以及大气污染物的状况。

三、遥感在环境质量变化中的研究现状

基于遥感技术进行环境质量探测具有野外调查进行环境监测所不具有的优势，基于遥感进行的环境质量监测更多地强调了宏观的信息以及空间的信息。当前利用遥感数据进行快速环境质量监测已经逐步成为研究的主流，在这些研究中主要涉及了大气质量监测、水质监测、城市热岛监测、土地利用变化监测以及生态综合监测等多方面的内容。

1. 大气污染监测研究现状

所谓大气污染，就是指散布在大气中的有害气体及颗粒物质，积累到大气自净过程中稀释沉降等作用已经不能再降低的浓度，在持续时间内有害于生物及非生物的现象。大气污染物的主要来源是工业排放源排出的烟尘、机动车尾气和各种扬尘等。影响大气环境质量的主要因素是气溶胶含量和各种有害气体，这些物理量通常不可能直接识别。水汽、二氧化碳、臭氧、甲烷等微量气体成分具有各自分子所固有的辐射和吸收光谱，所以，实际上是通过测量大气的散射、吸收及辐射的光谱而从其结果中推算出来的，或者通过监测与有害气体相关的植被变化（可见光遥感）作出判断（张春鹏等，2006）。

目前，遥感技术能监测到的大气污染因子主要有 O_3，CO_2，SO_2，CH_4，

NO_x 等气体以及大气温度、密度分层、地表温度和云量等。利用地物的波谱测试数据、各类遥感信息及少量常规大气监测数据，可获取大气环境质量的基本数据。大气污染的遥感监测主要是通过遥感手段对产生大气污染的污染物质发生源的分布、污染源周围的扩散条件、污染物的扩散影响范围等进行分析研究，建立环境污染的评价模型，对大气污染作出客观、可靠的判断，确定影响大气环境质量的主导因素。

利用遥感图像作为基本资料，还可对城市有害气体进行监测，其研究通常用间接解译标志进行，如用植物对有害气体的敏感性来推断城市大气污染的程度和性质。在大气污染较轻的地区，植被受污染的情形并不容易被人察觉，但植物的光谱反射率就会产生明显变化，在遥感图像上表现为灰度的差异。众所周知，植物叶片对可见光(0.38～0.76 μm)的反射能力主要取决于叶绿素，在近红外波段(0.76～1.0 μm)其反射率主要受植物细胞结构、构造的控制。因此生长正常的植物叶片对红外线反射强，在彩色红外像片上色泽鲜艳、明亮；受污染的植物叶子，其叶绿素遭到破坏，对红外线的反射能力下降，反映在彩色红外像片上颜色发暗。另外，植物受酸沉降(SO_2、气体、酸雨)污染的影响，也会产生一系列的生理生态效应，在植物形态上表现为植物叶片失绿脱水、出现伤斑、植株长势减弱，在植物生理方面表现为植物体内的物质成分(如含硫量、叶绿素含量)和细胞结构构造发生形态变化。

在国外，随着 1995 年国际地圈—生物圈计划(IGBP)和全球环境变化中的人文领域计划(IHDP)的研究计划的提出，每年世界各国都开展了大量关于城市环境遥感的项目研究。德国 Platt 教授(1979)提出差分光学吸收光谱技术(DOAS)概念，广泛用于测量大气环境痕量污染气体浓度和成分。瑞士的 OPSIS 公司和美国热电子公司都已有商用的 DOAS 系统，专门用于城市空气污染监测和污染源的监测。Oppenheimer(1998)利用傅里叶变换红外光谱吸收技术(FTIR)测量火山烟羽，主要成分有 H_2O，CO_2，SO_2，HCl，H_2S 等气体。Templemeryer(1974)、Benjamin(1978)等根据污染地区的地物反射率特征来对大气污染进行估计。Fujii(1992)等根据树叶中 SO_2 等污染物含量与遥感数据中植被指数的关系来估计大气污染的情况。一大批学者利用遥感光谱信息进行反演，从卫星数据中提取大气气溶胶信息，取得了很大进展(Kaufman，1994；Teruyuki，1996 等)。

在国内，对城市化与环境问题，许多专家进行比较深入的调查研究。任为民等(1989)在利用遥感技术对陕西省铜川市进行了环境污染综合应用研究,对受大气污染影响的植物进行光谱测试,研究结果表明,随着大气中的SO_2含量的增加,杨树、刺槐等植物对SO_2的吸收相应增加,白杨随着SO_2含量和粉尘污染的增加,其光谱反射率在0.5～0.7 μm增高,而在0.76～1.1 μm处降低,在大气中SO_2含量为100 $\mu g/m^3$时,白杨的反射率明显低于正常的白杨反射率。徐瑞松等(1990)、马跃良等(2001)分别对广州市区受环境污染的植物——小叶榕、大叶榕、木麻黄等植物的生理生态特征、叶面波谱特征和遥感影像特征进行了研究,结果表明,受污染的植物叶中的叶绿素b含量与叶面波谱红端陡坡的斜率成正相关,受污染植物叶面波谱与正常植物的相比,波形发生5 nm左右的蓝移,反射率值高5%～15%,污染越严重,蓝移量越大,其反射率越高。赵承易等(2001)利用植物监测手段对北京城、郊区主要交通干道重金属及硫元素污染状况进行综合研究,从空间及季节的变化分析研究了大气污染状况。马向平等(1997)选取对酸沉降物反应极为敏感的黄栌树为主要监测植物,对植物受SO_2污染发生的生物效应进行分析。雷利卿等(2002)应用红外扫描仪对抚顺露天煤矿进行了监测,分析了矿坑上空逆温层的形成与大气污染物扩散的关系,为露天矿场的污染防治和环境污染预报提供了科学依据。邓孺孺等(2003)分析了人为气溶胶的光学特性和卫星遥感像元信息构成的物理机制,采用多波段卫星遥感数据,从TM卫星数据直接定量提取以像元为单元的区域大气人为气溶胶混浊度。

总之,大气环境遥感是利用遥感技术监测大气的结构、状态及其变化,对全球环境变化的监测和预测都具有极为重要的意义。大气遥感光谱监测是大气环境污染监测的一项高新技术,具有灵敏度高、分辨率高、多组分、实时、快速监测等特点(张春鹏等,2006)。

2. *水质污染监测研究现状*

水环境遥感监测主要基于污染水体的光谱特性。水体污染物种类、浓度不同,使水体颜色、密度、透明度和温度等产生差异,导致水体反射波谱特性的变化,在遥感图像上反映为色调、灰阶、形态、纹理等特征的差别。综合利用3S技术(RS、GIS、GPS)以及常规监测手段,可对水域分布变化、水体富营养化、泥沙污染等水质环境质量进行实时动态监测。自1972年美国陆地卫星(Landsat 1)发射后,从陆地卫星上获得的遥感数据就开始被应用于河流、湖泊、海洋等水质的监测和评价中。通过遥感技术预测的水质参数包括:悬浮颗粒物、水体透明度、叶绿素 a 浓度以及溶解性有机物、水中入射与出射光的垂直衰减系数和一些综合污染指标如营养状态指数(Wezernak,1976;Ritchie,1990;Lathrop,1992;Nichol,1993;Dekker,1993;Caims,1997;Froidefond,2002;Michael,2003)。自 20 世纪 70 年代初期开始,对地表水体的遥感研究从单纯的水域识别发展到对水质进行遥感监测、制图和预测研究,从定性研究发展到定量研究。

在国内,在水污染监测方面,我国先后对海河、渤海湾、蓟运河、大连海、长春南湖、珠江、苏南大运河、滇池等大型水体进行遥感监测,研究了叶绿素、悬浮泥沙含量、有机物污染、油污染、富营养等水问题,取得了很大的进展(马蔼乃,1986;舒守荣,1989;李旭文,1993;陈楚群,1996,2001,2003;王学军,2000;朱小鸽,2001;马跃良,2003;赵辉,2005;陈晓玲,2007;等)。

利用遥感数据确定水质参数时,与地理信息系统(GIS)结合是环境信息分析处理、实现对遥感数据、图型数据和属性数据科学管理的重要技术途径,是现代环境信息系统的发展方向。在水质参数确定方面,结合 GIS 可以清楚地反映水质参数随时间的变化即动态特征。目前,在现有的 GIS 中表示时间信息的方法有:①在数据库中删除过时信息,用现状信息代替,即快照模型;②重新定义和建立一个新的数据层,来反映变化信息;③为数据中每一个元素存贮该元素生成的时刻和发生变化的时刻,在表中以时间指针相联结(马池,2001)。

遥感图像获得的水质信息反映的是通过水体表面辐射的综合光谱,水面的漂浮物、水体的深度和水体包含的水生生物等因素对水质的影响较大。遥感包括诸多中间处理的技术环节,每一个环节对水体的遥感图像都可能会产生较大的影响,每一环节的影响程度都包含着复杂的过程机制。利用遥感对水体的分布范围和水体污染状况监测,从图像上反映的分析结果,实际上已经隐含了遥感过程各个环节中可能存在的精度影响,并非最终的一个精度误差结果所能完整体现(秦中等,2004)。首先,遥感监测时的天气状况对水体的辐射波谱有较大的影响,大气中包括水汽在内的大量尘埃颗粒对波谱有折射作用,在选取遥感图像时,应尽可能避免大气透明度较差的天气,必选的情况下需要考虑增加适当的处理方法;其次,遥感平台运行的高度及轨道的稳定性能、传感器对波谱的敏感程度等,通常在图像的附加信息中有补充说明;第三,遥感图像空间与平面转换之间几何投影的变形校正以及在进行图像判读时选取的光谱类型,并消除其他不相关要素的干扰,然后提取准确的专题要素,为非常重要的环节。

遥感技术在水体污染监测中的应用充分显示水体遥感监测方法应用的潜力,随着遥感传感器技术的迅速发展,新一代的高分辨率、高光谱和多极化遥感数据信息源为遥感定量监测水质变化提供了有利的保证,人们将进一步研究和探讨利用新一代遥感数据源进行水质定量监测的关键技术与方法,提高水质遥感监测的精度,形成一个标准化的水安全定量遥感监测体系。

3. 城市热岛效应监测研究现状

由于气压差的存在,它会引发城乡空气环流,把城市周边的大气污染物带入城区,加重城市空气污染(王翊亭等,1985)。随着城市建设事业的发展,类建筑物和构筑物鳞次栉比,使下垫面粗糙度增加,道路、广场沥青铺砌地面,使地面热容量和导热率增加,加上人为热能释放量增加等综合影响,城市热岛效应不断增强。随着全球城市化进程的不断加快,由其引起的城市热岛现象及其对全球气候变暖的贡献已经引起了广泛的关注(Auer,1978;Roth,1989)。常规的城市热岛监测方法是采用路线观测和定点观测相结合的方法,由于路线观测不太可能同步进行,观测点位的密度也不可能太高,试图细致地研究城市热岛的平面展布、内部结构特征有一定困难。热红外遥感能有效地探测常温的热辐射差异。

近年来,不少学者利用NOAA气象卫星和TM热红外资料对城市热场进行研究。在国外,随着空间信息科学的发展,遥感技术已渗透到城市热环境研究的众多领域。航空航天遥感图像的热红外数据得到了越来越广泛的应用(Balling, 1988; Schott, 1989; Akbari, 1995; Owen, 1998; Carlson, 2000)。国内的研究虽然起步晚,但是也做了大量研究,并且取得了很好的成绩(周红妹,2001;陈云浩,2002a,2002b;Jinqu Zhang,2006;等)。对热环境格局、结构及其演变过程研究是目前热环境遥感研究重要内容之一,也是进一步探讨热环境的驱动因子、模拟和预测热环境的基础(陈云浩,2002a)。

利用遥感技术研究城市热岛效应大多是利用亮度温度或灰度值直接分析城市热岛效应分布特征和热岛强度的相对大小。然而,从遥感技术发展的角度看,尽管其在数据获取方面具有明显的优越性,但由于遥感传感器的分辨率和城市地物的特殊性影响，城市地物真实温度难以获得（杨英宝，2006）。随着遥感技术的快速发展，热红外遥感和气候学的交叉融合、多尺度、多平台遥感数据综合应用为城市热岛的观测和机制研究提供了一种新的方法，也是城市热岛研究的发展趋势（Gillies，1997；Voogt，1998）。

4. 土地利用、城市扩展与生态环境监测研究现状

随着我国经济和社会的发展，城市化、工业化成为社会发展的必然趋势。近年来，卫星遥感影像被广泛应用于土地利用现状以及动态调查与生态环境监测等各方面。计算机技术的飞速发展，遥感技术结合地理信息系统（GIS）及全球卫星定位系统（GPS）使得土地资源利用的动态监测成为现实，为土地资源调查提供更为及时有效的、准确可靠的、数据量大的资料，大大减少了土地资源调查的成本费用，使得土地资源调查节约人力、物力，提高了工作效率和经济效益。

目前每年世界各国都开展大量关于城市土地利用覆盖的遥感项目研究，取得的重大成果，如 Kuplich TM 利用 ERS－1 合成孔径雷达（SAR）和 Landsat-5 TM 影像对巴西的 Campinas 市进行土地利用分类；美国自 1996 年以来开展了 ATLANTA（Atlanta Land-use Analysis：Temperature and Air-quality）研究。A. Singh（1989）利用遥感图像研究地物（土地利用）的季节性变化。国内，自 20 世纪 70 年代以来开始普遍使用遥感方法进行土地利用调查，20 世纪 80 年代以后航空航天遥感技术已广泛地应用于土地利用的调查与动态监测，1999 年国土资源部对全国 66 个城市的土地利用进行了动态监测，摸清了各城市的土地利用状况以及由于城市扩展而被侵占的耕地数量，为今后我国城市的发展提供了有力的参考，取得了显著效益。近年来，许多学者相继开展部分地区 2～3 个时相的城市土地利用和动态扩展方面的研究（李秀彬，1996；黎夏，1997；X Li，1998，2000；叶嘉安，1999；史学正，2002；胡伟平，2003；董雯，2006；廖克，2006；等），但利用多源遥感信息，对我国东部经济发达、城镇扩展迅速的小城镇进行多时相动态监测的报道极少。在土地利用研究的同时，对城市扩展也进行了一系列的遥感研究和探讨（赵元洪，1992；戴昌达，1995）。

生态环境监测是人类对某一地区因气候波动、人类活动及其他因素引发的生态环境变化，采取地面调查与遥感技术相结合的方法手段，对反映生态环境变化的某些指标进行综合的、定期的和持续的观测研究，并通过建立

模型对发展变化趋势做出定量预测，定期向政府与通过媒体向公众提交生态环境状况和发展趋势的统计结果与解释性报告的活动(张文海，2004)。生态环境监测的目的是：通过监测，及时、准确地了解和掌握生态现状、动态及其防治所需的信息，向各级政府部门和计划部门提供宏观决策依据，为对生态环境的有效管理、生态环境监察、监理提供依据；为防止生态环境恶化制定和调整政策、计划和规划，为保护、改善和合理利用生态环境资源，实现社会经济可持续发展战略提供基础数据(张文海，2004)。生态环境变化趋势预测评价的基本程序为：①确定评价的主要生态系统类型和主要评价因子；②选择评价方法、模式、参数和进行计算；③研究确定评价标准和进行主要生态系统和主要环境功能的评价；④进行社会、经济和生态环境相关因素的综合评价与趋势分析；⑤综合生态环境变化原因、发展规律、目前状况和发展速率，考虑自然条件的脆弱性和人类活动的影响与生态环境压力大小进行预测性评估(张文海，2004)。

5. 问题及展望

遥感技术研究城市环境质量变化主要存在问题有：

(1)遥感技术在大气影响校正、几何精校正、地物反射和遥感数据的定量反演模型等方面还存在许多问题。使用的卫星遥感资料分辨率低，混合像元问题造成了地物识别的困难和面积统计的不确定性，因而造成地物分类精度较低；使用遥感信息源单一，不利于提取地类。

(2)遥感卫星每天都要下传大量数据，如何对这些海量数据进行快速处理，并为环境监测服务是目前环境监测领域存在的问题之一。在研究城市扩展和环境变化的过程中，多为对单一因子的研究，对于拥有的遥感资料，数据挖掘不充分，遥感解译的主观因素多，精度低。

(3)研究城市扩展和环境变化的过程中，研究时间的跨度小，难以看出长时间跨度的环境变化规律。

这些问题的存在，使得遥感技术的应用受到制约。

随着传感器技术、航空航天技术和数据通讯技术的不断发展，高空间分辨率已达纳米级，波段数已达数十甚至数百个，现代遥感技术已经进入一个能动态、快速、多平台、多时相、高分辨率地提供对地观测数据的新阶段。另外，小卫星群计划将成为现代遥感的另一发展趋势，例如，可用6颗小卫星在2～3天内完成一次对地重复观测，可获得高于1 m的高分辨率成像光谱仪数据。除此之外，机载和车载遥感平台以及超低空无人机载平台等多平台的遥感技术与卫星遥感相结合，将使遥感应用呈现出一派五彩缤纷的景象。

因此，高分辨率卫星图像的出现，人们将进一步研究"3S"技术在城市环境质量方面的应用，采用遥感图像处理软件和地理信息系统结合，实现传统的技术方法与"3S"技术的有效结合，充分利用高分辨率卫星资料、多源遥感资料，建立适合环境保护领域应用的综合多功能型的遥感信息技术及实用模型数据库。同时，研究不同时间跨度的城市扩展和环境变化，探讨适合我国国情的高效益、低成本的监测城市扩展和环境变化的方法，加快城市环境遥感监测的指标体系和国家环境信息系统建设。

总之，随着信息技术和传感器技术的飞速发展，卫星遥感影像的空间分辨率、光谱分辨率和时间分辨率分辨率有了很大提高，每天都有数量庞大的不同分辨率的遥感信息，从各种传感器上接收下来，这些高分辨率、高光谱的遥感数据为遥感定量化、动态化、网络化、实用化和产业化及利用遥感数据进行地物特征的提取，提供了丰富的数据源。遥感信息定量化，建立地球系统科学信息系统，实现全球观测海量数据的定量管理、分析与预测、模拟是遥感当前重要的发展方向之一。遥感应用也将从定性阶段为主向更高精度的定量化阶段发展，应用深度和广度更加拓宽，逐步实现遥感应用的工程化、实用化和功能化。

第二节 广州地区水体和植物波谱与图像特征

遥感的主要目的在于识别地物，识别地物的机理在于不同地物之间具有不同的光谱特性，因而，地物波谱是遥感技术的理论基础，对地物光谱特征的研究是一项十分重要的工作，充分了解不同地物间的光谱特性可以推算地物在遥感图像上的特征，从而为遥感图像处理及图像解释提供理论依据。

遥感技术的物理基础主要是电磁波理论。遥感图像记录的主要是地物反射和发射的电磁波，不同性质的地物，其反射和发射的电磁波谱是不同的，因而它们在图像上表现出的色调或颜色也不同。另外，当地物受污染后，随污染物的性质和污染程度不同，也使地物的光谱特性有变化，它们的影像色调或颜色也相应地改变。根据地物波谱特性和遥感图像的成像机理，我们从遥感图像上研究城市环境污染物与影像色调的相关关系。

一、水体波谱和图像特征

1. 水体波谱特性

应用遥感技术进行水体污染监测研究，是以各种不同污染源的光谱特征为依据的。水污染的种类可分为以下几种：

(1)由悬浮泥沙、微生物等悬浮物质在水中形成的污染；

(2)由化学废物、放射性废物等溶解性物质引起的水污染；

(3)由石油、固体废物等引起的水面污染；

(4)由热排水或冷排水引起的温度差异的污染。

弄清水体的光谱反射原理，对进行水体光谱测量和分析都是十分必要的。根据有关资料和我们的认识，探测器在近地面处接收水体的光反射量为 $\mathrm{Pt}(\lambda)$时，则：

$$\mathrm{Pt}(\lambda)\Delta\lambda = \frac{\mathrm{Pa}}{W(\lambda)\Delta\lambda} + \mathrm{Pm}(\lambda)\Delta\lambda + \mathrm{Po}(\lambda)\Delta\lambda + \mathrm{Pp}(\lambda)\Delta\lambda \quad (3.1)$$

式中，$\mathrm{Pa}/\mathrm{W}(\lambda)\Delta\lambda$ 为空气水界面的反射能量；$\mathrm{Pm}(\lambda)\Delta\lambda$ 为由水分子引起的散射能量；$\mathrm{Po}(\lambda)\Delta\lambda$ 为水体底部的反射能量；$\mathrm{Pp}(\lambda)\Delta\lambda$ 为水中悬浮颗粒和溶解物引起的散射能量；λ 为电磁波波长。

当 λ 射到水面时的太阳光、天空光条件一定，并且水面波浪起伏变化不大时，$\mathrm{Pa}/\mathrm{W}(\lambda)\Delta\lambda$ 可以认为是一常量；$\mathrm{Pm}(\lambda)\Delta\lambda$ 项与水的折射指数有关，水折射指数一般在 1.33～1.34 之间变化不大，$\mathrm{Pm}(\lambda)\Delta\lambda$ 项也可以认为是常量；水底的反射能量 $\mathrm{Po}(\lambda)\Delta\lambda$ 与水体对光谱的衰减、水的深度和水底部的反射率有关，如果满足“无限水深”，则 $\mathrm{Po}(\lambda)\Delta\lambda$ 等于零，野外实地测量，光对珠江水穿透深度都在 50 cm 以内，这一条件比较容易满足，所以上式可以简化成：

$$\mathrm{Pt}(\lambda)\Delta\lambda = K + \mathrm{Pp}(\lambda)\Delta\lambda \quad (3.2)$$

式中，K 为常量；$\mathrm{Pp}(\lambda)\Delta\lambda$ 项与溶解物及悬浮物大小、种类、浓度等有关。

所以可作测量的水体反射光谱数据分析水质的情况，相应地也可以用遥感图像的颜色变化情况来作水质解译。

水体受到泥沙、微污染物等污染，导致水质变坏，改变水体的颜色。一般水体的自然颜色大致与三种成分有关：无机悬浮物、浮游植物色素即叶绿素 a 和可溶性有机物。而水体的颜色指数可用遥感方法测量水体反射率随波长的改变而变化的多少来衡量。在可见光区进行高分辨率的光谱测量，可识别不同污染的水体各自不同的吸收特征和散射特征。

图 3.3 中曲线 1 是清洁水体的反射光谱曲线，这种水体的光谱反射率总体上比较低，在绿光处有一反射峰，最大峰值处的反射率在 5%左右，蓝光和红光部分的反射率在 3%左右，近红外部分（700～900 nm）极低，一般不到 1%。曲线 2 是富营养化水体光谱曲线，由于水体受污染后，水中氮、磷含量高，富营养化的水，蓝藻含量极为丰富，叶绿素的含量极高，从反射光谱曲线上看，明显具有植物的光谱特征，即绿光和近红外反射率高，蓝光和红光反射率低。这种光谱特征是受水体中蓝、绿藻类叶绿素控制的结果。曲线 3 和 4 分别是受生活污水和工业废水影响的水体光谱特征，这些水体有机污染极为严重，水质呈深灰或黑褐色，常带有臭味，其反射光谱特征不明显，反射率极低，无特征峰，但比清洁水的反射率要高。

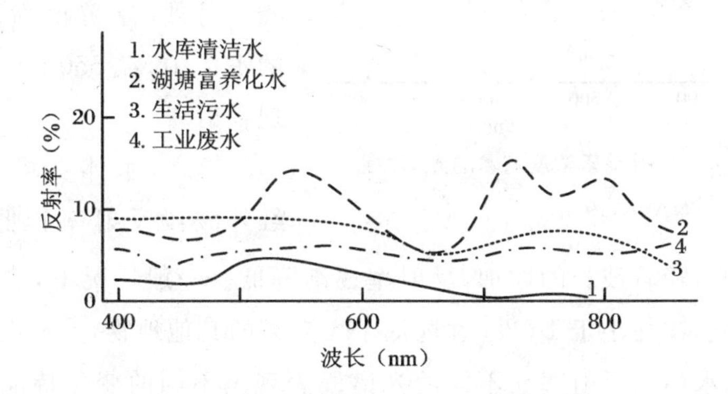

图 3.3 各种水体的反射光谱曲线

油类污染监测是水环境污染监测的重要项目之一，为了较深入地研究其光谱特性，进行了一次专门的模拟试验（徐兴新，1988）。用四个直径为 130 cm，高为 50 cm 的木盆装满珠江水，在其中三个盆中施放汽油、柴油和机油，然后测其光谱，几种油膜的光谱反射率曲线见图 3.4 所示。从光谱曲线上可以看出，不同油膜在 550 nm 波长前略有差异，在其之后差别消失。

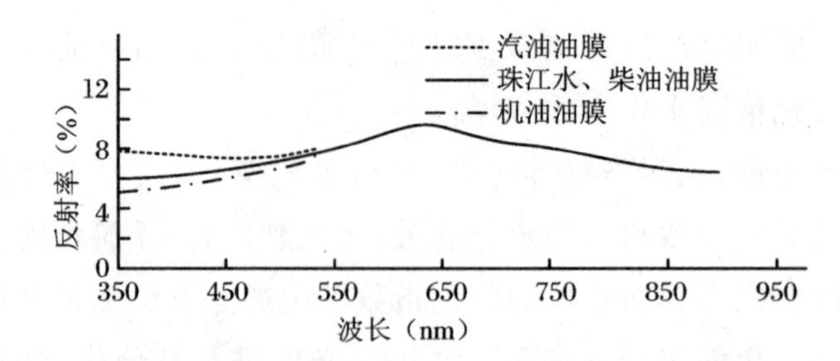

图 3.4　几种不同油膜水体的反射光谱曲线(徐兴新,1988)

图 3.5 是 1972 年美国 NASA 测得的一组不同叶绿素浓度海水的光谱曲线,图中曲线 1、2、3、4 的叶绿素 a 浓度分别为 0.021 mg/m³,0.248 mg/m³,0.528 mg/m³,0.988 mg/m³。含有浮游植物的海面,水体具有类似的光谱特性,在波长 440 nm 处呈现一个强烈吸收峰,在 520 nm 处出现"节点"性质,也就是在此点不随浮游植物浓度大小而变化,在红波区域 685 nm 附近有明显的荧光峰。另外,浮游植物浓度较大的水体中,在 550 nm 处普遍出现辐射峰。

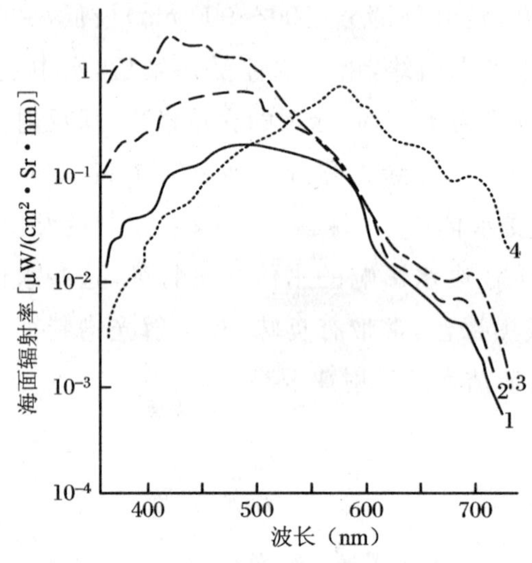

图 3.5　不同叶绿素浓度海水的光谱曲线
(NASA,1972)

总之,水体在可见光和近红外波段反射率较低,从可见到红外波段,随着波长的增加,反射率逐渐降低。一般情况下,清洁水体的反射率很低,往往小于 10 %,远远低于大多数的其他地物,受水生生物及杂质的影响,水体的反射率在不同的光谱段表现出不同的变化特征。纯净水体在蓝光谱段的反射率相对最高,而在近红外光谱段的反射则难以观测;含有叶绿素的清洁水体,反射率高的峰值区主要集中在绿光谱段,而且叶绿素越高则反射率的峰值越大;含杂质丰富和水体污染严重的水体,在各个光谱段的反射率相对清洁水体都有一定的升高现象。受污染水体反射率要比未受污染的低,而且随着水体有机污染程度的增加,水体在可见到近红外光谱反射率逐渐降低。这些水体的光谱特性为水体污染研究提供了比较充分的依据，是遥感技术来区分和识别污染水体的机理。

2. 水体遥感图像处理方法

水体污染状况可通过许多物理、化学和生物等参数来反映，水质的改变可引起水体物理性状及光谱特征的变化。污染水体与清洁水之间的差别不仅反映在光谱上，而且在遥感图像上也有所反映。这也是用遥感方法研究水体污染的基础依据。

传统的遥感信息提取和处理技术主要有假彩色合成、单波段灰度分割或多波段图像分类等方法。在实际应用中也取得了一定的效果。本研究主要的遥感资料为TM数据，TM有7个波段，其波段范围及用途见表3.2。

表3.2　TM各波段的光谱特征及用途

波段	波段范围(μm)	主要特征及用途
TM1	0.45～0.52	对叶绿素及浓度敏感，用于区分土壤和植被、针叶林与阔叶林，近海水域制图。
TM2	0.52～0.60	主要探测植物的绿色反射率，用于区分植物种类，对病害植物绿色反射率敏感。
TM3	0.63～0.69	对叶绿素吸收敏感，用于对植物分类。
TM4	0.76～0.90	对病害植物近红外反射敏感，显示水体的细微变化，用于生物量测定。
TM5	1.55～1.75	对植物含水量反应敏感，用于调查土壤湿度和植物的含水率。
TM6	10.4～12.5	对热异常敏感，用于植物热强度测定和地表热分布，水体温度变化制图等。
TM7	2.08～2.35	对植物含水量和矿物氢根敏感，能反映岩石的水热蚀变，用于地质制图等。

根据水体污染光谱特征可知，水体污染变严重，其光谱总体呈减小趋势，对应在遥感TM图像波段，即TM各波段灰度呈总体减小趋势，其中TM2和TM3波段降幅最大。从室内光谱看，TM1波段对于水色变化是很明显的，但由于受大气散射的影响，TM1波段的灰度明显变高，在一定程度上影响了对水体污染反映的灵敏度。近红外三个波段中，TM4波段相差最大，TM5和TM7波段的反射率较低，也影响了对水体的识别。水体有机污染越重，其外观色也越深，水色异常在遥感图像上有较为灵敏的反映，对有机污染的水体而言，有机污染越重，其在遥感图像上的亮度就越暗。因而对于水色遥感而言，可见光波段是较为理想的波段，含有丰富的水质信息。

利用彩色合成法进行污染监测时，TM2、TM3、TM1(或TM4)为比较好的组合，对于水体的反映也十分清楚，清洁水体呈浅蓝—蓝色调，而受污染水体呈深蓝—蓝黑色。

虽然图像彩色合成经增强处理后可以清楚地反映出水质污染的宏观特征和总体分布，但由于彩色合成图像用的是TM数据的原始数据，因原始数据影响因素较多，故彩色合成图像并不能灵敏地反映出水质污染的细微特征。一方面水体反射率总体偏低，一般合成不能很好地反映出水质的光谱变化，另一方面，图像合成的三个波段灰度与污染程度是呈同向变化的，如TM4、3、2合成中随着污染程度增加，三个波段的灰度都呈现递减特征。因而，除了图像彩色合成外，还选择了对原始图像进行变换，后再进行分类处理等图像处理技术，主要采取的变换有：IHS（亮度、色度、饱和度）变换、KL（主成分）变换，对数变换等。采取这些变换的原因是了解信息压缩和去相关处理后的图像数据是否能增强对由于污染引起的微弱的水质光谱变化，从而到达提取有用的信息，而压抑无用信息的目的。

对不同时相的图像进行了对数变换、IHS变换及主成分析等处理，处理结果表明，对数变换后，图像对水污染的识别能力有所增强，尤其TM2、TM3波段最为明显。图像经过IHS变换后，随着水体有机污染的增加，其明亮度（I）增加，饱和度（S）降低，而且降低幅度较大，这也反映出污染程度不同的水体在IHS彩色空间中能得到更为清楚的反映；主成分分析（KL变换）就是把原来TM波段信息重新排列组合，由于TM波段所包含的信息相互重叠，即存在明显的相关性，经变换后，构成最小个数的独立新变量（主成分），从而简化变量并揭示其内在变异的原因，并且这些新变量间彼此互不相关，它更集中、更明显地表示新研究对象的主要特征信息。对于水体信息而言，在可见光及近红处波段最能反映出水体信息特征，因而，通常对TM2、TM3、TM4进行主成分分析，分析后，第一主成分（KL1）集中了三个波段的所有方差，主要反映三个波段的亮度信息，第二主成分（KL2）和第三主成分（KL3）能反映水体较弱的信息，提高了对水质变化而引起的光谱微弱变化的探测灵敏度。

另外，为了定量了解水质的空间变化和确定水污染的不同程度，可以对图像数据进行分类处理。图像分类的依据是由各波段图像灰度组成的多维空间中相对“距离”或相似度的大小来确定的，分类后的图像更能灵敏地反映出水质变化规律，可将水体根据实测点的数据分为不同等级。

3. 污染水体的遥感影像特征

由于水体受不同污染源的影响，污染水体的光谱反射率相应变化，在遥感影像上表现为不同的色调特征。被污染水体的遥感影像色调要视污染而定。图3.6分别是不同水体的彩色彩红外影像特征。图3.7为珠江广州河

清洁水体的彩红外遥感影像

有机污染严重水体的采用红外遥感影像

富营养化水体的彩红外遥感影像

悬浮泥沙高水体的彩红外遥感影像

图3.6　不同水体的彩色彩红外影像特征

图3.7　珠江广州河段污染水体的遥感TM影像特征图

段污染水体的遥感TM影像特征图。表3.3、表3.4列出了几种污染水体的光谱特征和在彩色、彩红外的遥感影像特征。

表3.3 几种污染水体的光谱特征和遥感影像特征

水质类型	清洁水	工业、居民生活污水	富营养化水	泥沙含量较高的水	受污染的珠江水
彩色红外片	暗蓝色	黑色或深灰色	粉红色	较明亮的青色	略同前者但稍暗
真彩色片	暗绿色	黑色或深灰色	亮绿色	较明亮的绿色	略同前者但稍暗
光谱特征	反射率低，有绿光反射峰，近红外几乎无反射	反射率极低，无反射峰出现	具有绿色植物的反射光谱特征	有较高的反射率，峰值在较长波处	反射率比前者稍低
实例	麓湖	鸭墩水，东濠涌	流花湖	珠江雅岗河段	珠江二沙头河段

表3.4 污染水体的遥感影像特征

水体类型	天然彩色片	彩色红外片	相关标志	地理位置
较清洁水	暗绿色	深蓝色	无污染源，或远离污水排放点	山塘、水库及珠江上游
轻污染水	绿色稍暗	蓝色	离污染源、污水排放点较远	珠江中游、黄埔新港，莲花山等
中污染水	灰紫色	暗蓝色	离污染源及污水排放点较近	
重污染水	墨绿	灰黑色	在污染源附近	广州造纸厂、黄沙码头、珠江西桥等珠江前航道
严重污染	深灰、灰黑	黑色	污染源、污水排放点周围	广州市区各河涌、污水塘、车陂涌
泥沙含量高	黄绿色	浅青色	珠江及农田河涌出口	珠江河流中游
富营养化水	亮绿色	淡紫红色	有生活污水排入的湖塘	流花湖、荔湾湖及市区内长绿藻的污水塘

二、植物波谱和图像特征

1. 植物波谱特性

植物在其生长过程中，由于本身的结构及叶绿素和水分含量等因素，它对太阳辐射有选择地吸收和反射，这就决定了植物独特的光谱反射特性。由于植物种类的差异，生长状况和物候期的不同，加上环境的影响，都会造成植物光谱反射率的差异。植物在生长过程中，受到某种环境污染物的影响后，其内部结构、叶绿素和水分含量等都发生了不同程度的变化，也导致植物光谱特性的差异，污染越严重，其差异也就越大，我们通过它们的光谱特性的变化，来监测植物受大气污染的情况。

典型的绿色植物具有与其他地物差别很大的光谱特征。在绿色植物的反射光谱特征中，450 nm 和 680 nm 处为叶绿素吸收带，在这两个带之间由于吸收率降低而在 550 nm 处出现反射峰。反射红外(710～1 300 nm)波长部分的光谱特征主要受叶片的细胞构造所控制，一般正常的植物在反射红外部分具有很高的反射率，在 1 400 nm 之后主要受叶片中含水量的控制，在 1.4～1.9 μm 存在多个水的吸收峰。一般来说，绿色植物对紫外光吸收率高达 88%以上，反射率小于 10%，在可见光部分，70%～80%被吸收，反射率为 10%～20%；红外部分，反射率高达 40%～60%，在 0.55 μm 处有一叶绿素的反射峰，在其两侧大约为 0.45 μm 和 0.68 μm 处有两个叶绿素的吸收谷，其中 0.68 μm 处更明显，在 0.70 μm 以后的近红外波段急剧上升，在 0.74 μm 左右变化渐缓，红外波段的反射率比可见光波段高达数倍甚至十几倍，这一段称为“陡坡效应”。

绿色植物叶片对太阳辐射的反射光谱在可见光谱段主要受色素的影响，在近红外谱段受细胞构造的影响，在中红外和反射红外谱段主要受水分含量的影响。叶片中所含色素主要包括叶绿素、叶黄素、胡萝卜素、花青素和白色素等。绿色植物在可见光谱段主要受色素的影响，所含色素的吸收光谱在可见光谱段有两外峰区，即 360～540 nm 和 630～680 nm，吸收强的谱段，反射率小。叶绿素 a 在 430 nm 和 660 nm(660～700 nm)处各有一个强的吸收峰，并且在 430 nm 处的强度是在 660 nm 处的 1.3 倍。叶绿素 b 在 450 nm 和 640 nm 处(640～650 nm)各有一个强的吸收峰，并且 450 nm

处的吸收强度是640 nm处的3倍。类胡萝卜素的吸收峰在460～490 nm和670 nm。530～590 nm是藻胆素中藻红蛋白的主要吸收带。其他色素均有不同的波谱特征，但在近紫外和可见光波段，影响植物波谱特征的主要因素是叶绿素a、b和类胡萝卜。由于在植物体中叶绿素a的含量三倍于叶绿素b的含量，故叶绿素a对植物反射光谱特征的影响更为明显。其中叶绿素a在680 nm和700 nm处的吸收作用最强。同时，叶绿素每同化一个CO_2分子，放出一个氧，需要吸收八个光量子，其吸收光的作用很强，故绿色植物叶面波谱在蓝绿光(400～450 nm)和红光波段(650～700 nm)的吸收率均大于90%。另外，植物叶冠反射波谱红端陡坡的斜率与植物单位叶面积所含叶绿素(a+b)的含量有关。

当植物受到某种因素的影响时，其反射光谱会发生变化，如大气污染引起植物生长受到压抑，其反射光谱在波长400～900 nm范围之间发生变化，那么在对此光谱范围敏感的彩色遥感图像就会有所反映，从而达到利用植物的遥感影像来判断或监测大气污染的目的。

2. 植物图像特征

植物受大气污染环境影响后，其本身的生长发育、生理生态等方面都会发生变化，根据测得的植物光谱特性分析，植物随大气污染程度不同，植物的光谱特性不同程度地相应改变，在可见光部分，叶绿素的反射峰减弱，而在橙红光部分，反射率迅速增高，红外部分其反射率下降明显，下降幅度较大，因此在遥感影像上植被的色调相应发生了改变，图3.8分别为植被在不同污染区的遥感彩红外影像特征图。

植物在不同环境条件下的生长状况有所不同，在大气污染程度低的地区，植物枝叶生长正常，而在大气污染程度高的地区，植物的叶变色，枝变短，枯枝明显，出现坏死斑，个别甚至全株死亡。另外，由于大气污染受季节风向、地形及污染源强度等各种因素影响，形成植物污染生态场，它们的形态特征、分布范围各有不同。通过分析图像上植物的颜色及形态变化，能大致发现污染生态场的形状，再通过定点定量测算确定污染范围及等级。从植被在彩红外影像图上可以看出，清洁区及较清洁区植被呈深红或品红色，图案明亮清晰，轻污染区植被呈阴红色，中污染区植被呈暗红色，图斑有些模糊，而重污染区植被呈墨黑色，图案模糊，各不同污染区植被的遥感彩红外特征列于表3.5中。因而，在遥感彩红外片上，受大气污染的植物影像特

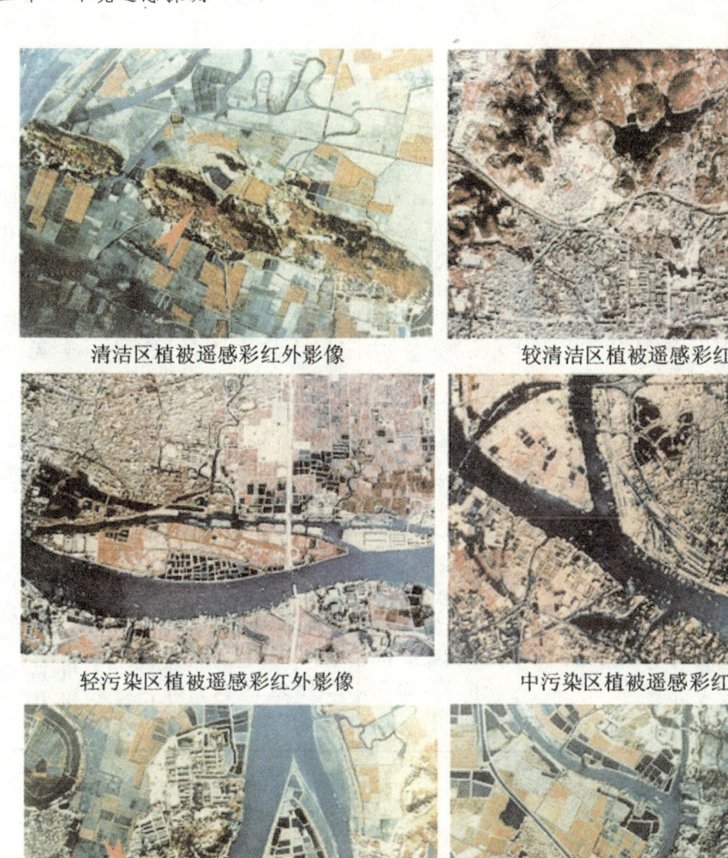

清洁区植被遥感彩红外影像　较清洁区植被遥感彩红外影像

轻污染区植被遥感彩红外影像　中污染区植被遥感彩红外影像

重污染区植被遥感彩红外影像　超重污染区植被遥感彩红外影像

图 3.8　不同污染区植被遥感彩红外影像特征图

征表现为红色减少而绿色增强，颜色由红或紫红转变为红橙或土红色，污染严重则变成灰红或灰黑色。因此，可以通过分析植物的影像色调变化可以定性地划定不同地区的污染等级。

表 3.5　不同污染区植被的遥感彩红外特征

污染等级	Ⅰ级 清洁区	Ⅱ级 轻污染区	Ⅲ级 中污染区	Ⅳ级 重污染区	Ⅴ级 严重污染区
色调特征	地物图案明亮清晰，植物图斑呈深红或品红色	地物图案较清晰明亮，植被图斑呈阴红色或紫红	地物图案灰亮，植物图斑呈暗红	地物图案灰暗或灰黄色，轮廓有些模糊，植物图斑呈土红色或暗橙色	地物图案模糊，呈阴暗，植被图斑多呈墨黑色或灰黑色

续表

污染等级	Ⅰ级 清洁区	Ⅱ级 轻污染区	Ⅲ级 中污染区	Ⅳ级 重污染区	Ⅴ级 严重污染区
形态特征	树叶落叶、发芽与对照区一样,枝叶茂盛,清晰可辨,树木发育生长良好	基本上与清洁区一样,形态无明显变化	树木落叶稍早,发芽稍迟,可见部分网络状枝条,有花斑状树叶,图斑变小,形态有变化	树木落叶较早,发芽迟,树形呈网络状,有大量枯枝,树叶花斑状多,形态较稀落,生长发育受抑制。	树木落叶早,发芽迟,网络状明显,枯枝多,花斑状、缺口树叶增多,生长受严重压抑,树冠图斑小,或无图斑。
污染相关标志	周围无污染源,植物生长发育良好	离污染源较远	离污染源较近,但无大污染源,植物生长发育一般	离污染源较近,且污染源较多	在污染源附近,污染源多,或有大污染源
举例	位于郊区的风景区,如白云山、龙洞等	工厂较稀疏,居民区,如越秀山、东山湖等	在城区内,工厂不多,污染不大,如城区内的风景区或机关,如荔湾湖等	城区内工厂较密集或工厂是大气污染源,如荔湾区、越秀区部分地区及广州氮肥厂等	大多为污染源附近,如西村电厂、广州水泥厂、广州钢铁厂、广州造纸厂、广州化工厂等

第三节　广州地区大气污染的植物光谱效应

一、植物样品采集与测量方法

1. 植物采样点和植物品种的选择

植物样品采集于不同环境污染区的典型地点,选择的典型地点主要为广州钢铁厂、西村发电厂、广州造纸厂、广雅中学、海珠广场、省医门口、黄埔、麓湖、五山地球化学所和华南植物园等,采样位置见图 3.9。

这些典型区主要是依据各区的大气污染类型和程度来划定的,每个点采集的植物主要有大叶榕、小叶榕、木麻黄、番石榴及马尾松等植物树种,各树种以树冠顶部老叶作为测量的样品。

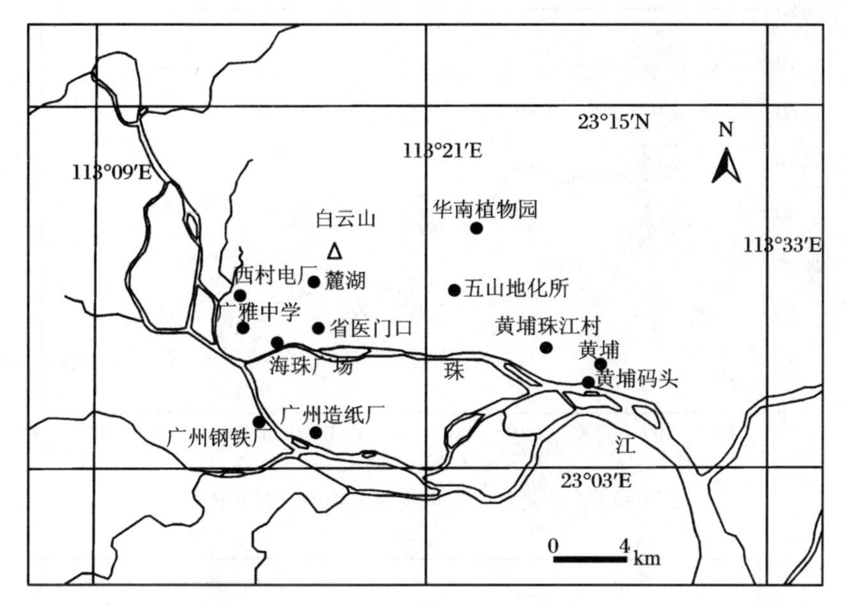

图 3.9　广州地区植物采样位置示意图

2. 植物样品的测量方法

光谱测量主要在室内完成，野外采集的样品在 24 小时内送回室内，进行光谱测量。测量仪器为日立 UV－340 型双光束分光光度计，测量误差≤1%，波长分辨率优于 0.2 nm，测量波长范围为 380～2 500 nm。每个样品都采摘 5 个叶片，测量时将这 5 个叶片重叠在一起，测量一次后，取出样品，用脱脂棉擦去吸附在叶面上的尘粒，再测量一次，这两次测试的数据分别为脏叶和净叶植物的光谱数据。

二、植物光谱效应分析

图 3.10 和图 3.11 分别为广州地区污染区和清洁区不同植物的反射光谱曲线。图 3.12～图 3.15 为广州地区不同污染环境下各种植物的反射光谱图。从这些图中可以看出，不同植物的光谱特征都有差异，在清洁区，可见光部分各种植物的差异较小，近红外反射率差异较大，大叶榕、石榴树等植物的近红外反射率明显高于其他植物，马尾松和木麻黄(针叶)植物的光谱反射率相近，在近红外部分的反射率明显低于大叶榕、小叶榕等(宽叶)植物 。在污染区，污染物对不同植物的影响程度有所差异，在可见光波段，各

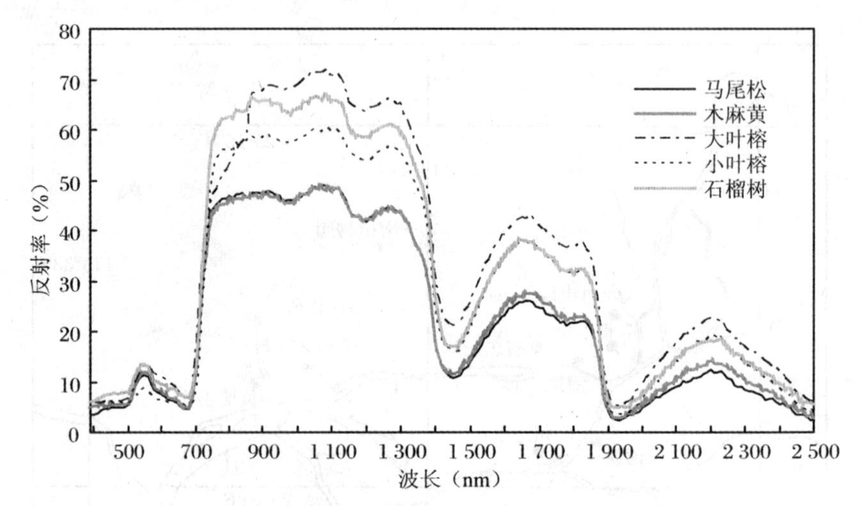

图 3.10 广州地区污染区不同植物的反射光谱曲线

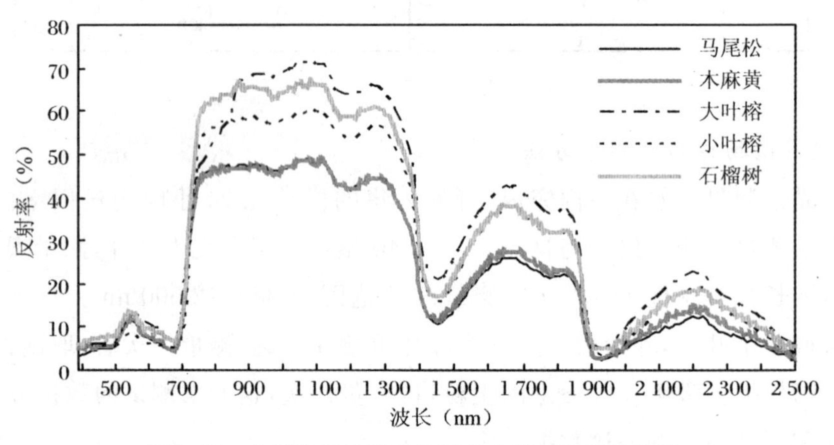

图 3.11 广州地区清洁区不同植物的反射光谱曲线

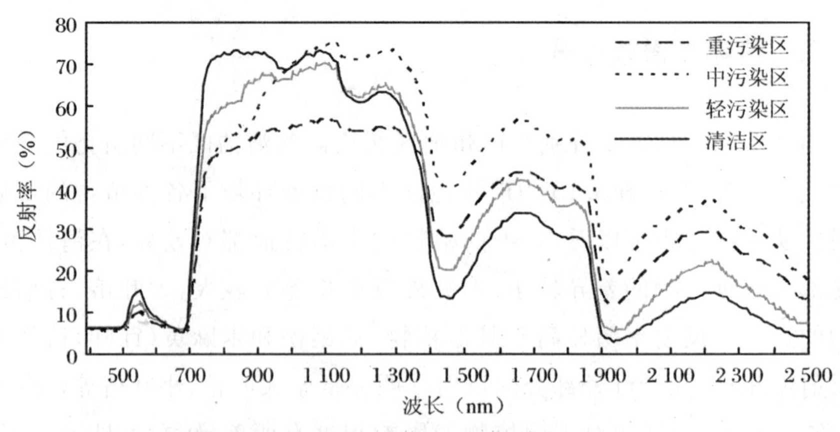

图 3.12 广州地区不同污染环境下大叶榕反射光谱图

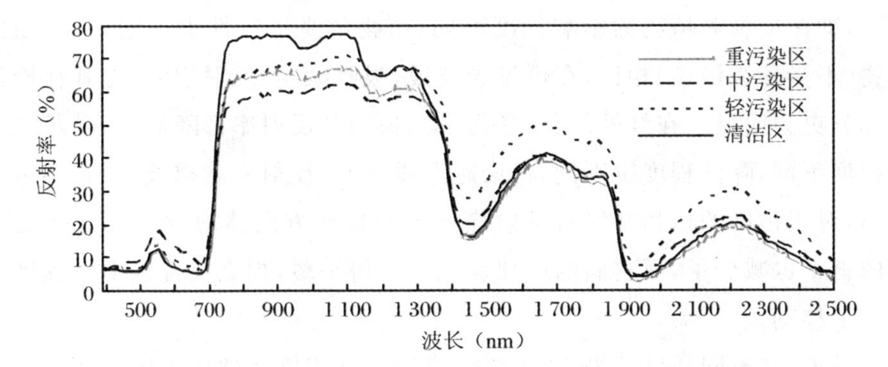

图 3.13 广州地区不同污染环境下小叶榕的反射光谱图

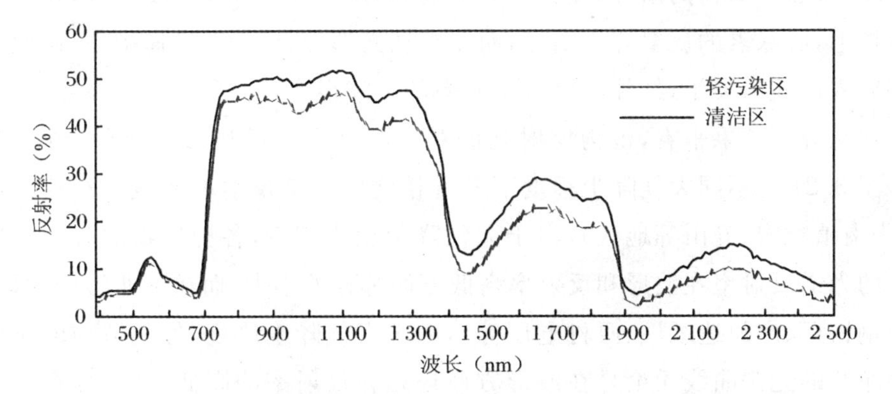

图 3.14 广州地区不同污染环境下马尾松反射光谱图

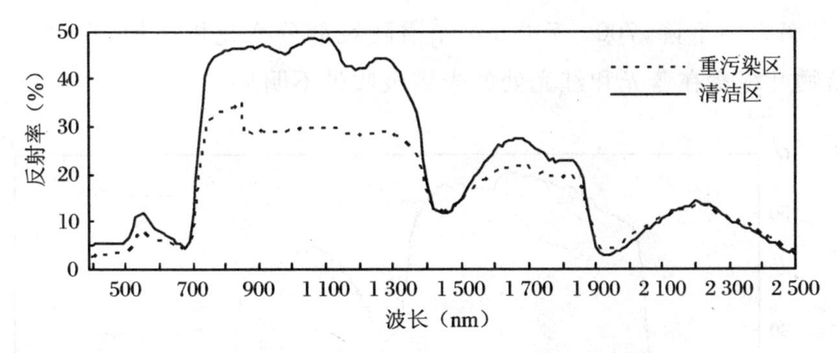

图 3.15 广州地区不同污染环境下木麻黄反射光谱图

种不同植物的差异也较小，在近红外波段其差异变大，小叶榕在近红外反射率最高，木麻黄（针叶）反射率最低，大叶榕、石榴树、相思树反射率相近，略有区别。因而，可以看出不同植物都有各自的光谱反射特性，用光谱可以区别出植物的种类，尤其可以明显地区别针叶植物和宽叶植物。

从图 3.12～图 3.15 可以看出，不同污染环境下，植物受环境污染程度不同,即污染物对植物的影响程度不同,植物的光谱特性也不同,与清洁区植物(不受环境污染)相比,在可见光波段,吸收减弱、反射增强,尤其在橙红光部分更为明显。在红外部分,受污染的植物其反射率都降低了,受环境污染程度不同,降低程度也不同,污染越严重,红外反射率就越低,同时还可以看出,对于污染的植物叶绿素反射峰波长向长波方向移动,在 0.7 μm 处上升的斜率也减少了,而它们的肩部变化也变得平缓,拐点位置也不同程度地发生了移动。

另外,在不同环境污染下,大气污染物不同程度地破坏了植物叶绿素的组织,吸收了植物的水分,使其生长变得矮小,叶片发黄,枯枝增多,在光谱特性上,叶绿素的反射峰不明显,而在橙红光部分,反射率迅速增高,吸收峰不同程度地消失了,红外部分的反射率却下降很多。

从分析结果来看,植物反射光谱对大气降尘的反映最为突出,图 3.16～图 3.21 为不同大气降尘程度下各种植物的光谱反射率曲线。在清洁区(华南植物园、五山等地区),由于大气降尘相应较少,各种植物的脏叶和净叶的光谱反射率在波形和反射率高低方面都相差不大,而在工业污染区(广州钢铁厂、广州造纸厂、西村电厂等),由于大气降尘严重,各种植物的脏叶和净叶的光谱曲线无论是在波形方面还是在反射率的高低方面,都存在着较大的差异,而且大气降尘越严重,其光谱反射率的差异越大。在近红外部分反射率大幅下降,700～740 nm 光谱陡坡部分变化极平坦;在可见光部分,植物叶绿素在蓝光和红光处的光谱吸收带不明显。

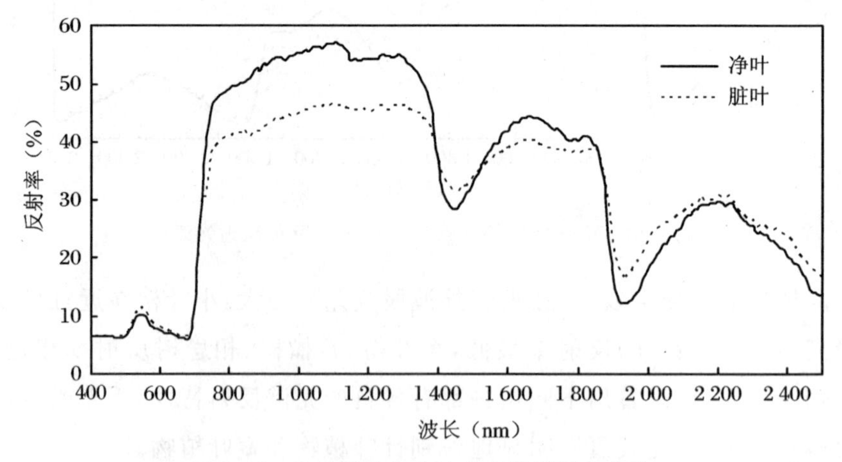

图 3.16 广州钢铁厂大叶榕光谱反射率曲线

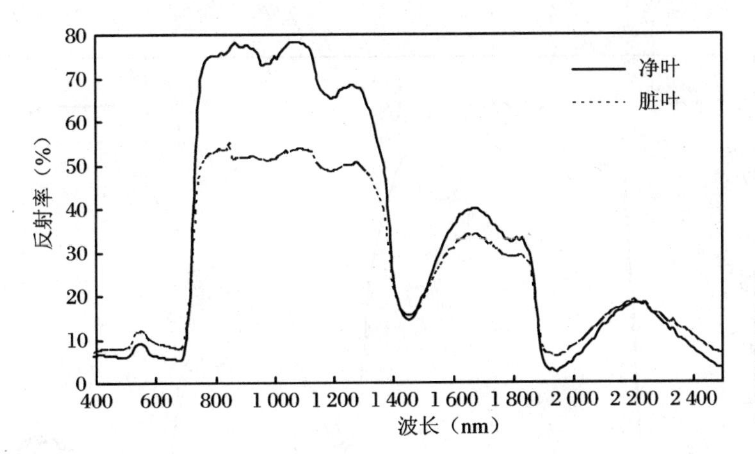

图 3. 17　广州钢铁厂小叶榕光谱反射率曲线

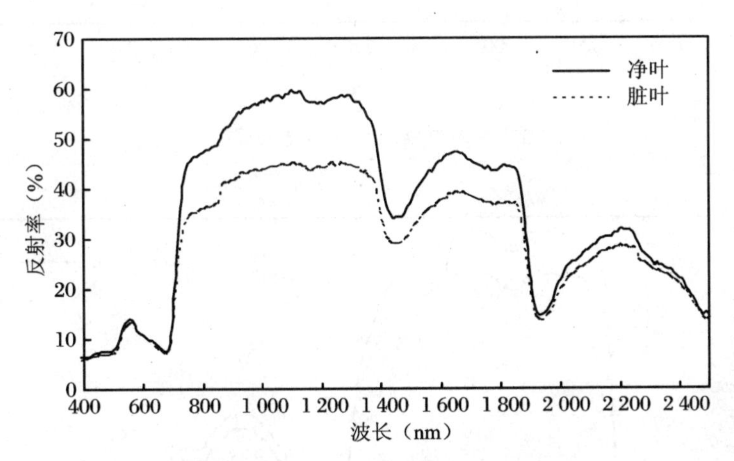

图 3. 18　海珠广场大叶榕光谱反射率曲线

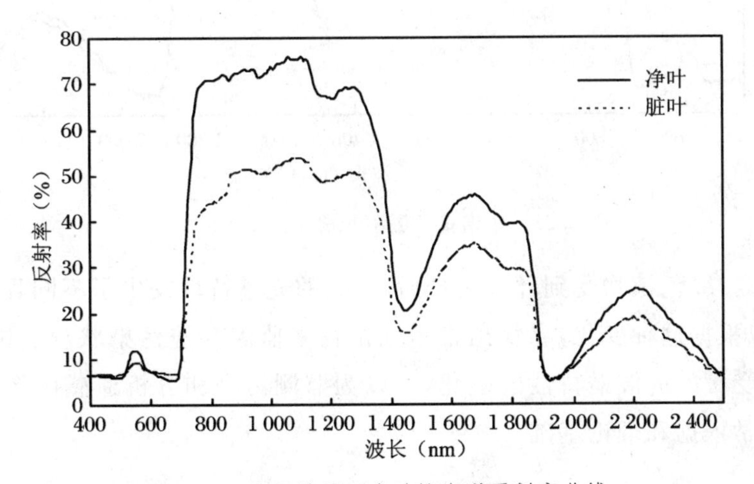

图 3. 19　广州造纸厂小叶榕光谱反射率曲线

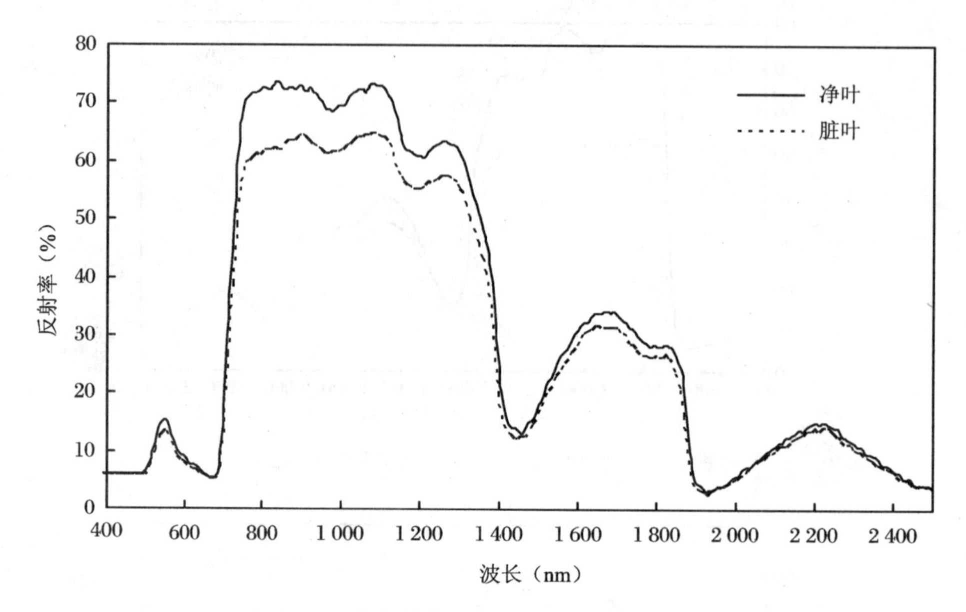

图 3.20　华南植物园大叶榕光谱反射率曲线

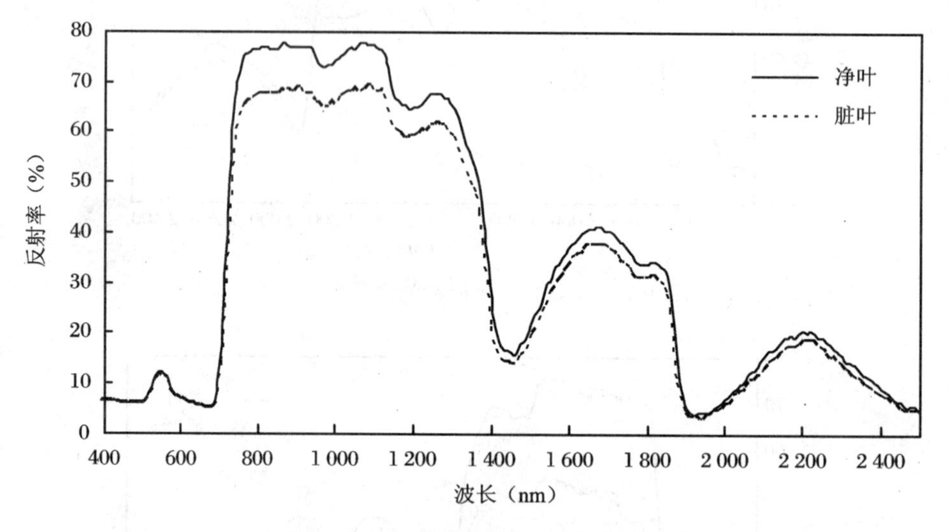

图 3.21　华南植物园小叶榕光谱反射率曲线

总之，绿色植物受到环境污染后，它们的光谱特性发生了不同程度的变化，可以根据这种变化，寻找出指示性植物来监测环境污染状况。因此，研究植物受污染的波谱特性的变化，可以为监测污染和分析遥感图像提供可靠的科学依据和理论基础。

第四节　大气污染的生物地球化学遥感机理与模型分析

一、大气污染植物的环境地球化学特征

1. 大气污染对植物的影响

环境污染物中微量元素对植物的生物地球化学效应，自20世纪70年代以来，已越来越多地受到世界各国学者的重视，成为一个令人瞩目的新领域。在大气污染物中大量存在着对植物有毒害的微量元素及重金属元素，主要有N，P，K，S及其化合物，Fe，Hg，Cd，Pb，Cr，Zn，Cu，Co，Ni，Sn等金属元素。植物通过呼吸作用和根系吸收大气中的重金属元素，重金属在植物体内参与植物的生理循环，影响植物的正常生长发育和生理生态特征。

当植物吸收污染物质超出一定极限时，植物的生理生态在一定程度上发生变化，受毒症状主要表现为植株萎蔫，叶片出现条斑纹并变黄，破坏叶绿素，出现失绿现象，过早落叶等症状。表3.6列出了大气污染中常见的重金属元素对植物的环境生物地球化学效应特征。

表3.6　大气污染中常见的重金属元素对植物的环境生物地球化学效应特征

元素	正常量(ppm)	毒性	过量或毒性作用对植物的生理效应
Fe	100	弱	植物对Fe的正常需要量为35～200 ppm，缺Fe则叶绿素被破坏，发生叶脉间失绿现象，当Fe^{2+}含量超过10～25 ppm时，植物生长受阻，老叶新叶出现棕斑。
Zn	20～50	中	适量Zn为18～20 ppm，缺Zn叶片失绿，光合作用减弱，节间缩短，植株矮小，抑制生长，过量Zn伤害根系，使根生长受阻，老叶出现褐色和紫红色斑点，直至死亡。
Pb	10～30	强	积累在根、茎、叶中的Pb，影响植物的生长，减少根细胞有丝分裂速度，影响光合作用、蒸腾作用强度和细胞代谢作用。
Cu	1～17	强	Cu的适量值为3～20 ppm，少于3 ppm出现缺Cu病，Cu过量使植物生长发育产生危害，直至死亡，出现退绿，光合作用减弱，造成缺Fe，阻碍植物对其他元素的吸收，使根尖硬化，根毛少，形成缺水和叶枯病，直至死亡。

续表

元素	正常量(ppm)	毒性	过量或毒性作用对植物的生理效应
Cr	0.05～1.0	强	缺Cr影响植物正常生长，Cr大于80 ppm时，对植物有显著的抑制作用，Cr^{6+}毒性极强，Cr^{3+}毒性弱，Cr的毒害作用表现在植物生长方面。
Cd	0.02～0.5	强	过量Cd破坏叶绿素结构，降低叶绿素含量，叶体发黄退绿，叶脉成酱色、变脆、萎缩，表现为缺Fe症，叶片受伤害，生长缓慢，植株矮小，根系受抑制，造成生长障碍，高浓度Cd会使植物死亡。
Ni	1～3.4	强	大于200 ppm时抑制植物生长，阻碍Fe的吸收，引起缺绿病，叶体出现白色坏死斑点，根萎蔫，影响根部代谢发育，并不会开花结果。
Hg	0.01～100	强	受汞蒸气毒害，叶、茎、花瓣、花梗、幼蕾的花冠变成棕色或黑色，严重者叶和幼蕾掉落。
As	0.2～1	极毒	As大于75 ppm时，出现As中毒，阻碍植物生长发育，使叶片脱落，破坏根叶组织，使植物枯死，As阻碍水和氮的吸收，使叶片发黄，影响呼吸强度，阻碍生长发育。

许多植物对于工业排放的有毒害物质十分敏感，当大气受到有毒物质污染后，植物就产生了“症状”而输出某种信息，据此，就可以判断污染物质的种类并进行定性分析，还可以根据受害的轻重和受害的面积大小，判断污染的程度而进行定量分析，此外，还可以根据叶片中污染物质的含量、叶片解剖构造的变化、生理生态机能的改变、叶片和新梢生长量、年轮等，鉴定大气污染的程度。研究表明，菠菜、胡萝卜等可监测二氧化硫；杏、桃、葡萄等可监测氟化氢；番茄可监测臭氧；棉花可监测乙烯等。

表3.7中所列的可吸收污染物的植物和对污染物敏感的植物，这些植物可用来进行环境质量的生物监测。对于植物吸收污染物质时，污染物超出一定极限，植物吸收这些污染物进入植物体内，植物的生理生态在一定程度上发生变化。

表3.7　空气污染对植物敏感性(王翊亭等，1985)

污染物	可吸收毒物的植物	对毒物敏感的植物
二氧化硫	银杏、柑橘、核桃、丁香、山茶、榆树、枣、臭椿、柽柳、夹竹桃、无花果、冬青、侧柏、女贞等(梧桐、槐树、合欢、山楂、云杉、柿、桂花、玉兰、桑树、石榴、板栗、龙柏等次之)。	大麦、棉花、连翘、苹果树、油桐、落叶松、马尾松、向日葵、芝麻、葱、地衣、枫杨等。
氟化氢	茶树、山茶、柑橘、无花果、夹竹桃、枣、云杉、大叶黄杨等。	唐菖蒲、雪松、杏、李、葡萄等。

续表

污染物	可吸收毒物的植物	对毒物敏感的植物
氯　气	刺槐(吸收42公斤氯/公顷) 银桦(吸收35公斤氯/公顷) 蓝桉(吸收32.5公斤氯/公顷) 落叶树强于常青树。	萝卜、白菜、桃、百日草、荞麦、韭菜、葱、落叶松、油松等。
光化学烟雾	银杏、夹竹桃、洋槐、橡树等。	
臭　氧		烟草、丁香、葡萄、燕麦等。
氮氧化物		秋海棠、烟草、向日葵、番茄等。
汞蒸气	夹竹桃、棕榈、樱花、桑树、大叶黄杨、广玉兰、月桂、桂花、美人蕉等。	
铅粉尖	杨树、桑树叶等。	
锌、铜、铜、铁等粉尘	铃木、天仙果、五瓜楠、日本木姜子等。	
醛、醚、醇	桂香柳、加拿大白杨等。	

环境污染中污染物质很多,汞是水体、大气、土壤常见的污染物质,土壤中汞主要来源于成土围岩,受土壤中胶体成分、有机质含量、土壤形成过程的物理化学条件控制,大气中汞含量主要来源于汞矿和汞污染源。化工生产中汞的排放是水体中汞的主要污染源。在汞污染区,植物能直接由根系和叶面吸收土壤和大气中的汞。植物体内的含汞量随汞污染中汞的含量增加而增高,一般说来,针叶植物吸收累积的汞大于落叶植物,在污染的土壤中,粮食作物的含汞量为:稻谷＞高粱＞玉米＞小麦;稻谷＞蚕豆＞小麦＞菜科;蔬菜作物是:根菜＞叶菜＞果菜等等。汞在植物各部分布规律为:根＞茎＞叶＞籽果。植物受汞污染时间越长,植物损伤越重。

铅是环境污染中最常见的污染物质,铅对大气环境污染随着人类活动以及工业的发展而日趋加重,几乎在地球上每个角落都能发现它的踪迹。在城市里,汽车是最严重的铅污染源。植物中的自然含铅量变化很大,大多数植物含铅量在0.2～3.0 ppm,森林地区某些植物叶中的含铅量可达到30 ppm,某些水生物含铅量达106 ppm。在受铅影响的土壤中生长的植物含铅量特别高。在加拿大某铅矿附近生长的花旗松,其两年生小枝的含铅量高达1 100 ppm(灰重),而本底植物的含铅量只有38 ppm(灰重)。在公路边进行监测表明,有50%的铅降落在公路两侧数百米范围内,余下的

50%则以极细的颗粒飘尘向远方扩散。表3.8列出了植物含铅量与距离公路远近的关系。从表中可以看出,植物的含铅量随着与公路距离的增加而迅速降低。表3.9说明了公路旁植物中Cu,Pb,Cr,Ni等毒性元素含量与汽车流量成正相关关系。

表3.8 植物含铅量与距离公路远近的关系

距离公路右侧距离(m)	植物中的含铅量(干重,单位ppm)
0	279.3
91	34.2
182	11.6
273	8.5
364	6.5

表3.9 新西兰公路旁植物污染情况

汽车流量(车次/24小时)	重金属污染程度(ppm)			
	Cu	Pb	Cr	Ni
>50 000	30	350	4.0	3.7
40 000~50 000	23	320	3.1	4.3
20 000~39 999	17	270	2.6	3.0
10 000~19 999	13	140	2.4	2.6
背景值	10	5	0.6	0.9

植物对铅的吸收与累积,取决于环境中的铅浓度、土壤条件及植物的种类与部位,还有叶片的大小和形状。植物利用根系吸收土壤中的铅,当土壤中的铅浓度增加时,也会使植物的含铅增加。大气中的铅一部分经雨水淋洗进入土壤,一部分落在叶面上,有些植物叶表面有一层角质层保护,铅不易被植物吸收,但在某些植物上部的叶和茎受大气中的铅污染比下部严重,一般植物上部叶和茎的铅浓度变化比下部大三倍,散布在空气中的铅,可以通过张开的气孔进入叶内,铅进入植物体内后,可影响植物的生长发育,影响植物的光合和蒸腾作用,导致植株高,叶量生物量、产量下降,也直接影响细胞的代谢作用。此外,铅致使植物染色体和细胞核的畸变也是典型的中毒症状。

酸雨也是大气污染中较为严重的现象之一,已经在北半球广泛频繁出现，成为当今全球性面临的主要环境问题之一。在酸雨中，其主要化学组成为，阳离子：NH_4^+，Ca^{2+}，Na^+，K^+，Mg^{2+}，H^+，阴离子：SO_4^{2-}，NO_3^-，Cl^-，HCO_3^-等。酸雨能直接损伤树木枝叶梢头，也能改变土壤性质从而间接影响树木生长。针叶树最容易受到酸雨的危害，加拿大的松树在生长季节遇到SO_2浓度为45 μg/m³时即会出现明显的损伤。据在四川和贵州的调查，在降水酸度轻即降水年平均pH＞4.5的地区，林木的生长情况正常，未受到明显的伤害。重庆市近郊南山降水pH＜4.5，马尾松针叶受害严重，而远离市区降水pH＞4.5的江津等地，马尾松针叶基本上未受害，其叶绿素含量为前一地区的1.4～2.1倍，降水pH＞4.5的各地，20年左右的马尾松生物量远远大于pH＜4.5的南山区，其差别可达3～4倍。

总之，大气污染对植物影响很大，植物叶片对大气污染最为敏感。植物通过根和叶片大量地从土壤、水体、大气中吸收这些有害元素，在植物体内积累，超过一定浓度极限时，对植物的生长发育，生理生态产生影响，受害症状主要有植株萎蔫，叶片出现条斑纹并变黄，破坏叶绿素并出现失绿现象，过早落叶等。不同的大气污染能造成植物外部形态、生化生理和生长发育状态上的不同，使叶片上的症状表现也不同。

环境中污染物质对植物产生生物地球化学效应致使植物的叶面结构、叶绿素的含量、色素、水含量变化等，而这些变化直接影响了植物的反射光谱特征，使植物的反射光谱特征明显发生变化。

2．植物的环境地球化学特征

植物的生理、生态特征随着大气环境污染程度的轻重而随之变化。本文以广州市城区受污染植物为例，探讨植物的环境地球化学特征，进而对广州市的大气污染程度做出合理的判断。

植物的采取以广州市广泛分布的小叶榕、大叶榕等为主，并进行植物重金属元素含量测定，分析结果见表3.10～表3.12和图3.22、图3.23。

表3.10　广州地区大叶榕植物叶片中重金属元素含量

采样号	采样位置	Cu	Pb	Cd	Cr
P4	西村电厂	11.9	12.8	0.08	5.8
P7	西村电厂	9.6	12.9	0.04	7.1
P9	广雅中学	13.9	12.2	0.21	6.3

续表

采样号	采样位置	Cu	Pb	Cd	Cr
P12	广州钢铁厂	15.1	50.7	1.10	7.2
P18	广州造纸厂	14.1	13.6	0.09	8.0
P20	海珠广场	9.6	20.9	<0.03	6.5
P24	黄埔码头	11.9	16.5	0.11	2.7
P25	黄埔	8.0	18.9	0.31	2.9
P32	华南植物园	5.8	5.1	0.04	1.0
P33	华南植物园	5.9	8.2	0.10	1.3
P39	五山地化所	8.4	2.0	0.11	2.1
丰度值		14	27	0.005	0.23
富集系数		0.41～1.08	0.07～1.88	6～220	4.35～34.78
毒性		强	强	中	强

注:重金属含量单位:mg/kg。

表 3.11 广州地区小叶榕植物叶片中重金属元素含量

采样点	采样位置	Cu	Pb	Cd	Cr
P2	麓湖	8.1	17.0	0.17	5.6
P5	西村电厂	9.7	10.6	0.08	5.7
P8	广雅中学	8.9	11.9	0.08	2.3
P13	广州钢铁厂	11.7	39.7	0.85	6.0
P14	广州钢铁厂	11.5	43.4	0.77	8.0
P17	广州造纸厂	9.3	19.3	0.12	3.6
P19	海珠广场	10.0	33.1	0.08	5.3
P21	省医门口	8.4	18.2	0.07	2.9
P26	黄埔	12.7	31.1	0.29	4.4
P28	黄埔	7.8	13.4	0.12	1.5
P31	华南植物园	8.1	10.6	0.05	1.6
P40	五山地化所	10.1	1.4	0.08	1.9
丰度值		14	27	0.005	0.23
富集系数		0.56～0.91	0.05～1.61	10～170	6.52～34.78
毒性		强	强	中	强

注:重金属含量单位:mg/kg。

表 3.12 广州地区马尾松、木麻黄和石榴植物叶片中重金属元素含量

植 物	马尾松			木麻黄			石榴	
采样点	P1	P30	P36	P11	P23	P37	P15	P41
采样位置	麓湖	黄埔珠江村	五山地化所	广州钢铁厂	黄埔码头	地化所	广州钢铁厂	地化所
Cu	6.0	6.4	6.0	19.8	11.8	6.2	12.5	9.1
Pb	11.2	20.9	11.6	88.6	27.3	17.8	30.5	0.7
Cd	0.43	0.47	0.10	2.22	0.43	0.09	0.54	0.04
Cr	3.7	2.8	0.9	7.4	2.8	2.0	6.9	1.9

注:重金属含量单位:mg/kg。

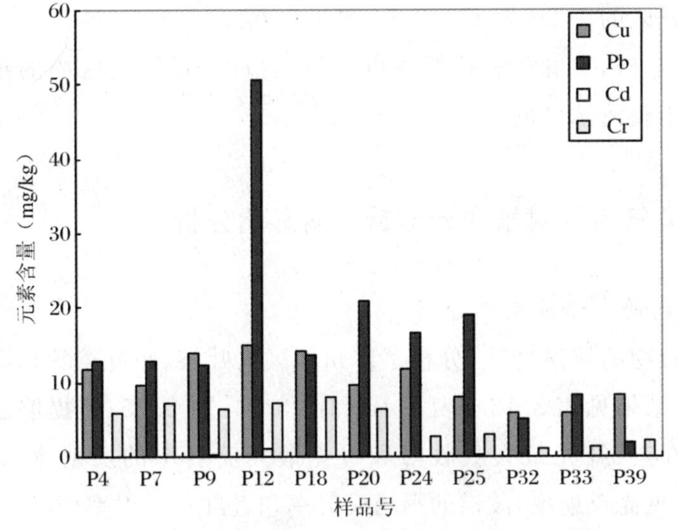

图 3.22 广州地区大叶榕植物中重金属含量比较

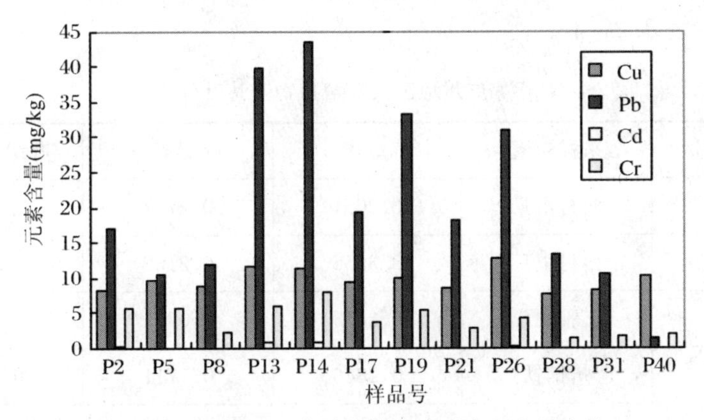

图 3.23 广州地区小叶榕植物中重金属含量比较

从分析结果可以看出：

(1)重污染区植物中的重金属含量明显高于轻污染区，且远高于无污染区，在各污染区中，广州钢铁厂、海珠广场、黄埔等地植物中Pb含量尤其为突出，这说明广州市的大气污染中汽车尾气排放量大大影响了植物的生理生态；

(2)在大叶榕植物中，Cu，Pb，Cd，Cr在各污染区的平均含量分别为较清洁区各金属含量的1.75、3.88、3.13和3.95倍，其中广州钢铁厂植物中各重金属含量为最高，分别是对照区的2.25、9.94、13.75和4.90倍；

(3)在小叶榕中，各污染区中Cu，Pb，Cd，Cr的平均含量分别是背景区的1.08、3.96、3.71和2.59倍，也是以广州钢铁厂尤为突出，各重金属含量分别是背景区的1.26、7.23、12.14和4.57倍；

(4)马尾松、木麻黄和石榴树也有类似情况，在污染区内的植物各重金属含量高于较清洁区的。

二、大气污染对植物光谱特征的影响分析

1. 植物的光谱反射率分析

根据植物的波谱特征，分析了广州地区大叶榕、小叶榕等植物的叶绿素含量，分析结果见表3.13～表3.15和图3.24、图3.25，还提取了植物各样品叶绿素在蓝、红光最大吸收峰和绿光最大反射率的反射率，计算400～700 nm(可见光反射率)波谱的平均反射率和近红外反射率(700～1 100 nm)的平均反射率以及各样品的TM积分值及各类植被指数，其分析结果列于表3.16～表3.20中。

表3.13 广州地区大叶榕植物叶片叶绿素含量

采样号	采样位置	叶绿素a	叶绿素b	叶绿素a+b
P4	西村电厂	0.3651	0.2737	0.6388
P7	西村电厂	0.3556	0.2102	0.5659
P9	广雅中学	0.2573	0.0791	0.3364
P12	广州钢铁厂	0.2846	0.1711	0.4557

续表

采样号	采样位置	叶绿素 a	叶绿素 b	叶绿素 a+b
P18	广州造纸厂	0.4016	0.1795	0.5811
P20	海珠广场	0.3617	0.1146	0.4763
P24	黄埔码头	0.5576	0.1724	0.7300
P25	黄埔	0.4666	0.1457	0.6123
P32	华南植物园	0.3969	0.1249	0.5218
P33	华南植物园	0.5541	0.2025	0.7566
P39	五山地化所	0.5353	0.1752	0.7105

注：叶绿素含量单位：mg/g。

表 3.14　广州地区小叶榕植物叶片叶绿素含量

采样点	采样位置	叶绿素 a	叶绿素 b	叶绿素 a+b
P2	麓湖	0.8530	0.3087	1.1617
P5	西村电厂	0.7834	0.2741	1.0575
P8	广雅中学	0.9836	0.3605	1.3441
P13	广州钢铁厂	0.5854	0.2074	0.7928
P14	广州钢铁厂	0.7252	0.2654	0.9906
P17	广州造纸厂	0.7161	0.2523	0.9685
P19	海珠广场	0.5325	0.1735	0.7060
P21	省医门口	0.7506	0.2684	1.0190
P26	黄埔	0.7003	0.2642	0.9645
P28	黄埔	0.6945	0.2548	0.9493
P31	华南植物园	0.6168	0.2246	0.8414
P40	五山地化所	1.3914	0.4896	1.8810

注：叶绿素含量单位：mg/g。

表 3.15　广州地区马尾松、木麻黄和石榴植物叶片中叶绿素含量

植　物	马尾松			木麻黄			石榴	
采样点	P1	P30	P36	P11	P23	P37	P15	P41

续表

植　物	马尾松			木麻黄			石榴	
采样位置	麓湖	黄埔珠江村	五山地化所	广州钢铁厂	黄埔码头	五山地化所	广州钢铁厂	五山地化所
叶绿素 a	0.3697	0.7283	0.9248	0.6030	0.7281	0.7895	0.7233	1.1810
叶绿素 b	0.1239	0.2711	0.3178	0.2132	0.2603	0.2609	0.2429	0.4124
叶绿素 a+b	0.4936	0.9994	1.2426	0.8162	0.9884	1.0504	0.9662	1.5934

注：叶绿素含量单位：mg/g。

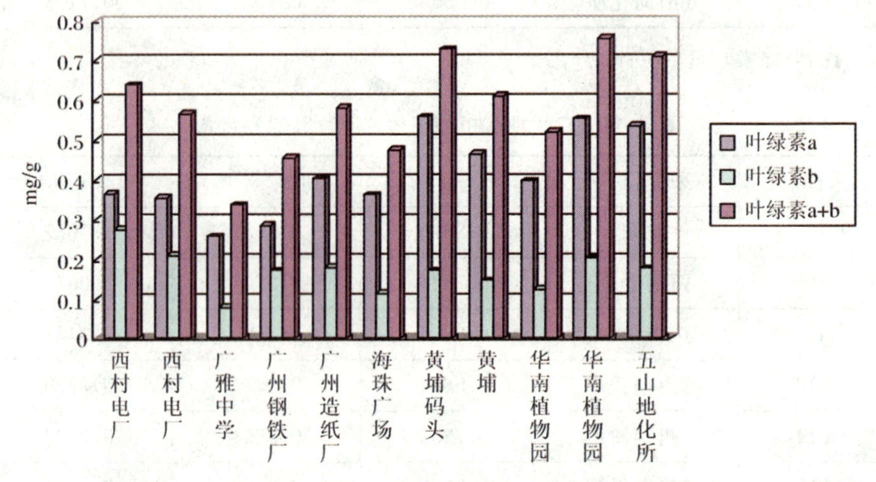

图 3.24　广州地区大叶榕植物叶片叶绿素含量比较

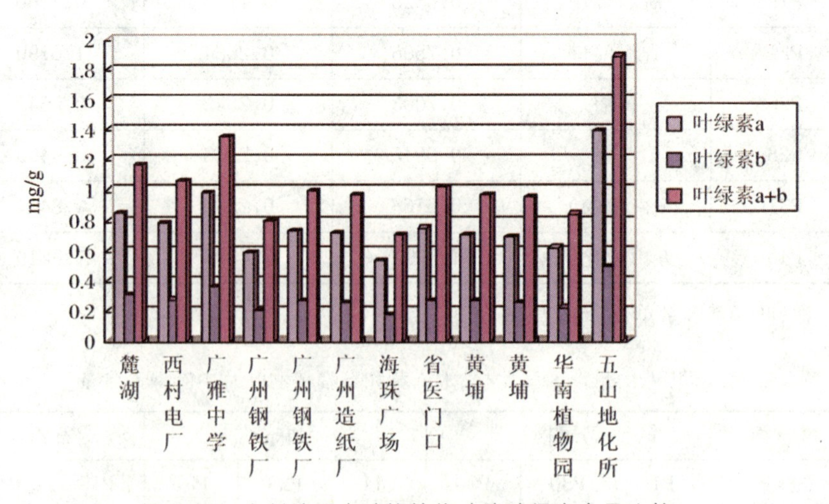

图 3.25　广州地区小叶榕植物叶片叶绿素含量比较

表 3.16　广州地区大叶榕(净叶)叶面反射波谱特征

波谱特征	污染区										对照区		
	P4c	P7c	P9c	P12c	P18c	P20c	P24c	P25c	P39c	均值	P32c	P33c	均值
R_{480}	6.9	6.5	6.4	6.3	5.9	7.5	7.8	6.5	6.5	6.7	6.1	6.1	6.1
R_{550}	12.9	12.5	17.0	16.3	16.7	14.1	16.2	12.6	13.6	14.7	13.2	13.4	13.3
R_{680}	6.5	6.6	6.2	6.1	5.5	7.7	8.1	6.1	7.0	6.6	5.5	5.6	5.6
R_{820}	62.0	48.5	63.6	49.5	53.4	47.9	62.3	60.9	56.3	56.0	72.5	64.7	68.6
$R_{400\sim700}$	8.53	8.50	9.92	9.45	9.05	9.56	10.65	8.25	9.21	9.24	8.48	7.97	8.23
IR	64.75	53.21	66.36	51.70	60.27	52.39	64.00	63.71	62.72	59.9	70.39	63.87	67.13
TM1	7.34	6.86	7.12	6.58	6.11	8.03	8.52	7.00	7.03	7.18	6.86	6.59	6.73
TM2	11.18	11.03	14.81	9.09	9.11	12.58	14.37	10.71	12.29	11.69	12.38	10.97	11.68
TM3	7.14	7.31	7.75	6.47	5.85	8.50	9.27	6.63	8.19	7.46	6.21	5.97	6.09
TM4	62.56	47.85	64.08	50.10	53.25	49.03	60.97	61.77	58.56	56.46	72.51	65.07	68.79
TM5	48.12	50.68	44.17	42.53	54.25	45.47	45.03	39.43	40.23	45.55	31.61	33.61	32.61
TM7	28.30	33.88	22.54	27.35	34.34	28.61	24.52	19.27	19.57	26.49	12.56	15.05	13.81
TVI	1.138	1.111	1.133	1.127	1.141	1.098	1.112	1.143	1.120	1.125	1.158	1.154	1.156
AVI	56.72	44.99	56.55	44.70	53.75	42.84	53.38	56.29	53.21	51.38	65.06	57.07	61.07
RVI	8.066	6.468	6.765	7.385	9.235	5.488	6.028	8.588	6.596	7.180	9.595	9.392	9.494
NVI	0.779	0.732	0.742	0.761	0.805	0.692	0.715	0.791	0.737	0.750	0.837	0.808	0.823

表 3.17　广州地区大叶榕(脏叶)叶面反射波谱特征

波谱特征	P4d	P7d	P9d	P12d	P18d	P20d	P24d	P25d	P32d	P33d	P39d
R_{480}	7.0	7.0	7.1	6.7	7.2	7.0	8.8	7.8	6.1	6.2	7.2
R_{550}	11.9	10.9	17.7	11.7	12.7	13.6	15.4	12.7	13.8	13.2	13.4
R_{680}	7.1	7.6	7.4	6.7	7.0	7.4	8.7	8.0	5.6	5.7	7.5
$R_{400\sim700}$	8.48	8.39	10.90	8.11	8.70	9.37	10.87	9.33	8.04	7.97	9.42
IR	50.70	39.26	57.19	44.60	51.94	39.55	48.93	43.31	59.77	58.40	51.51
AVI	44.157	31.967	47.542	38.316	45.318	30.977	39.653	35.560	54.714	53.365	43.494
RVI	6.332	4.769	5.248	6.000	6.407	4.233	4.744	4.983	8.786	8.663	5.561
NVI	0.727	0.653	0.680	0.714	0.730	0.618	0.652	0.666	0.796	0.793	0.695

表 3.18　广州地区小叶榕(净叶)叶面反射波谱特征

波谱特征	污染区											对照区		
	P5c	P8c	P13c	P14c	P17c	P19c	P21c	P26c	P28c	P40c	均值	P2c	P31c	均值
R_{480}	6.5	6.1	6.1	6.1	6.0	9.0	7.3	6.4	5.9	6.1	6.55	6.2	6.0	6.1
R_{550}	14.8	9.2	11.9	13.0	11.9	18.7	14.2	13.5	12.2	8.9	12.83	11.9	12.3	12.1
R_{680}	5.7	5.4	5.5	5.5	5.3	8.4	6.6	5.9	5.4	5.6	5.93	5.6	5.3	5.45

续表

波谱特征	污染区										对照区		
	P5c	P8c	P13c	P14c	P17c	P19c	P21c	P26c	P28c	P40c	均值	P2c	P31c	均值
R_{820}	69.2	75.9	64.7	67.0	71.0	59.0	66.2	70.5	72.1	57.8	67.34	67.7	77.0	72.35
$R_{400\sim700}$	8.31	6.54	7.21	7.44	7.07	11.36	8.72	7.89	7.19	6.56	7.83	7.26	7.23	7.25
IR	68.49	73.73	63.83	67.22	70.71	59.00	66.45	68.72	70.61	56.41	66.52	65.72	74.43	70.08
TM1	6.97	6.19	6.42	6.42	6.24	9.86	7.65	6.91	6.36	6.23	6.93	6.50	6.42	6.46
TM2	12.37	7.90	9.86	10.74	9.81	16.53	12.04	11.07	10.01	7.85	10.82	9.86	10.02	9.94
TM3	6.49	5.56	5.80	5.87	5.56	9.83	7.11	6.28	5.65	5.78	6.39	5.85	5.62	5.74
TM4	69.60	76.10	64.88	67.83	71.12	58.67	66.02	70.00	72.32	57.24	67.38	67.40	76.60	72.00
TM5	38.57	36.96	36.34	38.13	42.83	38.70	47.95	39.05	37.14	35.30	39.10	39.76	38.20	38.98
TM7	17.92	15.31	15.95	17.88	21.58	19.69	27.50	18.40	17.18	16.18	18.76	19.47	17.42	18.45
TVI	1.153	1.168	1.156	1.158	1.164	1.101	1.143	1.155	1.164	1.148	1.151	1.158	1.167	1.163
AVI	60.705	67.822	57.331	60.463	64.426	47.403	58.342	61.648	64.287	50.26	59.27	59.196	68.173	63.69
RVI	8.801	12.478	9.82	9.951	11.256	5.086	8.195	9.716	11.175	9.179	9.566	10.069	11.899	10.984
NVI	0.796	0.852	0.815	0.817	0.837	0.671	0.782	0.813	0.836	0.804	0.802	0.819	0.845	0.832

表 3.19　广州地区小叶榕(脏叶)叶面反射波谱特征

波谱特征	P2c	P5c	P8c	P13c	P14c	P17c	P19c	P21c	P26c	P28c	P31c	P40c
R_{480}	5.9	7	8.1	6.4	6	6.6	6.6	7.9	7.7	6.3	6.5	6.9
R_{550}	10.4	13.3	12.3	11.6	11.5	9.4	13.7	12.6	13	12.1	12.1	9.4
R_{680}	5.4	6.4	8.2	6.7	6.1	6.7	6.6	8.8	7.5	5.8	5.8	6.8
$R_{400\sim700}$	6.90	8.557	9.25	7.87	7.48	7.37	8.80	9.43	9.09	7.74	7.75	7.5
IR	49.49	52.83	49.97	47.32	51.48	46.26	38.34	45.87	51.53	56.16	64.13	47.34
AVI	45.09	46.79	42.69	41.36	46.28	40.79	30.70	37.80	44.82	52.05	59.73	41.95
RVI	8.316	7.005	5.76	6.46	7.62	6.69	4.55	4.99	6.38	8.39	9.96	6.85
NVI	0.785	0.750	0.70	0.73	0.77	0.74	0.64	0.67	0.73	0.80	0.82	0.75

表 3.20　广州地区马尾松、木麻黄和石榴叶面反射波谱特征

波谱特征	马尾松			木麻黄			石榴	
	P1c	P30c	P36c	P11c	P23c	P37c	P15c	P41c
R_{480}	4.8	5.5	4.9	3.6	4.9	5.4	6.0	7.7
R_{550}	11.4	12.3	11.4	8.2	9.1	11.9	13.8	13.5
R_{680}	4.3	5.1	4.5	4.7	4.3	4.8	5.7	7.1
R_{820}	46.3	48.9	47.3	34.4	45.2	46.5	53.4	63.9
$R_{400\sim700}$	6.57	7.39	6.66	5.36	5.96	7.17	8.27	9.04
IR	44.58	48.73	46.20	30.35	44.05	45.63	55.51	62.72
TM1	5.44	6.19	5.48	4.01	5.26	5.93	6.71	8.15
TM2	9.68	10.43	9.75	7.25	7.81	10.20	11.89	11.86
TM3	5.03	5.78	5.28	5.16	4.75	5.57	6.67	7.70
TM4	45.70	49.01	46.85	32.24	44.81	46.16	54.80	63.76
TM5	21.06	26.82	23.84	20.82	26.07	25.31	37.27	35.48
TM7	8.68	12.78	9.98	11.89	12.97	11.78	19.50	16.00
TVI	1.141	1.135	1.139	1.106	1.144	1.134	1.133	1.133
AVI	38.537	42.042	39.879	24.709	38.69	38.937	47.59	54.118
RVI	7.375	7.283	7.312	5.377	8.211	6.819	7.01	7.293
NVI	0.761	0.759	0.759	0.686	0.783	0.744	0.75	0.759

表中 R_{480} 为叶绿素在 480 nm 前后的波谱最大吸收峰的反射率值，R_{550} 为叶绿素在 550 nm 前后的波谱最大反射峰的反射率值，R_{680} 为叶绿素在 680 nm 前后的波谱最大吸收峰的反射率值，R_{820} 为波长 820 nm 处的反射率，$R_{400\sim700}$ 为波长 400～700 nm 的平均值，IR（近红外反射率）为波长 700～1100 nm 的平均值，TM1～TM7 为 TM 各波段的积分值，TVI（转换型植被指数）$=\sqrt{\dfrac{TM4-TM3}{TM4+TM3}}+0.5$，AVI（环境植被指数）= 近红外 - 可见光，RVI（比值植被指数）= 近红外/可见光，NVI（归一化差植被指数）=（近红外 - 可见光）/（近红外 + 可见光）。

从上述表中可知：

（1）从植物的叶绿素含量可以看出（图 3.24，图 3.25），在污染区（如广州钢铁厂、广州造纸厂、海珠广场等）内的植物其叶绿素含量明显比对照区（如华南植物园、五山地化所等）略微偏低，说明大气污染对植物的生理特征有一定的影响，从而影响植物的反射光谱特征。

（2）植物的叶绿素在可见波段内的吸收特征变弱，反射特征增强，即叶绿素在 480 nm 和 680 nm 前后的最大吸收峰的反射率值变大，在 550 nm 前后的最大反射峰的反射率值也相应变大，尤其在 680 nm 前后的吸收峰变弱，在 820 nm 其反射率明显降低（图 3.26、图 3.27）。

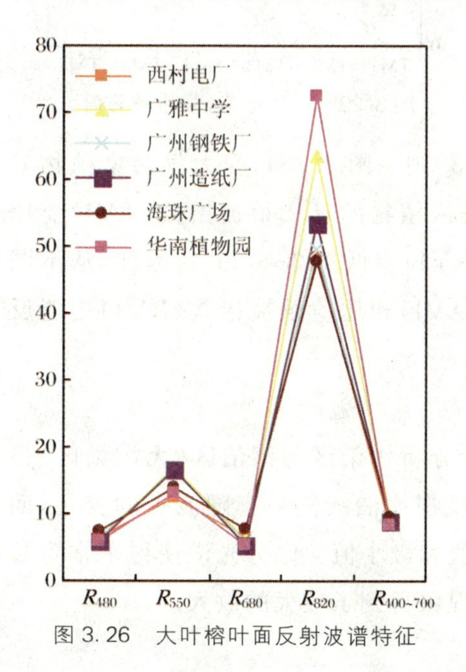

图 3.26　大叶榕叶面反射波谱特征

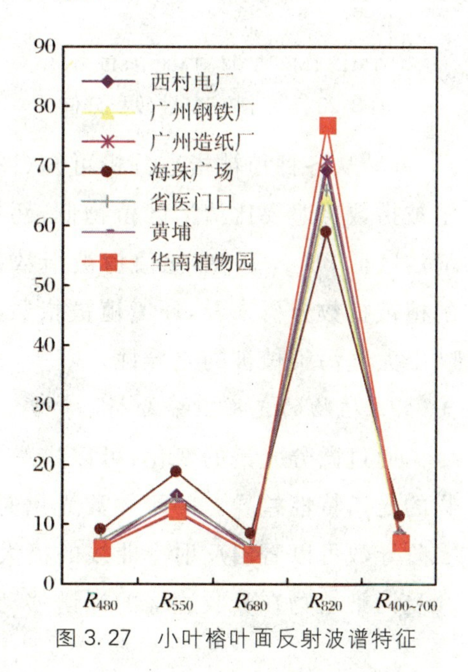

图 3.27　小叶榕叶面反射波谱特征

(3) 在可见光波段受大气污染植物的反射率升高,平均升幅在 1%左右,而在红外波段,植物的反射率明显降低,平均降幅在 5%~10%左右。

(4) 从植物的 TM 波段积分值来看(图 3.28、图 3.29),受污染小叶榕植物与清洁区植物相比,在 TM1、TM5 和 TM7 比较接近,而在 TM2、TM3和 TM4 差异较明显,在 TM2 和 TM3 受大气污染植物的积分值高于清洁区的,在 TM4 则相反,差异也更明显。受污染的大叶榕植物在 TM5 和 TM7差异较大。污染越严重,其 TM5、TM7 的积分值就越大。

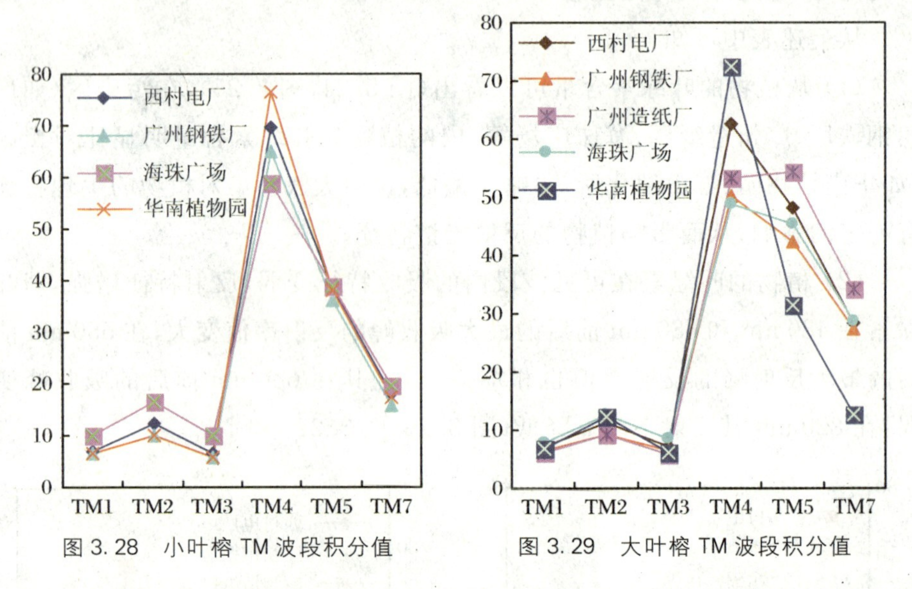

图 3.28 小叶榕 TM 波段积分值

图 3.29 大叶榕 TM 波段积分值

(5)从各种植被指数分析可知(图 3.30~图 3.33),受大气污染植物其植被指数普遍要比清洁区植物低,污染区植物的环境植被指数(AVI)要比清洁区低 8%~16%,比值植被指数(RVI)要低 13%~25%,因此,从不同的植被指数分析来看,环境植被指数(AVI)和比值植被指数(RVI)更能反映出大气污染植被的差异性。

2. 植物的光谱微分分析

通过微分光谱的变化,可以进一步分析污染区与清洁区(无污染区)植物的光谱特性差异。一阶导数光谱是反射率曲线的斜率随波长的变化,而二阶导数可以看出反射率曲线的极大值和极小值。微分光谱使得正常生长和受污染植物在吸收边缘的光谱移动现象得到了较大的放大。

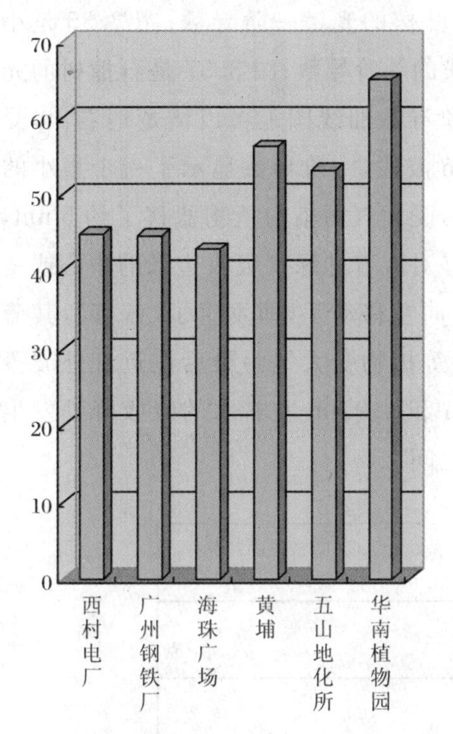

图 3.30　大叶榕环境植被指数(AVI)

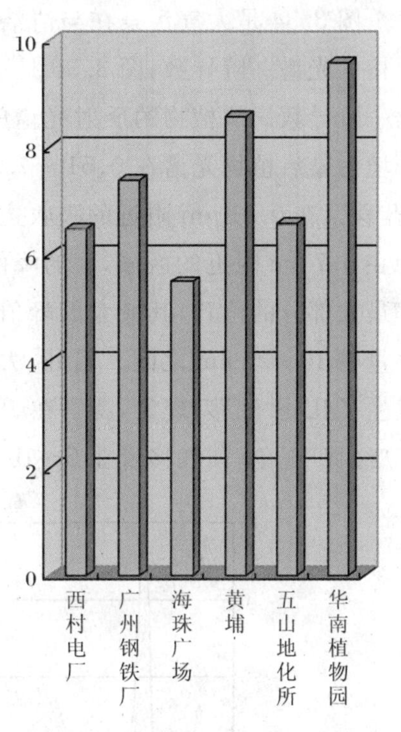

图3.31　大叶榕比值植被指数(RVI)

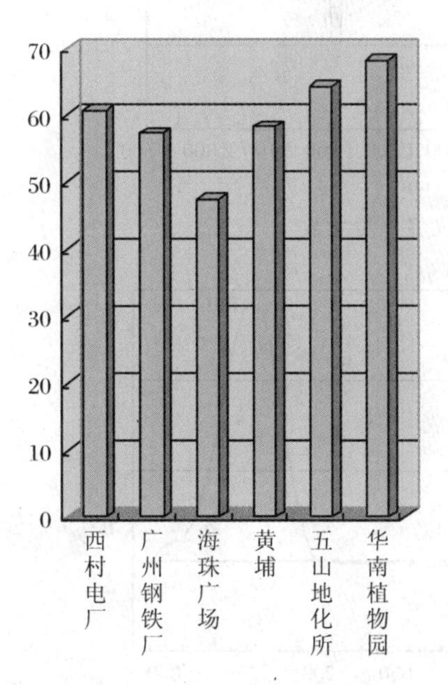

图 3.32　小叶榕环境植被指数(AVI)

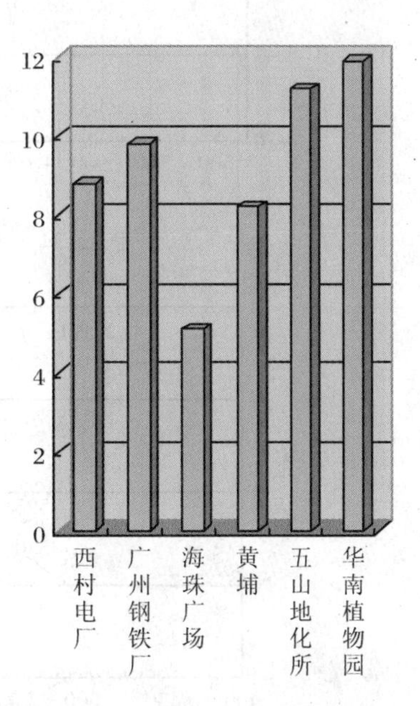

图 3.33　小叶榕比值植被指数(RVI)

图 3.34 是大气污染在与清洁区大叶榕的光谱一阶导数；图 3.35 是小叶榕的光谱一阶导数；图 3.36 是马尾松的一阶导数；图 3.37 是石榴树的光谱一阶导数。从植物的反射光谱的一阶导数曲线图上可以清楚地看出，受环境污染后植物光谱在 0.51～0.57 μm 波段，一阶导数显示了一个很小的"蓝移"，在 0.51 μm 附近的吸收边缘处，受大气污染的植物蓝移了约 5 nm，而在 0.7 μm 附近的区域，大的峰值正好对应着叶绿素吸收边缘的中心或斜率最大部分的位置，其最大的峰值明显向左移动了，即发生了"蓝移"，其蓝移量在 10～25 nm 之间。另外，大叶榕等植物受大气污染后在近红外波段发生了几处"红移"现象，特别在 1.4 μm 和 1.9 μm 左右水的吸收峰处发生了"红移"现象，其红移量在 5～10 nm 之间。

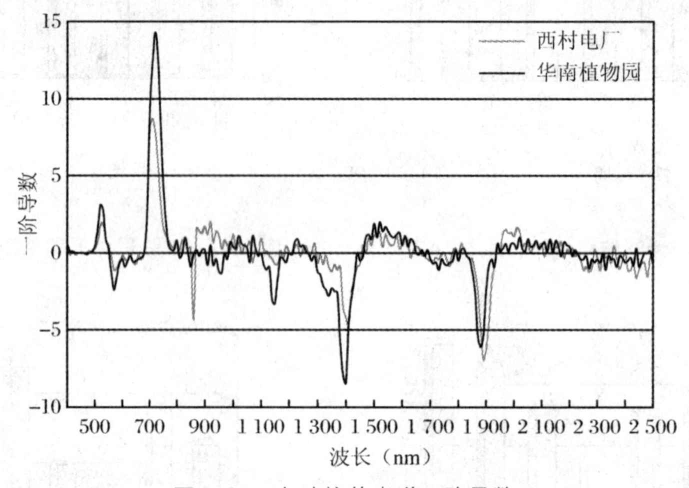

图 3.34 大叶榕的光谱一阶导数

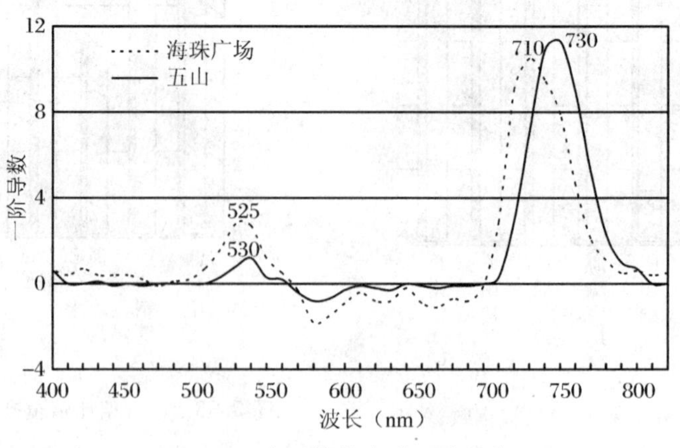

图 3.35 小叶榕的光谱一阶导数

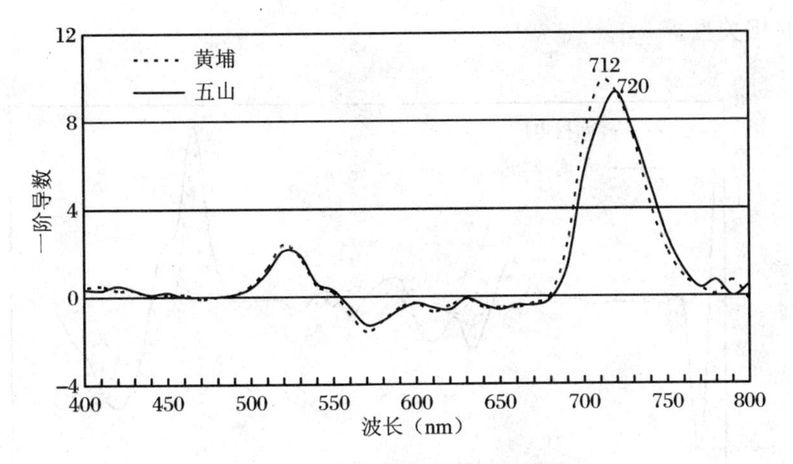

图 3.36 马尾松的光谱一阶导数

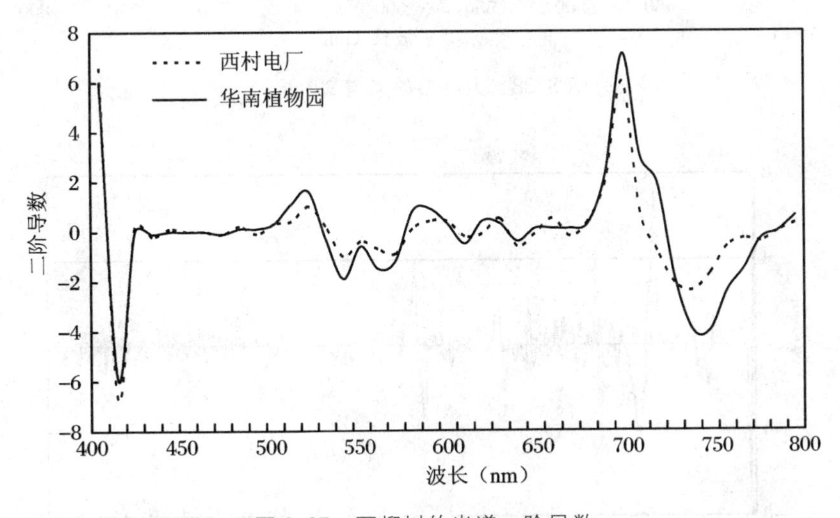

图 3.37 石榴树的光谱一阶导数

图 3.38,3.39 分别为大叶榕和小叶榕的光谱二阶导数。二阶导数的峰值确定出叶绿素在可见光的最大吸收峰和最大反射峰值的位置,从极大值的位置可以看出在 0.5 μm 附近吸收边缘和在 0.68 μm 附近叶绿素吸收的极大值发生了蓝移,在近红外吸收边缘的肩部拐点同样也发生了蓝移。受污染植叶的波谱斜率变化较大,其近红外斜坡的平均斜率多数都比无污染的健康植物的值要大。

因而,通过微分光谱分析,已发现受大气污染植物的光谱反射率及一阶和二阶导数与正常生长的植物相比,叶绿素吸收边缘的波长发生了位移,这种位移与植物中叶绿素总量的变化有着密切的关系,它们之间应该存在着较好的相关性。

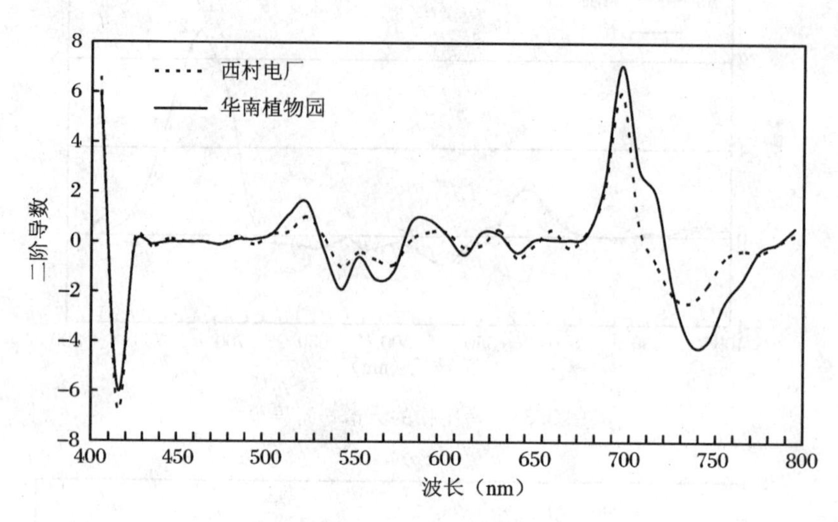

图 3.38　大叶榕的光谱二阶导数

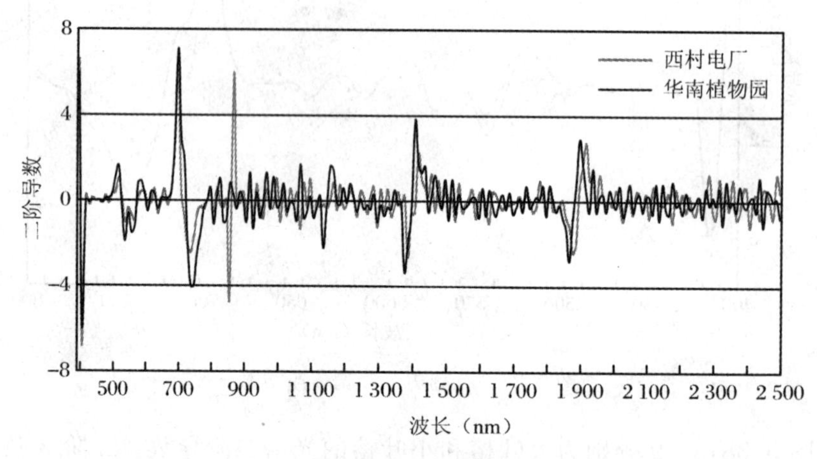

图 3.39　小叶榕的光谱二阶导数

3. 植物波谱特性的多元相关分析

为了进一步了解受大气污染植物的光谱特征的环境地球化学机制，我们选取了植物的光谱特征与植物中的重金属含量和叶绿素含量进行了多元相关分析。表 3.21、表 3.22 列出了广州地区大叶榕和小叶榕中的叶面反射波谱特征相关分析；表 3.23、表 3.24 列出了广州地区大叶榕和小叶榕中重金属、叶绿素与叶面反射波谱特征的相关分析；表 3.25、表 3.26 为广州地区大叶榕和小叶榕中重金属和叶绿素之间的相关关系。

表 3.21　广州地区大叶榕中的叶面反射波谱特征相关分析

	R_{480}	R_{550}	R_{680}	R_{820}	$R_{400\sim700}$	IR	TM1	TM2	TM3	TM4	TVI	AVI	RVI
R_{550}	0.42	1											
R_{680}	0.94	0.38	1										
R_{820}	−0.17	0.57	−0.33	1									
$R_{400\sim700}$	0.77	0.86	0.78	0.19	1								
IR	−0.18	0.57	−0.29	0.95	0.22	1							
TM1	0.97	0.62	0.90	0.04	0.87	0.01	1						
TM2	0.55	0.98	0.54	0.41	0.94	0.43	0.71	1					
TM3	0.87	0.58	0.95	−0.82	0.91	−0.12	0.89	0.73	1				
TM4	−0.19	0.56	−0.34	0.99	0.18	0.96	0.02	0.40	−0.19	1			
TVI	−0.72	−0.08	−0.86	0.72	−0.53	0.68	−0.61	−0.28	−0.80	0.73	1		
AVI	−0.36	0.40	−0.49	0.95	−0.01	0.97	−0.17	0.23	−0.34	0.95	0.82	1	
RVI	−0.74	−0.31	−0.88	0.55	−0.70	0.51	−0.69	−0.50	−0.89	0.55	0.95	0.69	1
NVI	−0.75	−0.26	−0.88	0.59	−0.67	0.55	−0.68	−0.45	−0.87	0.59	0.96	0.73	0.99

表 3.22 广州地区小叶榕叶面反射波谱特征相关分析

	R_{480}	R_{550}	R_{680}	R_{820}	$R_{400\sim700}$	IR	TM1	TM2	TM3	TM4	TVI	AVI	RVI
R_{550}	0.82	1											
R_{680}	0.99	0.81	1										
R_{820}	-0.53	-0.28	-0.57	1									
$R_{400\sim700}$	0.96	0.95	0.95	-0.44	1								
IR	-0.48	-0.21	-0.53	0.99	-0.39	1							
TM1	0.99	0.88	0.99	-0.49	0.98	-0.45	1						
TM2	0.89	0.99	0.87	-0.36	0.98	-0.29	0.93	1					
TM3	0.99	0.86	0.99	-0.55	0.98	-0.50	0.99	0.92	1				
TM4	-0.54	-0.28	-0.58	0.99	-0.45	0.99	-0.50	-0.36	-0.55	1			
TVI	-0.96	-0.76	-0.97	0.73	-0.91	0.70	-0.95	-0.83	-0.97	0.74	1		
AVI	-0.66	-0.41	-0.70	0.98	-0.58	0.97	-0.63	-0.49	-0.68	0.98	0.84	1	
RVI	-0.88	-0.78	-0.89	0.80	-0.88	0.75	-0.88	-0.83	-0.90	0.80	0.95	0.87	1
NVI	-0.96	-0.81	-0.97	0.71	-0.94	0.67	-0.96	-0.88	-0.98	0.71	0.99	0.82	0.96

表 3.23 广州地区大叶榕中重金属、叶绿素与叶面反射波谱特征的相关分析

	Cu	Pb	Cd	Cr	叶绿素 a	叶绿素 b	叶绿素(a+b)
R_{480}	0.10	0.09	-0.11	-0.01	0.19	-0.01	0.15
R_{550}	-0.22	-0.49	-0.46	-0.43	0.12	-0.49	-0.10
R_{680}	0.12	0.05	-0.09	0.02	0.23	-0.03	0.19
R_{820}	-0.43	-0.51	-0.43	-0.72	0.30	-0.11	0.19
$R_{400\sim700}$	-0.04	-0.28	-0.33	-0.24	0.17	-0.35	-0.01
IR	-0.35	-0.64	-0.58	-0.66	0.33	-0.10	0.23
TM1	-0.01	-0.04	-0.20	-0.17	0.22	-0.14	0.12
TM2	-0.11	-0.42	-0.41	-0.33	0.10	-0.48	-0.11
TM3	0.13	-0.08	-0.17	-0.02	0.16	-0.19	0.05
TM4	-0.46	-0.52	-0.40	-0.75	0.30	-0.13	0.19
TM5	0.70	0.17	-0.05	0.85	-0.35	0.28	-0.17
TM7	0.68	0.35	0.11	0.90	-0.42	0.31	-0.22
TVI	-0.30	-0.24	-0.12	-0.42	0.10	0.08	0.11

续表

	Cu	Pb	Cd	Cr	叶绿素 a	叶绿素 b	叶绿素(a+b)
AVI	-0.40	-0.58	-0.52	-0.64	0.28	-0.05	0.21
RVI	-0.31	-0.19	-0.12	-0.31	0.14	0.19	0.19
NVI	-0.31	-0.20	-0.10	-0.34	0.09	0.17	0.14

表 3.24　广州地区小叶榕植物中重金属、叶绿素与叶面反射波谱特征的相关分析

	Cu	Pb	Cd	Cr	叶绿素 a	叶绿素 b	叶绿素(a+b)
R_{480}	0.04	0.27	-0.23	0.19	-0.33	-0.39	-0.34
R_{550}	0.13	0.45	-0.05	0.42	-0.68	-0.73	-0.70
R_{680}	0.08	0.29	-0.21	0.18	-0.31	-0.37	-0.32
R_{820}	-0.34	-0.21	-0.17	-0.32	-0.26	-0.19	-0.25
$R_{400\sim700}$	0.09	0.35	-0.16	0.30	-0.50	-0.56	-0.52
IR	-0.32	-0.14	-0.13	-0.26	-0.33	-0.26	-0.31
TM1	0.06	0.30	-0.21	0.21	-0.41	-0.47	-0.42
TM2	0.12	0.42	-0.09	0.39	-0.61	-0.66	-0.62
TM3	0.09	0.30	-0.20	0.23	-0.35	-0.42	-0.37
TM4	-0.32	-0.18	-0.13	-0.28	-0.28	-0.20	-0.26
TM5	-0.28	0.02	-0.26	-0.03	-0.26	-0.26	-0.26
TM7	-0.26	0.04	-0.27	-0.01	-0.23	-0.25	-0.24
TVI	-0.16	-0.28	0.13	-0.25	0.19	0.27	0.21
AVI	-0.30	-0.20	-0.07	-0.29	-0.18	-0.11	-0.16
RVI	-0.25	-0.31	0.03	-0.39	0.17	0.24	0.19
NVI	-0.17	-0.31	0.11	-0.31	0.25	0.32	0.27

表 3.25　广州地区大叶榕植物中重金属和叶绿素之间的相关关系

	Cu	Pb	Cd	Cr	叶绿素 a	叶绿素 b
Pb	0.58	1				
Cd	0.49	0.94	1			
Cr	0.78	0.50	0.33	1		
叶绿素 a	-0.56	0.68	0.70	0.30	1	
叶绿素 b	0.01	0.52	0.51	0.28	0.27	1
叶绿素 a+b	-0.46	0.65	0.67	0.30	0.92	0.62

表 3.26　广州地区小叶榕植物中重金属和叶绿素之间的相关关系

	Cu	Pb	Cd	Cr	叶绿素 a	叶绿素 b
Pb	0.67	1				
Cd	0.67	0.80	1			
Cr	0.57	0.76	0.68	1		
叶绿素 a	−0.09	−0.62	−0.28	−0.35	1	
叶绿素 b	−0.08	−0.62	−0.26	−0.36	0.99	1
叶绿素 a+b	−0.09	−0.62	−0.27	−0.35	0.99	0.99

从上述表中可以看出：

(1)从植物的叶面反射光谱特征的相关分析可知，植物在可见光波段的一些特征光谱之间的相关性很高，与 TM 积分值及植被指数间均有一定的关系。

(2)在大气污染中，重金属元素有的可以通过植物的呼吸作用参与植物的生理循环，有的则由土壤和水经植物的根系吸收到体内，在这些重金属元素中，Cu，Pb，Cr 对植物的毒性很强，Cd 略次之。当有害物质超过背景值时，就会不同程度地抑制植物对营养物质的吸收，影响植物的生理功能，导致受污染与无污染植物的叶面波谱特征的差异。从植物叶片中重金属含量与光谱特征的相关性分析可以看出，在大叶榕中，Cu 含量与 TM5 之间、Cr 含量与 820 nm 处的反射率、AVI、TM7 之间，Pb 与近红外反射率之间均有一定的相关性；在小叶榕植物中 Pb 与 550 nm 处的反射率之间，Cr 与 RVI 之间均有一定的相关性，这说明这些重金属可以影响植物的光谱特性。

对这些相关之间进行回归分析。分析结果见图 3.40～图 3.46。总之，大气污染物中重金属元素能够影响植物的反射光谱特征，它们的相关方程如下：

大叶榕：

$Cu=0.023TM5^{1.6152}$，　　相关系数为 0.79，　　见图 3.40

$Cr=-0.2426R_{820}+18.776$，　　相关系数为 −0.72，　　见图 3.41

$Cr=-0.2559AVI+18.226$，　　相关系数为 −0.64，　　见图 3.42

$Cr=0.3306TM7-3.3679$，　　相关系数为 0.90，　　见图 3.43

$Pb=-1.3436IR+98.05$，　　相关系数为 −0.64，　　见图 3.44

小叶榕：

$Pb=0.0142R_{550}^{2.7834}$，　　相关系数为 0.60　　见图 3.45

$Cr=-0.4138\ RVI+8.1231$，　　相关系数为 0.39　　见图 3.46

(3)由于植物通过呼吸作用和根系的吸收作用，把大气污染物中的重金属吸收到植物体内，并参与植物的生理循环，影响了植物的生理功能，从植物中重金属和叶绿素含量的相关分析可知，在大叶榕中重金属与叶绿素含量呈正相关，而且 Pb 含量与叶绿素相关较高，而在小叶榕中，重金属与叶绿素含量呈负相关，同样 Pb 含量与叶绿素相关较好，通过回归分析，得出了叶绿素含量与 Pb 含量的关系：

叶绿素总量 = −0.0147 Pb + 1.3626，　　相关系数为 −0.62，见图 3.47

(4)在植物的光谱特性中，可见光波段主要与植物中的叶绿素含量有关，因而叶绿素含量的多少，必然会影响植物的光谱特性，从叶绿素含量与叶面波谱特征的相关分析表明，叶绿素含量影响了植物在可见光波段的光谱特性，叶绿素含量与可见光波段的特征波谱成负相关关系，说明了植物中叶绿素含量高，在可见光波段的反射率相应就降低。图 3.48～图 3.50 分别是叶绿素与可见光波段的某些特征光谱的回归分析，结果如下：

叶绿素 a = −0.0871VR + 1.4515，　　相关系数为　−0.55

叶绿素 a = $8.61R_{550}^{-0.9652}$，　　相关系数为　−0.76

叶绿素 b = $2.7393\text{TM2}^{-0.9875}$，　　相关系数为　−0.75

叶绿素 b = −0.0235TM2 + 0.5296，　　相关系数为　−0.66

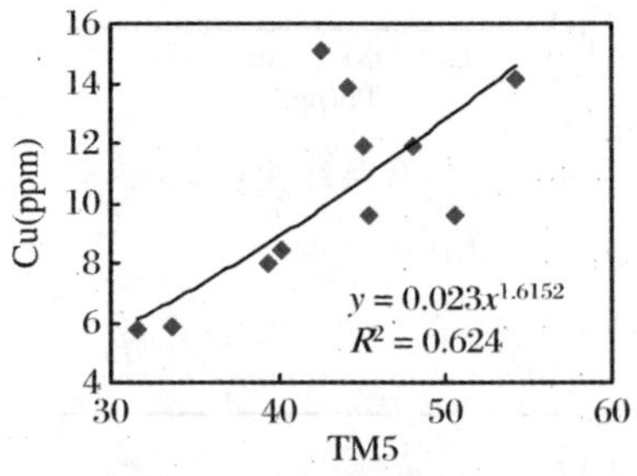

图 3.40　大叶榕 Cu 含量与 TM5 的回归分析

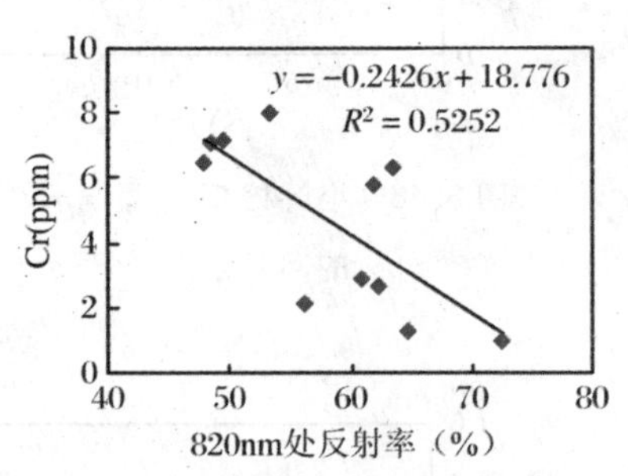

图 3.41　大叶榕 Cr 含量与 R_{820} 的回归分析

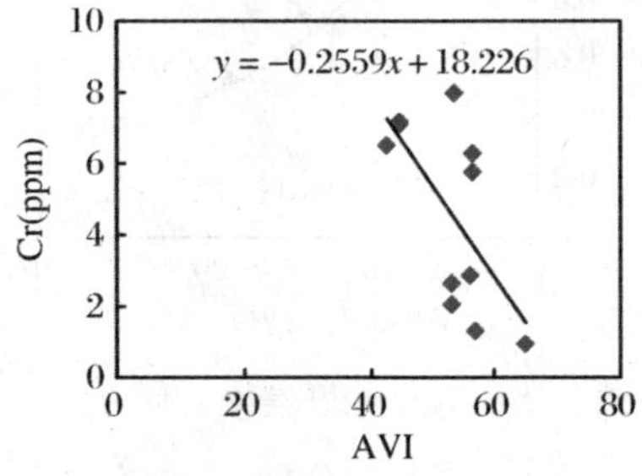

图 3.42　大叶榕 Cr 含量与 AVI 的回归分析

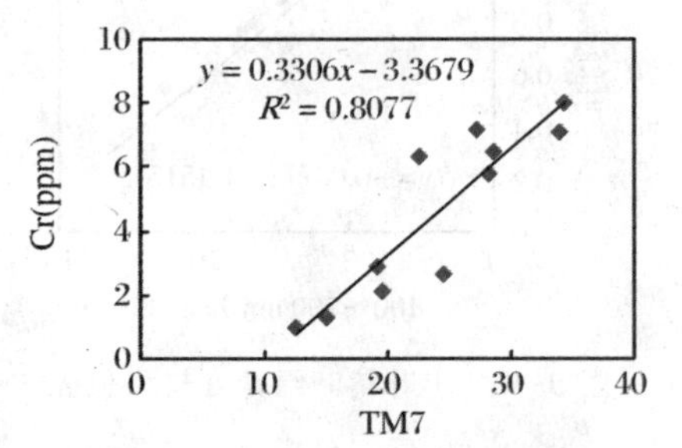

图 3.43　大叶榕 Cr 含量与 TM7 的回归分析

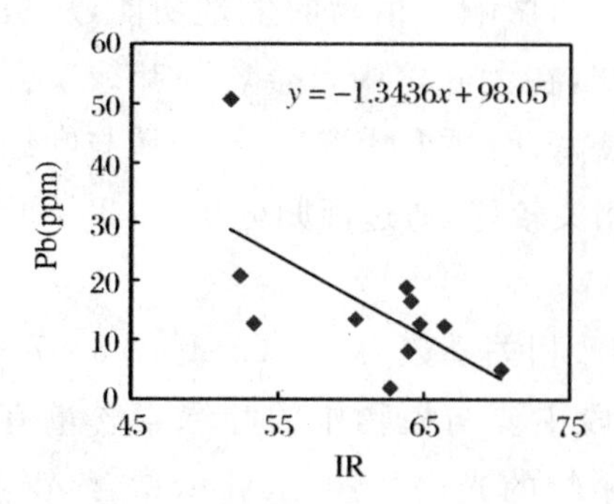

图 3.44　大叶榕 Pb 含量与 IR 的回归分析

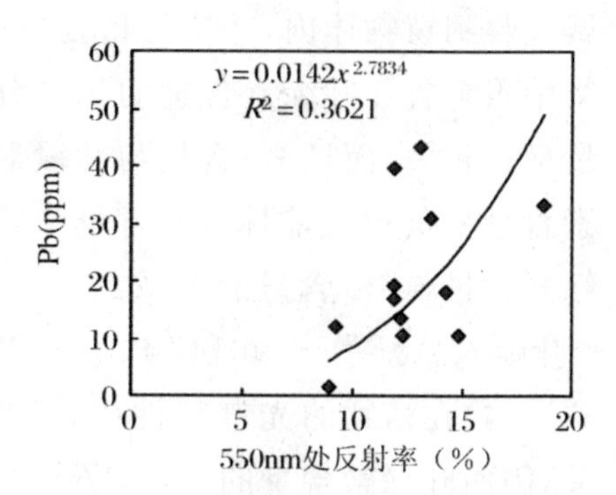

图 3.45　小叶榕 Pb 含量与 R_{550} 的回归分析

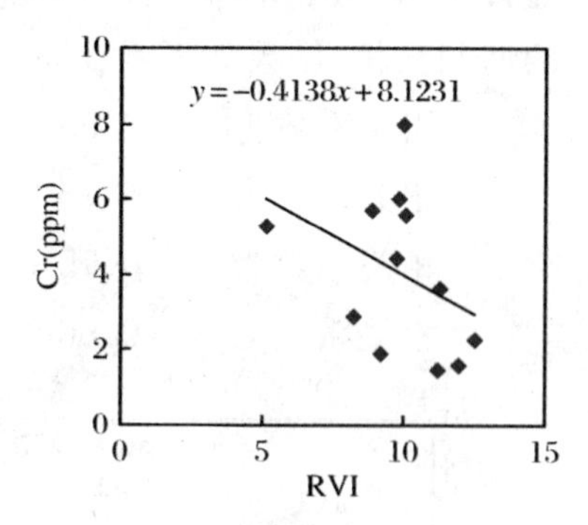

图 3.46　小叶榕 Cr 含量与 RVI 的回归分析

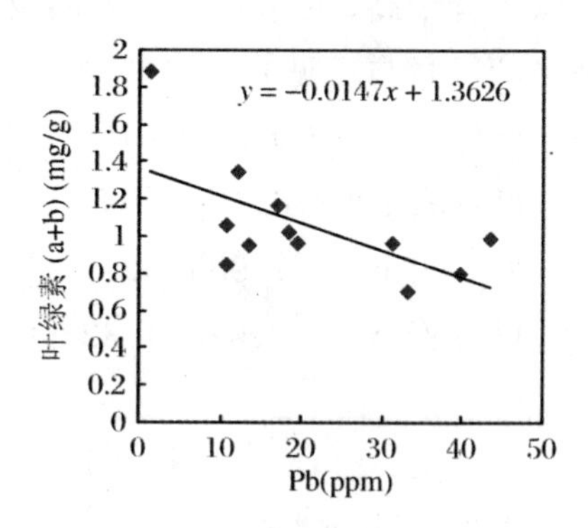

图 3.47　小叶榕叶绿素与 Pb 含量的回归分析

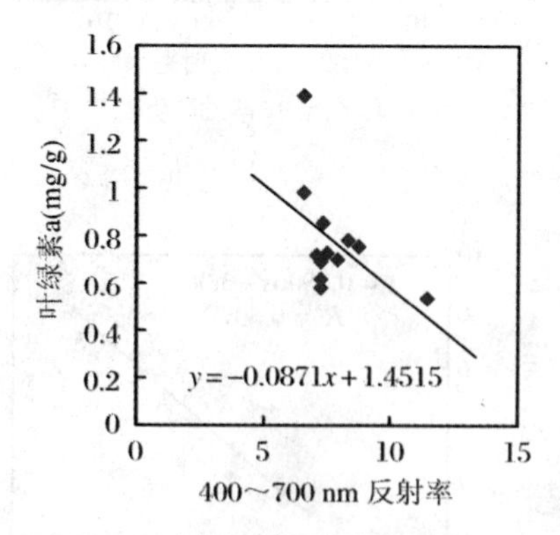

图 3.48　小叶榕叶绿素 a 与可见光的回归分析

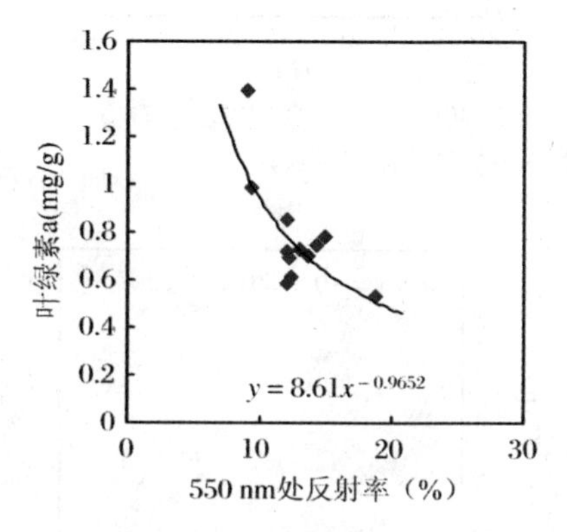

图 3.49　小叶榕叶绿素 a 与 R_{550} 的回归分析

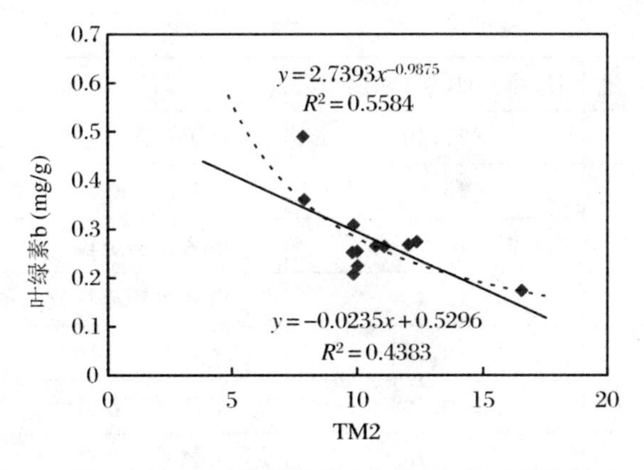

图 3.50　小叶榕叶绿素 b 与 TM2 的回归分析

三、大气降尘对植物反射光谱的影响分析

从分析结果来看，植物反射光谱对大气降尘的反映最为突出。广州钢铁厂是大气降尘严重的工业区，图 3.16 中两条曲线均为广州钢铁厂工业区同一大叶榕叶片的光谱反射率曲线，图 3.17 是广州钢铁厂同一小叶榕叶片的光谱反射率曲线，从图中明显可以看出，脏叶（未擦去叶面尘粒）和净叶（擦去叶面尘粒）的曲线无论是波形方面还是反射率的高低方面，都存在着差异。在重污染区，近红外波段反射率明显下降。而在华南植物园（大气清洁度较高的郊区），其脏叶和净叶面的反射率相差程度很小（见图 3.20 和图 3.21）。

因而，我们将样品的净叶红外反射率（IR 净）减去脏叶红外反射率（IR 脏），得出 IR 净 − IR 脏的差值（IR 差），然后将各典型区中的所有样品的 IR 差进行算术平均计算，得出表 3.27 中的数据。在这些典型区中，有些为广州环监站的大气降尘监测点，有些靠近监测点，表 3.28 为这些典型区的大气降尘量数据和植物 IR 差平均值数据。

表 3.27　典型地区植物的近红外反射率差的平均值(IR 差)

典　型　区	IR 净 − IR 脏(灰度值)	污染环境情况说明
广州造纸厂	26.70	工业区
广雅中学	21.90	工业区附近，市区繁华地段
海珠广场	21.20	车辆流量最大的路段

续表

典　型　区	IR 净 - IR 脏（灰度值）	污染环境情况说明
广州钢铁厂	17.40	重工业区
西村电厂	15.66	工业区
省医门口	14.70	市区繁华地段
黄埔	13.45	市郊车辆流量较大的路段
麓湖	9.23	北郊非工业区
五山	9.20	东郊非工业区
华南植物园	8.70	东郊非工业区

表 3.28　典型地区植物的近红外反射率差值与大气降尘的关系

典　型　区	IR 差（灰度值）	大气降尘量[t/(km² · 月)]
广州造纸厂	26.70	19.10
广雅中学	21.90	20.38
海珠广场	21.20	18.70
广州钢铁厂	17.40	16.09
西村电厂	15.66	15.21
省医门口	14.70	10.51
麓湖	9.23	5.23

利用这些数据进行回归分析，分析结果见图 3.51 所示，并建立大气降尘与近红外反射率之间的关系式：

$$y = 0.862x - 0.5818, \quad \text{相关系数为 } 0.91$$

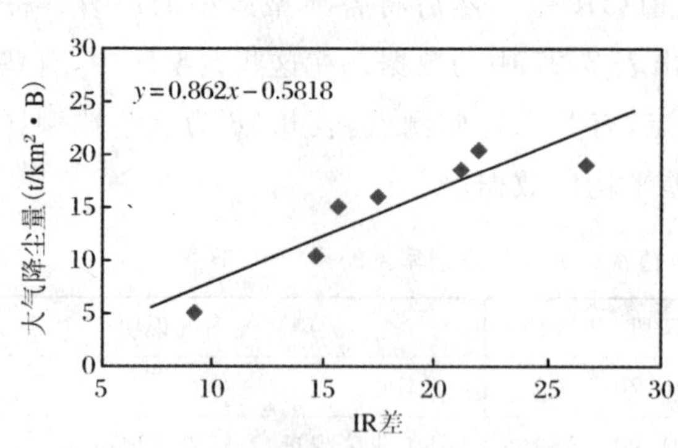

图 3.51　大气降尘与植物的近红外反射率差值的回归分析

式中，y 为大气降尘量；x 为 IR 差。

可以看出，植物近红外差值（IR 差）与大气降尘量有较好的正相关关系，说明了植物的反射光谱受大气降尘的影响较大，必然在遥感影像上有所反映。

四、植物的大气污染指数分析

大气污染不同程度地对植物的光谱特征性产生影响，因而，我们利用植物中重金属元素监测数据来定性计算植物的大气污染指数，并进行大气污染指数的等级评价。

计算污染指数主要采用单项污染指数(C)公式：

$$C = \frac{C_m}{C_k} \tag{3.3}$$

式中，C_m 为各点各种植物的重金属实测值，C_k 为对照区对应植物的重金属实测值。

对照区(即无污染区)主要选麓湖和华南植物园。通过单项污染指数计算，求出 C_i，然后，再运用以下公式求出植物的平均污染指数(T_w)：

$$T_w = \sum_{i=1}^{n} \frac{C_i}{n} \tag{3.4}$$

式中，C_i 为各项目的污染指数，n 为项目数量。计算结果见表 3.29 和表 3.30。

表 3.29 广州地区植物监测的污染指数表

采样地点	植物	样品号	污染指数			
			Cu	Pb	Cd	Cr
西村电厂	大叶榕	P_4	2.03	1.92	1.14	5.04
	大叶榕	P_7	1.64	1.94	0.57	6.17
	小叶榕	P_5	1.20	1.00	1.60	3.56
广雅中学	大叶榕	P_9	2.38	1.83	3.00	5.48
	小叶榕	P_8	1.10	1.12	1.60	1.44
广州钢铁厂	大叶榕	P_{12}	2.58	7.62	15.71	6.26
	小叶榕	P_{13}	1.44	3.75	17.00	3.75
	小叶榕	P_{14}	1.42	4.09	15.40	5.00
	木麻黄	P_{11}	3.19	4.98	24.67	1.67
	相思树	P_{10}	1.72	7.58	88.33	3.92
	石榴树	P_{15}	1.37	43.57	13.50	3.63

续表

采样地点	植物	样品号	污染指数			
			Cu	Pb	Cd	Cr
广州造纸厂	大叶榕	P_{18}	2.41	2.05	1.29	6.96
	小叶榕	P_{17}	1.15	1.82	2.40	2.25
海珠广场	大叶榕	P_{20}	1.64	3.14	0.43	5.65
	小叶榕	P_{19}	1.23	3.12	1.60	3.31
省医门口	小叶榕	P_{21}	1.04	1.72	1.40	1.81
黄埔码头	大叶榕	P_{24}	2.03	1.56	1.57	2.35
	木麻黄	P_{23}	1.90	1.53	4.78	1.40
黄　埔	大叶榕	P_{25}	1.37	2.84	4.43	2.25
	小叶榕	P_{26}	1.57	2.93	5.80	2.27
	小叶榕	P_{28}	0.96	1.26	2.40	0.94
	马尾松	P_{30}	1.07	1.87	1.09	0.76
五　山	大叶榕	P_{39}	1.44	0.30	1.57	1.83
	小叶榕	P_{40}	1.25	0.13	1.60	1.19
	马尾松	P_{36}	1.00	1.04	0.23	0.24

表 3.30　广州地区植物环境污染的综合指数及其评价

采样地点	植物名称	综合指数	污染评价	
			评价等级	分类标准
西村电厂	大叶榕	2.56	Ⅲ	Ⅰ：≤1.2 Ⅱ：1.3～2.2 Ⅲ：2.3～3.2 Ⅳ：3.3～4.2 Ⅴ：≥4.3
	小叶榕	1.84	Ⅱ	
广雅中学	大叶榕	3.17	Ⅲ	
	小叶榕	1.32	Ⅱ	
广州钢铁厂	大叶榕	8.04	Ⅴ	
	小叶榕	6.48	Ⅴ	
	木麻黄	8.63	Ⅴ	
	相思树	25.39	Ⅴ	
	石榴树	15.52	Ⅴ	
广州造纸厂	大叶榕	3.18	Ⅲ	
	小叶榕	1.91	Ⅱ	

续表

采样地点	植物名称	综合指数	污染评价	
			评价等级	分类标准
海珠广场	大叶榕	2.27	Ⅲ	
	小叶榕	2.32	Ⅲ	
省医门口	小叶榕	1.49	Ⅱ	
黄埔码头	大叶榕	1.88	Ⅱ	
	木麻黄	2.40	Ⅲ	
黄　埔	大叶榕	2.79	Ⅲ	
	小叶榕	2.33	Ⅱ	
	马尾松	1.20	Ⅰ	
五　山	大叶榕	1.29	Ⅱ	
	小叶榕	1.04	Ⅰ	
	马尾松	0.63	Ⅰ	

根据实际情况，我们把植物受大气污染影响的污染指数划分为五个污染等级：

①无污染（Ⅰ），综合指数≤1.2；

②轻度污染（Ⅱ），综合指数为1.3～2.2；

③中度污染（Ⅲ），综合指数为2.3～3.2；

④重污染（Ⅳ），综合指数为3.3～4.2；

⑤严重污染（Ⅴ），综合指数≥4.3。

在这22个平均污染指数中，Ⅰ无污染的有3个，Ⅱ轻度污染的有7个，Ⅲ中度污染的有7个，Ⅴ严重污染的有5个，这5个严重污染点都在广州钢铁厂。西村电厂、广州造纸厂、海珠广场、广雅中学和黄埔码头属于中度污染，省医门口和黄埔属于轻度污染，五山地区属于无污染或较轻污染。按照植物的大气污染指数评价的结果，与实际调查及遥感影像信息基本是一致的。

五、广州地区植被指数分析

1. 植被指数的概念

遥感图像上的植被信息，主要是通过绿色植物叶子、植被冠层的光谱特性而反映的。不同遥感光谱通道所获得的植被信息与植被的不同要素或某种特征状态有一定的相关性，如可见光谱段受植物叶子叶绿素含量的控制、近红外光谱受叶内细胞结构的控制、热红外谱段受叶细胞内水分含量的控制。可见光中绿光波段(0.52～0.59 μm)对区分植物类型特别敏感，红光波段(0.63～0.69 μm)对植被覆盖度、植物生长状况敏感。利用植物的光谱特征信息，采用多光谱的遥感数据，经分析运算，能提取反映植物的植被长势、生物量等有一定指标意义的数值，即“植被指数”。在植被指数中，通常选用对绿色植物(叶绿素引起的)强吸收的可见光的红波段(0.6～0.7 μm)和对绿色植物(叶内组织引起的)高反射和高透射的近红外波段(0.7～1.1 μm)。这两个波段不仅是植物光谱、光合作用中的最重要的波段，而且它们对同一生物物理现象的光谱响应截然相反，形成明显的反差，这种反差随着叶冠结构、植被覆盖度而变化，因此可以对它们用比值、差分、线性组合等多种组合来增强或揭示隐含的植物信息。建立植被指数的关键在于，如何有效地综合各有关的光谱信号，在增强植被信息的同时，使非植被信号最小化。由于植被光谱受到植被本身、环境条件、大气状况等多种因素的影响，因而植被指数往往具有明显的地域性和时效性。二十多年来，国内外学者已研究发展几十种不同的植被指数模型，这里采用应用最广最为成熟的归一化植被指数(NDVI)。

由于可见光红波段(R)与近红外波段(NIR)对绿色植物的光谱响应十分不同，两者简单的数值比能充分表达两反射率之间的差异。比值植被指数(RVI)可以表达为：

$$\mathrm{RVI} = \frac{\mathrm{ND_{NIR}}}{\mathrm{ND_R}} \tag{3.5}$$

式中，$\mathrm{ND_{NIR}}$为近红外波段的反射率值；$\mathrm{ND_R}$ 为红波段的反射率值。

Deering(1978)首先提出将简单的比值植被指数 RVI，经非线性归一化处理得“归一化差值植被指数”(NDVI)，使其比值限定在[-1,1]范围内。即：

$$\mathrm{NDVI} = \frac{\mathrm{ND_{NIR}} - \mathrm{ND_R}}{\mathrm{ND_{NIR}} + \mathrm{ND_R}} \tag{3.6}$$

归一化植被指数(NDVI)被定义为近红外波段与可见光红波段数值之差和这两个波段数值之和的比值。即 $\mathrm{NDVI} = (\mathrm{NIR} - R)/(\mathrm{NIR} + R)$。实际上，NDVI 是简单比值 RVI 经非线性归一化处理得到的。

2. 植被指数的处理

研究区域：广州市区及其周边，经纬度范围 113°10′E～113°71′E，22°76′N～23°53′N。

本研究选用了 5 景遥感数据，数据源分别为 Landsat 系列的 MSS 和 TM、ETM 图像，时相分别为：1977 年 2 月 10 日；1979 年 10 月 19 日；1988 年 12 月 10 日；1995 年 12 月 30 日；2002 年 11 月 07 日。

数据处理：由于除 2002 年 11 月 07 日的数据外，其余四景原始数据均不带地理坐标，因此对其进行了几何纠正，将所有数据统一到一致的坐标体系，对 MSS 数据的红外近红外波段进行重采样至 30 m 的像元大小，并按照研究区域经纬度范围截取相同的子区。

对各期数据进行滤波处理，去除数据中的异常值，然后将各景图像的红外、近红外波段各像元 ND 值校正成对应像元的反射率。

根据 NDVI（归一化植被指数）的定义，对各期数据按照下式进行计算：

$$\mathrm{NDVI} = \frac{\mathrm{NIR} - \mathrm{R}}{\mathrm{NIR} + \mathrm{R}} \tag{3.7}$$

式中，NIR 和 R 分别为近红外和红波段的反射率值。

3. 广州地区植被指数分析

研究区域总共 6 250 000 个像元，研究区域总面积为 5 625 km^2。像元大小为 30 m×30 m，每个像元面积为 0.000 9 km^2。NDVI 主要反映地表植被覆盖程度，其值越大，表示地表植被越茂密。由于河流等水体不含植被信息，而且其 NDVI 均为负值，因此我们对 NDVI＞0 的部分进行了统计，统计结果如表 3.31 所示。

表 3.31　广州地区植物的植被指数（NDVI）统计结果

日 期	NDVI 0～1 像元数	NDVI 0～1 均值	NDVI 0.25～1 像元数	NDVI 0.25～1 均值
1977 年 2 月 10 日	5 913 413	0.432 449	5 526 296	0.450 915
1979 年 10 月 19 日	5 760 353	0.392 362	4 923 172	0.432 253
1988 年 12 月 10 日	5 861 837	0.352 048	4 207 544	0.418 321
1995 年 12 月 30 日	5 157 161	0.264 486	2 513 404	0.410 084
2002 年 11 月 07 日	5 814 420	0.357 809	3 801 778	0.476 599

对于研究区域的植被覆盖情况主要进行以下分析：一方面取陆地（非水

体)部分的NDVI平均值作为衡量地表植被平均覆盖程度及其变化;另一方面,结合图像模拟真彩图和实地考察,取NDVI≥0.3的区域视为植被覆盖度较大区域,统计这些植被覆盖度较大区域的像元数和平均值,由此得到原本具有较高植被覆盖率的地表植被破坏情况。

从表3.31和图3.52、图3.53中的统计结果表明,从1977年到1979年,1979年到1988年,1988年到1995年,研究区域陆地NDVI均值明显减少,表明随着广州改革开放的进行和城市的不断扩张,地表大量植被受到破坏,地表植被平均覆盖程度明显降低,到1995年,陆地植被指数均值由1977年的0.43降低至0.26。2002年开始,由于政府对环保意识的不断加强和退耕还林等环保措施力度的加大,2002年植被平均覆盖度有所改善,陆地植被指数均值恢复到了0.36。

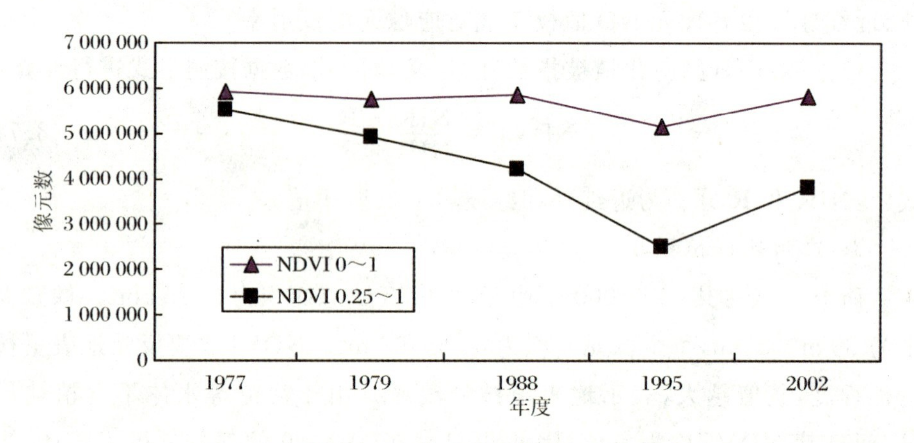

图3.52 广州地区各年度植被指数(NDVI)统计图

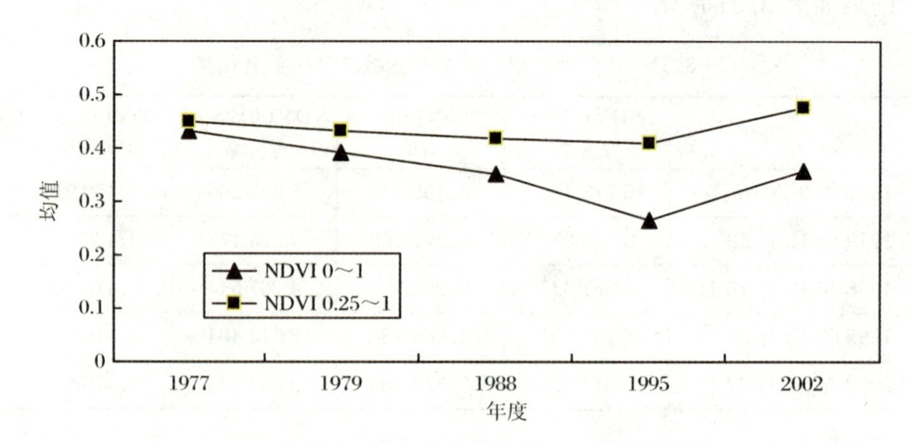

图3.53 广州地区各年度植被指数(NDVI)均值统计图

另一方面，将 NDVI 介于 0.25 到 1 之间的像元数目转换成地表对应面积，得到各年份的地表较高植被覆盖区域面积(表 3.32，图 3.54)。

表 3.32　广州地区地表高植被覆盖区面积统计表

年度	面积(km^2)	年度	面积(km^2)
1977	4 973.666 4	1995	2 262.063 6
1979	4 430.854 8	2002	3 421.600 2
1988	3 786.789 6		

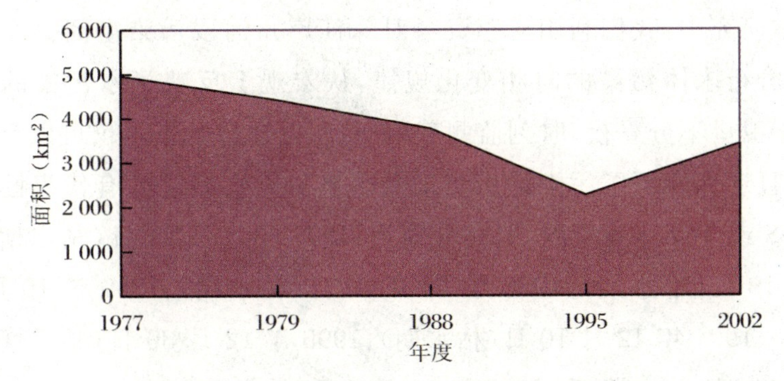

图 3.54　广州地区地表高植被覆盖区面积统计

以上数据显示，随着城市的扩张，工厂用地的增加和工业原料需求的增加，在 1977 年到 1979 年和 1988 年到 1995 年两个时期内，原植被覆盖度较高地区遭到严重破坏，平均每年消失 200～300 km^2，到 1995 年底，超过一半的高植被覆盖度地区消失。到 2002 年，高植被覆盖率地区面积得到了较大的恢复，达到了 3 421.600 2 km^2。

第五节　环境污染的遥感动态监测研究

一、珠江广州河段水体污染遥感动态监测

珠江河口及其相邻海岸带水域是非常重要而又极其复杂的海域。其河网—河口湾过渡带涵盖了大面积的淤积浅滩与冲刷深槽，是咸淡水混合、最

大浑浊带活动的重要场所。由于珠江三角洲地区工业化进程的飞速发展，城市人口的不断膨胀，带来大量的工业污染和生活污染排放水域，再加上珠江中上游地区的森林植被人为破坏，引发严重的水土流失。

由于不同污染程度的水体在光谱上有所差异，同样反映在遥感影像上也有一定的差异性。从遥感影像上可以看出，不同水质具有不同的影像色调特征，因而可以通过遥感影像色调的差异确定水体污染程度以及对污染源进行调查，客观上反映出水体污染的空间分布和特征。

1. 资料的获取及处理

在本研究中，我们利用遥感资料对珠江广州河段污染空间分布进行动态监测，分析水体污染的时相变化规律，从宏观上反映了水污染的空间分布。由于卫星不分昼夜，时刻监测着地面，所以遥感数据不仅可以反映污染现状，而且还保存下了污染的历史记录。本研究收集了具有代表性的 8 个时相 MSS 或 TM 遥感资料，时相分别为：1977 年 3 月 21 日（枯水期）、1979 年 10 月 19 日（平水期）、1988 年 12 月 19 日（枯水期）、1990 年 10 月 13 日（平水期）、1994 年 12 月 10 日（枯水期）、1995 年 12 月 30 日（枯水期）、1998 年 12 月 22 日（枯水期）和 2002 年 11 月 7 日（枯水期）。

通过遥感图像处理技术，制成广州地区水体污染时空分布影像图。图 3.55为珠江广州河段不同时相水体污染遥感动态监测图；图 3.56 是珠江广州河段不同时相水体污染遥感模拟真彩图。

2. 水体污染的空间特征和动态监测

通过对比，直观地反映出珠江广州河段水体污染的变化趋势及规律。在 TM 合成图像上，对水体的反映较为清楚，即清洁水体的色调呈浅蓝到蓝色，受污染的水体色调呈深蓝到蓝黑色。水体受污染越严重，其色调就越深，直至呈黑色。

通过多时相遥感数据可以监测水体污染的变化趋势，我们从不同时相的遥感影像上可以看出，从 1977 年到 2002 年 8 个时相的遥感影像对比分析，珠江广州河段水体污染基本上可以划分为五个阶段的变化趋势，即 1990 年以前、1990～1994 年、1994～1995 年、1996～1998 年以及 1998 年以后，每个阶段都有各自的污染时空分布特征。

(1)第一阶段的污染时空分布特征：以 1988 年为例，在遥感影像图像上珠江雅岗段水色为浅蓝色，硬颈海至黄沙段水色为深蓝色，前航道和后航道

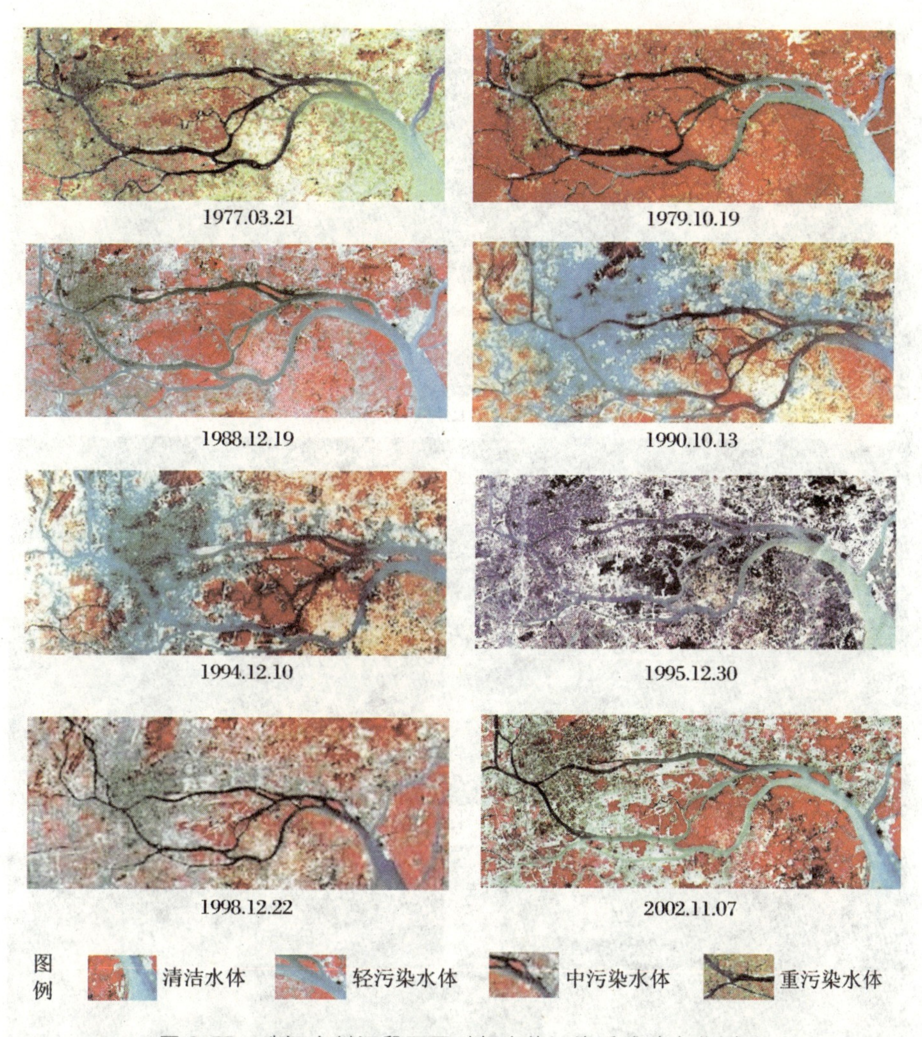

图 3.55　珠江广州河段不同时相水体污染遥感动态监测图

为深蓝到蓝黑色。这一阶段珠江河段受污染较轻，污染分布范围较小，只在前航道和后航道污染十分严重，黄埔航道与东江基本未受污染，其余水道污染相对较轻；总之这一阶段的污染特征是污染较轻，污染分布范围较小。

(2)第二阶段的污染时空分布特征：以 1990 年为例，珠江河段水体污染全面加重，除前航道和后航道严重外，白坭水道、雅瑶水道、水口涌、佛山水道、沥誉水道等污染都十分严重，而且污染有向下游方向扩张的趋势。

(3)第三阶段的污染时空分布特征：以 1994 年为例，珠江水体污染略有好转，从影像上可以看出，前航道和后航道水体色调呈蓝黑色调，污染很严

1988年12月19日

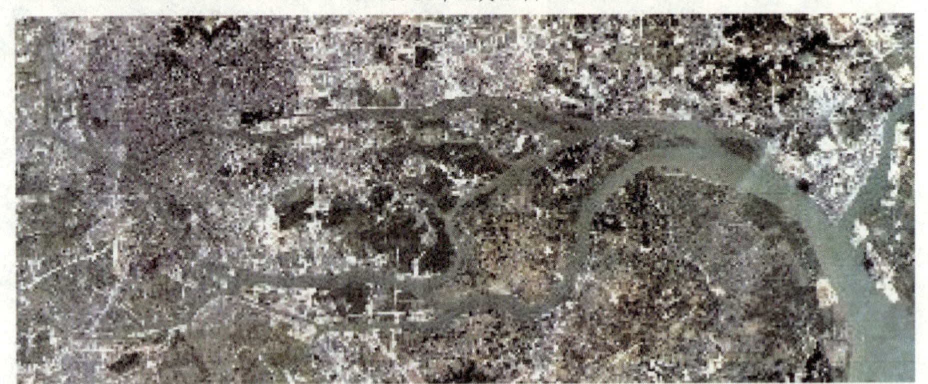

1995年12月30日

2002年11月7日

图 3.56　珠江广州河段不同时相水体污染遥感模拟真彩图

重，而其余水道相对于 1990 年时其水体色调变浅，说明水质有所改善，污染程度相对减轻。

(4)第四阶段的污染时空分布特征：以 1998 年为例，珠江水体受污染程度又有所加重，而且有进一步扩大的趋势。前航道、后航道、硬颈海水道水色呈蓝黑色,佛山水道和沥营水道等水色为深蓝黑色,而且在黄浦开发区的东江水和狮子洋水体污染明显加重,水色呈深蓝色。因而,这一阶段珠江广州河段全面受到污染,污染程度逐渐加重。

(5)第五阶段的污染时空分布特征:以2002年为例,珠江水体受污染程度有所改善,污染逐渐缩小。前航道、后航道、硬颈海水道水色呈蓝黑色,佛山水道和沥营水道等水色为显淡蓝色,东江水和狮子洋水体明显污染减轻,水色呈蓝色。因而,这一阶段珠江广州河段污染程度相对减轻,这与广州市政府实施"青山、绿地、蓝天、碧水"工程有一定的关系。

水质污染的遥感时相分布规律的分析结果与环境监测站水质监测结果对应较好,珠江广州段在1990、1994、1995、1996年度各断面监测结果表明,在1990年度珠江水质在各断面污染严重,1994、1995年度略为好转,到1996年珠江水质又开始恶化,COD、BOD、溶解氧及氨氮等指标都严重超标,在历年来,整个珠江广州河段最严重的断面是东朗断面和猎德断面。

因而,进行对比分析可以看出遥感资料分析得出的水质污染情况与实际监测结果基本吻合,这就说明了遥感技术监测水质动态变化具有实用性和可靠性,而且可以从空间分布上识别水体污染情况和分布规律。

3. 污染源与水体污染的关系及控制探讨

利用遥感图像反映水质污染具有直观明显和宏观性强等特点,还可以将污染源研究和水污染遥感监测结合起来并探讨二者之间的关系。通过GIS系统与水污染相关的信息集成,从大的时空角度进行污染监测和预报,指出流域污染的变化趋势、相关污染源和治理方向,建立准实时的水污染监测及预警系统,为水资源保护提供新的信息(王云鹏,2001)。在本项研究中我们进行了初步探索,得出以下初步结论:

(1)老工业区和城市生活区是水体污染的主要来源,如芳村区和荔湾区、东山区、越秀区。前者是广州的老工业区,是广州市钢铁、造船、机械、化工、医药和香料的重要生产基地,后者是广州市主要的老城市居民区。应加强对这些地区污染源的控制。

(2)新的开发区对水体污染的影响日益扩大,最明显的如黄埔区与增城市及新塘工业区等。从以上五个阶段来看,污染进一步加重扩大并有向珠江上游和东江蔓延的趋势。尤其体现在1994年以后。开发区面积剧增,分布在广州市周围各个方向,而且有不断增长的趋势。这些星罗棋布的开发区工业的发展，将对珠江水质构成严重威胁。对这些用水应做到科学管理和科学规划，不应再造成新的污染源。

(3)不能忽视农业用地包括菜地、果园、鱼塘所用农药、化肥、营养剂等地表残留物随地表径流进入河道，对珠江水质构成的严重威胁。通过遥感技术进行土地利用动态监测，对防治水体污染和水资源保护规划都有重要的意义。

二、珠江广州河段水质污染的遥感定量监测应用模型

1. 水体光谱测量点的布置

近年来，由于广州工业发展迅速，污水排放量也随着逐年增加，大部分的工业废水和居民生活污水都经若干排污涌或人工湖排入珠江，致使珠江水质污染日益严重。然而，珠江既是广州市工农业和居民生活用水的主要水源，又是广州市水上运输的枢纽。所以，对珠江河段、冲口和人工湖泊进行光谱测量，其研究意义较大。光谱测量工作与水质取样分析工作是同时进行的，重点放在珠江九个监测截面上(图 3.57 所示)。

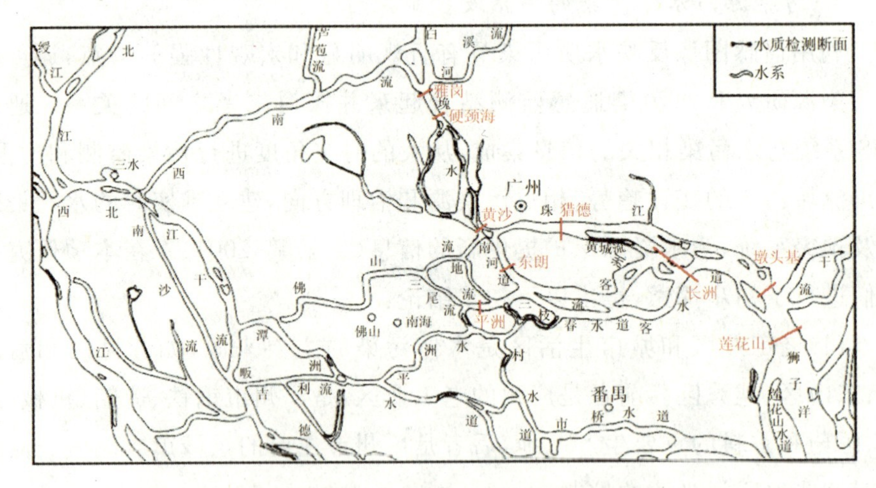

图 3.57　珠江广州河段水质监测断面示意图

这九个截面分布在珠江主河道长 80 多公里范围内，也是广州市环境监测站选定的常用水质监测断面，基本上能比较全面地监测珠江水质受市区污染的变化情况。排污涌布置了鸭墩水、东濠冲、车陂冲三个测量点。人工

湖泊在麓湖和流花湖布置了两个测点。

2. 水体污染数据和遥感资料的获取

珠江广州河段包括珠江西航道、前航道、后航道、黄埔水道，河段总长82.55 km，是广州市的主要水体，其中西航道、前航道、后航道是广州市的重要水源地。近二十年来，随着广州市社会经济的高速发展、城市规模的不断扩大、人口的快速增长，水资源需求大量增加，排入珠江广州河段的废污水量也相应增加，水质急剧恶化。20 世纪 90 年代，位于后航道的河南水厂、前航道的车陂水厂、员村水厂、黄埔水厂均因水源水质严重污染而失去生活供水功能。虽然广州市具有丰富的水资源，但不得不花费巨资，另辟水源，从市域外的顺德水道取水。日趋严重的水污染所导致的水质性缺水，已成为制约广州市可持续发展的一个重要因素。

由于水质受污染后，其反射光谱及遥感影像色调上存在差异，因而，在遥感图像数据上的灰度值也有一定的差异性，从 TM 多波段数据的彩色合成显示的亮度值和水质空间分布规律可以看出，它们有很好的对应关系，亮度暗的水体质量较差。因而，我们根据 TM 资料上各断面的灰度值与水质监测结果进行回归分析，找出两者之间的相关关系，为遥感定量分析提供依据。为了定量地研究两者之间的相互关系，收集了珠江广州河段水质监测结果(表 3.33 和图 3.58)，数据包括水质的 pH 值、总悬浮物(TSS)、溶解氧(DO)、生化耗氧量(BOD)、化学耗氧量(COD)、氨氮(NH_3—N)、亚硝酸盐氮(NO_2—N)、硝酸盐氮(NO_3—N)、挥发酚、石油类等。

本研究选择陆地卫星 TM 数据作为珠江水体遥感信息源，进行水质的监测和评价。TM 数据获取时间尽可能与水质监测参数数据接近，这样才能保证 TM 数据与水质监测参数有良好的相关性和可对比性。遥感数据资料从中国科学院遥感卫星地面站获取。

遥感数据首先经过遥感图像预处理，主要包括辐射校正、几何校正等，该项预处理工作在中国科学院遥感卫星地面站预先完成，利用 1∶10 万的地形图进行地理定位，定出珠江广州河段 9 个监测断面的精确地理位置，然后经过遥感信息的提取，获取 9 个监测断面的 TM 数据 6 个波段的平均灰度值以及 TM 波段在可见光波段的亮度值(TMV)，表 3.34 列出了珠江广州河段各断面对应的 TM 灰度值(图 3.59、图 3.60)。根据遥感信息数据与水质监测参数进行模型分析，用来评价水质污染状况。

表 3.33 珠江广州河段各个断面水质监测结果

项目	pH	TSS	DO	COD	BOD	NH_3-N	NO_2-N	NO_3-N	挥发酚	石油类
雅岗	6.88	33	3.9	3.43	1.88	1.02	0.145	1.01	0.004	0.09
	(0.62)	(0.22)	(1.35)	(0.57)	(0.47)	(2.04)	(0.97)	(0.05)	(0.80)	(1.80)
硬颈海	6.94	37	1.7	4.45	2.75	2.16	0.156	0.81	0.004	0.12
	(0.56)	(0.25)	(2.08)	(0.74)	(0.69)	(4.32)	(1.04)	(0.04)	(0.80)	(2.40)
黄沙	7.04	37	1.5	5.08	3.42	2.53	0.115	0.82	0.005	0.13
	(0.46)	(0.25)	(2.13)	(0.85)	(0.85)	(5.06)	(0.77)	(0.04)	(1.00)	(2.60)
东朗	7.30	41	3.0	5.50	3.62	2.09	0.072	0.84	0.005	0.14
	(0.20)	(0.27)	(1.63)	(0.92)	(0.91)	(4.18)	(0.48)	(0.04)	(1.00)	(2.80)
平洲	7.29	34	5.1	2.91	1.27	1.18	0.019	0.78	0.003	0.12
	(0.21)	(0.23)	(0.97)	(0.49)	(0.32)	(2.36)	(0.13)	(0.04)	(0.60)	(2.40)
猎德	7.08	57	0.8	6.27	4.44	3.29	0.111	0.66	0.005	0.15
	(0.42)	(0.38)	(2.30)	(1.04)	(1.11)	(6.58)	(0.74)	(0.03)	(1.00)	(3.00)
长洲	7.16	49	2.5	4.15	3.34	2.06	0.096	0.92	0.003	0.10
	(0.34)	(0.33)	(1.76)	(0.69)	(0.83)	(4.12)	(0.64)	(0.05)	(0.60)	(2.00)
墩头基	7.15	55	3.1	3.70	3.48	1.68	0.118	0.99	0.004	0.10
	(0.35)	(0.37)	(1.59)	(0.62)	(0.87)	(3.36)	(0.79)	(0.05)	(0.80)	(2.00)
莲花山	7.11	50	3.5	3.46	3.18	1.25	0.114	1.00	0.003	0.07
	(0.39)	(0.33)	(1.47)	(0.58)	(0.80)	(2.50)	(0.76)	(0.05)	(0.60)	(1.40)

注：浓度单位为：mg/L，括号中的数据为污染指数。

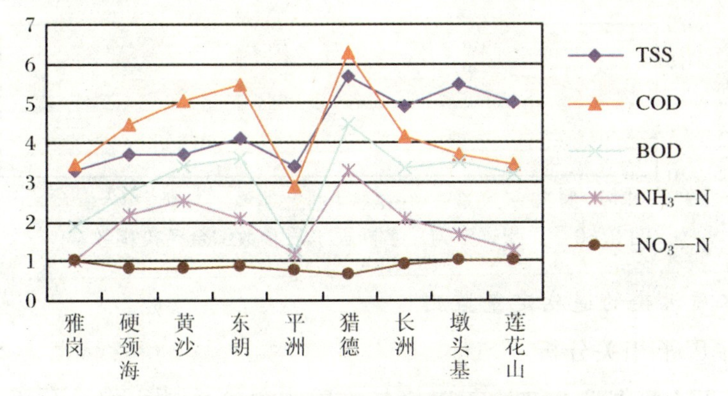

图 3.58　珠江广州河段断面水质污染指标对比

表 3.34　珠江广州河段各断面污染指数和 TM 灰度值

断　面	A	TM1	TM2	TM3	TM4	TM5	TM7	TMV
雅　岗	8.89	108.2	44.6	46.1	24.6	14.3	8.8	66.30
硬颈海	12.92	107.5	42.3	42.2	26	13.1	6.2	64.00
黄　沙	14.01	108.7	40.1	42.2	26.5	13.4	7.7	63.67
东　朗	12.43	104.8	41.0	44.3	24.8	11.5	6.3	63.37
平　洲	7.75	113.6	45.8	48.5	26.1	15.5	8.3	69.30
猎　德	16.60	100.9	38.8	41.6	23.1	9.9	5.5	60.43
长　洲	11.36	106.3	42.8	42.2	21.8	11.5	6.1	63.77
墩头基	10.80	108.9	43.2	42.9	22.4	11.7	6.3	65.00
莲花山	8.88	110.4	44.3	47.1	28.9	13.8	7.9	67.27

注：A 为水质参数的综合污染指数，TMV 为 TM 在可见光波段的灰度值。

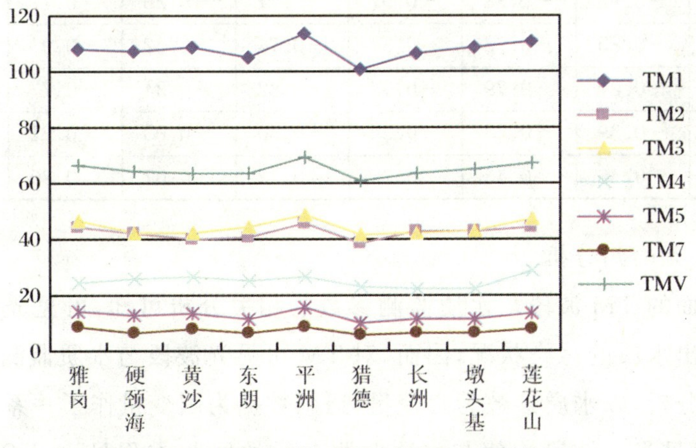

图 3.59　珠江广州河段各断面 TM 灰度值比较

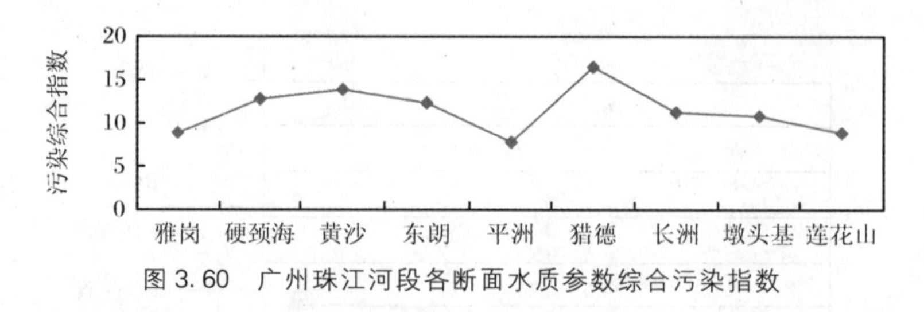

图 3.60 广州珠江河段各断面水质参数综合污染指数

3. 水质污染的遥感定量监测

(1)单因子相关分析

利用TM数据6个波段灰度值与水质监测参数进行相关分析,分析结果见表3.35。分析结果表明,TM数据与pH值、挥发酚等水质参数相关性很差,红外波段的TM数据与水质参数的相关性也不明显,而可见光波段与水质参数之间有一定的相关,特别是水质参数中溶解氧(DO)、生化耗氧量(BOD)、化学耗氧量(COD)、氨氮(NH_3—N)与TM1、TM2、TM3及TMV相关性较高,除溶解氧外,都呈负相关;位于近红外的波段TM5、TM7与水质参数之间也有一定程度的相关;TM4与水质监测参数间相关较差。这说明了水质中有机污染越严重,其在可见光波段的TM数据值就越低,在TM图像上其灰度越暗。因而,TM的可见光波段能良好地反映出珠江水质情况。

表 3.35 水质各污染项目与TM的相关性

相关系数	TMV	TM1	TM2	TM3	TM4	TM5	TM7
TSS	-0.47	-0.49	-0.37	-0.42	-0.42	-0.76	-0.65
DO	0.91	0.76	0.90	0.90	0.24	0.71	0.68
COD	-0.92	-0.88	-0.97	-0.71	-0.26	-0.77	-0.67
BOD	-0.85	-0.78	-0.84	-0.74	-0.32	-0.9	-0.77
NH_3—N	-0.91	-0.79	-0.95	-0.82	-0.34	-0.77	-0.75
NO_2—N	-0.39	-0.33	-0.25	-0.50	-0.03	-0.21	-0.14
NO_3—N	0.48	0.43	0.6	0.32	0.07	0.30	0.43

(2)一元回归分析

从上面的TM波段与水质监测参数的相关分析可知,可见光波段能很好地反映出水质的污染状况,因而,对TM可见光波段与水质监测参数进行一元回归分析,以水质参数为自变量,遥感数据为因变量作了一系列一元回归分析,可见光三波段均值与水质监测参数的回归方程见表3.36,回归分析趋势图见图 3.61～图 3.66。

表 3.36　珠江广州河段 TM 可见光三波段均值与水质监测参数的回归方程

回归方程	相关系数
TMV = 70.51 − 0.1308(TSS)	0.47
TMV = 59.868 + 1.7648(DO)	0.91
TMV = 74.104 − 2.523(COD)	0.92
TMV = 71.754 − 2.289(BOD)	0.85
TMV = 70.989 − 3.2325(NH_3—N)	0.91
TMV = 67.379 − 24.635(NO_2—N)	0.39
TMV = 55.799 + 10.335(NO_3—N)	0.48

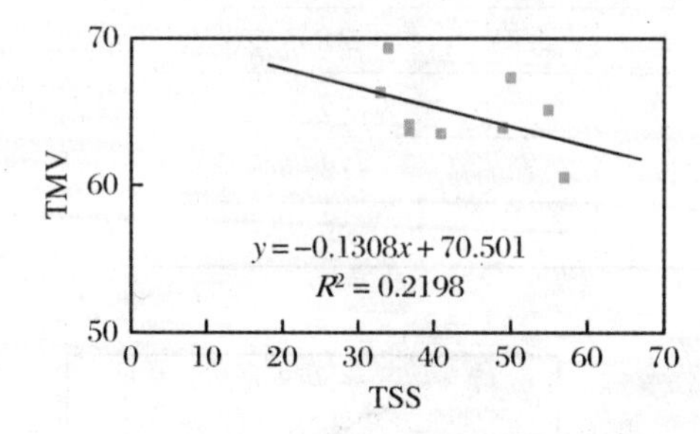

图 3.61　可见光波段与总悬浮物回归分析

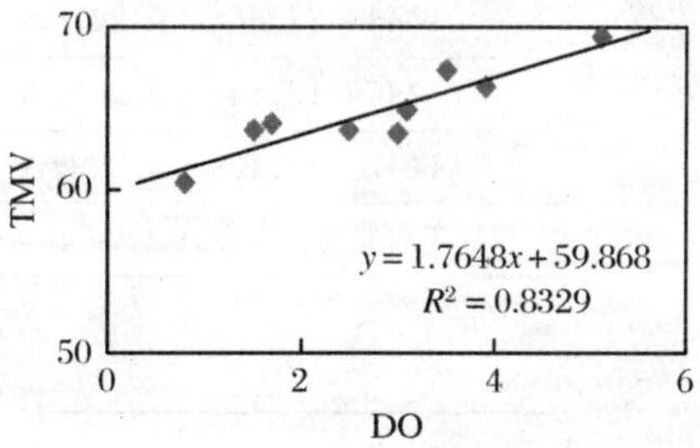

TMV
DO
$y = 1.7648x + 59.868$
$R^2 = 0.8329$

图 3.62　可见光波段与溶解氧回归分析

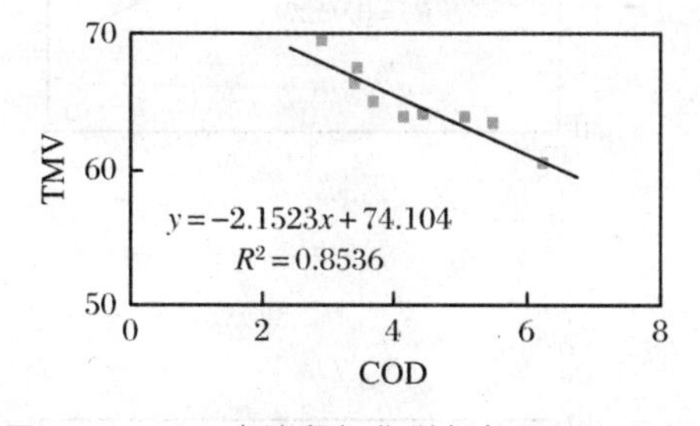

图 3.63　可见光波段与化学耗氧量回归分析

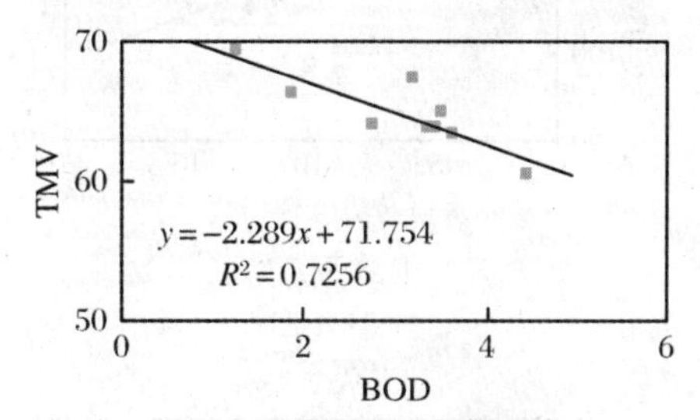

图 3.64　可见光波段与生化耗氧量回归分析

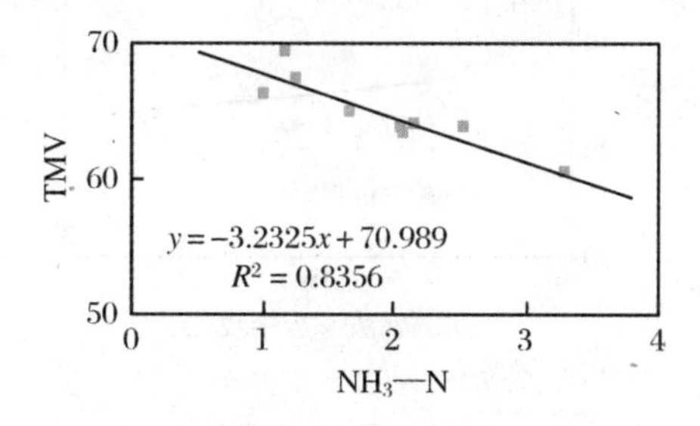

图 3.65　可见光波段与氨氮回归分析

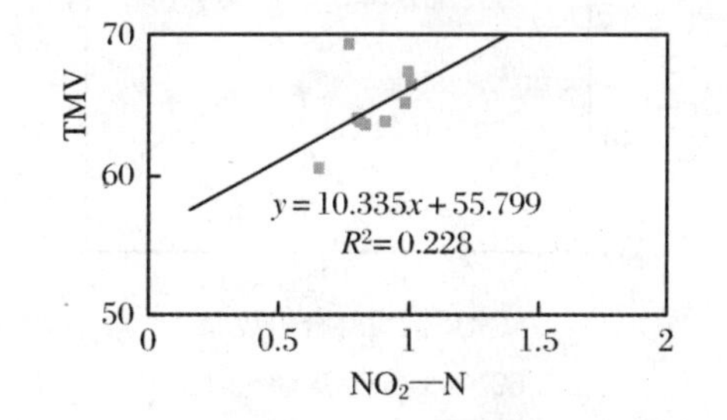

图 3.66　可见光波段与亚硝酸盐氮回归分析

根据珠江广州河段水质属有机污染的实际情况，把表 3.35 中的各项水质参数的污染指数综合为一项客观反映有机污染程度的综合污染指数(A)，污染指数按国家地面水环境质量标准(GB3838－88)中三类水质为标准计算出各项指标的污染指数。把综合污染指数(A)与遥感 TM 数据进行一元回归分析，经统计分析得到 TM 各波段与综合污染指数的回归方程以及回归分析图(见表 3.37 和图 3.67～图 3.73)。

表 3.37　珠江广州河段 TM 波段与水质综合污染指数回归方程

回归方程	相关系数
TM1 = 119.73 − 1.0451A	−0.83
TM2 = 51.563 − 0.7832A	−0.97
TM3 = 52.928 − 0.7647A	−0.85
TM4 = 27.763 − 0.2476A	−0.31
TM5 = 18.148 − 0.4692A	−0.76
TM7 = 10.459 − 0.2995A	−0.72
TMV = 74.746 − 0.8645A	−0.95

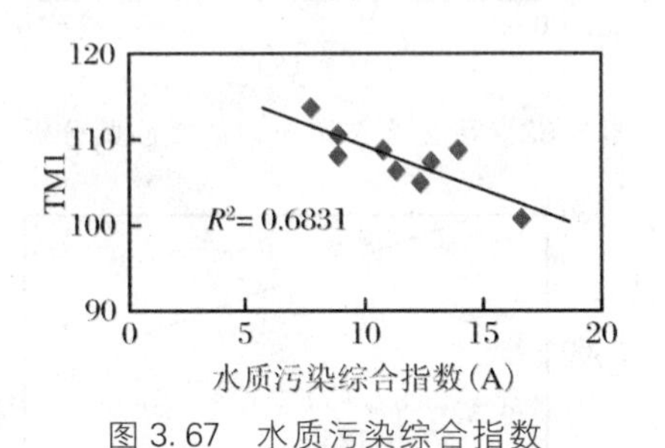

图 3.67　水质污染综合指数与 TM1 回归分析

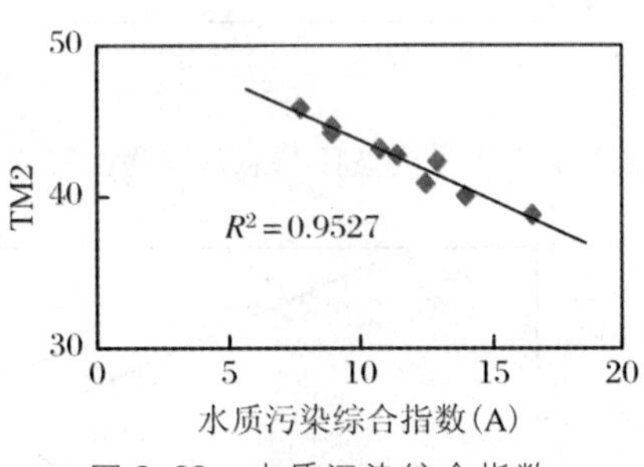

图 3.68　水质污染综合指数与 TM2 回归分析

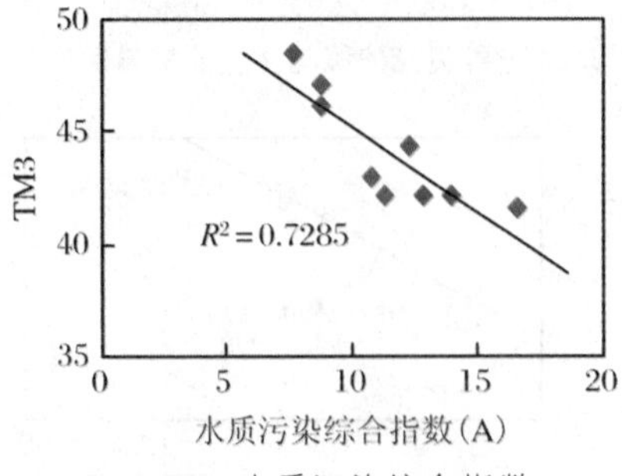

图 3.69　水质污染综合指数与 TM3 回归分析

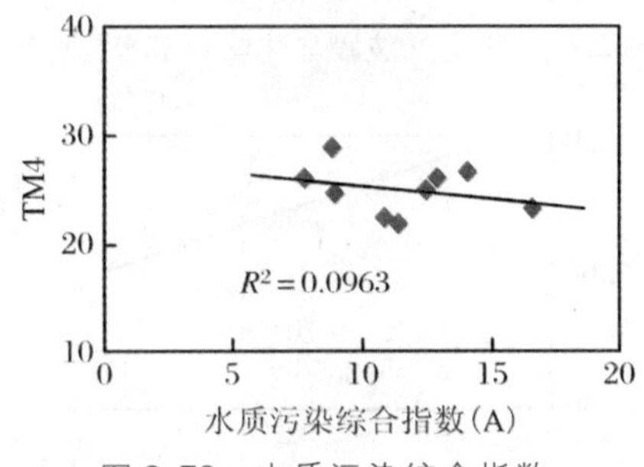

图 3.70　水质污染综合指数与 TM4 回归分析

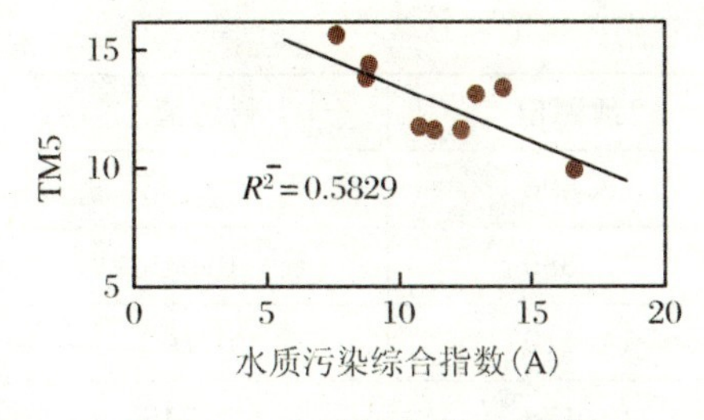

图 3.71 水质污染综合指数与 TM5 回归分析

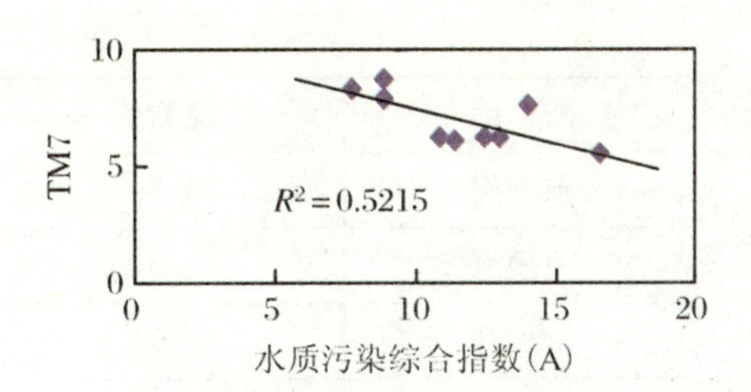

图 3.72 水质污染综合指数与 TM7 回归分析

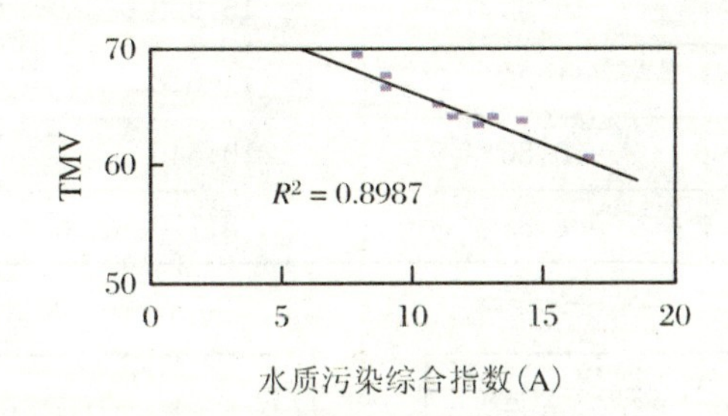

图 3.73 水质污染综合指数与 TMV 回归分析

从以上的回归分析结果可以看出,可见光波段 TM1、TM2 及 TMV 与水质综合污染指数有较好的负相关性,近红外波段的 TM5 和 TM7 与水质综合污染指数之间也有好的负相关关系,相关系数都在 -0.80 以上,而 TM4 与 A 的相关系数仅有 -0.20,几乎不相关。因而,对水色遥感而言,可见光波段是较理想的探测波段,它含有丰富的水质信息。

(3)多元回归分析

从以上的这些一元回归分析可以看出,TM 波段的灰度值与水质参数、污染指数之间存在一定的相关性。但是,如果单一从 TM 某个波段来监测水质变化状况,显然存在一定的差异。因而,我们把 TM 在可见光和近红外的六个波段与综合污染指数之间进行多元回归分析,探讨用 TM 数据监测水质变化的定量模型。

多元回归分析结果为:

$$A = 77.3251 - 0.1704TM1 - 1.0409TM2 - 0.1497TM3 - 0.0414TM4 + 0.7373TM5 - 0.7036TM7 \quad (3.8)$$

其复相关系数为 0.98。根据多元回归分析结果计算出各个断面的综合污染指数预测值,列在表 3.38、图 3.74 和图 3.75 中。

表 3.38 各断面预测值和观测值的比较

断　面	观测值	预测值	剩余值
雅　岗	8.89	8.896	－0.006
硬颈海	12.92	12.880	0.040
黄　沙	14.01	14.110	－0.100
东　朗	12.43	13.178	－0.748
平　洲	7.75	7.542	0.208
猎　德	16.60	15.990	0.610
长　洲	11.36	11.628	－0.268
墩头基	10.80	10.646	0.154
莲花山	8.88	8.770	0.110

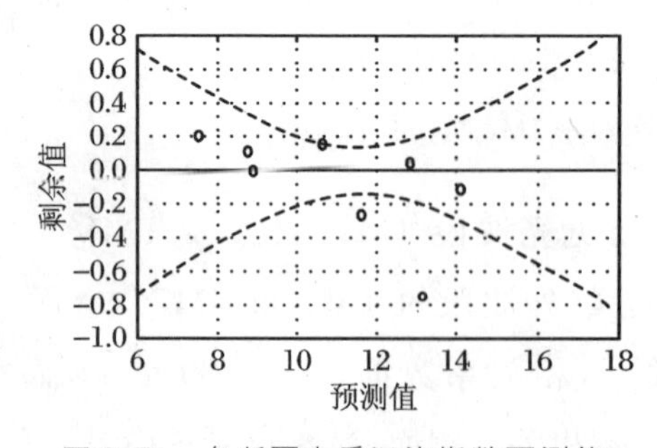

图 3.74 各断面水质污染指数预测值与剩余值之间的对比

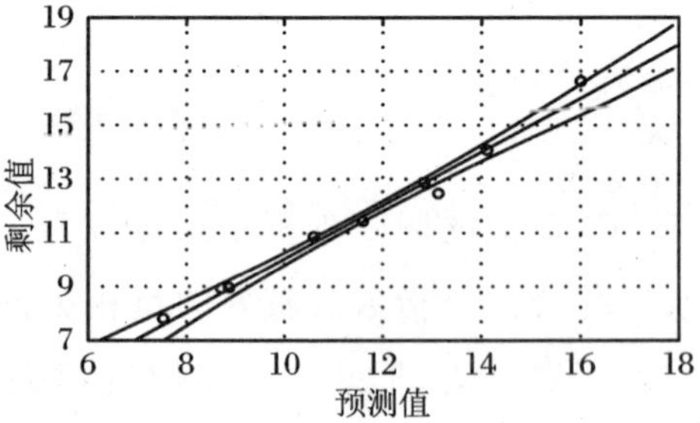

图 3.75 各断面水质污染指数预测值与观测值之间的对比

根据建立的遥感监测水质变化的定量模型进行了水质污染预测，其预测值与实际观测值进行比较可以看出，预测值与实际观测值有很好的一致性，可信度达 95%以上，这完全说明了用 TM 资料可以准确地预报水质的污染指数情况。

总之，水体污染是目前重要的环境问题，常规监测手段不能满足对水质的适时、大尺度的监测评价要求，而遥感无疑能发挥出重要的作用。遥感 TM 数据可以较好地反映出水质污染特征，动态地监测水质污染的空间分布规律，具有快速、正确、省时省力以及信息综合能力强等特点，可提供形象真实的水质分布信息。TM 数据图像的灰度值与水质污染参数有密切的相关关系，尤其 TM 可见光波段能正确地反映出水质的污染状况，运用 TM 数据可以很好地监测水质污染状况，定量化预测水质综合污染指数，为大面积的水域监测提供一种方便、有效的技术手段，如与少数常规监测点相结合，就能全面、正确地反映出城市水环境质量的分布状况，能弥补常规监测的不足。因而，在城市水环境质量监测中，遥感技术是一种行之有效的技术方法和监测手段。

三、深圳市水库水质遥感监测模型

1. 研究区概况

水库水是深圳市及香港饮用水及工农业用水的主要水源水，所以对于该地区水库水水质的持续监测是至关重要的。深圳地区大部分的水库主要汇集了大气降水和地表经流，如铁岗水库和石岩水库；有些水库的水是通过长距离的引水而来，如作为深圳和香港主要饮用水源的深圳水库，其水源主要通过“东—深引水”工程来自于东江。深圳是我国改革开放20年来经济发展速度最快，城市化进程最快的地区之一，当地工农业的发展和人口的迅速增加也影响了水库的生态系统和水库水质，而本地区现在和将来对水质的要求和水量的需求都是巨大的。

传统的水质监测方法主要依靠现场取样和随后对样品的实验室分析。这种现场取点的方法虽然可以提供精确的结果，但费时费力，而且更为重要的是，这种方法很难提供实时的空间水质信息，而这些于水质的宏观监测、评估与管理是至关重要的。

卫星遥感结合地面分析的水质数据为水质的宏观监测提供了一种新的途径。20世纪80年代以来，随着遥感传感器空间和光谱分辨率的提高，卫星遥感已经被应用于近岸水体的水质监测，包括通过宽波段反射率和一些水质指标，如水色、色素含量、总悬浮物、水温及一些实验室水质指标之间的相关分析。

一般来讲，陆地资源卫星专题制图仪(Landsat TM)数据主要用来获取宽波段反射率，而且TM1～TM7波段数据都可以使用。通常情况下，TM1～TM4和TM5、TM6波段使用得较多。TM1～TM4波段主要是可见至近红外数据。在这一波长范围内，光通过水体后的反射和散射被接收，这些数据可以反映一些水质信息。

前期研究表明：TM1～TM4波段可以反映一些常规的水质指标如叶绿

素 a、藻类、溶解有机质、悬浮物质等。在本研究中,我们尝试建立深圳地区水库水质的一些化学指标如总有机碳(TOC),化学耗氧量(COD)和生化耗氧量(BOD)和 TM1~TM4 波段反射率之间的统计模型,同时,还运用这些模型对深圳部分水库水质的监测和变化进行了分析。

研究区位于广东省深圳市北部。该区是典型的亚热带气候,降水丰富。根据深圳市气象局的统计,深圳市年平均降水量介于 1 600~2 000 mm,平均 1 933.3 mm。在深圳的大部分地区年降雨量都超过了 1 700 mm。深圳市约有 30 多座水库,常年汇聚降水。而最大的五个水库是铁岗水库、石岩水库、西枥水库、雁田水库和深圳水库(图 3.76)。这五个水库积聚了该区约 80%以上的地表降水。另外,这五个水库共同的特点是有机污染重、富营养化程度高,主要污染物包括总氮、总磷、BOD 和挥发性酚。

图 3.76 研究区位置图

2. 研究方法和数据获取

本研究接收了一景 TM 数据,同时地面体采样和分析工作也同步进行。一些图像处理工作如辐射校正和大气纠正在统计分析前完成。多元回归统计分析方法主要用来建立统计模型,水质变化图像也通过遥感图像处理方法生成。

遥感数据是1996年3月10日接收的，这个时间是干季，水库水质相对稳定。另外，天气晴朗无云，接收数据质量也很好。本次研究中，我们采了一个子区，大小为1 200像元×700像元，该子区覆盖了整个研究区。

为了确定卫星数据和地面观察数据之间的关系，卫星过境时，我们还测量了水面的光谱。这是通过HG－100地面光谱仪完成的。该光谱仪采用光栅测量，波长范围为400～860 mm，采样间隔为10～20 nm。另外我们采用了太阳辐射计测量了卫星过境时的可见至近红外波段的大气透过率。

水样采集安排与卫星过境同步，从南到北的剖面进行，根据水库的大小一般采8～10个样，采样位置由GPS测定。每个采样点采集两个深度，一个是水表，将两个样品混合均匀后进行实验室分析。分析项目包括水中TOC、COD和BOD。

为了比较水体在卫星和地面实测的光谱特征，卫星数据需要定标并进行大气校正。与土壤与植被相比，水体的反射率非常低，因此对光谱的定标就非常重要。在本研究中，我们采用Thome等(1987，1993)，对于TM和ETM数据的定标参数和公式：

$$L^* = \frac{DSL - DSL_0}{G} \tag{3.9}$$

$$\rho^* = \frac{\pi d_S^2 L^*}{T_{\lambda\downarrow} E_0 \mu_s} \tag{3.10}$$

这里公式(3.9)将TM各波段图像进行辐射定标，公式(3.10)将定标后的结果转化为反射率。其中，L^*是辐射率，d_s是标准化的星—地距离，μ_s是太阳高度角的余弦，E_0是外大气层太阳反射率，$T_{\lambda\downarrow}$是利用太阳光度计实时测定的太阳透射率，ρ^*是反射率。

公式(3.9)、(3.10)所用的参数见表3.39和表3.40。

表3.39　TM图像定标与大气正参数(Thome，et al，1993；Palmer，1984)

TM波段	中心波长 (μm)	校正因子，G(counts/ W·m^{-2}·sr^{-1}·μm^{-1})	偏差 DSL_0 (counts)	太阳辐射 E_0 (W·m^{-2}·sr^{-1}·μm^{-1})
1	0.4863	1.6599	2.523	1959.2
2	0.5706	0.85099	2.417	1827.4
3	0.6607	1.2411	1.452	1550.0
4	0.8382	1.2277	1.854	1040.8

续表

TM 波段	中心波长 (μm)	校正因子, G(counts/ W·m^{-2}·sr^{-1}·μm^{-1})	偏差 DSL_0 (counts)	太阳辐射 E_0 (W·m^{-2}·sr^{-1}·μm^{-1})
5	1.677	9.2526	3.423	220.75
6	2.223	17.550	2.633	74.960
1	G = (-7.84×10^{-5})(days since launch) + 1.409			
2	G = (-2.75×10^{-5})(days since launch) + 0.7414			
3	G = (-1.96×10^{-5})(days since launch) + 0.9377			
4	G = (-1.10×10^{-5})(days since launch) + 1.080			
5	G = (7.88×10^{-5})(days since launch) + 7.235			
7	G = (7.15×10^{-5})(days since launch) + 15.63			

表 3.40 卫星过境当天 TM 各波段实测大气透射率 $T_{\lambda\downarrow}$（1996 年 3 月 10 日）

波段	1	2	3	4
$T_{\lambda\downarrow}$	0.670 5	0.743 3	0.840 2	0.990 5

3. 结果和讨论

(1)实测与卫星估算的水的反射率

一个 5 像元×5 像元的算子(地面对应 150 m×150 m),用来从水库图像中提取平均反射率。25 个经过定标的像元值利用公式(3.10)转化为相应的反射率并且进行了大气校正。结果用以和地面实测的水体反射率进行对比。42 个点的对比结果见图 3.77,地面实测反射率与卫星反演的结果相关性较好,在 TM1、2、3 波段相关系数分别达到 0.638、0.607 和 0.780。图 3.78是 TM 四个波段实测结果与反演结果的方差。可以发现,总体上,在可见到近红外波段,TM 四个波段的方差介于 0.02～0.03 之间,这也说明反演精度还是很高的。

(2)水质模型

统计方法是水质模型中最常用的方法,但是前期研究主要集中于常规的水质指标,如 TSS、色素等,在本项研究中,我们尝试利用经过大气校正过的卫星反射率(TM1～TM3 波段)与实验室分析的水质指标 TOC、BOC 和 COD。我们利用多元线性回归方法将 3 个水质指标与反演的 TM 三个波

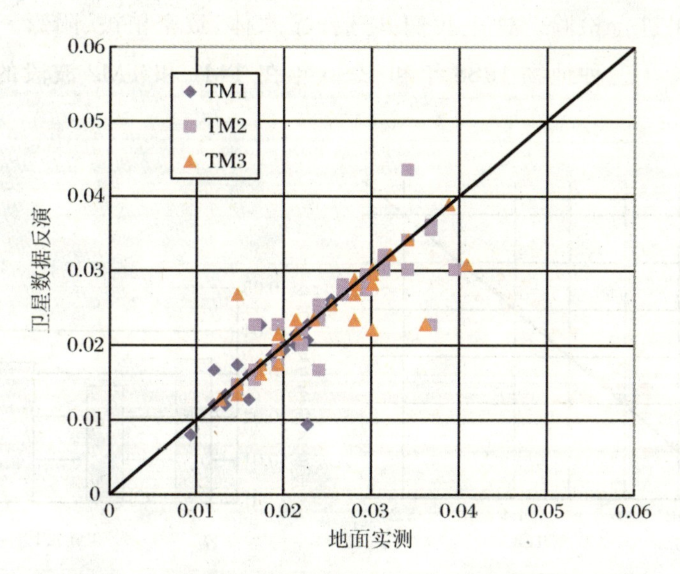

图 3.77 卫星数据反演与地面实测 TM1 及 TM2 波段散点图

(Yunpeng Wang,2004)

段的反射率进行回归,结果如下:

$$\mathrm{TOC} = 6.41 - 85.29\rho_1 - 2.05\rho_2 - 24.96\rho_3$$

$$(\mathrm{MR} = 0.829, N = 40, \text{标准差} = 0.25) \tag{3.11}$$

$$\mathrm{BOD} = 1.79 - 0.789\rho_1 + 52.36\rho_2 - 3.28\rho_3$$

$$(\mathrm{MR} = 0.707, N = 40, \text{标准差} = 0.24) \tag{3.12}$$

$$\mathrm{COD} = 2.76 - 17.27\rho_1 + 72.15\rho_2 - 12.11\rho_3$$

$$(\mathrm{MR} = 0.626, N = 40, \text{标准差} = 0.30) \tag{3.13}$$

其中,这 ρ_1、ρ_2 和 ρ_3 是反演并已作过大气校正的 TM1、TM2 和 TM3 波段的反射率,MR 是回归相关系数,N 是样品数。

TOC、BOD、COD 的反演模型计算结果与实测结果的散点图见图 3.78~图 3.80,其中 TOC 的相关系数达 0.911,BOD 的相关系数达 0.841,而 COD 的相关系数达到 0.791。上述结果显示了上述模型的准确性。

(3)水库水质变化监测(1988 年~1996 年)

同一研究区 1988 年的 TM 数据(1988 年 1 月 10 日)利用与 1996 年相同的处理方法进行了反演,并利用上述水质模型进行了计算。这其中,辐射定标及大气校正是至关重要的。为了验证方法的有效性,我们对两个时相的反演结果进行检验。这里我们共选择了水体、致密植被、阴影三种典型地物进行检验。三种地物1988年和1996年在TM1和TM2波段的散点图见图3.81。

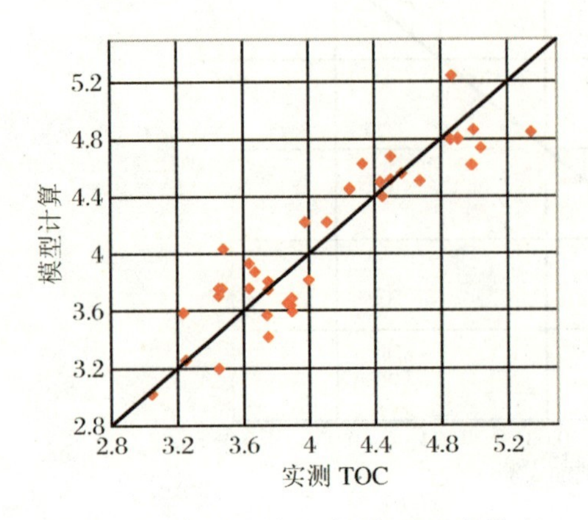

图3.78 模型计算与实测TOC的散点图(样品数为42)(Yunpeng Wang,2004)

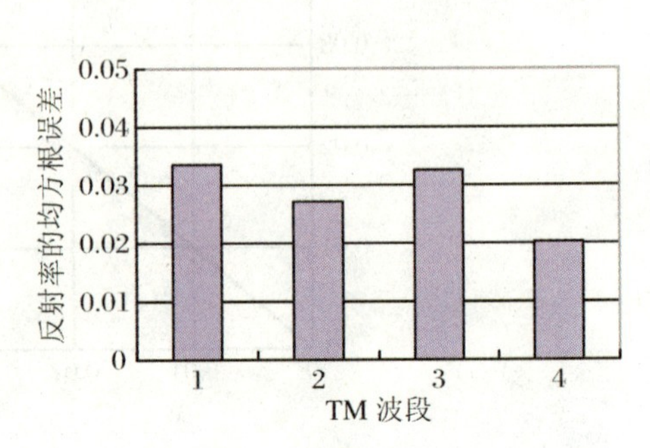

图3.79 模型计算与实测BOD的散点图(样品数为42)(Yunpeng Wang,2004)

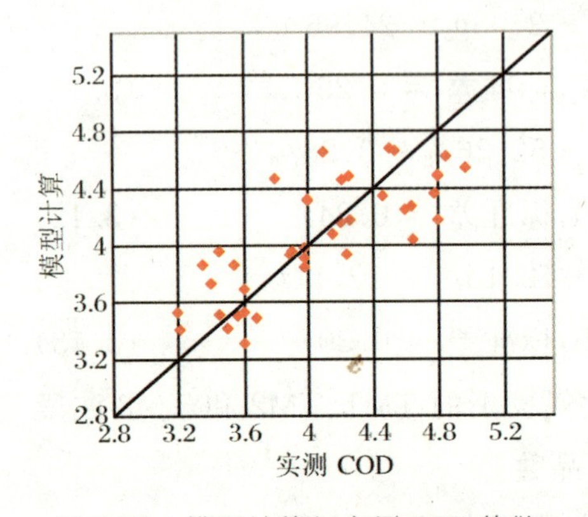

图3.80 模型计算与实测COD的散点图(样品数为42)(Yunpeng Wang,2004)

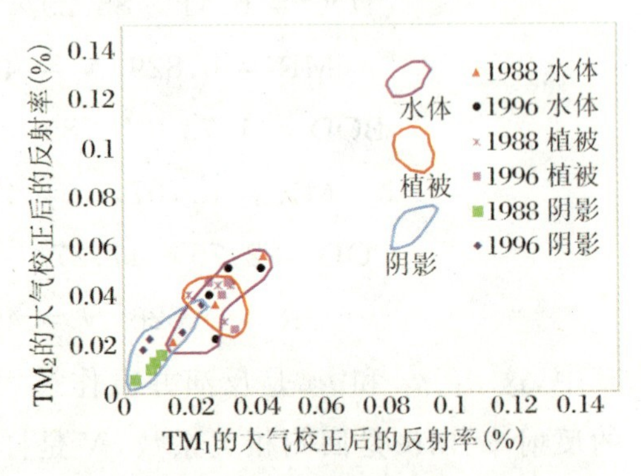

图3.81 三种地物1988年和1996年在TM1和TM2波段的散点图(Yunpeng Wang,2004)

可以发现,致密植被与阴影在散点图的分布非常集中,这主要是由于这两种地物变化不大而造成的,而水的分布有些分散,确实与水质变化有关,这在一定程度上说明,这种方法在处理各时相数据,即进行水质监测是可行和有效的。

利用上述回归的水质模型,对1988年与1996年的全景数据进行了计算。最终形成各个水库水质在1988年和1996年两年水质指标TOC、BOD和COD的分布图像。如图3.82就是石岩水库1988年和1996年BOD的反演及对比结果。可以发现1988年石岩水库的BOD为2～3 mg/L，而高BOD的区域主要位于水库的中部—北部；而1996年水库BOD升高到2.5～3.5 mg/L，水库大部分区域BOD含量都大于3 mg/L。COD的比较图也显示了同样的结果。这表明石岩水库从1988年到1996年污染已经加重，深圳西部的其他水库也显示出相似的结果。主要的污染源来源于农业面源污染。

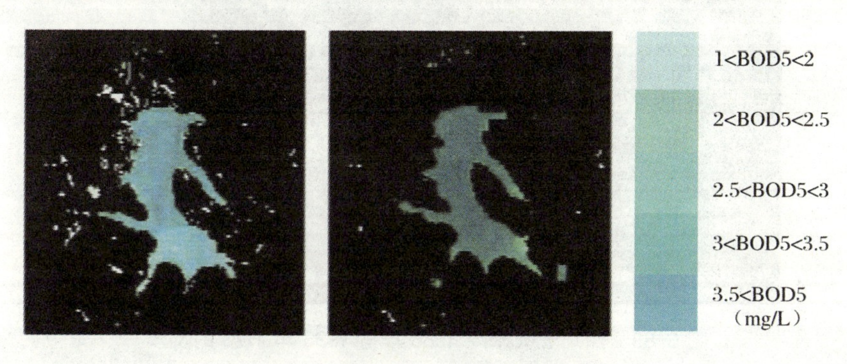

图3.82 石岩水库1988年和1996年BOD的反演及对比
(Yunpeng Wang, 2004)

对深圳五大水库1988年与1996年TOC的反演结果的比较(图3.83)表明，1988年TOC介于2～3.5 g/L之间，而高TOC区域主要分布于石岩水库中—北部和深圳水库的南部；而1996年水库TOC升高到3.5～5 mg/L，而大部分水库TOC都高于4 mg/L，空间分布表明，所有水库的污染程度从1988年到1996年都有所提高，而深圳水库的东部污染的程度最为严重，这主要是由来自于农业、工业和城市污染的复合而造成的。

总之，利用实测与反演数据，建立了深圳水库水质(TOC、BID、COD)的遥感反演模型，经过比较表明，该方法是有效可行的。在TM1～TM4波段(即可见至近红外区间)反演精度较高。该方法用以研究深圳主要水库水质变化(1988～1996年)监测，结果表明深圳水库水质指标总体上呈现上升趋势，污染程度增加。该研究为大面积宏观监测水库水质提供了一个简便实用的途径。

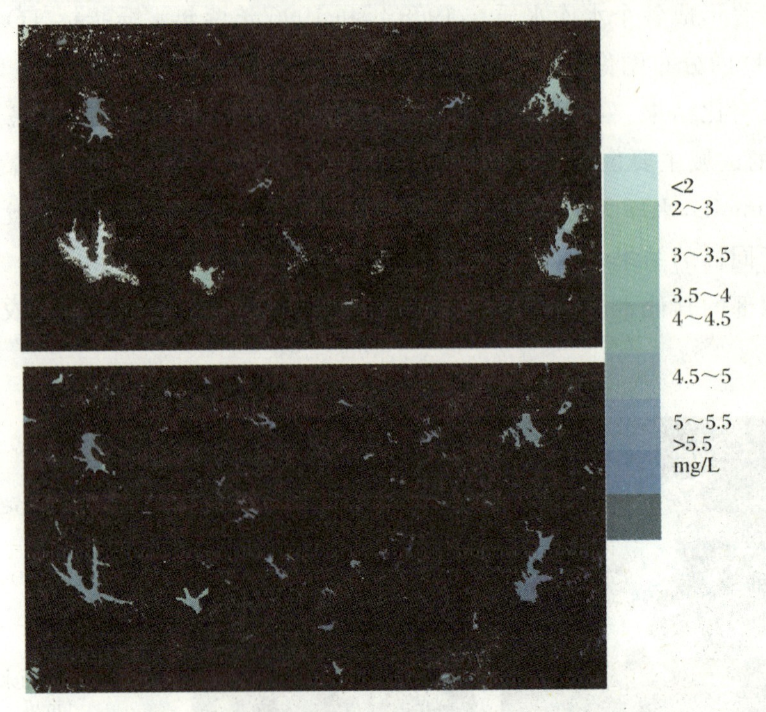

图 3.83　深圳五大水库 1988 年与 1996 年 TOC 的反演结果的比较(Yunpeng Wang,2004)

第六节　广州地区热岛效应的遥感监测与评价

一、研究范围和资料选取

遥感技术(尤其是红外技术)的发展极大地促进了城市热环境的研究。城市热环境的遥感研究主要利用遥感的热红外波段,进行城市热环境动态监测研究,需要利用多时相遥感数据。本次研究以广州市城区为例,研究广州地区热岛效应,分析城市热环境的空间分布特征。

研究区域选择广州市区,研究范围包括越秀区、荔湾区、海珠区、白云区、天河区、萝岗区、广州经济开发区、番禺区(部分)、增城市(部分)、佛山市

(部分),具体如图 3.84 所示。经纬度范围:113.192°E～113.533°E,22.904°N～23.337°N。采用的遥感数据源为:1995 年 12 月 30 日 TM 数据和 2002 年 11 月 07 日 ETM 数据。采用的遥感图像处理软件平台:ENVI4.2,IDL。

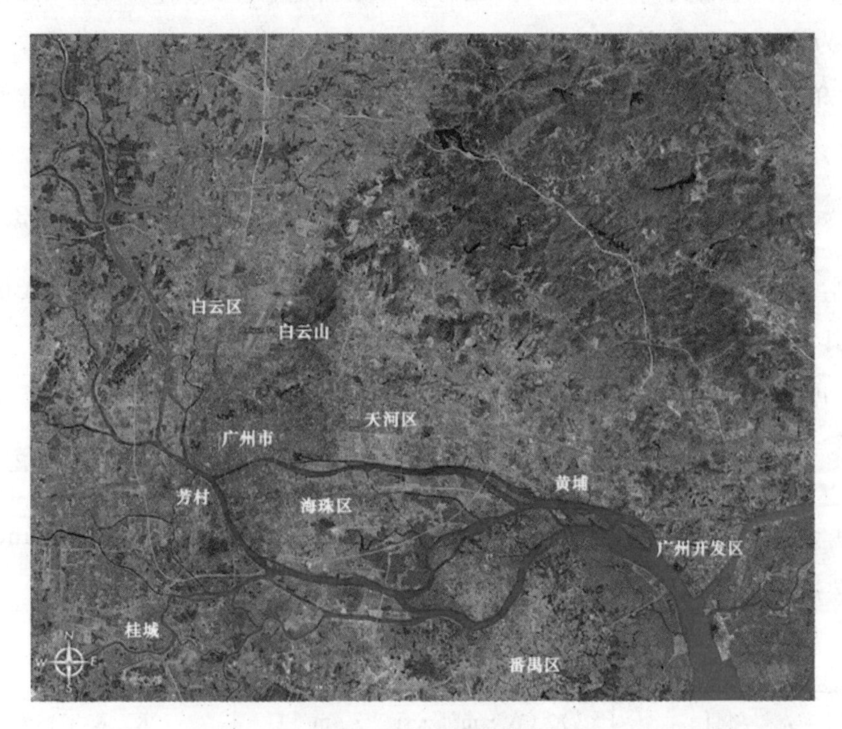

图 3.84　研究区遥感影像图

二、地面温度反演计算方法

遥感热红外探测对象是城市下垫面地物的辐射温度,这种辐射温度是将地物视为黑体,未经大气校正,以像元为单位的平均地面辐射温度,用这种辐射温度表征城市温度场称为"城市亮度热场"(李旭文,1993)。我们用亮温来表征城市的热场。

目前,热红外遥感的常用数据源主要有 NOAA 气象卫星 AVHRR 第四通道(10.5～11.3 μm)、第五通道(11.5～12.5 μm)以及 TM 的第六通道(10.4～12.5 μm)。TM6 的空间分辨率为 120 m,远高于 NOAA 气象卫星,对区域热场的研究更加有效。

利用TM热红外亮温计算模式，可得到TM6图像数值和下垫面像元亮温的定量关系。将TM6图像数值(DN)转换成绝对辐射亮温值 L：

$$L = a \times \mathrm{DN} + b \tag{3.14}$$

式中，a，b 分别为TM和ETM图像头文件中第六波段的增益和偏置值；DN为第六波段灰度值；L 为绝对辐射亮度值，其单位为 $\mathrm{W/(m^2 \cdot sr)}$。

单位光谱范围的辐射亮度值等于绝对辐射亮度值与其有效光谱范围之比：

$$L_\lambda = \frac{L}{C} \tag{3.15}$$

式中，L_λ 为单位辐射亮度值，其单位为 $\mathrm{W/(m^2 \cdot sr \cdot \mu m)}$；$C$ 为有效光谱范围，其单位为 μm。

再将绝对辐射亮度值转化为亮度温度(T_B)：

$$T_B = \frac{K_2}{\ln(K_1/L_\lambda + 1)} \tag{3.16}$$

式中，T_B 为绝对亮温值，K_1，K_2 均为常数，对于Landsat TM5和Landsat TM7其取值不同，见表3.41。

表3.41 TM/ETM+卫星热红外波段计算常数

项目	$K_1(\mathrm{W \cdot m^{-2} \cdot sr^{-1} \cdot \mu m^{-1}})$	K_2/K
Landsat 5	607.76	1 260.56
Landsat 7	666.09	1 282.71

由以上两步得到的亮温是假设地物均为黑体的情况下的温度，并不反映地表的真实温度，因此，根据地表地物的辐射率计算地表的真实温度，根据下式计算：

$$S_t = \frac{T_B}{1 + (\lambda \times T_B/\rho)\ln\varepsilon} \tag{3.17}$$

式中，T_B 为上一步中得到的亮温；λ 为热红外波段的中心波长，取值为11.5 μm，$\rho = 0.01438$ m · K；ε 为地物比辐射率，按照下式计算：

$$\varepsilon = 1.009\,4 + 0.047\ln(\mathrm{NDVI}) \tag{3.18}$$

上式中，NDVI为归一化植被指数。该计算公式是根据自然地表总结出来的经验公式，当 0.157＜NDVI＜1 时适用。另外，0＜NDVI＜0.157 的自然地表主要为裸地，根据 Artis 等人的研究（Artis 等，1982），其比辐射率集中在 0.923 附近一个很小的区间，因此对这部分地表赋予 0.923 的比辐射率。NDVI＜0 的部分主要由水体构成，这部分的比辐射率赋值 0.99。

三、广州地区热岛效应分析与评价

1. 热岛效应分布特征分析

按上述步骤对广州地区 1988 年、1995 年、2002 年不同时相的遥感数据进行处理，采取地面温度反演技术提取广州市地表热场分布特征信息，反演出地表的真实温度，处理结果见图 3.85～图 3.87 所示。利用时间系列的遥感图像及提取的城市热岛分布信息，分析不同时期热岛效应的变化，提出热环境变迁相关因子。

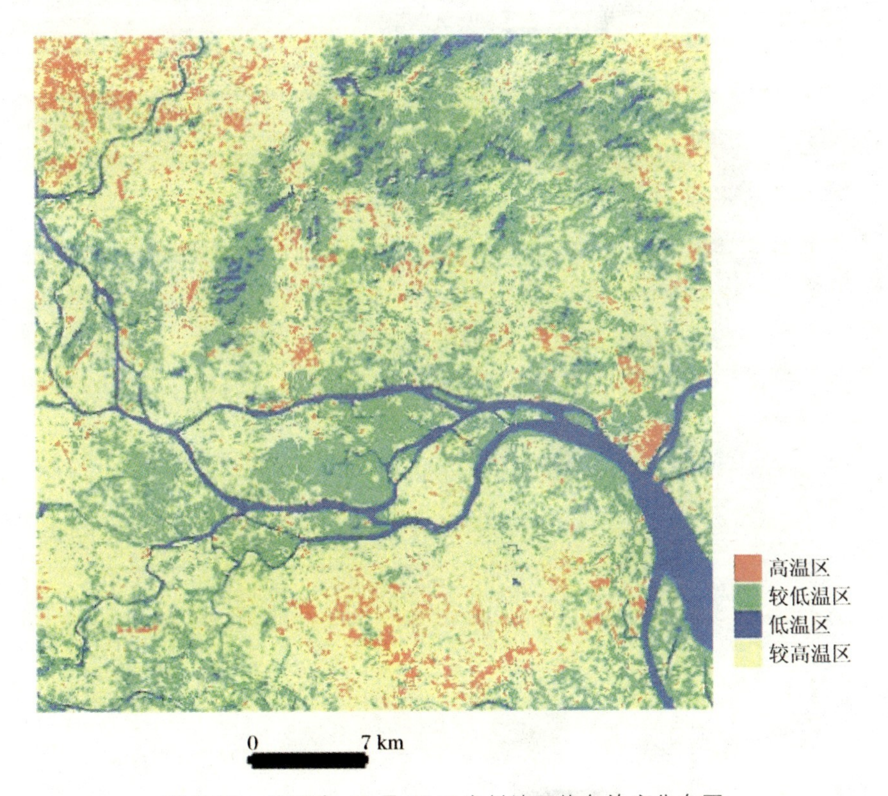

图 3.85　1988 年 12 月 10 日广州地区热岛效应分布图

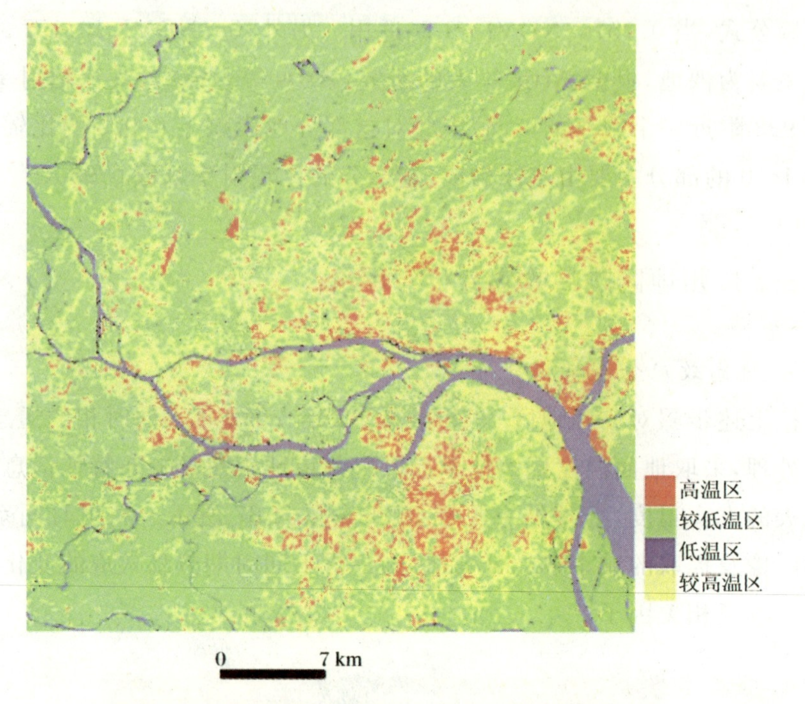

图 3.86　1995 年 12 月 30 日广州地区热岛效应分布图

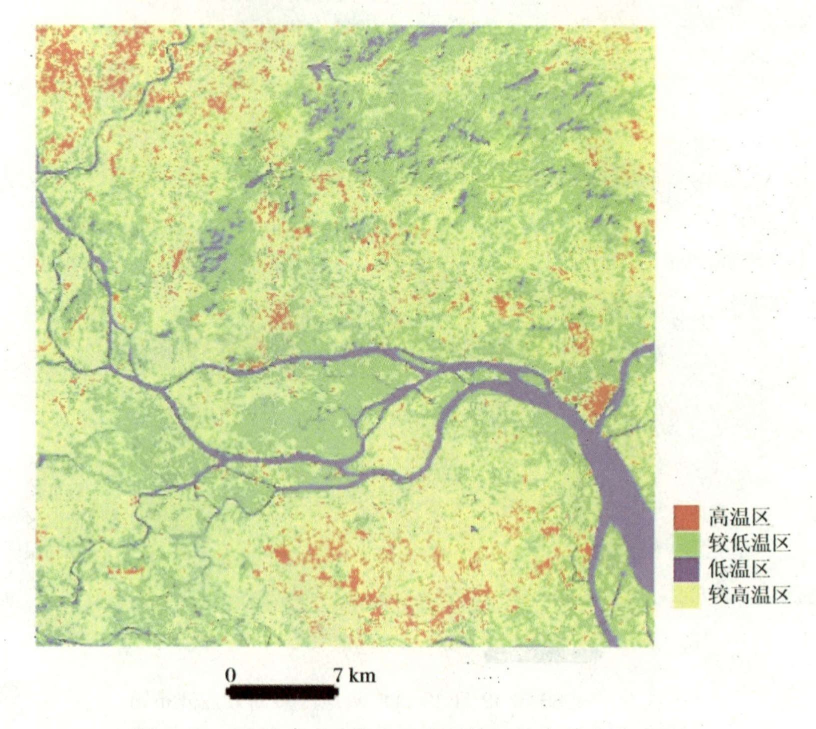

图 3.87　2002 年 11 月 7 日广州地区热岛效应分布图

图 3.88 是 2002 年广州地区 HSV 融合结果图，红、绿、蓝波段分别指定为第 6，6，8 波段。地面温度较高地区是由于第六波段具有较高灰度值，因此，在融合后的图像上表现为亮黄色，温度较低的背景区表现为蓝色。另外，从 1995 年和 2002 年广州地区热岛效应分布图各选取 10 个取样点，提取高温区、高温邻近区、老城区以及低温区的反演温度值，见表 3.42、表 3.43以及图 3.89 和图 3.90。

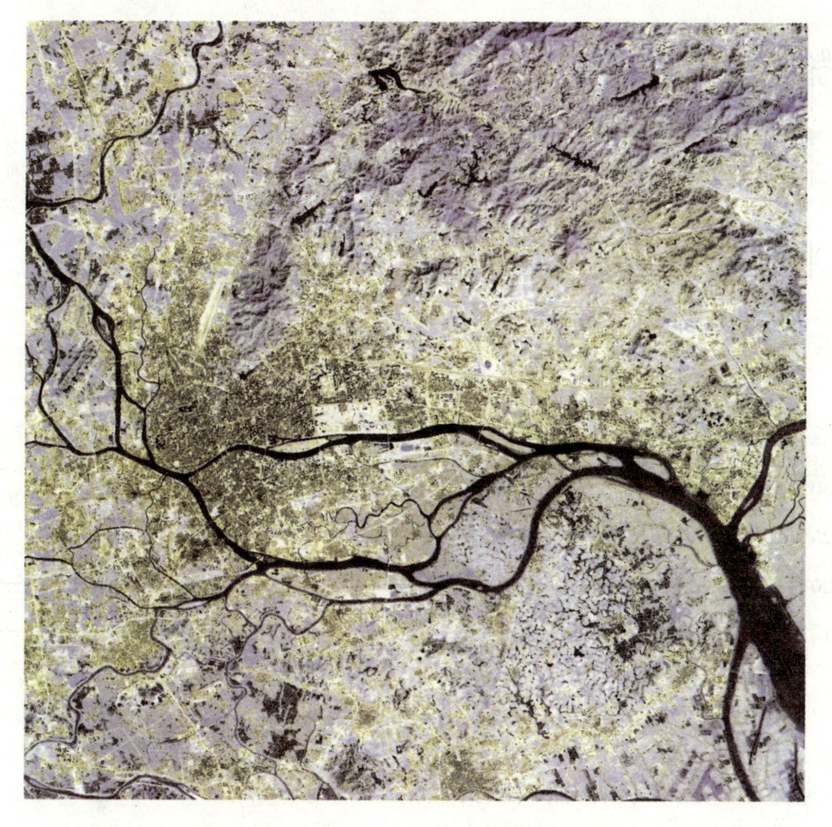

图 3.88　2002 年广州地区 HSV 融合结果图

表 3.42　1995 年 12 月 30 日广州热岛效应统计表

选点	1	2	3	4	5	6	7	8	9	10	均值
高温区	16.43	17.34	16.89	17.80	18.25	15.97	15.51	18.21	15.05	16.43	16.79
邻近区	13.66	12.71	13.19	14.12	12.24	14.12	12.71	11.29	13.17	14.41	13.16
低温区	11.77	9.84	10.81	11.29	10.33	9.81	9.79	9.36	8.81	9.84	10.17
老城区	13.66	14.12	11.77	12.24	14.59	13.19	12.71	14.08	12.59	11.97	13.09

表 3.43 2002 年 11 月 7 日广州热岛效应统计表

选点	1	2	3	4	5	6	7	8	9	10	均值
高温区	28.52	27.98	30.67	30.14	28.79	28.25	27.43	29.33	29.87	29.61	29.06
邻近区	25.51	24.67	25.23	25.51	25.95	23.27	24.39	23.84	24.11	24.67	24.72
低温区	22.42	21.27	20.12	21.56	22.70	21.85	22.13	20.17	22.42	20.41	21.51
老城区	24.67	24.11	24.95	25.51	25.23	23.63	24.39	24.95	23.83	26.89	24.82

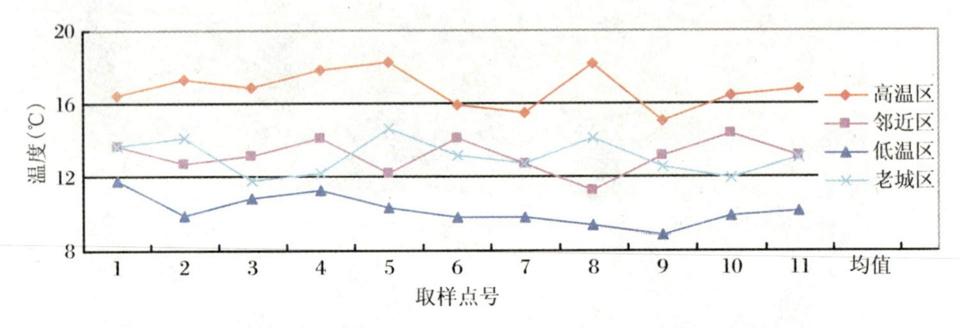

图 3.89 1995 年 12 月 30 日广州热岛效应统计图

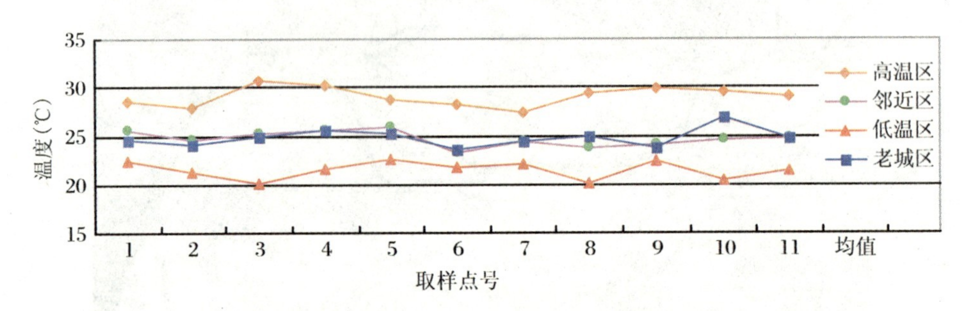

图 3.90 2002 年 11 月 7 日广州热岛效应统计图

通过上述图和表的分析表明：

(1) 广州市城市热环境总体特征表现为城区和中心镇区域的地表温度高于农区，农区的地表温度高于地形起伏大、植被覆盖度较高的山区，工业密集区的地表温度明显高于非工业区。广州市的热岛效应主要分布在老城区、城镇的工业集中区、建筑密集区、高等级公路密集地段以及及广州市北部山地丘陵区域中向阳坡的旱地、裸地集中带。低温区主要分布在广州市东北部从化市山区以及相对高差较大的山地、丘陵地带上。广州市番禺区南都以及白云区北部的平原农区热环境相对均衡，热岛效应不明显，出现低温特征。

(2) 1995 和 2002 年热岛效应分布图分析上可以看出，1995 年 12 月 30 日的热岛强度为 6.6 ℃，2002 年 11 月 7 日城市高温区比低温的远郊区温度高出 7.6 ℃，热岛效应强度比 1995 年明显增强。1995 年 12 月 30 日监测区域温度介于 10～13 ℃之间的较高温区域面积为 764.2 km^2，温度介于 13～17 ℃之间的高温区域面积为 935.3 km^2。2002 年 11 月 7 日监测区域温度介于 22～25 ℃之间的较高温区域面积为 1 005.6 km^2，温度介于 25～30 ℃之间的高温区域面积为 186.1 km^2。分析 1995 年、2002 年不同时期城市热岛分布的变化可以发现，1995 年热岛范围大，比较集中，2002 年在老市区热岛分布区域扩大，单个面积较小。由于城市的扩展，热岛分布区域变广，并且由于城市道路的拓宽，城市绿化的加强以及多商业中心的形成，热岛分布呈小而广的状态，单个热岛区域面积有进一步缩小的趋势。

(3)从广州地区 HSV 融合结果以及热岛效应统计值显示，广州地区热岛效应的空间分布表现为“三线四区”的特征，而广州老城区并不是热岛效应的最强区。“三线”主要是沿珠江北岸从东山区广州港客运站自西向东沿珠江到黄埔—广州经济开发区一线、从广州火车东自西向东经天河客运站、广州科学城沿广源快速路和广深铁路沿线一带以及海珠区西南部珠江前航道自南向北沿江至老白云机场、新市一带。“四区”是指热岛效应集中，强度十分明显的地区，主要指广州经济开发区沿江地区，黄埔区的广州石化总厂—员村地区，海珠区昌岗路、工业大道中、江南大道南的工业集中区，芳村白鹤洞沿广州钢铁集团地区。“三线四区”的热岛效应在 1995 和 2002 年的时间断面上均显示出随着时间的推移其热岛效应逐渐扩大，热岛强度不断增加的趋势。在城区的外围分布有许多工厂，以这些工厂为中心表现出局部次强高温区。

(4)从热岛效应分布特征可以发现广州市城区的城市功能布局与热岛效应的空间分布有十分密切的关系，城市热岛强度的分布不均匀，其分布与人类活动和经济发展密切相关。广州市城市温度场的分布由高到低依次为：旧型工业区—新型工业区—老城区—新城区—郊区；广州老城区几个行政区热岛效应严重程度从强至弱的依次为黄埔区、天河区、海珠区、芳村区、越秀区和东山区。

2. 热岛效应形成的因素分析

造成城市热岛效应原因是多方面的，从热岛效应图上可以得出，人工热源对城市热岛的形成和热场强度有重要的影响，广州地区热岛效应的首要原因是工业、运输业集中地的热量排放，另外城市建筑的分布、商业网点的布局、城市道路的展布、绿地面积的大小等也是影响城市热环境的重要因素。

(1)在广州地区工业密集区、运输业集中区能耗大，排放大量的热量，造成以其为中心的强高温区。例如广州钢铁集团地区、员村热电有限公司地区、广州经济开发区、沿珠江的运输码头等。

(2)广州的机动车近几年来增长速度极快，汽车尾气大量排放，也加剧了高温的产生。如广园快速路沿线一带。

(3)广州老城区建筑物密度大，小巷密如织网，气流在城市内很难流动，使热量难以散发，导致城区散热功能减弱。另外，老城区人口密集，人为产生的生活能耗也释放出大量的热，并散布在整个城市下垫面，种种因素造成广州老城区形成次强高温区。

(4)城市下垫面结构类型的差异性会直接影响区域热环境。由于城市建筑物是城市下垫面的重要组成部分，而城市建筑物大多数由砖石、沥青、水泥和混凝土等构成，对太阳辐射的反射率小，能吸收更多的太阳辐射，直接影响了广州城区的热环境。另外，广州市区大量的建筑采用玻璃幕墙结构，墙壁之间多次的反射和吸收也加剧了城市热岛的形成。

(5)城市下垫面中植被和水体对温度的有着重要调节作用，从热场分布图来看，水体和绿地的分布对城市温度的影响十分明显，对周围环境有一定的调节作用，对减低城市热岛强度，改善城市气候条件有着极为重要的意义。如广州城市的东山湖、流花湖、麓湖等地区都是低温区。

3. 控制城市热岛效应影响的对策分析

(1)制定合理的城市产业结构，大力发展无污染、少污染的工业，减少工业、运输业等人为热的排放量。由于在城市工业、运输业集中地的生产和人们生活中释放了大量的热量，促成了城市热岛的形成。从广州城市热岛效应的分布特征看出，广州市的工业集中地(如广州钢铁厂、广州造纸厂等)和运输业集中地(如沿珠江的运输码头等)都是热岛效应高温集中区。因此，发展无污染、少污染的工业，减少工业、运输业等人为热的排放量，减少 CO_2 排放量，对提高城市大气环境质量显得尤为重要。另外，随着城市私人轿车的不断增加，汽车尾气对城区大气环境污染也日益严重，增大了城市大气的吸热能力。因此,也要控制城区汽车尾气的排放。

(2)合理地控制城区的人口规模和密度,调整和改造城区内企业和建筑的不合理布局。城市人口的规模和密度也是影响城市热岛效应的主要因素。近二十年来,随着广州经济的快速发展,城区人口不断增加,导致能源消耗增长较快,能源的使用量剧增,释放到大气中的热量也随之增高。在广州市的老城区(如越秀区、荔湾区)人口集中、密度大,热的排放量增大,造成热岛强度大。因此,在城市扩展建设、老城区的改造以及房地产的开发等方面统筹考虑城市人口的规模,合理控制城区人口密度,对建筑密度大、人口多的区域要适当搬迁部分热污染严重的工厂。同时要控制城区居民的人为热排放,改善城区居民能源配置和使用条件,减少煤的使用,大力开发清洁能源,保护城区自然生态环境。

(3)合理规划城市建筑物的分布、城市道路网络的展布特征。随着广州城区面积不断扩大、道路不断拓宽、高楼大厦不断增多,城区植被覆盖率逐渐降低,城区热岛效应的面积扩大,热岛强度更加加大。因此,要合理布局城市建筑物和商业网点(中心),根据城市地理环境(如地形、风向、日照、辐射条件等)确定道路网络的分布,降低城市建筑物密度,分散高层城市建筑物,开辟城区风道,增加城区内部空气的流通性,从而提高城市下垫面的散热作用,减轻城市热岛效应。

(4)加大城市绿化面积,提高城市绿地覆盖率,增加城市水域面积,调节城区小气候。城区中的公园、绿化带等对降低城市温度有很大的作用,进一步扩大城市绿地覆盖率对改善城市大气环境有良好的作用。在制定城市绿地系统规划时,要考虑每年绿地面积的扩大、绿地的合理分布以及植物配置,在热源比较集中地区要加强绿化和引入水体。在老城区要充分利用有限的空间,大力发展垂直绿化,增加绿化面积,改善城市下垫面的辐射吸收和散热状况,在市区高层建筑屋顶种植大面积绿色植物,达到减少热岛的效果。从广州市城市热岛效应特征来看,广州城市的东山湖、流花湖、麓湖等都是低温区,对周围的环境起到很好的调节作用。因此,在城市建设过程中应尽可能保留水域面积,疏通市内河道,有条件时逐步增加水域面积。将高楼表面喷涂上浅颜色,以降低其热能的吸收等。

(5)加强科学研究,制定综合、合理改善热岛效应的对策。国内已大量开展城市热岛效应的形成机制研究,也提出了改善城市热岛强度的对策与方案，但由于政府以及领导缺乏重视，在城市规划建设中缺乏科学、合理的定量化的操作对策，致使随着城市的快速发展，热岛强度增加的现象。因此，建议政府和有关领导要给予高度重视，尽快立项开展城市热岛效应方面的科学研究工作，在城市建设规划中制定减轻城市热岛的具体操作方法和对策，以及切实可行的城市规划建议，主动改善城市气候条件，不断提高城市大气、水、热的环境质量，改善人民的生活条件和生活质量。

第七节　广州城市扩展与绿波退缩遥感动态分析

城市是人口、资源、环境和社会经济要素高度密集的综合体。城市化已经成为了人类活动改造自然环境的主要方式之一（陈述彭，1999）。目前我国正处于城市化快速发展阶段，城市建设快速扩展，大量占用农田和林地，致使绿波退缩，造成生态环境恶化。城市还是一个与外界进行能量、物质交流的开放系统，自然环境会影响并限制城市景观的产生及发展，而城市的发展变化也将反作用于周围的环境，破坏原来具有的自然环境结构。就城市本身而言，城市的各要素的数量、形态、分布、结构、功能等不仅对城市经济发展的意义重大，甚至影响城市整体的生态环境（景贵和，1991）。城市的发展变化和城市化过程不仅表现在人口的增加、经济的发展和功能的变化，而且更表现在城市空间结构的变化。城市扩展的实质就是人们为了满足社会经济的发展和人口增加的需要，不断地向城市周边地区调整、配置各类土地利用的过程。这种土地利用的调整是由多种因素综合作用而成的结果，它主要受社会经济发展状况、人口的增长和社会经济管理体制及发展阶段以及土地资源条件等因素的限制。城市建成区的空间变化分析，是城镇发展趋势分析的基础，对城镇远景和生态环境规划有十分重要的指导作用。

随着遥感技术的不断发展，遥感传感器的时空分辨率、光谱分辨率的不断提高，遥感技术逐渐成为研究城市扩展动态监测和城市化进程研究的主要资料来源。自 1978 年以来，珠江三角洲城市化得到了快速的发展，成为我国城市化水平最高的地区之一，城市的快速扩大引发了城市周围大片农用耕地的减少，绿波退缩。从遥感影像上可以看到，广东省近年来大规模的土地利用变化主要发生在珠江三角洲地区，因此，下面以珠江三角洲的中心城市—广州市为例，利用遥感技术研究城市扩展的动态变化，分析城市扩展的驱动力，揭示城市建成区的扩展过程和影响因素，对整个珠江三角洲地区城市建成区扩展时空过程及影响因素城市发展和规划有一定的借鉴和帮助作用，为珠江三角洲地区进行城市化研究提供一定的参考意义。

一、城市扩展与绿波退缩遥感信息提取方法

1. 资料来源

遥感图像能够直接反映地表土地覆盖的地物特征，具有直观、信息丰富等特点。城镇在遥感图像上能够很好地反映出来。应用遥感图像分析城市动态变化，主要利用城市建设用地的光谱反射特性进行，通过多时相的对比分析获取城市的动态变化数据(周成虎等，2001)。由于遥感卫星对地观测系统具有周期性、多光谱的特性，Landsat 卫星影像的空间分辨率和光谱分辨率都能较好地识别不同地物特征，因此，遥感资料成为研究城市扩展动态变化的最佳数据源。利用遥感技术可以很好地查明城市空间地域在不同空间和时间序列上的变化。

本次研究就是利用遥感技术对广州市的城市扩展和城市化进程进行动态分析研究。其技术路线是利用遥感技术对研究区进行地物分类，提取出不同时相的遥感图像中建设用地和建成区的边界，然后进行叠加分析，研究城市扩展区域的规律，并结合社会经济统计数据，研究广州市城市扩展和城市化进程的驱动因素。本次研究使用的 Landsat 遥感影像数据分别为 1979 年 10 月 19 日 MSS 影像、1988 年 12 月 10 日 TM 影像、1995 年 12 月 30 日 TM 影像和 2002 年 11 月 7 日 ETM 影像。在遥感解译、判读过程中，参考了 1：50 000 广州市地图(1998 年版)。

2. 城市扩展与绿波退缩遥感信息提取

(1)遥感图像处理方法

本研究以广州市老市区为中心，研究范围主要包括原荔湾区、东山区、

越秀区、芳村区、天河区和白云区,番禺区和花都区没有包括在内。根据研究范围切出了广州市4个时相的遥感数据,选用标准点(或地面控制点)来进行卫星影像坐标校正,为了在图像上易于找到对应的点,标准点选在位置固定、特征明显的地方,标准点在研究区要均匀分布。建立标准点的地理坐标和图像坐标关系,在可视化遥感处理软件ENVI下进行坐标转换和重采样,按30 m分辨率重新采集像元。

采用遥感假彩色图像合成,对不同组合下的图像效果进行分析,结合历史资料,对能够确定的地面物体进行判读。根据物体的形状、影像等特征,在研究区范围内大部分地物可以确定,如河道、水库、庄稼地、住宅区等在遥感影像合成图像中易于识别。

遥感图像增强处理:由于遥感TM4波段属于近红外波段,植被在这一波段具有强反射,TM3波段对应于植被叶绿素的吸收区,TM2波段则对应于健康植被的绿反射区,三个波段均在一定程度上反映了植被信息。而城市建成区与郊区的一个主要区别是建成区的植被生物量少,郊区的植被生物量多。因此,采用遥感图像合成技术和遥感图像增强处理技术,将TM4、3、2配以RGB合成的假彩色图像,并对合成图像进行拉伸和边缘增强处理。在最终的遥感图像上,城市建成区以亮灰色或灰色显示,植被则以红色显示,建成区和郊区的边界明显,能够很好地在图像上区分出城市建成区的范围。

遥感分类方法:我们采用最大似然法进行监督分类。由于监督分类可以根据不同的应用目的和研究区域的特点有选择地决定分类的类别和选择训练样本,能充分利用研究区的先验知识和其他辅助数据,因此选择监督分类提取影像信息。研究区域的土地利用类型多样,根据土地资源和利用属性以及地物的光谱特征,将对研究区内地物的影像分为:建设用地(城镇)、水体、植被区、旱地(包括裸地)等。建设用地是指建造建筑物、构筑物的土地,包括商业、工矿、仓储、公用设施、公共建筑、住宅、交通、水利设施、特殊用地。利用遥感影像处理软件ENVI的最大似然法分类模块对4幅图像进行监督分类,得到不同时相的遥感影像分类图(图3.91)。将水体、农田、丘陵、荒地、林地合并成一类地物,即对分类后的图像进行二值化处理,得到建设用地和非建设用地两类地物(见图3.92)。

叠加分析方法:叠加分析是研究土地利用变化的一个重要手段,叠加

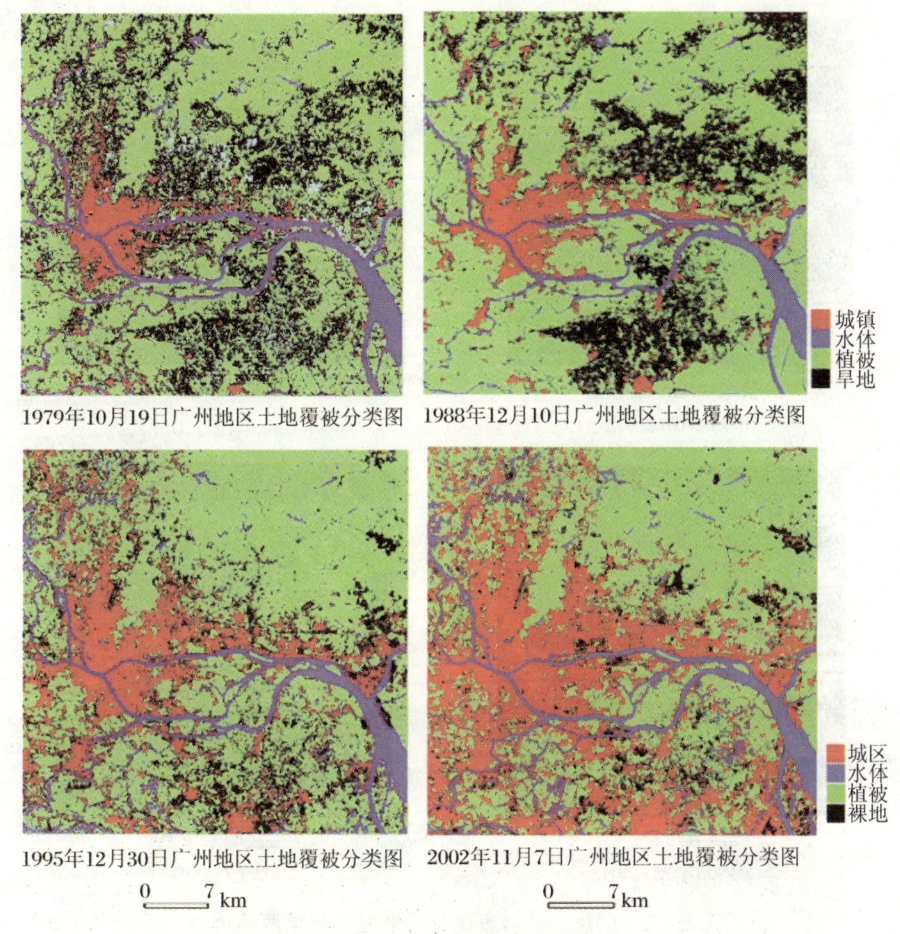

图 3.91　广州地区不同时相遥感影像分类图

分析应用于城市扩展研究中可以定性、定量地分析城市扩展情况和变化规律。

(2)城市建成区边界提取

城市空间是城市发展水平的表征,城市空间的大小、结构和形态反映了城市规模、功能和扩展速度。城市建成区是城市建设发展在地域、空间分布上的客观反映,也是城市扩展研究的前提。城市建成区主要包括市区集中连片以及分散到城市近郊区内,与城市有着密切联系的其他城市建设用地。城市建成区反映了城市在不同发展时期建设用地状况,标志着城市发展的规模和大小。

本研究主要利用广州市地区城镇用地二值图,采用人机交互法,结合遥

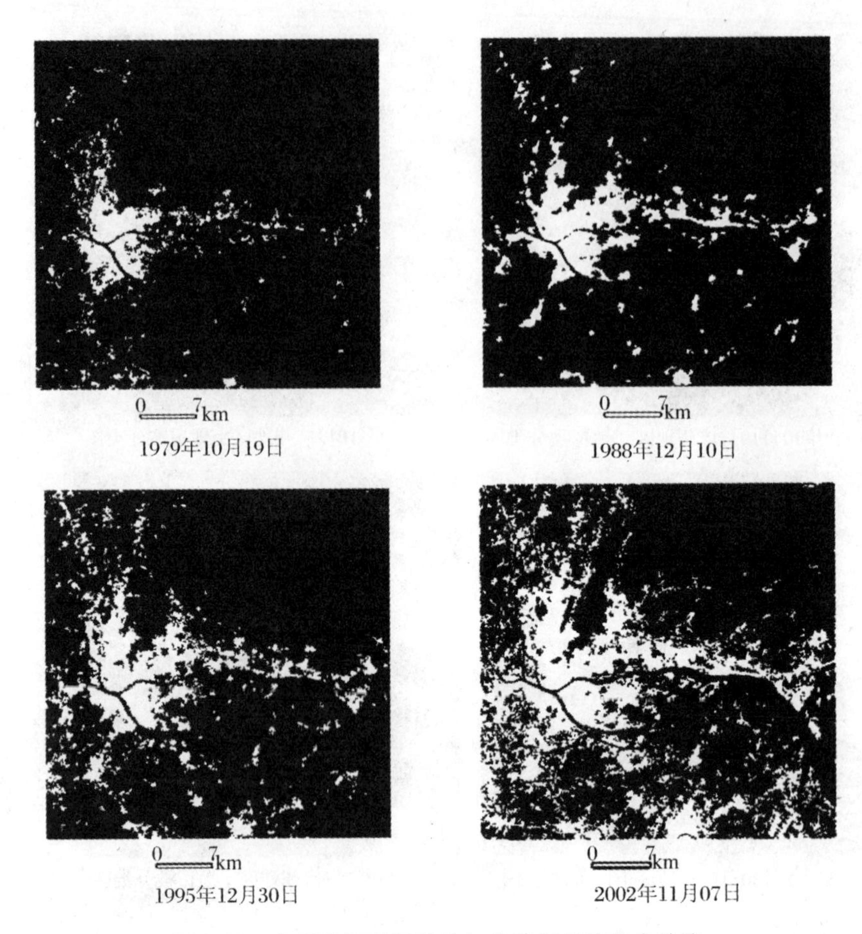

图 3.92 广州地区建设用地与非建设用地两类地物

感假彩色遥感图像进行人工目视判读，并对判读后的图像进行数字化，直接勾出城市建成区的边界。建成区边界提取遵循的原则为城市实体保持空间上的连续性，将城区范围内部较小的、非城市用地的地块以及城市内部的水体都划分到城市范围内，较大的其他非城市用地予以排除，舍去城区周围农村的建设用地，如城市的大的中心镇也并入城市范围内。最后，提取出广州市 1979 年、1988 年、1995 年和 2002 年 4 个年份的建成区边界轮廓专题图(图 3.93)。再应用叠加分析技术，将广州市四个时相的城市建成区轮廓专题图进行叠加，得到广州市城市扩展专题图，两个年度间的扩展区域用不同色彩显示出来。1979～2002 年间，广州市建成区的扩展专题图如图 3.94 所示。

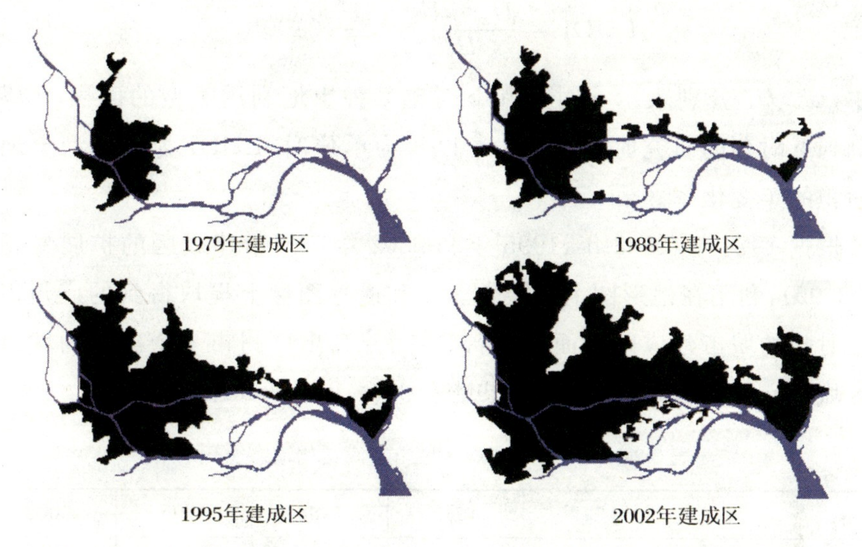

图 3.93　1979 年、1988 年、1995 年和 2002 年广州市建成区边界轮廓专题图

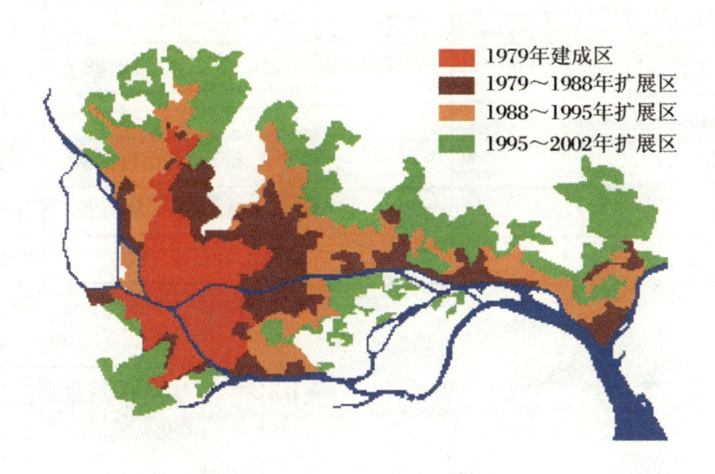

图 3.94 1979～2002 年间广州市建成区的扩展专题图

二、广州市建成区扩展与绿波退缩遥感信息分析

城市空间结构动态变化可由时间序列进行。土地利用动态度表示单位时间内某一土地利用类型面积的变化程度(朱振国,2003),是反映城市扩展空间变化的一个重要指标。通过分析土地利用动态度可以定量地比较城市扩展的程度及速度,其表达式为:

$$\mathrm{LUDI} = \frac{U_a - U_b}{U_a} \times \frac{1}{T} \times 100\% \tag{3.19}$$

式中,U_a,U_b 分别表示 a 时刻和 b 时刻某种土地利用类型的面积;T 为 a 时刻到 b 时刻的研究时段长,当 T 以年为单位时,LUDI 为该类型土地利用面积的年变化率。

根据 1979 年、1988 年、1995 年和 2002 年广州市建成区的扩展专题图(图 3.95),利用在地形图上直接数字化和遥感图像上提取得到的广州市的四个时相的城市建成区的面积进行统计,计算出广州市 4 个年度的城市建成区城市空间结构动态变化,结果见表 3.44 和图 3.95、图 3.96。

表 3.44 广州市建成区城市空间结构动态变化表

年 度	1979	1988	1995	2002
城市建成区面积/km^2	71.86	152.36	236.25	397.40
年份区间/年	—	9	7	7
比上一基准年扩展面积/km^2	—	80.50	83.89	161.15
比上一基准年扩展百分比/%	—	112.02	55.06	68.21
年变化率/%	—	8.94	11.98	23.02
比 1979 年扩展面积/km^2	—	80.50	164.39	325.54
比 1979 年扩展百分/%	—	112.02	228.76	453.02

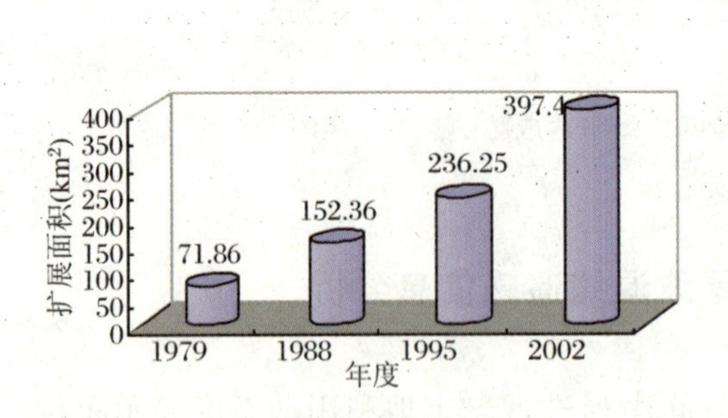

图 3.95 1979 年、1988 年、1995 年和 2002 年广州城市建成区的扩展专题图

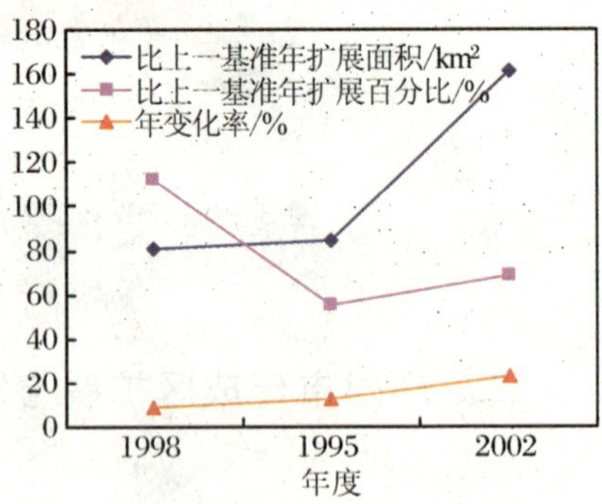

图 3.96 广州市建成区城市空间结构动态变化

从表 3.44 和图 3.95、图 3.96 中可以看出,广州市随着经济的快速发展和城市化的不断深入,城市建成区面积不断增加。广州市主要建成区在 20

世纪70年代末期约71.86 km^2，截至2002年，已扩展到397.40 km^2，比1979年增加了4.53倍，在近23年内，广州市的建成区面积净增加了325.54 km^2，平均每年扩展14.15 km^2，即平均每年绿波退缩了14.15 km^2。

1979～1988年间，广州市的城市建成区面积扩展了80.5 km^2，平均每年扩展8.94 km^2。主要表现为向东、向北扩展，集中在现在属于白云区、天河区、海珠区以及萝岗区的地区。向东主要沿着珠江北岸发展，以中心镇的形式向四周扩大，呈穿珠状特点。

1988～1995年间，广州市的城市建成区面积扩展了83.89 km^2，年均扩展11.98 km^2。主要表现为向四周扩展，向东扩展过程中较大面积转化发生在现在属于天河区、黄埔区、萝岗区的地区以及海珠区东部；向北扩展过程中较大面积转化发生在白云区的西部和北部，把四周的中心镇连成片状；向西扩展主要表现在荔湾区。

1995～2002年，城市建成区面积扩展了161.15 km^2，平均每年扩展23.02 km^2。主要表现为向四周扩展，东部地区的天河区、黄埔区以及东江北岸部分地区向北发展，西南部荔湾区向西南扩展，北部白云区的部分土地呈指状转化为建成区，海珠区继续向东南部发展。

1979～2002年间，广州市扩展变化呈现的主要特点是：1988年以前广州市城市建成区的扩展速度相对较低，1988～1995年的7年间，扩展速度有所加快，1995～2002年间，城市建成区的扩展速度迅速加快，是1988～1995年的2倍，显示了广州市经济的快速发展。在空间上的特点表现为：广州的城市发展以老城区（荔湾、越秀、海珠、东山）为市中心向外延伸扩展，形成圈层外扩和沿交通沿线扩展的模式，形成了“三个组团、两条线路”的空间发展格局。天河新区的建成已逐步体现出城市新中心的主要地位。“三个组团”主要以旧城组团、天河组团（以天河体育中心—石牌—东圃为主）和黄埔组团（以黄埔—开发区为主）向外层圈扩展，使广州市城市向东快速扩展；“两条线路”主要是沿广从公路、广花公路使城市向北逐渐发展。同时，在以上地区的绿波快速遭受退缩。

第四章　地震遥感探测

第一节　遥感在地震研究和监测中的应用与进展

地震是人类历史上重大自然灾害之一，严重威胁着人们生命和财产的安全，而地震研究和预报也成为一个关系国计民生，受到各国政府与人民广泛关注的问题。自 19 世纪末第一台近代地震仪问世以来，各国地震学者都相继开展了地球物理、地球化学、地壳形变等手段的观测研究，但地面定点观测手段存在着工作量大、效率低、费用高、信息不直观等局限性，使人们无法获取大面积动态连续的地震前兆场信息，制约了地震预报研究的发展。

遥感技术作为一种先进的、新兴空间对地观测技术，与传统方法相比，具有独特的技术优势。首先，遥感技术具有观测范围大、综合、宏观等特点，为宏观研究各种现象及相互关系提供了有利的条件。其次，遥感影像信息量大，技术手段多，使人们对地球的观测达到了多方位和全天候的能力。除此而外，遥感的优势还表现在获取信息快，更新周期短，具有动态监测等方面。甚至可以及时地发现自然灾害发生的前兆现象，准确及时地记录灾害实况。遥感影像在成像瞬间，真实地记录了地球表面的各种景观，能够准确、客观、全面地反映和再现地表的状态。由于这些优势和特点，遥感技术引起了地震学界的广泛关注，早在 20 世纪 60 年代就被引入到地震灾害的调查中。在许多发达国家（如美国、日本等）的地震应急反应中，遥感技术已作为快速获取灾情信息的主要技术手段之一。我国自1966年邢台地震开始，也把遥感技术引入到大地震的震害调查之中，并先后多次得到国家科技攻关计划和863计划的资助，获得了许多很有价值的研究成果和应用上的经验，取得了明显的经济效益和社会效益。

在过去20年，越来越多的国内外地震学者注意到大震前出现的种种前兆现象。经研究发现，一些异常现象可以被卫星遥感图像捕获。20世纪80年代起，大量热红外观测表明，在大约震前一个月到震后一周，地表和近地表出现大面积温度异常，温度约增加3～6℃。而InSAR方法通过微波图像干涉差分，可以实时监测到地震前后地表的三维形变，精度可达到数十厘米到数米，将差分干涉图像用Okada模型进行反演，可以获取地震前后地表同震形变和震源参数，并对地震的破裂模式和成因进行深入的研究。进一步研究表明，通过SeaWiFS，TRMM等气象卫星，可以观测到排气作用导致的某些气体（CH_4、CO_2、CO、H_2S等）含量的变化，且数据较背景值偏高。

根据遥感技术的发展趋势和地震研究的特点，遥感在地震研究中的发展趋势主要体现在以下几个方面：首先，在遥感资料的选择上，高分辨率的卫星图像成为地震遥感获取技术资料选择的主要对象。随着卫星传感器的分辨率的不断提高以及识别能力的不断加强，更精确的热红外和气体遥感的图像数据可以提取出更多地震前后温度和气体的异常信息。其次，在大气校正方面，通过对更多的大气实测数据和电磁波传输机制的研究，大气辐射对地震信息的干扰可以得到进一步去除。如果可以消除云层对红外波段的影响，将有助于地震红外异常的识别，并且能提高异常判断的准确性与可靠性。再者，对于由地震引起的地表形变，InSAR方法因其能捕获高精度的形变信息而显示出了极大的潜力。但是，由于资料获取难、花费高，客观上限制了InSAR方法对震前形变的长期检测研究。通过SAR图像实时数据共享，开发出D-InSAR图像批处理软件，这将有助于地表形变的长期观测和地震的危险性评估。此外，把遥感的各种技术综合起来，并结合基于震源孕震物理过程的观测手段，继续对地震遥感异常的成因机制进行研究，将会使遥感技术在地震预报的应用研究具有更广阔的应用前景。

第二节 地震遥感探测原理

一、地表形变的 D-InSAR 观测

InSAR(Interferometry Synthetic Aperture Radar,合成孔径雷达干涉法)测量和差分干涉(D-InSAR)测量是 20 世纪后期迅速发展起来的空间对地观测新技术。1989 年 Grabriel 等首次论证了 InSAR 技术可用于探测厘米级的地表形变。1993 年 Massonnet 等人利用 ERS-1 SAR 数据采集了 1992 年的 Landers 地震的形变场,并用 D-InSAR 方法计算出精细的地震位移,获得的卫星视方向上的地形变化量与野外断层滑动测量结果、GPS 位移观测结果以及弹性位错模型进行比较,结果非常一致,研究成果发表在 *Nature* 上,D-InSAR 技术在探测地表形变方面的能力被大家所认识。

目前,国内外已有不少地震学者使用 D-InSAR 技术对地震形变场进行成图和研究,如 1998 年中国的张北地震、1999 年中国台湾花莲西南地震、1999 年美国 California Hector Mine 地震、2003 年伊朗 Bam 地震、1994～2004 年摩洛哥 Al Hoceima 地震序列等。研究发现,利用地面观测数据和断层位错模型模拟的形变图与 D-InSAR 所得结果极为相似。

根据电磁学的理论可知,两列频率相同的波在空间相遇会产生干涉。InSAR 技术就是利用干涉原理,用两个相近卫星或者一个卫星两次飞过相近地点,发出两列波长相同的线性调频脉冲信号,并同时接收信号。用接收到的脉冲信号,对同一观测地区进行成像,用相干算法处理数据图像,获得干涉条纹图。

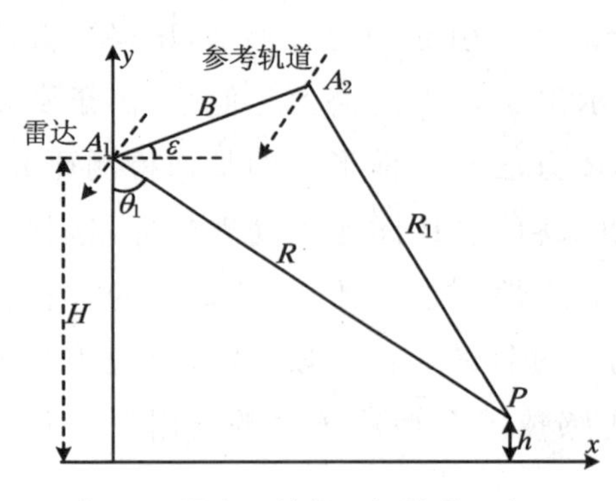

图 4.1 雷达干涉的几何关系示意图

如图 4.1,若某一点目标(形变后的点 P)距雷达距离是 R,其微波

反射系数为σ_0，雷达增益为A，载波波长为λ，则在雷达图像上该点目标值为：

$$\sigma_0 A e^{-j\frac{4\pi R}{\lambda}} \tag{4.1}$$

如果雷达在不同位置上对同一个点目标进行两次成像，便可得到该目标的两幅图像f_1和f_2，这里不考虑反射系数，即

$$f_i = e^{-\frac{4\pi R_i}{\lambda}j}, \quad i = 1,2 \tag{4.2}$$

这两次扫描，可以用两副天线同时进行，即所谓的单轨模式。也可以用一副或不同的天线在不同的时候进行，这便是所谓的重复轨道模式。根据式(4.2)，并参考图4.1，很容易推导出雷达干涉进行地形测量的原理。

在图4.1中，P是地面上高度为h的一点，雷达在A_1和A_2两个不同的位置上得到P点的两幅图像f_1和f_2，称为主像和从像。P到雷达A_1和A_2的距离分别为R和R_1，雷达A_1高H，俯视角θ_1。基线B是A_1和A_2之间的距离，它的水平角为ε。

对由R_1，R和B三个点构成三角形，应用余弦定理可得：

$$R_1 = R^2 + B^2 - 2RB\cos(\varepsilon + 90^\circ - \theta) \tag{4.3}$$

令$\delta R = R - R_1$，由于$\delta R \ll B$，可知$(\delta R)^2$可以忽略不计，因此，

$$\delta R = B\sin(\theta_1 - \varepsilon) \tag{4.4}$$

所谓干涉，即将一幅雷达图像的复共轭与另一幅雷达图像相乘，乘积即为干涉图，其相位图为干涉纹图。在图4.1雷达干涉的几何关系示意图中，雷达A_1和A_2所得P点的相位差记为φ_1，即：

$$\varphi_1 = \frac{4\pi(R - R_1)}{\lambda} = \frac{4\pi}{\lambda}B\sin(\theta_1 - \varepsilon) \tag{4.5}$$

运用二通模式来测量地面形变量还需要精确的DEM(Digital Elevation Model)数据。通常的处理方式是将精确的DEM数据用模拟算法生成干涉相位，再将二通模式得到的干涉相位与DEM生成的干涉相位差分运算，就可以得到真实的地面形变产生的干涉相位。

除了二通模式，多通模式则是采用同一地区的三幅以上的合成孔径雷达(Synthetic Aperture Radar，SAR)图像进行相关处理，生成由地面形变产生的干涉纹图，其中要求至少有两幅SAR图像是形变前所获取的。显然，三通模式可以获得一次地面形变量，可以获得多次形变信息。三通模式地面形变测量几何示意图，如图4.2所示。

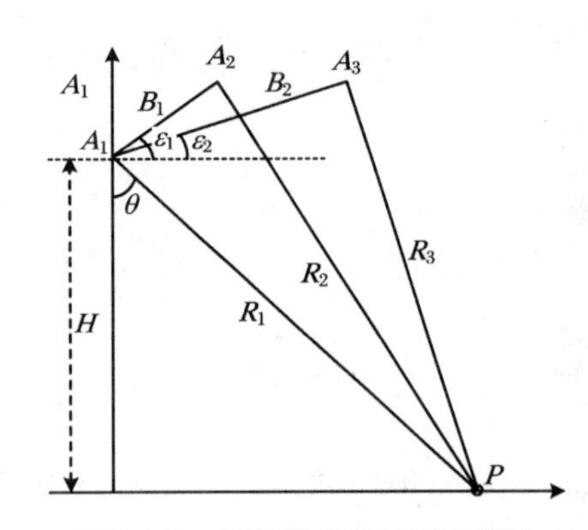

图 4.2　三通模式地面形变测量几何示意图

假定形变发生前，雷达 A_1 和 A_2 获取 SAR 图像 f_1 和 f_2，形变后，雷达 A_3 获取图像 f_3，f_1 为主像，与 f_2 干涉，雷达 A_1 和 A_2 所得 P 点的相位差记为 φ_1，即：

$$\varphi_1 = \frac{4\pi(R_1 - R_2)}{\lambda} = \frac{4\pi}{\lambda}B_1\sin(\theta - \varepsilon_1) \tag{4.6}$$

f_1 为主像，与 f_3 干涉，雷达 A_1 和 A_3 所得 P 点的相位差记为 φ_2，即：

$$\varphi_2 = \frac{4\pi(R_1 - R_3)}{\lambda} = \frac{4\pi}{\lambda}B_2\sin(\theta - \varepsilon_2) \tag{4.7}$$

若 f_3 是主像在视方向上产生 ΔR 位移量的图像，地形与形变产生的相位差为：

$$\begin{aligned}\varphi_2 &= \frac{4\pi(R_1 - R_3)}{\lambda} = \frac{4\pi}{\lambda}(R_1 - R_2 + \Delta R) \\ &= \frac{4\pi}{\lambda}[B_1\sin(\theta - \varepsilon_1) + \Delta R]\end{aligned} \tag{4.8}$$

可以推出，形变产生的相位差与位移量之间的关系为：

$$\Delta R = \frac{\lambda}{4\pi}\left[\varphi_2 - \frac{B_1\sin(\theta - \varepsilon_1)}{B_2\sin(\theta - \varepsilon_2)}\varphi_2\right] \tag{4.9}$$

实际干涉处理得到的相位差是干涉相位的缠绕相位，要获取真实的干涉相位需要进行解缠，

$$\varphi_1 = \varphi_1 + 2\pi k_1 \tag{4.10}$$

$$\varphi_2 = \varphi_2 + 2\pi k_2 \tag{4.11}$$

形变产生的真实相位差与视方向位移量的关系为：

$$\Delta R = \frac{\lambda}{4\pi}\left[\varphi_2 - \frac{B_1\sin(\theta - \varepsilon_1)}{B_2\sin(\theta - \varepsilon_2)}\varphi_2\right] \tag{4.12}$$

利用三通模式测量形变，形变前的两幅图像干涉的作用与二通模式的 DEM 一致，因此三通模式不需要精确的 DEM 数据，对于没有 DEM 数据的研究区域来说，三通模式是一个理想的选择。但是，与二通模式相比，三通模式要进行解缠，其工作量要大得多。

二、地应力致热

在大地震之前有地热(地温)异常现象,已有许多记载。例如,1966年3月8日邢台6.8级地震前,2月22日至3月2日地震区持续增温,增温幅度达到27℃。1975年2月4日海城7.3级地震前,1月份特别暖和,地面开花、冰层融化,地面增温达到14.8℃。1976年7月28日唐山7.8级地震,震前气压高、多雨,地表下0.8 m处地温比常年偏低较多,震前突然增温,增温中心就是后来的震中区。

最近十多年,国内外的一些学者在对岩石加载至破裂的实验研究中,都观测到了岩石破裂时出现的低频至无线电波的电磁辐射,可以作为探索地震预报的新前兆,遥感技术在资源勘探、环境科学等众多关系国计民生的领域已得到了广泛地应用,取得了瞩目的成果,遥感这一先进技术能否用于地震预报？崔承禹、邓明德、耿乃光等首先从理论上进行了研究之后,在实验室进行了实验,对岩石标本加压至破裂的过程中,用地面遥感仪器监测从可见光到远红外的光谱辐射的动态变化,得到了很好的结果。

在邓明德等的实验中,选用了斑状花岗岩和碱性花岗岩各5块标本。沿试件长轴方向进行单轴加载至试件破裂,加载应变率为$10^{-5}\ s^{-1}$,测量时间约2分钟,在加载过程中18个测温点同时测量,并每2.5 s进行一次采样。通过分析,得出以下结果:①温度随应力的变化过程、变化量及变化特征,应力小于100 MPa时,温度均随应力增加缓慢地增加,各测温点的变化趋势也一致。②温度变化与力学量变化的关系。应力升至12 MPa时,碱性花岗岩出现较强声发射,当应力升至20 MPa到115 MPa这段应力区间时,声发射平静,而温度持续上升。应力升至115 MPa时,出现强声发射,而温度保持不变。在100 MPa应力状态下,温度发生突升,而声发射很平静。温度发生突变时的应力状态正是接近由弹性形变阶段过渡到塑性形变阶段的应力区间进入塑性形变阶段后,在塑性形变阶段中温度随应力变化不明显,直到临破裂前温度再次发生突升,同时出现强声发射,试件破裂。这表明试件温度随应力变化与试件所处的形变阶段关系很密切。③破裂温度前兆。在低应力和中等应力状态下,温度随应力增加缓慢地呈近似线性增温,增温的幅度也不大,最高的增温点增温为0.8℃,当应力增至破裂应力81%

(100 MPa)的高应力状态时,18 个测温点的温度同时发生温度突升,突升的幅度在 1.4~3.6 ℃之间,自此突升后,温度保持近似恒定,随应力变化不明显。临震前,测温点中有 13 个测温点的温度第二次同时发生温度突升,突升的幅度在 0.9~3.0℃ 之间,试件随即破裂。这两次温度突升表现出显著的短期和临破裂温度前兆,这对于预报岩石破裂时间,具有重要的意义和价值。

随后,吴立新等对岩石热弹性和摩擦增热效应做了较为全面和系统的研究。通过全面的实验,分析了岩石各种应力加载情况下的红外异常:单轴压缩、压剪破裂、双轴压缩、黏滑和冲击效应。结果表明(图 4.3、图 4.4),各种应力加载都会导致岩石出现热红外增温异常,特别在破裂或摩擦冲击区出现高温,且不同情况下出现不同的热红外图像。并指出,热-力耦合和摩擦热是岩石红外辐射的两个主要机制。

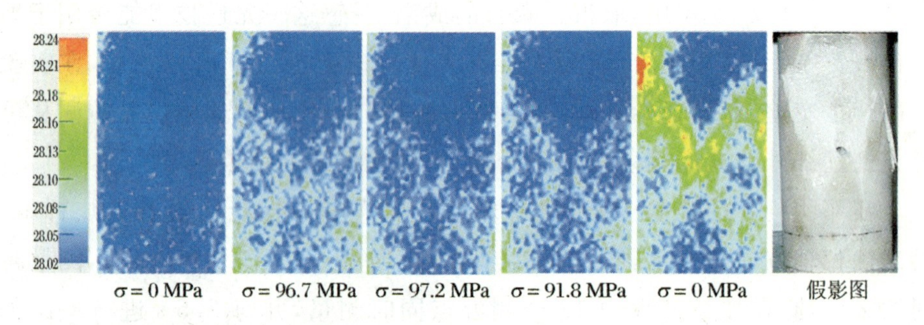

图 4.3 单轴压剪 X 形破裂红外辐射前兆(吴立新,2006)

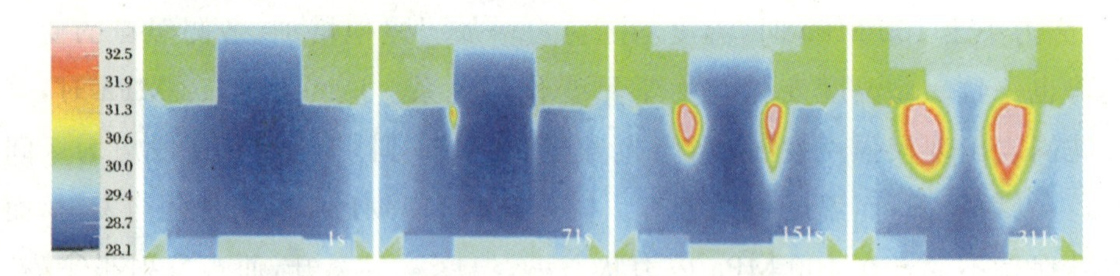

图 4.4 对称岩石黏滑红外辐射前兆(吴立新,2006)

三、地球排气作用

近两百年以来,地球科学的工作者研究的主要对象是固体物质,并形成了思维定势,认为地球的主要成分是固体,由于地球内部压力巨大,容气空间很小，气体含量微不足道。然而，随着科技的发展和工作的深入，科研工作者们发现地球内部含有巨量的气体，而且越深气体越多，杜乐天等人更将地球分成5个气圈，对其开发前景进行了探讨。

地球是一个开放的不平衡体系，45亿年来从地核向外不断地排放气体，主要包括H_2，CO，CO_2，CH_4，He及Ar等气体。气体从地核、地幔向外渗透，压力相对小的时候向大气圈进行微渗漏，也可以在盆地形成石油；压力相对大的时候，可以引发地震、火山爆发、地壳变动等地质灾害，大量排放还可以改变大气中各种成分的比例，引起气候变化。同时，地球排气作用也可以解释许多自然界神秘现象。据报道，百慕大三角很可能是地质作用导致水合物分解，大量排气导致事故多发。

地球排气作用在前苏联研究得最为深入，积累了大量的实测数据资料。其中，黑海海底每天排放的CH_4达到几百万立方米，黑海水体中CH_4约为800亿立方米。而小高加索巴鲁姆花岗岩体也大量排气，CH_4：221.1～3 353.8 $cm^3/(m^2 \cdot a)$，C_2H_6：85.4～170.8 $cm^3/(m^2 \cdot a)$，C_3H_8：113.9 $cm^3/(m^2 \cdot a)$。该岩体面积为1.4 km^2，年龄为153 Ma，岩体形成后共计排放CH_4 3.1×10^{12} m^3，C_2H_6 0.3×10^{12} m^3，C_3H_8 0.2×10^{12} m^3。同时，前苏联于20世纪80年代在科拉半岛实施的SG-3超深钻探揭露：在地下0～6 km范围内富含CH_4，H_2和He气体；6～9 km深度范围内富含CO_2，H_2和He气体。德国于20世纪90年代在巴拉维亚实施的超深钻探揭露：地下400～9 101 m深度上也富含CH_4，H_2，Ar，CO_2等气体。

地球排气作用还被证明与地震存在明显关系。例如，1991年在北京周围400 km之内发生中强地震时都可记录到CH_4呈1～5倍于正常大气含量的增加。1970年前苏联南部高加索山脉北坡达基斯坦含石油区发生6.6级左右强震群时，主震后两个月之内连续发生数次4级地震，当时达基斯坦马哈奇卡拉的石油工作者在大气中采样发现甲烷、二氧化碳（CH_4，CO_2）在大气中含量呈1～3个数量级增加，而氢（H_2）呈4～5个数量级增加。

20世纪90年代初，强祖基等曾报道中国陆上一些地区在临震前出现过大面积的卫星热红外图像增温异常，增温面积达几万至100多万平方公里，累积增温幅度达2～10 ℃，卫星热红外图像增温异常发生在地震前7～9天内，并沿着断裂构造带向四周成带状、片状分布，为临震前地球排气作用的结果。大量实例表明，临震前气体释放和卫星热红外增温异常有着较好的一致性。在这些实例中,CH_4,CO_2等气体始终是临震前异常气体的主要成分,也是被重点监测的对象。临震前出现气体异常的同时,还常出现卫星热红外增温异常、实测的地面增温异常以及瞬变的地电场异常等。

强祖基还通过模拟地震前低空大气的物理条件进行试验研究,证实了CH_4,CO_2等气体在太阳辐照下可升温3~5℃,在突变电场作用下,最大增温幅度可达6.1℃。徐秀登等实验发现,将这些气体在激发极化效应和温室效应的综合作用下,增温幅度达4.4~6.6℃。这些模拟结果与临震前卫星热红外增温幅度(5~6℃)基本一致。

姚清林等利用MOPITT探测仪(Measurement of Pollution in the Troposphere,大气对流层污染物探测仪)对2000年4月30日青藏高原CO大面积逸出的情况进行研究。图像显示,CO含量异常升高的区域具形状不规则的圈层结构,总面积约267万平方公里,其体积分数值内高外低,体积分数最大的区域大致呈东西向分布,长约800 km,宽约280 km。整个CO逸出区CO体积分数值为2002年正常值的1.57~4.10倍,且该现象在之前数天内是持续存在的,并认为是2000年6月6日甘肃景泰5.9级地震和2000年6月8日缅甸北部6.9级地震的前兆。

郭广猛等同样利用MOPITT数据研究了2002年3月31日台湾7.5级强震前的CO异常。研究发现,2002年3月3日、27日、30日,CO在冲绳海槽和台湾北部出现异常区,并且面积随着时间扩大,且与Modis热红外高温异常区位置吻合。因此,认为CO、温度异常是地下岩石受力破裂、地下气体逸出所致。

四、地下水

大量观测表明,地下热液上涌与地震活动有着密切的联系。1933年小千谷(Ojiya)地震的震中存在一个呈NE—SW向展布的地下水温度异常区,长轴长5.37 km,最高温度24.8℃。1989年10月19日大同发生6.1级地震,距离震中58 km的三马坊在震前一个月(图4.5),观测到井水温度加速上升,9月22日到10月10日内上升0.028℃,是同期变化幅度的25倍。10月11日~18日井水相对平缓,仅上升0.0085℃,10月18日9时~20时水温急剧上升,共升0.0121℃。水温经由短暂平稳后,22时发生了几个中强地震。震后水温上升速率变缓,20天后基本恢复正常变化。另外,卫星热红外资料显示,1999年中国台湾花莲西南地震出现了200 km宽的增温异常。地表下数据显示,在该区域的多孔隙含水层有热水流异常。

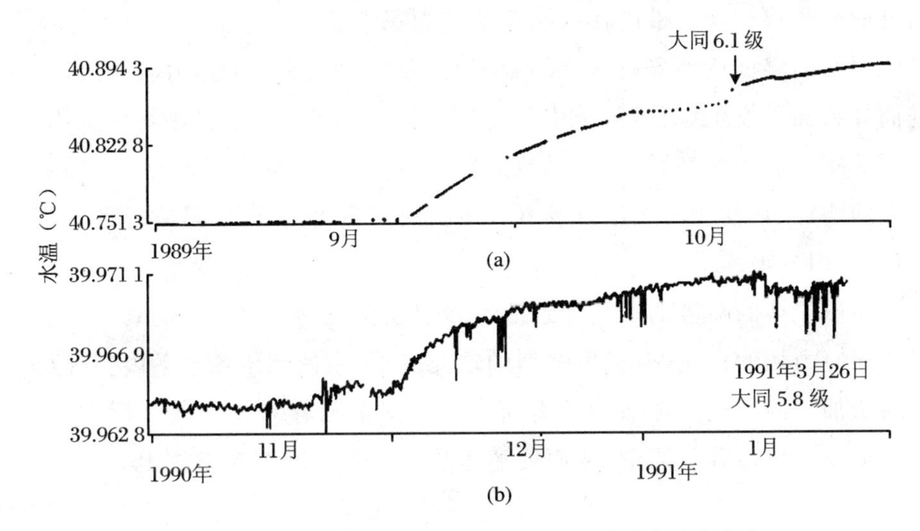

图4.5　三马坊井水温度在两次大同地震前后的动态变化

地下流体是地壳物质的重要组成部分,广泛存在于地壳的不同深度上。它们具有可流动性,在压力、温度、浓度等梯度作用下可运动。它们具有十分活跃的物理化学性质,与地壳的固体介质发生相互作用。因此,它们在地壳运动及地震过程中有独特的作用,同时对构造活动与地震过程具有灵敏的信息响应。

现在,地下水和地震关系的研究大多还是停留在现象的研究上,对成因机制的研究尚不完善。一些学者认为地震的孕育与发生,既是一个地壳动力学过程,也是一个地球的物质、能量与信息的迁移与交换的过程。地震的过程也必然引起地下流体的物理化学动态的变化。地壳岩石受力而膨胀或压缩,或者地壳内部流体的迁移,会引起地下水位的升降变化,同时也造成地下流体内多种化学组分含量的变化;岩石变形及地下流体的迁移,由于热效应与地热的再分配,亦造成水温等地热因子的改变;地壳中的断裂和薄弱部位在力学作用下,表现出高渗透性,成为地下水运移的良好通道。

另外,也有学者认为,地下水喷发压力有可能诱发浅源地震。当超压热水系沿活动断层发生喷溢活动时,将会产生如下三方面效应:首先,孔隙压力的增加导致了有效应力的降低，根据库仑-摩尔准则，超压热水系的压力越高，破裂张开所需的剪应力就越小，断层就越容易发生滑动。其次，超压热水系的热传递，导致断裂带内的温度增加，产生断层热软化效应。震源区温度的变化将使断裂带内在区域构造应力场上叠加一个热应力场。当断裂带内岩石的温度达到岩石软化的温度时，破裂发生所需的应力就相应减小，进而导致断裂发生位移，甚至引发地震，这一效应称为断层热软化。第三，超压热水系进入断裂后，使内摩擦力降低，起了一个润滑的作用。孔隙流体压力的增加、热软化的发生以及岩石破裂所需应力的降低，最终导致断裂发生位移，引发地震。

超压流体的喷溢活动会导致活动断层发生位移。地震带受到一个区域上的压应力场的作用，会发生强烈的地壳变形，致使超压热水系内孔隙压力不断增加。因断裂发生活动所需应力相对降低而容易发生断裂活动，断裂张开形成流体运移的通道，从而使超压热水向上沿断裂喷溢排出。

五、岩石圈—大气圈耦合作用

虽然地震学者们提出了岩石热弹性和摩擦增温效应、气热说和地下热液上涌等理论，但现在还没有一个理论让增温机制得到定量的解释。地球是一个极为复杂的系统，实际上很有可能是多种增温过程同时作用的结果。

俄罗斯学者 Tronin 综合各种理论，提出了岩石圈—大气圈耦合作用。由于岩石圈应力改变，地质结构(断层、破裂等)成为“热导管”，深部的液体和气体通过对流、上涌等方法，从地质构造进入岩石圈的上部，并把热量带到地壳浅部或地表。因此，热异常通常出现在断层或断层相互作用的区域。液体在地表下数千米由于压力下降等原因分离成水和气体，这些水可以改变井水和泉水的化学成分，气体则排放到大气圈中。

由于岩石圈—大气圈耦合作用，热量、水蒸气和气体到达地表。在这个过程中，这些机制过程的相互作用是值得考虑的：①热量传输改变了地表的温度。②水平面的上升会改变土壤湿度，进而改变土壤的物理属性。物理属性的改变也会使地表温度发生改变。③逃逸出来的温室气体在太阳光的照射下，会出现增温现象。

六、遥感传感器介绍

自20世纪80年代起，遥感技术开始应用于地震观测和预报研究，并取得了很好的效果。现对应用于地震研究的主要遥感传感器及其使用的波段进行简单的介绍。

1. NOAA/AVHRR

NOAA气象卫星是正在运行的气象卫星之一，它的轨道高度为833～870 km，轨道倾角为99.092°，运行周期为102 min，重复周期为9 d，北京时间上午7:00和下午2:00经过赤道。星上所载的甚高分辨率扫描辐射计(Advanced Very High Resolution Radiometer，AVHRR)有5个波段，星下点分辨率大约为1 100 m。CH5是红外通道(波长为11.5～12.5 μm)，能够探测接收到红外辐射值即地球辐射，也称为长波辐射，简称OLR。因此，利用卫星遥感红外通道监测追踪地表增温的变化以探索地震临震前兆的区域性特点。

2. MODIS

从1999年起美国国家航空航天局(NASA)开始了为期20年的新一代地球观测系统(EOS)计划。该计划将在近几年连续发射十几颗大型卫星和数十种仪器，并利用这些仪器对陆地、海洋、大气进行全面的观测。作为这一系列对地观测卫星的第一颗卫星TERRA已于1999年12月18日发射成功，第二颗卫星AQUA已于2002年5月4日发射成功。

这两颗卫星上，都携带有中分辨率成像光谱仪(Moderate Resolution Imaging Spectrometer，MODIS)传感器，它使用的光谱范围在可见光和红外区域(0.4～14 μm)，共36个波段，分辨率为250 m(2个波段)、500 m(5个波段)和1 km(29个波段)，扫描宽度为2 330 m，1～2 d可覆盖全球。波段31的波长为11 μm，与地面/海面温度的辐射峰值相近，适合用于计算地面/海面亮温。

3. 风云2号B星

风云2号B星(FY-2B)是2000年6月发射的另一颗地球静止气象卫星的实验星。FY-2B定点于105°E赤道上空，卫星数据向国际用户开放。其第4波段为热红外波段，可以用于反演海洋表面温度(SST)。

4. ERS-1/2

ERS-1 和 ERS-2 分别发射于 1991 年 7 月和 1995 年 4 月，具体的参数可参照欧空局网站。它们所搭载的合成孔径雷达(Synthetic Aperture Radar，SAR)，主要工作周期为 35 d。从成像的角度来看，35 d 的重复周期有利于全球成像，对于那些后向散射特性很稳定的区域能够保证足够的干涉质量。由于两颗卫星运行轨道近乎平行，用同一视角对同一地区进行观测有 1 天的间隔，称之为“串行任务”。其基线距也在 100 m 左右，有利于进行干涉测量，科学家们已经使用 ERS-1/2 进行了大量的地震、火山等形变测量。

5. JERS-1

日本的 JERS-1 是 L 波段的 SAR 系统，L 波段相对 C 波段来说，对植被的时间相关性方面会更加有利。但它由硬件故障造成发射能量降低，系统 SNR 过低，设备性能不佳，图像质量不太令人满意，多数影像对的基线距过长，不适合进行干涉测量。另外，轨道参数也存在一定问题，大大影响了 JERS-1 SAR 数据在干涉方面的应用。

6. ENVISAT/ASAR

ENVISAT 卫星是欧洲空间局于 2002 年 3 月成功发射的，是欧空局迄今为止研制的最大的环境监测卫星。卫星上的有效载荷由 10 种传感器组成。合成孔径雷达 ASAR 系统是搭载在环境卫星 ENVISAT 上的雷达系统，系统包括了 C 波段、多极化、多模式，采用分布式 T/R 组件以及相控阵技术，是到目前为止世界上最先进的星载 SAR 系统。通过这几年的实践证明，ASAR 雷达能很好地反演地面形变信息，能很好地应用于地震研究。

7. MOPITT

TERRA 卫星上还搭载有对流层污染测量仪(Measurement of Pollution in the Troposphere，MOPITT)传感器。该仪器由加拿大空间局提供，设计用来测量全球对流层 CO 和 CH_4 的富集度，其水平分辨率为 2.2 km，扫描宽度为 640 km，垂直分辨率为 3 km。仪器共 8 个波段，发射后不久出现故障，现在只有 4 个波段能够工作，因此不能获取有关 CH_4 的信息，但是还可以获取震前大面积 CO 异常的信息。

8. MISR

多角度成像光谱仪(Multi-angle Imaging SpectroRadiometer，MISR)

也是被装载在TERRA卫星上的传感器,它可以在卫星上从9个不同角度对地表进行多角度的测量,提供高分辨率的全球覆盖的实时数据。MISR为地球气候和大气研究提供了新方法,通过接收不同角度的反射光,可以结合立体技术来建立三维图像,用于分辨不同的大气粒子(气溶胶、云等)。

第三节 地震遥感探测应用实例

一、伊朗 Bam 地震的 D-InSAR 测量

1. Bam 地震背景

2003年12月26日伊朗东南部Kerman省Bam城发生了6.6级地震,造成了严重损失。本次地震共有3万余人死亡,数以万计的人受伤。巴姆城85%的房屋受到破坏,70%的房屋倒塌。被联合国教科文卫组织定为世界文化遗产的巴姆古城堡几乎被夷为平地。

伊朗处于阿拉伯板块和欧亚板块的碰撞带,由于欧亚板块相对稳定,受阿拉伯板块的碰撞,伊朗南部被挤压变形。由图4.6可见,该汇聚带从西到东,呈北西—南东、南北、东—西走向。Zagros地区是欧亚板块和阿拉伯板块强烈碰撞造成的褶皱挤压山系,同时也是一个宽广的活跃地震、形变带。该区域以每年10 mm的速度沿NNE方向缩短,在Zagros以北,许多地方(Alborz,Kopeh Dag)也在缩短。在东部,东西方向延伸的Makran带也是阿拉伯板块俯冲至欧亚板块以下形成的,最有力的证据是阿曼海沟下岩石圈的低速带的存在。在Makran区域有Bazman、Taftan、Soltan三座火山,它们与下面的低速带有着必然的联系。在巴姆地震发生之前,Gowk断层被认为是巴姆地区最活跃的断层。Gowk断层是右旋走滑断层,它是伊朗境内最活跃的断层之一,也是著名的地震带。其北部为南北走向,南部受到阿拉伯海俯冲的影响,向东南延伸,消亡于低速带上的火山地区。因此研究Bam地震断层对研究该区域板块运动、地震预报等具有重要意义。

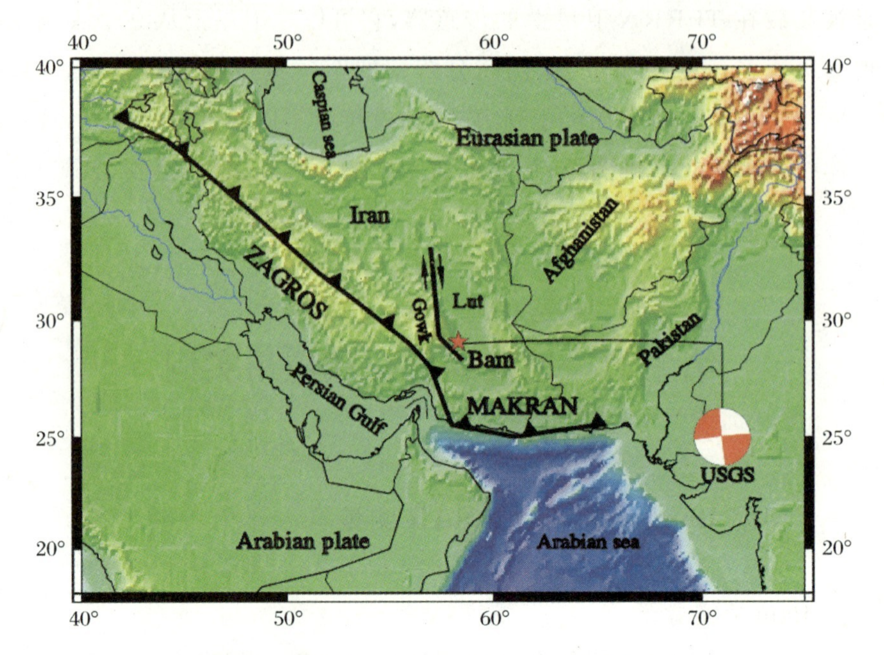

图 4.6 巴姆(Bam)地理位置和板块背景示意图

2. Bam 地震卫星数据

所采用的数据为欧空局(ESA)提供的 7 幅 ENVISAT 卫星的 ASAR 雷达图像数据。合成孔径雷达 ASAR 系统是搭载在环境卫星 ENVISAT 上的雷达系统,它是欧洲空间局于 2002 年 3 月成功发射的,系统包括了 C 波段、多极化、多模式,采用分布式 T/R 组件以及相控阵技术,是到目前为止世界上最先进的星载 SAR 系统。所得 7 幅图像中,其中 4 幅是降轨图像,3 幅是升轨图像,接收日期依次为:2003 年 6 月 11 日、2003 年 12 月 3 日、2004 年 1 月 7 日、2004 年 2 月 11 日、2003 年 11 月 16 日、2004 年 1 月 25 日、2004 年 2 月 29 日。

3. 差分干涉结果

利用 Doris InSAR 数据软件对干涉像对进行处理,生成了 5 幅含地形的干涉图(图 4.7)。通常各个干涉像对的基线距、视角等几何参数不同,因此三通法不能将干涉处理得到的干涉图直接作差分来获得形变干涉图,而需要先进行相位解缠。采用统计成本网络流算法对图 4.7 中(a)和(d)进行相位解缠,在此基础上分别将图 4.7 中(b)、(c)和(e)分别与解缠图像作差分,从而得到了 Bam 地震形变干涉图(如图 4.8 所示)。其中(a)和(b)为同震形变干涉图,(c)为震后形变干涉图。研究采用互相关技术精确配准干涉像对,运用了小波算法对干涉图进行去噪,最终生成了如图 4.8(a)所示的形变干涉图。尽管仍含有较多的噪声,但从整个形变干涉图来看:大部分区域干涉条纹是很清晰的,说明本研究的幅度图像配准是成功的。

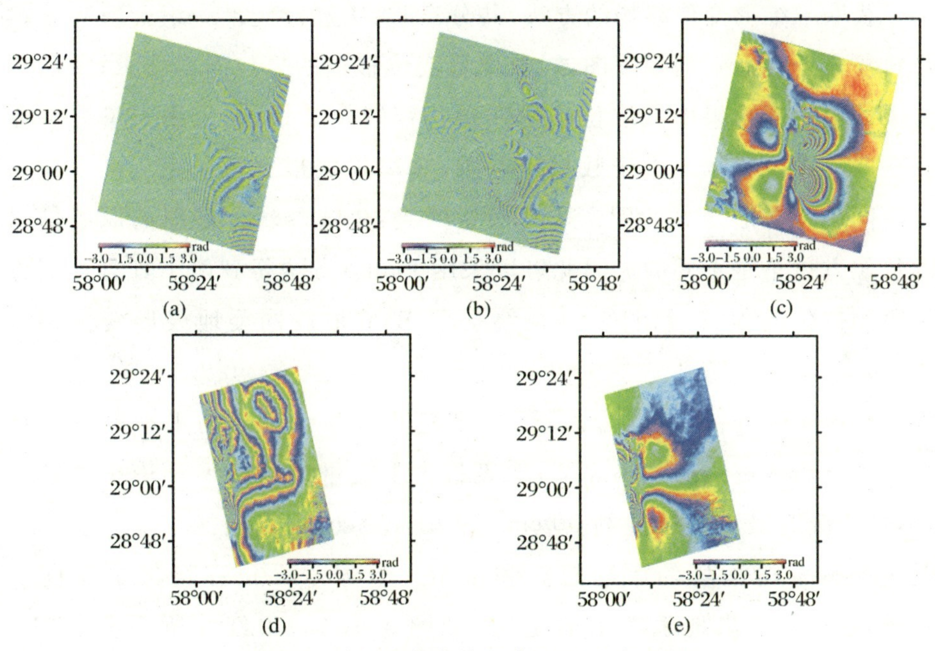

图 4.7 含地形信息的干涉图(查显杰,2007)

(a) 由像对(2003/6/11,2003/12/3)干涉处理得到;(b) 由像对(2003/12/3,2004/1/7)得到;(c) 由像对(2003/12/3,2004/2/11)得到;(d) 由像对(2003/11/16,2004/1/25)得到;(e) 由像对(2003/11/16,2004/2/29)得到。由于像对(2003/12/3,2004/2/11)和(2003/11/16,2004/2/29)的基线距较短,且该地区地形平坦,图(c)和(e)中含地形信息的干涉条纹与形变干涉图类似

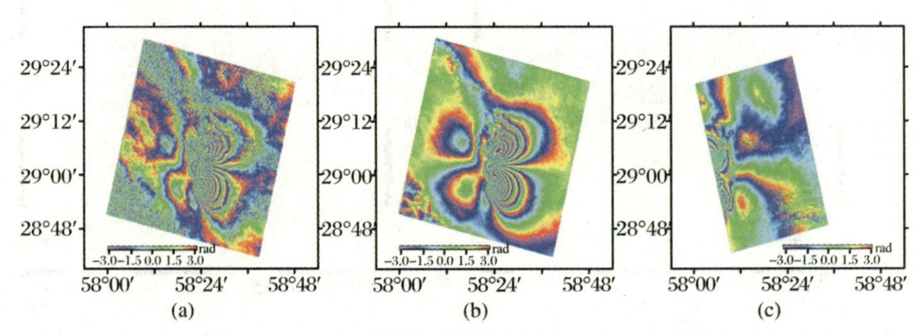

图 4.8 同震和震后地表形变干涉图(查显杰,2007)

(a) 为 2003 年 12 月 3 日至 2004 年 1 月 7 日时间段内的干涉图;(b) 为 2003 年 12 月 3 日至 2004 年 2 月 11 日时间段内的干涉图;c 为 2004 年 1 月 25 日至 2004 年 2 月 29 日时间段内的干涉图

对比图 4.8(a)和(b)可以清楚地看出:干涉条纹分布极为类似,形态上略有差异。另外生成这两幅图像的原始 SAR 数据像对时间上很接近。因此,它们基本上反映的是同一形变场信息。

4. 断层反演结果

获取三维形变位移场的方法,共分三步:①通过配准一组升轨和一组降轨复数干涉像对的幅度图像,获取形变位移场的方位向偏移量;②从形变干涉图解缠结果中获取位移场在雷达视线向分量;③采用矢量分解方法获取三维位移场。由于数据量有限,这里仅能得到两景完全覆盖位移场的同震降轨形变干涉图。非常幸运的是:生成降轨干涉图的原始像对的从像方位角是不同的。因此可以采用 Fialko 方法得到两个具有不同方位角的方位向偏移量矩阵,并最终提取 Bam 地震同震地表形变位移三分量。

对图 4.9 分析,我们可以看到,研究区域存在明显的水平和垂直位移。在巴姆地震震中的东北部,地表最大下沉量约 20 cm,而震中的东南部,地表隆起最大的位置约 30 cm。从图 4.9(b)中我们能清晰地看到地震过程整个位移场的运动趋势和细节。根据水平位移场矢量方向的差异,可以勾绘出地表断层的走向[如图 4.10(a)中红线所示],呈“Y”字形。

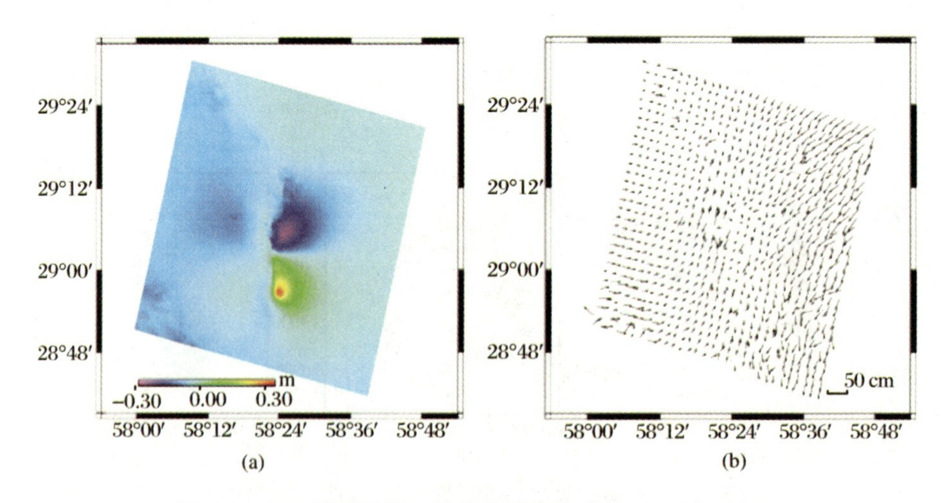

图 4.9 Bam 地震同震三维地表形变位移场(查显杰,2007)

Nakamura等运用临时地震台网测得了Bam地震主震后的余震数据，并且根据地震波形资料精确地推算了Bam地震断层空间展布特征。图4.10(b)是Nakamura等将三维Bam断层向水平面投影的结果，其中蓝色虚线表示Bam地震断层。比较图4.10(a)和(b)可以看出：两图中断层走向虽不完全相同，但具有很好的相似性，其不同主要体现在两方面：①图4.10(b)中多了“3”方向的两个分支；②“Y”字型的分支夹角不同。这些差异可以从两个方面进行解释：①结果是从卫星对地观测数据中直接推算出来的，主要反映断层在地表的形态特征，而Nakamura的结果是断层地下三维展布在地表的投影；②地震波方法不但可以探测出地震断层，而且还能探测到历史地震遗留下来的断层。

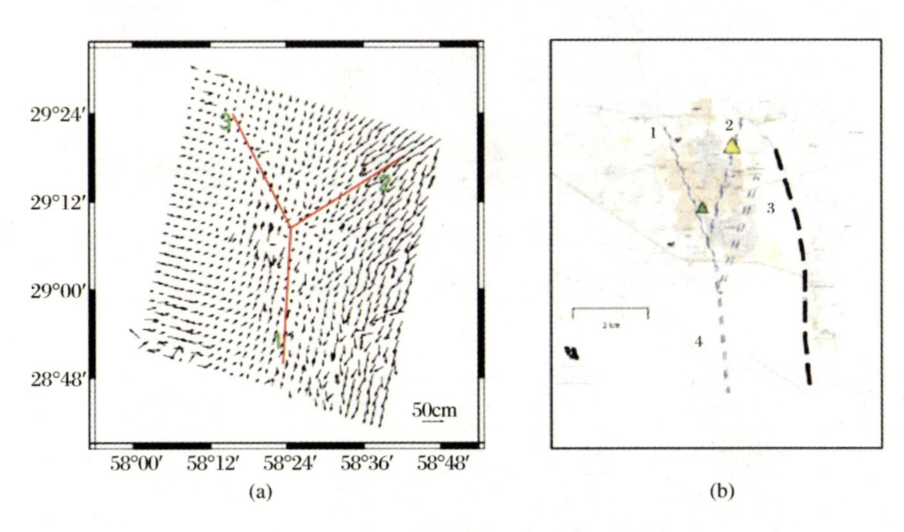

图4.10 Bam地震断层(查显杰,2007)

二、地震导致海面热红外异常

1. 中国近海海域卫星热红外亮温异常

卢振权、强祖基等根据风云2号图像对中国南海和东海的陆架与陆坡区进行观测和分析，发现该海域内在临震前经常出现大面积的卫星热红外亮温增温异常现象(图4.11)。表4.1列出了近年来所记录到的临震前卫星热红外亮温增温异常现象。

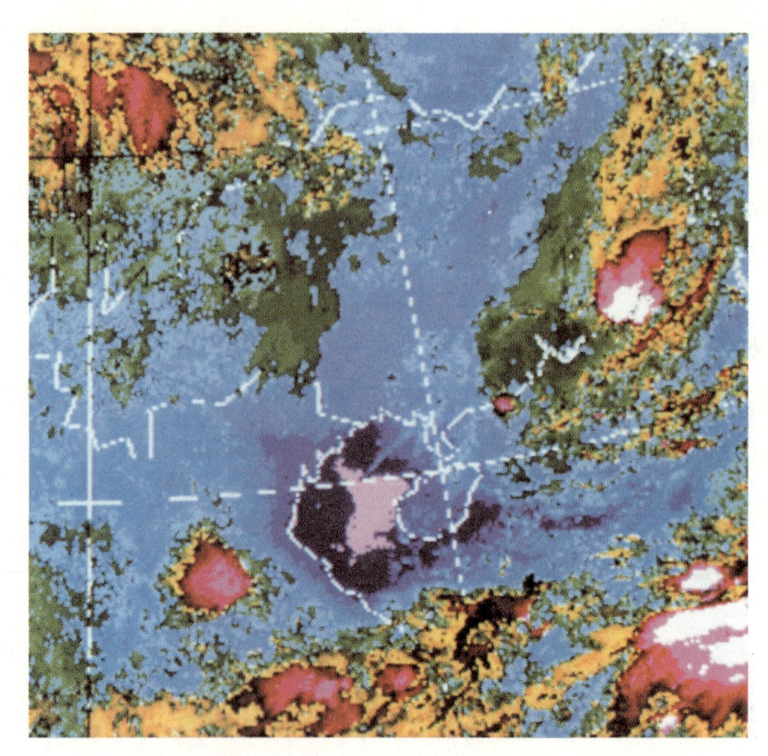

图 4.11　1999 年台湾 921 地震期间莺歌海盆地放气现象
(图中粉红色所示)(强祖基,2003)

表 4.1　近年来中国近海卫星热红外亮温异常主要特征记录表(卢振权,2005)

编号	日期	时间	卫星热红外亮温异常特点
1	1992 年 04 月 16 日	14:12	南海东北部及整个冲绳海槽强烈的增温
2	1994 年 05 月 18 日	06:32	日本九州岛、南海海槽、台湾东北、东海东北部海域局部明显增温
3	1996 年 08 月 27 日	05:34	台西南、东沙、东海陆架局部海域明显的增温
4	1996 年 12 月 14 日	06:55	日本九州岛以南(南海海槽)、东海东北部海域局部明显的增温
5	1998 年 12 月 17 日	20:55	东海东北部海域、日本南海海槽等海域明显的增温
	1998 年 12 月 18 日	15:55	台湾东北部至日本西南局部海域的增温
	1998 年 12 月 18 日	18:55	大部分海域的亮温异常已消退
	1998 年 12 月 20 日	12:56	大部分海域的亮温基本正常
	1998 年 12 月 20 日	18:55	南海东南部海域开始增温
	1999 年 02 月 25 日	06:55	北部湾、莺歌海、珠江口、东沙、台西南海域的增温
	1999 年 02 月 28 日	05:55	莺歌海、珠江口、东沙等海域的增温

续表

编号	日期	时间	卫星热红外亮温异常特点
6	1999年02月25日	15:55	南海周缘海域(除中央海盆外)大范围明显增温异常
	1999年02月25日	18:55	南海周缘海域更大范围内明显的增温
	1999年02月26日	03:55	南海周缘海域、东海东北部、冲绳海槽区大面积明显的增温
	1999年02月26日	05:55	南海周缘海域、东海东北部、冲绳海槽区大面积明显的增温
7	1999年12月23日	05:55	莺歌海、琼东南、珠江口等局部海域明显增温
	1999年12月24日	02:55	莺歌海、珠江口—东沙海域明显片状增温
	1999年12月24日	15:55	莺歌海、琼东南、珠江口—东沙海域明显条带状增温
	1999年12月26日	05:54	莺歌海海域相对孤立状明显的增温
	1999年12月27日	02:55	东部岛坡区至东北巴拉望盆地呈不连续片状的增温
	1999年12月27日	05:55	笔架南、东部岛坡区至东北巴拉望盆地
	1999年12月28日	00:55	笔架南、东部岛坡区不连续片状的增温
8	2001年01月01日	14:55	台湾西南海域、东沙、钓鱼岛附近海域明显的增温
	2001年01月08日	03:55	莺歌海—琼东南、西沙海槽—中建盆地、笔架南盆地等海域片状增温
	2001年01月08日	04:48	莺歌海—琼东南、西沙海槽—中建盆地、笔架南盆地等大面积增温
	2001年01月08日	05:55	莺歌海—琼东南、西沙海槽—中建盆地、笔架南盆地等大面积增温继续

2. 地震与亮温异常的关系

在中国近海,临震前卫星热红外亮温增温异常的海域也是近岸及海底地震多发的地区。南海是西太平洋的一个重要边缘海盆,直接受到环太平洋地震带的影响。金庆焕根据1831年到1979年间前人记录的天然地震资料对南海地区的地震震中分布特征进行了总结,认为从地震带构造角度上讲,南海地区位于琉球—台湾—菲律宾地震带(环太平洋地震带的一个分支)与缅甸—巽他地震带(欧亚地震带的一个分支)之间,从空间分布特征上看,南海地区的地震活动主要分布在南海北部边缘区、南海东北部台湾岛周缘区、南海东部吕宋岛周缘区、南海中部海盆区、南海南部加里曼丹岛周缘区。其中,南海东北部台湾岛周缘区的地震活动最为强烈。这些地震主要集中在台湾东部海区,特别是花莲外海海域。

根据对近年临震前卫星热红外亮温增温异常特征与台湾周缘区发生地震时空特征的对比，可以看出它们之间存在着一定的关联。如表 4.1 是对近年来出现的主要卫星热红外亮温异常现象的记录，表 4.2 为其对应期间在台湾周缘区的重要地震（震级＞4.5 级）活动情况的记录。实际上，发生在台湾周缘区的地震远比表中列出的要多得多。例如，从北京世界数据中心地震学科中心—地震学科数据库群—中国地震目录库中或从中国国家数字地震台网分中心—地震目录—中国地震台网目录中查找到 1990 年 1 月 1 日至 2000 年 1 月 31 日间的台湾周缘区大大小小历史地震记录达 2 053 条，这些历史地震均是由全国测震基本台网的24个类台和部分类台的资料计

表 4.2　与台湾周缘区卫星热红外亮温异常同期的重要地震活动情况记录表（卢振权，2005）

编号	日期	时间	纬度(°)	经度(°)	深度(km)	震级
1	1992 年 04 月 19 日	18:32:18.2	23.89	121.62	15	6.6
	1994 年 05 月 23 日	05:36:00.9	24.15	122.61	20	6.1
	1994 年 05 月 23 日	06:24:53.0	24.03	122.61	27	5.7
	1994 年 05 月 23 日	07:05:02.9	24.08	122.59	34	6.0
	1994 年 05 月 23 日	13:28:24.5	24.03	122.71	34	5.3
2	1994 年 05 月 23 日	15:16:56.4	24.06	122.61	26	6.2
	1994 年 05 月 24 日	04:00:41.4	23.99	122.49	16	7.0
	1994 年 05 月 24 日	04:10:15.6	23.59	122.75	17	5.4
	1994 年 05 月 24 日	04:35:41.9	23.99	122.65	35	5.4
	1994 年 05 月 24 日	05:48:13.3	23.95	122.58	37	5.6
3	1996 年 09 月 05 日	23:42:05.1	21.94	121.47	19	7.0
4	1996 年 12 月 24 日	21:52:18.0	24.25	122.23	34	5.1
	1998 年 12 月 14 日	00:59:02.7	24.38	122.08	55	4.5
5	1998 年 12 月 14 日	23:29:21.1	26.18	125.44	165	4.6
	1999 年 01 月 03 日	20:55:30.5	23.16	123.35	15	4.5
6	1999 年 02 月 22 日	13:49:00.5	24.18	122.63	35	6.1
7	1999 年 12 月 26 日	19:02:56.7	22.49	118.39	11	5.2
8	2000 年 01 月 20 日	17.42.12.2	23.80	121.19	6	5.1
	2000 年 01 月 28 日	16:39:25.4	26.10	124.62	214	6.3

算得到的。对比中国近海海域卫星热红外亮温异常与同期具体发震活动的特征，它们之间有一定的规律性：卫星热红外亮温增温异常主要出现在地震活动前（临震），偶或地震期间或震后几天之内，地震强度越大，卫星热红外亮温增温异常越明显，而且一般大于 4.5 级的地震活动才能引起大范围不同程度的卫星热红外亮温异常，这些亮温异常而后逐渐缩小，并集中在某些特定海域直至最后消失。可以说，中国近海海域的卫星热红外亮温增温异常总是和临震或震后几天的构造运动密切关联的。台湾东部花莲一带的近海是经常出现增温异常的地带，此区域也是地震活动最频繁的海区。

3. 卫星热红外亮温机制探讨

虽然在临震前卫星热红外增温异常同期未进行低空大气气体测量工作，也未从海域热辐射模型出发进行目标热信息提取工作，但根据中国近海海域卫星热红外亮温增温异常的特征与分布规律及与海底烃类聚集体、油气盆地或潜在天然气水合物藏、断裂构造、地震活动等之间的关系来看，从地球排气理论出发，中国近海临震前卫星热红外增温异常的原因可能与临震前地球排气作用导致的油气渗漏和海底天然气水合物分解后扩散有关。

地球排气作用导致的油气渗漏较容易被理解，天然气水合物是由 CH_4 等直径较小的气体分子和 H_2O 在低温高压下形成的一种固态结晶物质组成的，它对温度和压力的响应特别灵敏，当温度升高或压力降低时其都将会发生分解还原成甲烷和水。在地震等构造活动期间天然气水合物遇到压力降低发生分解，分解出的 CH_4 等气体沿着断裂构造带向上渗逸至海面以上低空大气中，使其气体浓度异常升高，从而造成临震前卫星热红外图像上出现亮温异常。

按理说，卫星热红外亮温增温异常本质上是一种热异常，应与一切可能致热的原因联系在一起，除上述因素外，理应还包括地球在地震活动期放热作用、海底热液（流）作用、表层海水与低空大气热量交换作用等。但是，根据所观察到的临震前卫星热红外亮温增温异常的一些特征，在南海海盆扩张中心区很少发现卫星热红外亮温增温异常，至少没有明显的异常，而南海海盆区是南海一个活动的地震震中分布区。东海冲绳海槽区虽曾经整体上出现过全方位的增温异常（1992 年 4 月 16 日 14:12），但多数时候是在海槽中南部，特别是集中在西南部海域，而冲绳海槽西南部海域的热流值相对较低，现代热液活动相对较弱，相反，海槽的中部则分布着伊是名、伊平屋等现代热液活动区，热流值高，热液活动强。这说明卫星热红外亮温增温异常并非是海底热液(流)活动的简单映照。卫星热红外亮温增温异常是不是由表层海水与低空大气的热量交换或海流活动造成的，这方面的研究还未得到证实。不过，水体的比热大，热传导迅速，相对较为容易达到热量平衡，一些卫星(如 NOAA 卫星)水色传感器所记录的卫星热红外亮温图像应表现为不同水团的温度，这种水团的温度在无特殊情况下一般较为均匀。而中国近海海域的卫星热红外亮温异常既是一种动态的流动性的增温异常，同时有时又呈孤立状出现在某些海域，这些海域常常是海底油气或潜在天然气水合物可能的分布区域，并且这种卫星热红外亮温增温异常经常出现在临震前或地震活动期间，与地震引起的各种构造活动紧密联系在一起。中国近海海域的这种临震前卫星热红外亮温增温异常可能很难用水体的热量交换活动引起的效应来解释。如果用地震活动或地壳运动所产生的热量来解释临震前的卫星热红外亮温增温异常似乎也有问题。前人在研究陆地上卫星热红外增温异常时曾考虑过地震的生热效应，在隔着一层厚厚的水体的情况下，这种效应对卫星热红外亮温增温异常的贡献也非常小。上述分析如果是正确的话，那么中国近海海域明显的临震前卫星热红外亮温增温异常可能与地震活动期间的放热作用、海底热液(流)作用、表层海水与低空大气热量交换作用关系不大。从另一角度来讲，如果从陆上临震前卫星热红外亮温增温异常的观测数据与实验结果来类推海域的情况，并结合海域自身的特点，那么与临震前地球排气作用导致油气渗漏和(或)海底天然气水合物分解后扩散引起的临震前卫星热红外亮温增温异常相比，地震活动期间的放热作用、海底热液(流)作用、表层海水与低空大气热量交换作用(水文气象因素)等所引起的临震前卫星热红外亮温增温异常可能要小许多。

第五章　全球变化与遥感

第一节　概　　述

一、全球变化的概念与现象

1. 全球变化的概念

“全球变化(Global Change)”一词首次出现于20世纪70年代,为人类学家所使用。当时国际社会科学团体使用“全球变化”一词主要是表达人类社会、经济和政治系统愈来愈不稳定,特别是国际安全和生活质量逐渐降低这一特定意义的。20世纪80年代,自然科学家借用并拓展了“全球变化”概念,将原先的定义延伸至全球环境,即将地球的大气圈、水圈、生物圈和岩石圈的变化纳入“全球变化”范畴,并突出地强调地球环境系统及其变化,并定名为国际地圈、生物圈计划,简称IGBP。

全球变化研究开始于20世纪80年代,主要研究全球环境变化产生的原因和规律,预测变化的趋势,寻找减轻全球环境变化和人类适应全球环境变化的有效对策。

已经作为术语的全球变化,意指在地球环境方面的自然和人为变化导致的所有全球问题及其相互作用。1990年美国的《全球变化研究议案》,将全球变化定义为:可能改变地球承载生物能力的全球环境变化(包括气候、土地生产力、海洋和其他水资源、大气化学以及生态系统的改变)。狭义的全球变化问题主要指大气臭氧层的损耗、大气中氧化作用的减弱和全球气候变暖。现在对全球变化的理解，一般指更为广义的内容，除上述的三个方面外，还包括生物多样性的减少、土地利用格局与环境质量的改变（水资源污染、荒漠化、森林退化等）、人口的急剧增长等。

全球变化研究由以下4个国际科学研究计划组成：世界气候研究计划（World Climate Research Programme，WCRP）、国际地圈生物圈计划（International Geosphere-Biosphere Programme，IGBP）、国际全球环境变化人文因素计划（International Human Dimensions Programme on Global Environmental Change，IHDP）和生物多样性计划（DIVERSITAS）（张绪良，2002）。

2. 全球变化的现象

全球变化的现象主要有如下几个方面（彭少麟，1997）：

（1）大气臭氧层的损耗：位于大气平流层的臭氧层能阻止过量的有害短波辐射（主要是紫外辐射）进入地球的表面。研究表明，臭氧层正在变薄。臭氧层的损耗会使生物受过量的紫外辐射而受害，植物因此会降低光合作用的水平。人类则会增加皮肤癌与白内障的患病率，臭氧每减少1%，皮肤接触到紫外辐射量就会增加2%，皮肤癌的患病率就要增加4%。

（2）大气中氧化作用的减弱：在正常情况下，大气本身能够通过氧化作用来清除那些干扰现有功能的气体和分子。但这种机能正在减弱。大气中氧化作用的减弱的最终后果尚未十分清楚，因而常被忽视。但它在某种意义上是伤害了大气本身的自动免疫系统，因而是非常严重的。

（3）全球气候变暖：全球气候变暖的化学与热力学过程是极其复杂的，但迄今对造成全球变暖的温室效应的基本机理已经理解清楚。其中最受关注的温室气体是二氧化碳和甲烷，其次是尘粒。大气中化学成分的变化影响到地球调节大气中热量的能力，全球变暖的直接证据是所有低纬度的山区冰川都在融化后退，其中某些冰川融化后退得很迅速，大气中不断增加的热量改变了风、雨、地面气温、洋流与海平面等，从而严重威胁到地球上气候的平衡。气候的改变进而影响动植物的分布。

全球变暖的一个直接后果是冰川融化与海平面的升高，已有证据表明北极冰帽已减少2%。如果全球变暖进一步加剧，将会造成极地冰盖的破裂而使海平面急剧增高。

（4）生物多样性的减少：现在地球上的动植物物种消失的速率，比过去

6 500 万年之中的任何时期都要快上至少 1 000 倍，大约每天有 100 个物种灭绝。20 世纪以来，全世界 3 800 多种哺乳动物中，已有 110 种和亚种消失了，9 000 多种鸟类中已有 139 个种和 39 个亚种消失了，还有 600 多种动物和 25 000 多种植物正面临灭绝的危险。这么多的物种的完全灭绝和一物种不同基因的消失，这是地球上错综复杂的生命之网的完整机体的致命伤。与全球变化有关的引起生物多样性减少的主要原因包括：由森林砍伐引起的生态环境片段化和栖息地的丧失、由全球变暖引起的生物物候期和分布范围的变化、传染性疾病的发生、大气氮沉降和施肥等。由于巨大的人口压力、高速的经济发展对资源需求的日益增加和全球变化等因素的影响，中国的生物多样性受到了极大的威胁。研究结果表明，若地表气温升高 2 ℃，地球上 70%以上的物种将遭到灭绝；若气温升高 5～6 ℃，人类将要灭亡。

(5)土地利用格局与环境质量的改变：全球森林面积的急剧减少，全球沙漠化的扩大，污染使全球的环境质量下降。

(6)人口的急剧增长：在几千年前发生的农业革命之前，世界人口基本上是稳定的。在农业革命之后，人口逐渐增长，缓慢的增长一直延续到工业革命。世界人口数量已经从 1950 年的 25 亿和 1980 年的 44 亿猛增到 2000 年的 60 多亿。据可持续发展世界首脑会议提供的资料，联合国预计全球人口 2025 年将增加到 80 亿，2050 年将增加到 93 亿，预计全球人口能稳定在 105 或 110 亿左右。而未来的几乎所有人口增长均来自于发展中国家，为此未来世界不得不养活另外的 50 亿人。

(7)科学技术发展的突然加速对全球变化的影响也引起了科学家们的广泛关注：科学技术的突然加速发展使人类能以从前所无法想象的巨大力量来燃烧、砍伐、挖掘、改变各种各样的物质，从而改变地球的面貌。应该说，科技的发展对全球变化的影响具有正负两方面的意义，关键在于人类应用新科技的战略方向与目的。

二、全球变化的研究进展

1. 国际全球变化研究总体趋势

21 世纪人类正面临着全球环境和全球社会可持续发展的巨大挑战。20 世纪以来，全球环境以前所未有的速度发生变化，一系列全球性重大环境问题已经对人类的生存和发展构成严重威胁。科学地分析这些全球性环境问题的性质、形成的原因、变化的规律，预测其发展趋势，评估其社会经济影响，提出合理的适应对策，是人类社会可持续发展的需要。全球性重大环境问题超越了传统自然科学分支学科的界限、自然科学和社会科学之间的界限，这直接导致了“地球系统”和“地球系统科学”等一系列新概念的出现。

全球变化科学以“地球系统”为研究对象。地球系统是由一系列相互作用过程，包括地球系统各圈层之间的相互作用，物理、化学和生物三大基本过程的相互作用以及人与地球环境的相互作用联系起来的复杂的非线性多重耦合系统(陈宜瑜，2003)。这种地球系统的整体观、对三大基本过程相互作用的研究以及对人类活动影响地球环境的特别关注，使得全球变化科学作为一门全新的集成科学出现在当代国际科学的前沿。十多年来，全球变化研究已经取得了重大进展，认识到全球变化必须围绕社会可持续发展中重大的环境问题，开展对地球系统的进一步研究。地球系统科学的最新研究表明，地球动力学以临界阈值和突变为特征。人类活动无意中触发的一些变化，能够给地球系统带来灾难性后果；地球系统已经超越了至少过去50万年的自然变化范围。正在同时发生的全球环境变化的本质、变化的幅度与速率，在人类历史上，甚至可能在行星历史上也是前所未有的。地球正以一种前所未有的状态运行。

2. 中国全球变化研究进展

作为全球变化研究的积极倡导者和参加者，中国科学家从20世纪80年代初就开始参加全球变化科学重大国际计划的可行性研究。但全球变化研究的思想和认识至少可以追溯到20世纪50年代。20世纪50年代中叶，竺可桢就明确提出要综合开展海洋、陆地和大气研究及环境治理(如沙漠治理)工作。20世纪80年代，叶笃正在国际场合多次倡导开展全球大气环境变化研究；20世纪80年代中叶他又着力强调开展土地利用研究。从此，一大批中国学者开始积极投身于国际全球变化研究中，为全球变化研究计划的设计、实施做出了与我国国际地位相称的贡献。二十多年来，中国政府投入巨资实施了一系列全球变化研究项目，中国科学家在全球变化领域做出了具有中国特色的国际性贡献，完成了一批具有国际影响的研究成果：①中国科学家提出东亚季风系统和季风区域的概念，并利用黄土古土壤序列、第三纪风尘堆积、湖泊、海洋、石笋记录、冰芯及历史文献等，建立了季风区域环境演化序列，在国际全球变化研究领域具有重要学术地位；②青藏高原的气候环境变化研究成为国际关注的学术热点，特别是高原冰芯研究以及高原上空夏季臭氧异常低值中心的发现等研究居国际先进水平，在国际上有重要影响；③在全国范围的气候植被分类，区域蒸散模式与自然植被 NPP 与碳储量的空间格局，土壤有机碳库的储量，生态系统的碳密度与收支等方面，特别是对湿地生态系统的 CH_4 及相关痕量气体的通量观测、发生和排放问题有了一定的探索，取得了重要研究成果；④在大气水循环、流域水循环、水循环的生物过程、社会经济与水循环、农业与水承载力等与农业有关的诸多水问题方面取得了重大进展，特别是对西部流域水循环中的水与生态问题取得了突破性进展，为西部大开发乃至全国经济的发展做出了巨大贡献；⑤我国科学家已从积极参与国际计划逐步转向由我国主持在世界上开展的一系列大型全国性科学实验，为国际全球变化研究做出了显著贡献。

过去全球变化是 IGBP 的核心计划之一，它的目标是通过过去地球表面环境变化规律和机制的研究，获得现代地球环境、气候变化规律和机制的理解，寻找与今天状况接近或相似的"历史相似型"，从而为未来环境和气候变化预测服务。值得一提的是，在过去全球变化研究方面，我国学者提出了控制东亚环境变迁的"季风控制"理论，回答了我国古气候研究中一系列难以解答的问题。同样，发现东亚季风存在更大的气候变率。它作为全球气候系统的重要分量，既与高纬也与低纬乃至南半球的气候变化有密切联系，对全球气候有重要影响。

3. 全球变化研究成为国际热点

20 世纪 70 年代以来，借助卫星遥感宏观影像，人们发现了许多严峻的全球性问题：南极臭氧洞的扩大、海冰在继续减少、热带森林在减少、沙漠化趋势明显、海水温度在升高、海平面上涨等，以人口、资源、环境与发展为核心的"全球性问题"日益突出。因此，预测人类影响下未来全球环境的变化是一个关系到人类社会可持续发展的科学难题。从 20 世纪 80 年代中期开始，全球变化研究逐渐发展起来，形成和发展了地球系统和地球系统科学的概念，提出了地球系统科学这一新兴的前沿科学领域。即将地球作为一个完整的动力系统，利用全球观测技术，结合概念数字模型去探测地球各圈层的相互作用、反馈和变化趋势，减少地球系统未来行为的不确定性，最终发展成对自然和人类引起的全球环境变化的预测能力。国际社会开展了一系列大规模、跨学科、综合性的全球变化研究项目，相继组织了以全球环境变化为核心的四大国际研究计划。1979 年国际科学联合会理事会(ICSU)和世界气象组织(WMO)联合开始建立的世界气候研究计划(WCRP)，以地球环境变化中最活跃的物理气候系统为对象，目的是确定气候在多大程度上能够预测以及人类活动对气候的影响程度；ICSU 于 1986 年发起执行的国际地圈—生物圈计划(IGBP)，以研究地球环境变化中最重要的生物地球化学循环过程及其与物理过程的相互作用为主要对象，以认识人类活动和自然因素在全球环境变化中的作用，并以预测未来几十年到百年尺度环境变化为目标。1990 年开始建立的国际全球变化的人文学研究计划(IHDP)，由国际社会科学委员会(ISSC)组织，其目的是研究人类在全球环境变化中的作用及环境对人类社会的影响，目标是提出人类社会和全球环境协调发展的战略。由国际生物科学联合会(IUBS)、环境问题科学委员会(SCOPE)和联合国教科文组织(UNESCO)于 1991 年发起成立的生物多样性计划(DIVERSITAS)，是当前唯一在全球水平上协调生物多样性科学领域内各种研究活动的一项国际计划，目的是深入了解生物多样性的起源、组成、功能、维持和保护，从而提供有关生物多样性和地球生物资源可持续利用情况的准确信息和预测模型。这些国际合作计划的制定和实施，得到世界各国的普遍关注和支持，地球系统科学成为地学研究的前沿。全球性环境和生态问题归根结底是资源利用问题，因而资源科学研究必须在全球变化的大背景下紧紧围绕国际前沿开展工作。

三、全球环境变化与遥感技术

目前，遥感技术已广泛应用于农业、林业、地质、海洋、气象、军事、环保等领域。在未来的十几年中，预计遥感技术将步入一个能快速，及时提供多种对地观测数据的新阶段。遥感图像的空间分辨率，光谱分辨率和时间分辨率都会有极大的提高。其应用领域随着空间技术发展，尤其是地理信息系统和全球定位系统技术的发展及相互渗透，将会越来越广泛。

1. 全球对地观测系统(GEOSS)

2000 年 11 月，美国国家航空航天管理局(NASA)公布了其地球科学探索战略计划(ESE)，提出 2000～2010 年美国的地球系统科学研究目标与任务，该计划对认识并预测自然及人类行为对全球环境变化的影响具有重大意义。

20世纪60年代以来，NASA的气象卫星、地球观测卫星及其他有关研究使科学家们完成了将地球视为一个包括陆地、大气层、海洋、冰盖、生物和地球内部相互作用的动态系统的认识过程，这种完整的认识导致了一门新的交叉学科——地球系统科学的诞生，该学科研究方法的关键是了解全球气候是如何响应作用在地球上的“力”，而又把这种力反馈作用于地球的过程。NASA宣称，有关全球变化研究的历史是与NASA的历史平行的。从地球观测系统(EOS)到地球科学探索战略计划(ESE)，揭开了地球空间观测新的一页。

NASA具有不可替代的对地球及陆地、大气层、冰帽、海洋和生物的空间信息优势，ESE计划将通过研究上述各因素的相互作用提高对地球系统科学新规律的认识，地球科学探索战略计划的研究结果将为发展良好的环境和支持经济投资决策作出实际贡献。

EOS的目标之一是建立全球的卫星遥感观测系统(图5.1)，是目前全球变化研究中正在部署和实现的全球观测系统[地球观测系统(EOS)、全球陆地观测系统(GTOS)、全球气候观测系统(GCOS)、全球海洋观测系统(GOOS)和全球环境观测系统(GEMS)]的重要组成部分，在保障全球环境数据的获取方面起着举足轻重的作用(冯筠，2001)。

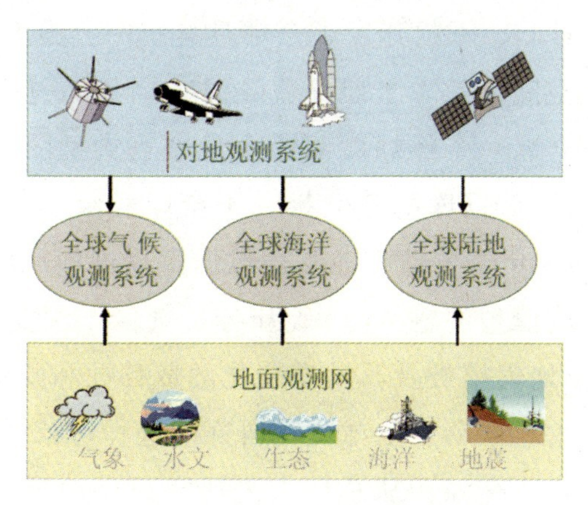

图5.1　对地观测系统示意图

全球变化的研究是以地球系统科学为指南的。遥感作为获取地球表面时空多变要素信息的先进方法，是地球系统科学研究的重要组成部分，是对全球变化进行动态监测的不可替代的手段。陈述彭先生指出,没有遥感,就提不出全球变化这样的科学问题。所以,遥感对地学本身有巨大的推动作用,就像望远镜对天文学和物理学的推动作用一样。

2. 遥感是全球变化研究的重要手段

建立和发展由空间遥感和地面(海面)观测站网组成的完整的全球监测系统是开展全球变化研究的基础。全球环境问题的国际性、跨学科、广域性的特殊性质,恰好是遥感发挥作用的领域;而全球变化研究所需全球范围的长时间连续、短周期同步实时观测,涉及物理、化学、生物学多种学科的,准确定位的海量数据则是对现有遥感观测系统的高要求和极大考验,同时也指出了遥感技术发展的方向——定量化遥感的综合技术体系。20 世纪 90 年代,以美国为首,联合欧洲空间局、日本、加拿大等制定的对地观测系统计划(Earth Observing System,EOS)首先将推进地球科学的各个领域对地球更深刻的理解列为近期目的,揭示了作为系统的地球的概念,准备发射一系列第三代对地观测卫星。新一代的遥感卫星地面分辨率可达 0.5 m ,光谱分辨率从可见光到微波达纳米级。卫星平台和传感器寿命延长以保证长时间连续观测,形成全天候、全方位的同步对地观测网络,源源不断地为人类提供着关于地球过程的定性和定量数据。世界各国纷纷计划发射自己的资源或环境监测卫星,保证了全球变化研究的连续性。利用遥感数据进行全球尺度资源环境监测研究取得了一系列重要进展,如人类第一次利用卫星数据(NOAA/AVHRR)研制开发了全球具有统一分类方法,统一数据处理规范的全球 1 km 空间分辨率土地覆盖数据库;全球一个经纬度间距地表生物物理量数据库;全球一个经纬度间距土地覆盖类型图等。这些土地覆盖及地表生物物理特征数据库的建立推动了全球气候与环境变化的研究,例如利用 AVHRR 1 km 季节性土地覆盖数据库改进中尺度区域天气与气候模拟;作为全球环流模型的输入,检验和分析气候干湿变化及季节降水,温度和蒸发变化对于地表植被及其动态变化的依赖性和敏感性以及各类生态系统模拟模型,极大地推动了全球变化研究的进程(刘红辉,2000)。

因此,全球变化研究强调从总体上来研究整个地球系统的行为。在方法论上,它突破了传统的学科界线,不仅强调地球系统非生命行为之间的相互作用,而且希望从生命世界同非生命世界之间的联系上,揭示地球系统的变化规律和机理。同时,它十分强调人在环境变化中的作用,发展自然科学同社会科学之间的相互结合,希望在人类不断调节自身的行为中,使环境朝着有利于人类社会的方向发展(叶笃正,1998)。

第二节 遥感在全球变化热点问题研究中的应用

全球变化研究涉及的学科和领域众多,所需的数据量巨大,种类也繁多。下面是遥感技术所能提供的数据种类(李小文,2008):大气的垂直温度剖面、降水量及频度、大气与同温层臭氧含量、云覆盖率、海面温度、雪线、海冰线及海冰厚度、植被指数、反射率、风暴位置、太阳能入射量、太阳能通量及光谱、地球辐射量、海洋叶绿体含量、痕量气体、海洋表面风、浪高及方向、洋流、同温层及中间层的化学构成、大地热容量、地面温度、同温层与上层对流层的化学构成、地面风速及方向、同温层微粒与臭氧、土地利用状况、海洋泥沙含量、浅海地形、陆地冰的范围与厚度、土壤类型及变化、火山爆发与火山灰分布、土壤湿度及变化、海岸滩涂及变化、大地径流量、森林及草场火灾、积雪范围与厚度等。从这些数据可以看出,遥感技术已渗入到全球变化研究的很多领域。随着遥感技术的发展,遥感数据的种类会更多,而且提供数据的质量将会有大的改观,从而可满足全球变化研究众多领域研究的数据需求。下面仅从全球变化研究的几个热点问题中的遥感技术应用阐述遥感技术在全球变化研究中的应用潜力及进展情况。下面从资源调查、大气监测、生物多样性、土地利用变化、海洋环境监测、病虫灾害监测等方面来阐述遥感技术在全球变化研究中的应用。

一、遥感资源调查

资源遥感是以地球资源作为调查研究对象的遥感方法和实践,普查自然资源和监测再生资源的动态变化。1972 年,美国发射了第一颗以勘测地球资源为主要目标的地球资源技术卫星,后来改称陆地卫星,携带多光谱扫描仪(MSS),在其后的 4、5 号星上增加了改进的地面分辨率为 30 m 的专题制图仪(TM),具有从可见光到热红外的7个波段。陆地卫星影像被普遍用于资源调查与制图,开创了资源遥感调查的新时代。利用遥感信息勘测地球资源,成本低、速度快,有利于克服自然界恶劣环境的限制,减少勘测投资。遥感技术的发展和应用使野外考察的速度和精度大大提高,改进了资源调查的方法,已成为现代资源科学研究不可或缺的高技术手段。美国全球变化研究委员会(USGCRP)把土地覆被变化与气候变化、臭氧层的损耗一起,列为全球变化研究的主要领域,并从1996年起重点开展北美洲土地覆被变化的研究;日本国家科学院全球环境研究中心提出了"为全球环境保护的土地利用研究"项目(LU/GEC)等。

随着全球环境资源对人类生存及发展的进一步影响,可以预言,下一世纪人类将对地球系统进行更为全面和深入的观测和监测。资源遥感研究经过30年的摸索和发展,在全球变化研究中发挥着越来越大的作用,进入了蓬勃发展的新阶段,呈现出一些新的特点和趋势。首先是多层、立体、粗细精互补的遥感对地长期观测网正在形成:目前已上百颗各类遥感卫星构成覆盖全球的同步观测体系,高、中、低轨道结合,传感器高空间分辨率,高光谱分辨率、超多波段组合。传感器光谱分辨率不断提高,几十至数百个波段的高光谱、超光谱新一代卫星,有利于遥感定量分析能力的提高。雷达遥感所特有的全天候、穿透云层的特性,成为实用化的对地观测系统中不可或缺的一员。20世纪90年代被称为雷达遥感年代,反映了国际上通过成像雷达技术解决全天候获取信息的努力。其次是遥感(RS)、地理信息系统(GIS)、全球定位系统(GPS)的一体化综合集成:"3S"信息技术成为定量化遥感的发展方向之一,它实现了从信息获取,信息处理到信息应用的一体化技术系统,具有获取准确、快速定位的现势遥感信息的能力,实现数据库的快速更新和在分析决策模型的支持下,快速完成多元、多维复合分析,使遥感对地观测技术跃上一个新台阶。再次,面临基于高速计算机和网络化的数字地球新时代。"数字地球"构想为资源遥感在新世纪的发展指明了方向,其涉及一系列新的相关理论和技术,如新型对地观测技术系统、海量数据存储和压缩、宽带网络技术、物联网技术、高性能计算机、空间数据仓库、多维虚拟现实技术和各类应用模型等。最后,可持续发展成为资源遥感应用的新目标。可持续发展中对信息需求的多样性、动态性、现势性和准确性,给资源遥感的发展带来新的契机。应用对地观测技术和数据,长期、连续地监测研究人类生存的地球环境，加强对自然灾害、生态脆弱带和气候变化敏感地区环境变化的预警、监测和评估能力，以有效地保障区域的可持续发展将成为新世纪资源遥感的重要研究方向。

二、大气监测

遥感技术具有监测范围广、速度快、成本低，且便于进行长期的动态监测等优势，还能发现有时用常规方法难以揭示的污染源及其扩散的状态，它不但可以快速、实时、动态、省时省力地监测大范围的大气环境变化和大气环境污染，也可以实时、快速跟踪和监测突发性大气环境污染事件的发生、发展，以便及时制定处理措施，减少大气污染造成的损失。因此，遥感监测作为大气环境管理和大气污染控制的重要手段之一，正发挥着不可替代的作用(程立刚，2005；张兴赢，2007；王丽娟，2005)。

传统的大气痕量气体监测主要是基于定点采样观测技术去获得数据，仅能反映取样点很小范围内的空气污染程度，而且通常定点的地面大气痕量气体的观测还要辅助化学分析仪器，分析设备复杂，费用昂贵，而且只能得到近地面很小区域范围内的大气成分信息，在垂直梯度观测的空间分析站点也非常有限，无法得到大气柱总量。遥感技术在大气监测方面，主要用于 NO_x，SO_x，O_3 等化学污染物的浓度测定以及确定烟羽的扩散所及范围和它的不透明度等。大气领域的遥感可分为利用卫星的大范围的遥感和通过激光雷达进行的地基的遥感。20 世纪 70 年代的雨云卫星系列第一次获得了温度、H_2O、CH_4、HNO_3 在全球大气中的分布信息。搭载于雨云 7 号上的 TOMS 在发现臭氧洞方面做出了很大贡献，取得了与平流层中臭氧层破坏的有关主要信息。

光谱遥感技术是近年来迅速发展起来的一门综合性探测技术，与传统的定点取样检测法相比，它主要具有以下特点：①远距离对气体排放物进行实时监测；②快速分析多组分混合物；③无需繁琐的取样手段；④可获得地面或高空大区域三维空间数据。由于光谱遥感技术自身的优势，它既可以进行地基遥感，获取定点的大气痕量气体的柱总量，又可以应用于卫星观测，得到大尺度空间范围内的痕量气体分布，还可以细致地得到不同大气层，如对流层、平流层的大气痕量气体信息。因此，近年来，随着全球环境问题的日益突出，具有全球覆盖、快速、多光谱、大信息量特点的遥感技术已经成为全球环境变化监测中一种重要的技术手段。

近年来，地球环境监测越来越重要，各国开发了更高级的地球观测卫星。卫星观测的数据不再局限于长期以来描述地表面的二维图像信息，而是扩大到三维领域的大气成分和降水等的分析，并已达到为满足观测目的对所接收的信息进行高度处理的程度。

全球大气监测需要世界各国共同参与、各国科学家的合作研究和多学科的共同合作、综合探索。这是个时间跨度大、涉及全球空间的、宏观的研究地球的研究工程，其难度是极大的。遥感在环境监测中的应用是一个先进的技术途径，遥感监测可使监测成果具有同步性、系统完整性、宏观性和现势性，为实施可持续发展战略的治理、保护和改善环境工作提供及时、可靠的信息。因此，对遥感技术在大气环境监测中的应用进行研究、探讨是非常重要的。

三、生物多样性

生物多样性是指所有来源的活的生物体中的变异性，是地球生命经过几十亿年发展进化的结果，是人类赖以生存和持续发展的物质基础，是地球生命支持系统的重要组成部分，具有巨大的经济和社会价值。当前可用的地球监测卫星所提供的数据适合于评价生境、景观、区域和全球尺度的生物多样性。运用遥感数据对一系列结构要素的评价已被证明是很成功的，它们提供了空间组织的综合信息，例如有关要素的分维数、丰度、连通性、稳定性和几何形式等。由于新一代高分辨率卫星的升空，基于像元大小、立体信息和天气状况的卫星数据的局限性在未来的几年中将会减小，这将大大提高生物多样性的遥感研究潜力(岳天祥，2000)。

虽然遥感不能提供生物多样性评价所需要的所有信息，但它鸟瞰整个研究区域的特点是传统评价方法无法比拟的优势。遥感能够提供面积、结构和纹理要素、物种类型等方面的信息，它在评价景观尺度的生物多样性方面是非常有用的。

国外关于生物多样性遥感探测的方法基本有3种：①利用遥感数据直接对物种或生境制图，进而估算生物多样性；②建立遥感数据的光谱反射率与地面观测物种多样性的关系模型;③与野外调查数据结合直接在遥感数据上进行生物多样性指数制图。研究表明,物种直接制图法只能应用于较小的范围;生境制图法应用广泛,技术相对成熟,研究范围局限于几百公里的范畴,但不能获取生境内部的多样性信息。光谱模型技术目前正处于探索阶段,对于植被复杂、生物多样性高的地域,具有较大的应用潜力。在遥感数据上直接进行生物多样性制图在加拿大已经得到了应用(徐文婷,2005)。

四、土地利用和土地覆盖变化

地球表层系统最突出的景观标志就是土地利用与土地覆盖。因而土地利用和土地覆盖的变化(Land Use and Land Cover Change,LUCC)成为全球变化研究的重要内容,而土地利用和土地覆盖数据的获取是其重要基础工作。随着遥感平台的多样化和图像分辨率的提高以及计算机技术的迅速发展,遥感技术已成为LUCC研究的重要手段。

遥感技术在土地利用和土地覆盖研究中的应用主要是围绕类型识别和变化监测两方面展开的。遥感分类方法的提高一直是遥感技术方法研究的重要领域。实践证明,仅靠遥感手段是不可能完全解决土地利用和土地覆盖变化分类问题的,遥感技术必须与常规的案例研究及社会经济方法相结合,应用多源数据才可能提高分类的精度。

目前,应用NOAA/AVHRR资料进行全球或区域等大尺度的土地利用和土地覆盖分类是该领域的主要研究方向之一,主要包括基于单时相影像分类、基于多时相影像分类、基于多时相和辅助数据结合分类三方面的进展。

遥感动态监测是利用遥感的多传感器、多时相的特点,通过不同时相同一地区的遥感数据,进行变化信息的提取。土地利用和土地覆盖变化监测主要是解决是否发生变化和从哪一种类型变化到另一种类型两个问题。监测方法分为不同时相单独比较分析法和多时相数据同时分析法两大类,具体方法有:单变量图像差值法、图像回归法、图像比值法、植被指数法、主成分分析法、分类后比较法、变化向量分析、背景提取法、RGB假彩色合成法等(陈怀亮,2005)。

五、海洋环境监测

长期以来，人们对海洋的调查只能通过船只在不同时间和不同地区对个别点进行监测，得到的数据量有限，难以满足经济生产的要求。要想对海洋有深入的认识和了解，必须要有更为高效的测试手段，而遥感技术的出现和发展满足了这方面的需求。虽然通过遥感无法获得关于海洋的全部信息，但通过对遥感信息的分析、仿真和模拟，可以获得影响海洋理化和生物过程，如海冰的运动、海流的循环模式、海表面等温线的分布，叶绿素浓度等相关参数并应用于渔业生产、海上运输和海洋灾害监测和预报等。

海洋遥感技术指的是用遥感技术监测海洋中各种现象和过程的方法，研究对象为海洋和海岸带。其工作原理是：海洋不断地向周围辐射电磁波能量，同时海面也在反射（或散射）太阳照射在海面上以及人造辐射源（如雷达）覆盖在海面上的电磁波能量，这些辐射或反射的电磁波能量能被传感器接收、记录，再通过传输、加工和处理，就可以得到海洋的图像或数据资料。海洋遥感技术的应用，出现于第二次世界大战期间，用于近海水深测量和河口海岸制图，大多以航空遥感技术的方式进行，之后海洋遥感主要采用航天遥感技术，通过卫星来实现（林晓鹏，2006）。

20 世纪 70 年代以来，原地矿部、中国科学院、农业部等部门就油气勘探、海洋综合科学考察及渔业等方面开展了大量工作。国土资源部航空物探遥感中心等 1995 年 4 月又在南沙海域的三个不同海区进行了航空航天浅海水深测量，同时进行无地面控制点机载 GPS 差分定位工作，并利用上述数据及资料开展了覆盖南沙群岛海域的岛、礁、滩、沙、洲的航空航天遥感调查工作。

通过遥感技术，可以对海洋的各种环境进行实时监测，比如海洋污染。利用卫星上的可见光/多光谱辐射传感器，不仅可以测定海面油膜的存在，还可以测定油膜扩散的范围、油膜厚度及污染油的种类。通过监测水温、水色和海面磷酸盐浓度等因素及其变化，可以给出赤潮的位置、范围及扩散漂移方向等信息。

六、灾害监测

目前世界各国利用卫星遥感均做了大量的监测、预报、预警，对减少灾害的损失起到了一定作用。对一定条件下可避免的灾害，如火灾，卫星遥感在减少损失方面也发挥了重大作用。

20世纪遥感科学的光辉历程证明，遥感技术有着广阔的应用前景，特别是卫星遥感，由于具有实时性、全局性和资料的完整性等特点，其应用效果更为突出。在20世纪，遥感为人类战胜自然，改造大自然做出了重大的贡献。这些成果是科学工作者智慧和劳动的结晶。不仅发达国家，而且第三世界国家均为此做出了巨大的努力。灾害遥感作为遥感科学研究的一大分支已受到各国政府、企业和人们的高度重视，经过多年努力已取得了重大的理论与实际研究成果。可以预见，21世纪，遥感将被更广泛地应用。灾害遥感作为一门与信息科学相连的综合边缘学科，在各国政府的支持下，经过国际社会的通力合作，将会得到更大的发展。

在世界各国，利用遥感进行灾害监测方面均已经进行了大量的工作，大大增强了人类抵御各种灾害的能力，如洪涝灾害、干旱、火灾、沙漠化、地质灾害等。利用NOAA、Landsat和SPOT作为遥感数据源，对上述灾害类型都进行了较成功的监测。联合国粮农组织在意大利建立的遥感与GIS中心，负责对欧洲和非洲的农作物生产的病虫害防治提供实时的监测。1973年美国密西西比河长距离的严重泛滥情况，1974年北亚拉巴马州强龙卷风的活动情况，都是利用陆地卫星获取的遥感资料来评估，这对灾情预报、监测和采取对策来减少灾害的破坏程度起了很大的作用。1998年我国特大洪涝灾害期间，我国利用遥感技术进行了多次灾害损失监测与灾害过程监测，准确计算了受灾面积及其灾害损失评估。2000年4月在西藏易贡滑坡这一严重地质灾害及其连带造成的洪水灾害发生与发展的全过程中，中巴地球资源卫星01星资料发挥了极其重要的作用。美国国家航天和空间管理喷气推进实验室和美国国家农业部联合进行森林火灾的监测研究，并于1990年建立了一个完善的森林火灾遥感监测系统，整个系统的投资巨大。1988年的干旱，对美国农作物减产造成较大的影响，美国用据AVHRR资料计算的植被指数对干旱进行监测，并评估干旱的影响。它的主要方法是用植被指数与其变化曲线的关系来获取气候、土地和其他信息，从而掌握了旱情信息，为进行决策打下基础。加拿大曾用 NOAA－AVHRR 资料进行正常气候条件下农作物产量和干旱情况下农作物产量的对比评估工作，已形成了完善的遥感评估系统，在加拿大西部地区的旱情预报中，已发挥了很大的作用。日本用 Landsat 卫星多时相 TM 资料在分析洪水灾害造成的损失方面也开展了大量研究。印度尼西亚采用 Landsat MSS 资料对河流域的洪水及泛滥危险区进行了预报，并得到成功。在南美洲，Landsat 卫星和雨云卫星也被用来监测洪水(夏德深，1996)。

空间遥感对地观测得到的全球变化信息已被证明具有不可替代性。在海洋渔业、海洋生态、大气研究等领域，遥感已成为重要角色；矿产资源、土地资源、森林草场资源、水资源的调查和农作物的估产都缺少不了遥感手段的应用；遥感在解决各种环境变化，如城市化、荒漠化、环境污染等问题有其独特的作用；在灾害监测，如水灾、火灾、地震、多种气象灾害和农作物病虫害的预测、预报与灾情评估等方面，遥感亦发挥了重要的作用；在各种工程建设中，不同尺度、不同类型的遥感都在不同层次上发挥了作用(张卡，2004)。

遥感技术在全球变化研究中的应用非常广泛，进一步挖掘遥感技术的应用领域并深化和提高其应用水平，是摆在遥感科研工作者面前的一项长期任务。

第六章　遥感对人类外星生存空间的探测

第一节　人类外星生存空间探测概述

仰望夜空，人类登上月球的梦想从未泯灭：从中国古代嫦娥奔月的传说，到19世纪科幻大师凡尔纳的《从地球到月球》，人类无数次乘着幻想的翅膀拜访这位地球近邻。最终在美国和前苏联的太空竞赛中，阿波罗飞船于1969年成功登月，“迈出了人类的一大步”。人类探索外太空源自对未知的天空的求知欲、人类在浩瀚的宇宙中所感受到的孤独感。晚上仰望无边无际的天空，看见满天繁星，你或许想知道在遥远星星的那方，究竟有没有和我们一样的生命呢？

对外星体的探测来源于人们对宇宙的好奇与渴望。自古以来，人们一直在观望着天空、星空、月球，一直在研究着它们。历史上更是流传着许多人类上天的美好神话故事：希腊神话中的伊卡洛斯，他利用蜡及雀鸟的羽毛制成一对翅膀，向未知的天空进发，可惜当他飞至中途时，太阳的热力熔化了他用蜡及羽毛制成的翅膀，掉了下来。在我国古老的神话故事里，月亮上有仙女嫦娥居住的广寒宫，还有桂花树和玉兔。敦煌莫高窟壁画中的飞天被称为“最美的形象”等。

首先我们看看有关人类探索天空、外太空的历史。我国明朝时期，一个叫万户的人萌发了用火箭做动力载人飞行的想法。他坐在捆绑着49支“起火”（土火箭）的椅子上，手持两个大风筝试图一飞升天，结果被炸得粉身碎骨，表现了惊人的胆略和非凡的预见力。为了纪念这位世界上“火箭载人”

飞行的先驱，世界科学家们将月球上的一座环形山以他的名字命名。1600年2月，意大利伟大的人文主义者布鲁诺(Bruno)被脱光，被人牵着在罗马大街上行走，最后被火活活地烧死。原因是布鲁诺宣扬宇宙是无穷大的，天空中的星星就像太阳一样，既然其他的行星像地球一样绕太阳旋转，那么在这些行星上也可能存在生命。这种说法无疑是对中世纪神权思想的一个巨大的打击。继布鲁诺之后，思想统治阶级又对年轻一代的伽利略(Galileo)以死相威胁并将他软禁在住所里长达几十年之久。可见，在那个年代，人们开展对宇宙的初步探索是多么的曲折和艰难！

图6.1 罗伯特·戈达德

1690年，伽利略利用自制折射式望远镜观察月球，第一次揭开"月神"的真面目——由山峰和平原构成的荒漠。1865年，法国科幻大师儒勒·凡尔纳的小说《从地球到月球》，以惊人的真实度描写了人类乘坐巨炮发射的飞船登月的故事。《从地球到月球》虽是虚构的，登月旅行的细节却是根据当时的科学知识推断出的。美国人罗伯特·戈达德(图6.1)被公认为现代火箭技术之父，1911年他认识到液氢和液氧是理想的火箭推进剂，并在实验室里第一次证明了在真空中可存在推力，并首先从数学上探讨包括液氧和液氢在内的各种燃料的能量和推力与其重量的比值。1919年发表经典性论文《到达极高空的方法》，开创了航天飞行和人类飞向其他行星的时代。美国宇航局的一座空间飞行中心被命名为"戈达德空间研究中心"。

在罗伯特·戈达德出生后12年，对人类探索宇宙有深远影响的另一位科学家也诞生了。有德国航天之父之称的赫尔曼·奥伯特(Hermann Oberth)于1894年6月25日出生于特蓝西瓦亚。作为一名数学教授，奥伯特把全部业余时间用于宇宙航行研究。1923年，他发表了一篇后来被称为宇宙航行学经典著作的《飞向行星际空间的火箭》。文中提出空间火箭点火的理论公式，用数学阐明火箭如何获得脱离地球引力的速度等，为宇宙航行打下了稳固扎实的理论基础。在俄罗斯，有一位被称为“火箭之父”的人，他就是齐奥尔科夫斯基。1883 年他在《自由空间》论文中便提出了太空船的运动必须利用喷气推进原理，并画出了飞船的草图。1896 年齐奥尔科夫斯基开始系统地研究喷气飞行器的运动原理，并画出了星际火箭的示意图。在 1903 年他发表了《利用喷气工具研究宇宙空间》的论文，他指出火箭于宇宙前行并不需要周围有空气这一重要事实：一个火箭的内部装有火药并被点燃后，就会产生一股热气流，热气流从后部的排气口喷出，把火箭朝相反方向推进。从而推导出发射火箭运动必须遵循的“齐奥尔科夫斯基公式”。1929 年他提出了多级火箭构造设想。他认为火箭的速度，不必强求在一开始就达到目标速度，实际上也不现实。应该把火箭分为几级，各带一部分燃料，第一级火箭的燃料用尽，就把它扔掉，以减轻负担；接着点燃第二级火箭，提高火箭速度。在几次加速之后，就可以达到足以脱离地球引力的速度。这一富有创见的构想，为研制克服地球引力的运载工具，提供了依据。

然而，现代空间探测的真正实施开始于 20 世纪 50 年代末，即前苏联发射“人造卫星 1 号”的 1957 年 10 月，在之后的四十多年间，探索宇宙的事业以惊人的势头发展。“人造卫星 1 号”，这颗人类第一次制成的空间探测器，沿着地球椭圆轨道飞行，环绕地球一圈需 96 分钟。它一边在宇宙飞行，一边发出“滴、滴、滴”的电波声，似乎在向全世界宣告：宇宙时代的第一页揭开了。

从 1959 年到 1976 年，前苏联、美国一共发射了 108 个月球探测器，其中成功 48 个。美国实现了 6 次不载人登月，取回月球样品 381.7 kg；前苏联进行了 3 次不载人月球自动采样返回，共取得了 0.3 kg 月球样品。科学家哈奇从南极冰盖和沙漠中发现了 28 块确证是来自月球的陨石。其中最引人注目的是 1969 年 7 月美国“阿波罗 11 号”飞船首次实现了人类登上月球的夙愿。“阿波罗”计划实施后，大规模的月球探测热潮暂告一段落，进入月球探测“宁静期”，人们关注的重点集中在：消化、分析与综合研究浩如烟海的月球探测数据和资料；向各种军用和民用领域转化大量高新技术；总结空间探测耗资大、效率低、探测水平不高的经验与教训；以月球探测获得的技术为基础，完善航天技术系统，研制新的空间探测技术，如往返运输系统、大推力火箭、高效探测仪器等,为进一步开发利用外星资源进行科学和技术准备。

1977年到1994年的18年间是月球探测的低潮时期,其原因可能是:首先,第一次月球探测高潮,是由前苏联和美国两个超级大国为争夺空间霸权而掀起的竞争,是冷战的产物。随着冷战形势的缓和,加之前苏联的解体,空间霸权的争夺有所缓解。其次,第一次月球探测高潮,获得了难以计数的数据与资料,已动员了世界各国的有关实验室对月球样品开展系统而深入的研究,各国科学家都需要相当长的一段时间来整理、消化和研究已有的资料,以便将研究提高到理性认识的阶段。最后,需要在战略、技术与集成、探测效益等各方面总结此月球探测高潮期间耗资大、效率低、探测水平不高的经验与教训。1977年到1994年的18年间的对月球探测资料的综合分析和理论总结与提高,科学家提出了进一步月球探测所应解决的科学问题和应用问题(欧阳自远、邹永廖、李春来等,2002)。

自1994年以来,各国相继提出了各有特色的重返月球和建立月球基地的计划。最近,美国宇航局宣布了预算总额达1 040亿美元的雄心勃勃的月球探测计划,于2008年开始持续对月球进行无人探测;2018年重新载人登月,开发和利用月球资源,最终建立月球基地,把月球作为进一步登临火星与开展太阳系探测的跳板和前哨站。在此基础上,2030年把宇航员从月球送上火星。欧空局也公布了庞大的月球探测计划,在2020年前进行不载人月球探测,2020～2025年开始载人登月。2030～2035年载人从月球登上火星。此外,日本、俄罗斯、德国、英国、加拿大、奥地利、印度、巴西和波兰都相继提出了各自的月球探测计划。今天的"月球热"不再是大国竞赛和单纯的科学探测,各国还要对其资源进行开发和利用,为自己在未来月球开发中占有一席之地。

因此,纵观世界深空探测的发展趋势,21世纪的深空探测将以月球和火星探测为主线,择机开展太阳系其他行星及其卫星、小行星和彗星的探测。21世纪是人类探测太阳系、人类社会可持续发展的新时代。而月球探测是人类走出地球摇篮、迈向浩瀚宇宙的第一步,是人类探测太阳系的历史性开端(欧阳自远,2006)。太空,在过去的千百年间,曾经承载人类多少神奇传说和美好理想,在21世纪的今天,随着科学和技术的迅猛发展,必将成为世界各国的角力场。

第二节　月球探测

月球(图 6.2)是离地球最近的一个天体,相距有 38.4 万千米。天文学家早已用望远镜仔细地观察了月球,对月球地形几乎是了如指掌。月球上有山脉和平原,有累累坑穴和纵横沟壑,但没有水和空气,昼夜之间温差悬殊,一片死寂和荒凉。尽管巨型望远镜能分辨出月球上 50 m 左右的目标,但仍不如实地考察那样清楚。因此,人类派出使者最先探访的地外天体仍选择了月球。

图 6.2　月球图(引自美国宇航局)

月球是地球的天然卫星,是离地球最近的天体,是人类飞出地球、开展深空探测的首选目标;月球是人类对地的监测基地,科学研究基地,新的军事平台，也是深空探测的前哨站和转运站；月球的资源与能源的开发利用前景，将为地球人类社会的可持续发展服务并作出重大贡献。

目前，世界各国都在进行月球的探测，大致是基于以下的目的：第一，有计划地利用月球矿物资源。人们设想有朝一日能够在月球建立基地，利用月球资源，就地生产供应太空活动所需的液氧，这是比较容易实现的方案。这样，人们就不需再从地面为运行在太空的宇宙飞船、空间站氧气等生活物资。从月球探测带回的月球岩石和表土样品中，分析出月球上有大量氧、硅、铁、钛、铝、镁等化学成分，利用太阳能也可把这些成分分离，以生产钢铁、玻璃等建筑材料。第二，月球也是科学研究和实验的理想场所。比如，月球上原封不动地保留着形成时的原始状态，对月球的研究有助于了解地球。月球上建立天文台，因为月球表面是真空世界，没有空气，也没有尘埃污染，更没有人造的发光物和无线电波干扰，因此是理想的科研场所。再比如，月球周围高真空，低磁场，是理想的天然物理化学实验室，带电粒子的加速、超高速碰撞实验、核实验，效果好，费用低。建立月球基地，把月球变成生产据点、科研都市、永久性太空港，是人们梦寐以求的理想。

一、人类探测月球的历史

1958～1976 年，在冷战背景下，美国和前苏联展开了以月球探测为中心的空间竞赛，掀起了第一次探月高潮。在将近二十年的时间里，美国和前苏联共发射 108 个月球探测器，其中成功 48 个，成功率为 44.44%。1969 年 7 月，美国阿波罗 11 号飞船实现了人类首次登月，把人类的第一个脚印踩上了月球。之后，阿波罗 12、14、15、16、17 和前苏联的月球号 16、20 和 24 进行了载人和不载人登月取样，共获得了 382 kg 的月球样品和难以计数的科学数据。月球探测取得了划时代的成就。

美国最早于 1958 年 8 月 18 日发射月球探测器，但由于第一级火箭升空爆炸，半途夭折了。随后又相继发射 3 个先锋号探测器，均告失败。1959 年 1 月 2 日，前苏联发射“月球”- 1 号探测器，途中飞行顺利，1 月 4 日从距月球表面 7 500 km 的地方通过，遗憾的是未能命中月球。从 1958 年至 1976 年，前苏联发射 24 个月球号探测器，其中 18 个完成探测月球的任务。1959 年 9 月 12 日发射的月球 2 号，两天后飞抵月球，在月球表面的澄海硬着陆，成为到达月球的第一位使者，首次实现了从地球到另一个天体的飞行。它载的科学仪器舱内的无线电通信装置，在撞击月球后便停止了工作。同年 10 月 4 日月球 3 号探测器飞往月球，3 天后环绕到月球背面，拍摄了第一张月球背面的照片，让人们首次看全了月球的面貌。

世界上率先在月球软着陆的探测器，是 1966 年 1 月 31 日发射的"月球"- 9 号。它经过 79 小时的长途飞行之后，在月球的风暴洋附近着陆，用摄像机拍摄了月面照片。1970 年 9 月 12 日发射的月球 16 号，9 月 20 日在月面丰富海软着陆，第一次使用钻头采集了 120 g 月岩样品，装入回收舱的密封容器里，于 24 日带回地球。1970 年 11 月 10 日，"月球"- 17 号载着世界上第一辆自动月球车上天。17 日在月面雨海着陆后，月球车 1 号下到月面进行了 10 个半月的科学考察。最后一个"月球"- 24 号探测器于 1976 年 8 月 9 日发射，8 月 18 日在月面危海软着陆，钻采并带回 170 g 月岩样品。至此，前苏联对月球的无人探测宣告完成，人们对月球的认识更加丰富和完整。

美国继前苏联之后，先后发射了 9 个"徘徊者号"和 7 个"勘测者号"月球探测器。后来，美国又发射了 5 个月球轨道环行器。1969 年，美国的"阿波罗 11 号"载人登月成功，成为人类对月球探测的一个里程碑，一个划时代的标志事件（图 6.3）。随着冷战的结束，1976 年以后，人类长达 18 年没有进行过任何成功的月球探测行动。

图 6.3　1969 年美国宇航员在月球上漫步

1984 年，联合国通过了《指导各国在月球和其他天体上活动的协定》（简称《月球条约》），规定月球及其自然资源是人类共同财产，任何国家、团体和个人不得据为己有。月球的探测、开发与利用是没有政治边界的，谁先到达，谁先占有；谁先开发，谁先利用。

二、国外对月球的探测的进展

1. 美国的探月进展

1972 年 12 月，美国的"阿波罗 17 号"飞船对月球进行了最后一次考察，此后登月竞赛的狂热便骤然降温，月球探测陷入长达二十余年的低迷状态。直到1994年，美国宇航局（NASA）发射了“克莱门汀号”环月探测器，除了测绘月球地貌，还对月面元素的分布与含量进行探测，并发现在月球南极可能存在水。1998年1月，美国又发射了“月球勘探者”，它同样发现在月球两极的盆地底部可能蕴涵固态水。由于水的存在意味着人类在月球上生存的基本条件已经具备，伴随这一发现而来的是美国重返月球计划。

2004年1月，美国总统布什发表讲话，提议最早2015年，最晚不超过2020年让美国宇航员重返月球，并开始在月球建立科研基地，为下一步将人送上火星甚至更远星球做准备。

美国重返月球的先遣部队将是智能机器，2008年10月，美国宇航局同一枚运载火箭同时发射两颗月球探测卫星——“月球勘察轨道飞行器”和“月球弧坑观测与测向卫星”。它们将前往月球的两极寻找适合建造月球基地的位置。同时，美国宇航局计划，如果所有的前期准备工作就绪，在2020年开始月球基地的建造工作。整个初级建造阶段持续4年，到2024年将建成一个具有基本功能的基地，让科学家轮换驻扎在月球。每次的时间可长达6个月。到2027年，宇航员就能乘坐带有氧气舱的月球车离开基地，前往月球表面更远的地方探险。

2. 俄罗斯的探月进展

1959年9月14日，前苏联的无人登月器“月球2号”成为第一个到达月球的人造物体。此后20年间，前苏联先后开展了29次探月活动，并取得了辉煌的成就。进入21世纪后，石油天然气等资源给俄罗斯带来了丰富的回报，俄罗斯再燃大国梦想，在这样的背景下，俄罗斯重新开启探月旅程，宣布在2025年前将宇航员送上月球。至此，昔日曾翱翔太空的双头鹰再次将目光投向月球。

2007年2月，俄罗斯月球及其他星体探测的先驱、俄罗斯拉沃奇金科学生产联合公司总经理兼总设计师戈奥尔吉·波利修克表示，俄罗斯计划尽可能合理配置自己的一切技术资源，以在2009～2010年开始实施自己的探月计划。同年8月，俄罗斯航天署署长阿纳托利·佩尔米诺夫在新闻发布会上指出，目前俄罗斯的航天计划已经制定到2040年，大体分为三个阶段。第一阶段（短期目标——现在到2015年）：完成对国际空间站俄罗斯舱段的组装任务，使其具备此前国际协议中指定的技术结构，成为完全符合要求的太空科研综合体。第二阶段(中期阶段——2016 年至 2025 年):2015 年之前国际太空站将完全胜任太空轨道上的工作;2025 年之前将宇航员送上月球。第三阶段(远期计划——2026 年至 2040 年):2027 年至 2032 年期间将在月球上建立常驻考察基地,2035 年后开始实施火星计划。

3. 欧盟的探月进展

2006 年 9 月,欧洲首个月球探测器"智能 1 号"成功撞击月球后,欧洲航天局官员表示:"全世界即将掀起新一轮的探月热潮,这一次,欧洲航天局要走在前面。"

欧航局探月计划首席科学家弗英曾在英国科学协会节上表示,欧洲希望在月球上建立一个"诺亚方舟",将地球物种的基因存储起来,当地球遭遇核战争危机或小行星撞击时,人类的生命可以得到延续。欧洲探月行动与其航空事业的定位息息相关,他们向来注重航天技术发展的民用功能。在 2007 年 5 月出台的欧洲新太空政策中,"欧洲价值观在太空探索中的体现"与"太空探索着重全球环境与安全监测"成为新政策的亮点。

欧航局将在 2020 年前分 4 个阶段进行月球探测,计划在 2012 年将宇航员送上月球,2025 年左右完成永久性月球基地建设。

4. 日本的探月进展

日本的探月计划从 20 世纪 80 年代中期就已经启动。日本的第一个月球探测器是 1990 年 1 月发射的缪斯 A 科学卫星。这颗卫星进入太空后更名为"飞天"号,是日本第一次发射接近月球的科学卫星,也使日本成为继美苏之后,世界上第 3 个探测月球的国家。缪斯 A 卫星在发射成功后向月球轨道放出了一个小型探测卫星,但是这枚小型探测卫星很快就出现了故障而失灵。缪斯 A 卫星本身在绕地球飞行一段时间后,最终在 1993 年 4 月坠毁在月球上,这一探月计划宣告失败。日本在 1991 年度又启动了月球 A 计划,其主要目标是在 1995 年度发射月球探测器"月球-A"。由于在研究过程中缺乏统筹安排,同时又太过急于求成,虽然探测器在 1996 年就已开发成功,但着陆器的技术难关一直难以攻破。经过 6 次延期,着陆器的研发难题目前已被解决,然而在仓库中沉睡 10 多年的探测器已严重老化而无法发射。日本宇航开发机构被迫于 2008 年 1 月取消了已持续 10 余年的"月球-A"探月计划。

"月亮女神"卷土重来,1999 年,在美国"阿波罗"登月计划启发下,日本宇航开发机构综合了当时最新的开发技术，开始了研制新型月球探测器的尝试，这也就是后来的“月亮女神”探月计划。北京时间2007年9月14日上午9点31分日本“月亮女神”绕月探测卫星升空，这是日本为未来登陆月球迈出的第一步，也是继美国“阿波罗”计划之后最大的月球探测项目。

5. 印度的探月进展

在中国、日本的探月计划有条不紊展开的同时，印度也不甘示弱。按照印度政府的计划，探月器“月球首航1号”(Chandrayan－1)2008年4月发射升空。“月球首航1号”探月器的主要任务是制作高清晰的月球地图，并对月球两极是否存在水进行初步探索。此外，该探月器还将搜集月球表面矿物质和化学物质的有关数据。

参与印度探月计划的科学家纳伦德拉·巴罕达里说：“对印度太空研究机构来说，月球只是一块垫脚石，我们的下一站是进行行星研究。”印度已经计划在2015年前发射载人航天飞船，还希望能在2020年前实现登月。这两项计划预计将投入15亿美元。印度太空研究机构负责人奈尔博士表示：“这两项计划将完全由印度自主完成，印度将倾全国之力，调集国内最好的实验室和研发机构参与这些计划。”

三、我国的探月工程

1. 我国探月工程回顾

1994年，中国曾组织相关专家对开展月球探测的必要性和可行性进行过初步分析与论证，认为中国已有能力开展月球探测，但由于各种原因，探月计划未能启动。当时中国已启动了载人航天工程，要在长征2E火箭的基础上发展载人航天用的长征2F火箭，但该火箭首次发射什么载荷引起了大家的讨论。有人提出用有限的资金发射一颗月球探测卫星，并提出一个简易的月球探测方案。但最后这个方案未能实现，主要原因是当时对探月尚未提出一个完整的发展规划，缺乏长期和有深度的科学探测目标，同时当时国家的经济环境刚刚好转，航天基础还不像今天这样扎实，只能做到简单的环月飞行，对国家科技发展贡献有限。

从1998年开始，在著名天体化学家、中国科学院院士欧阳自远先生的倡议下，相关研究单位和部门组织许多相关专家与研究人员对开展中国月球探测的可行性和必要性以及科学目标进行了系统的分析与研究，先后向相关主管部门提交了《中国月球探测发展战略研究》和《月球资源探测卫星科学目标》等论证报告。2000年8月，在国防科工委的组织下，由王大珩等9位院士和总装备部、航天科技集团、科技部、中科院和高等院校的5位专家组成评审组，对中国科学院提出的《月球资源探测卫星的科学目标与有效载荷》进行了论证评审。2001年成立了由中国科学院相关单位组成的专家研究小组，在此基础上开始了一些关键技术（如有效载荷）的攻关和地面应用系统等的研究工作。2001年10月，中国月球探测计划项目立项。2002年3月向国家提交《月球资源探测卫星工程可行性》的立项报告。2004年1月，中国月球探测一期工程正式启动，国防科工委任命了中国月球探测工程总指挥、总工程师和首席科学家，各项工作进入工程实施阶段。

现有的航天测控网和中国科学院天文测控网将联合为探月卫星的发射和运行提供测控服务。用来接收探月卫星发回数据的地面接收系统的基础工程建设也基本完成，整个天线架设工作进展顺利。

“嫦娥一号”于2007年10月24日在我国的西昌卫星发射基地发射升空，经一年多的运行，获取了月球表面的三维立体图像（图6.5），分析了月球表面有用元素的含量和物质类型及其分布特点，探测了月壤厚度和地球至月球的空间环境。“嫦娥二号”于2010年10月1日在西昌卫星发射基地成功发射，其主要使命是检测月球轨道的直接发射技术、捕获技术、轨道机动和飞行技术、高分辨率成像技术、试验X频段的测控技术、月地高速数据传输及降落相机技术、月球成分和月壤特征，探测月地和近月空间环境，其三维影像的分辨率由“嫦娥一号”的120米提高到10米。为我国的后期月球资源与环境遥感探测和综合利用打下了坚实的基础。

2. 我国月球探测工程的发展规划设想

我国开展月球探测工程应紧密结合我国国情和月球探测工程的特点，应服从和服务于科教兴国战略和可持续发展战略，以满足政治、经济、社会和科学技术发展的综合需求为目的，把推进科学技术进步放在首位，力求在社会的全面发展中发挥更大的作用，要坚决贯彻“有所为，有所不为”的方针，有限目标，突出重点，集中力量，在关键领域取得突破。我国月球探测工程起步较晚，尤其要借鉴国外月球探测工程的经验和教训，优选探测目标，有一定的先进性和创新性，形成自己的特色，力求高起点进入国际主潮流，做出应有贡献。充分利用我国在开展人造卫星工程、载人航天工程和空间科学研究等方面创造的条件和取得的成果,加强系统设计创新和关键技术攻关,在求实创新的基础上,实施“又快、又好、又省”的发展策略,探索更加经济、更加高效的月球探测工程发展道路。采取短期目标与长远目标相结合、单一任务与综合性计划相结合、循序渐进与分阶段发展相结合、各阶段互相有机衔接的发展策略,以实现持续、协调的发展。

综合分析国际上月球探测已取得的成果以及世界各国“重返月球”的战略目标和实施计划,考虑到我国科学技术水平、综合国力和国家整体发展战略,近期我国的月球探测应以不载人月球探测为宗旨,可分为三个发展阶段:第一阶段:环月探测。研制和发射我国第一个月球探测器——“嫦娥一号”月球探测卫星,对月球进行全球性、整体性和综合性探测。第二阶段:月面软着陆器探测与月球车月面巡视勘察。发射月球软着陆器,试验月球软着陆和月球车技术,就地勘察着陆区区域的地形地貌、地质构造、岩石成分与分布,就位探测月壤层和月壳的厚度与结构,记录小天体撞击和月震,开展月基极紫外、低频射电和光学天文观测。第三阶段:月面自动采样返回。发射小型采样返回舱,进行就地勘察着陆区区域的地形地貌、地质构造、岩石类型与分布,就位探测月壤层和月壳的厚度与结构,记录小天体撞击和月震,探测月球内部结构;采集关键性月球样品返回地球,进行系统深入研究。

我国在基本完成不载人月球探测任务后,根据当时国际上月球探测发展情况和我国的国情国力,可进一步研究拟定我国载人月球探测的战略目标和发展规划,择机实施载人登月探测以及与有关国家合作共建月球基地。

中国探月卫星工程还有五大工程目标:一是研制和发射中国第一颗探月卫星;二是初步掌握绕月探测基本技术;三是首次开展月球科学探测;四是初步构建月球探测航天工程系统;五是为月球探测后续工程积累经验。为此要突破月球探测卫星的关键技术;初步建立中国的深空探测工程大系统;验证有效载荷和数据解译等各项关键技术;初步建立中国深空探测技术研制体系;培养相应的人才队伍。

3. “嫦娥一号”月球探测卫星的科学目标

我国的第一个月球探测卫星应在确保成功的基础上,优选探测目标,确保重点,探测内容既要与国际接轨,又要具有特色,不完全重复其他国家已做过的工作,为月球研究提供所需要的新资料,奠定我国在国际月球探测和深空探测中的地位。

"嫦娥一号"月球探测卫星的主要目标是：

第一，获取月球表面高精度三维立体影像。获取月球表面三维影像，精细划分月球表面的基本构造和地貌单元；进行月球表面撞击坑形态、大小、分布、密度等的研究，为类地行星表面年龄的划分和早期演化历史研究提供基础数据；划分月球表面断裂和环形影像纲要图，勾画月球地质构造演化史。

第二，分析月球表面有用元素含量和物质类型的分布特点。月球表面物质是研究月球形成和演化历史最为直接的对象，因此，月球表面物质的元素丰度、岩石类型及其全球分布的探测和研究，是月球资源探测的主要途径和最重要的研究主题。"嫦娥一号"将勘查月球表面有开发利用价值的14种元素（钛、铁、钍、铀、钾、氧、硅、镁、铝、钙、钠、锰、铬、稀土元素，其中有9种元素是我国首次进行探测的）的含量与分布规律，获取这些元素的分布图。根据元素分布的特点和高光谱数据，找出各元素在月表的富集区，确定克里普岩、斜长岩和玄武岩的类型与分布特点；通过对月岩及其分布的研究，评估月球矿产资源（如铁、钛和稀土元素）的开发利用前景，为未来开发和利用月球的资源提供依据，为研究太阳系和地月系的起源方式与演化过程提供直接和有效的科学证据。

第三，探测月壤特征与厚度。利用微波辐射技术，探测月球表面月壤的特征和厚度，这也是国际上第一次进行全月球的月壤厚度测量。从而得到月壤年龄及其分布，估算月球表面可用于核聚变发电的氚的分布及资源量。

第四，探测地月空间环境。月球与地球的平均距离约为38万公里，处于地球磁场空间的远磁尾，在向阳面可穿出地磁场磁层顶，感受行星际空间环境（如原始太阳风、太阳宇宙线及行星际磁场）。探测太阳宇宙线高能带电粒子和太阳风等离子体，研究太阳风和月球以及磁尾和月球的相互作用，对深入认识这些空间物理现象对地球空间环境以及对月球空间环境的影响有深远的科学及工程意义。通过月球卫星轨道参数的高精度测量和科学分析，研究月球质量分布的不均一性（欧阳自远，2006）。

我国已经建立起了完整配套的航天工程体系，这些基础设施和研制条件为我国开展月球探测工程奠定了必要的物质基础。经过多年可行性论证，我国月球探测的总体战略和科学目标已经明确。东方红－3号（DFH－

3)可以作为月球探测卫星平台，各分系统也基本采用其他卫星的成熟技术。长征－3 甲(CZ－3A)运载火箭可以满足发射月球探测卫星的要求。我国现有的 S 频段航天测控网，在甚长基线干涉(VLBI)天文测量网的配合下，可以完成首期月球探测的测控任务。通过建设直径为 50 m(北京密云)和 40 m(云南昆明)的天线，我国完全可以具备月球探测数据的接收、处理和研究能力。

4. 前景展望

“嫦娥一号”工程的核心是实现从地球走向月球，充分利用中国现有的成熟航天技术，研制和发射月球探测卫星，突破地月飞行、远距离测控通信、绕月飞行、月球遥感与分析等技术，并建立中国月球探测航天工程的初步系统。

此后在 2010 年前向月球发射无人探测装置，实现月面软着陆探测；在 2020 年前完成采集月壤样品的工作，实现月面巡视勘察采样返回。第二和第三阶段工作已纳入国家中长期科技发展规划，正在进行论证。根据预想，未来第二期计划将用月球车对月面进行巡视勘察，并拟建立一个月基天文站，借助月球几乎没有大气的便利条件，对太空和地球进行观测。二期计划中采用的月球车，将采用全国招标的方式来选择。如果月球车计划能成功，那么这套方案稍作修改，就可以用到未来的火星探测中去。

月球探测是众多高技术的高度综合，将带动和促进航天技术和中国基础科学等其他高技术的发展，如大推力运载火箭、深空探测、深空测控、光电子、机器人、人工智能、遥测科学、新能源和新材料技术等。这些高技术的进步将会在国民经济和国防建设等方面得到推广和运用，产生显著的社会和经济效益，并推进中国航天领域的国际合作。

绕月探测工程总设计师、中国航天科技集团公司高级技术顾问、中国科学院院士孙家栋认为，中国月球探测的主要目的是从科学的角度去了解月球这个离我们最近的天体，发展航天工程技术。随着月球探测各期工程的分步实施，逐步突破绕月探测关键技术、月球软着陆与自动巡视勘测技术和月球自动采样与地—月往返技术，研制和发射月球探测卫星、月球软着陆器与月球车和月球采样返回器，建立并逐步健全月球探测航天工程系统，为未来的深空探测活动奠定技术基础。随着工程的进展，中国的航天技术将得到整体提升，实现跨越式发展。

总之，我国规划开展的月球探测工程，科学目标明确、先进，有创新性，投资有限，是一项影响深远的国家战略工程。我国已经具备了开展月球探测一期工程——“嫦娥一号”月球探测卫星的能力和条件，在2007年下半年完成首次月球探测。“嫦娥一号”必须确保成功，任务还非常艰巨；我们将竭尽全力，发扬两弹一星和载人航天精神，攻克一系列技术难关，实现中华民族的历史夙愿。

2007年10月24日18时5分，我国在西昌卫星发射中心用长征三号甲运载火箭将“嫦娥一号”卫星成功送入太空。“嫦娥一号”是我国自主研制的第一颗月球探测卫星，它的发射成功，标志着我国实施绕月探测工程迈出了重要一步。“嫦娥一号”的发射成功，将开创我国航天史上的多项第一（据新华社2007年10月24日讯）。

第一次探测月球。嫦娥一号卫星是我国首次开展对地球以外天体进行探测的飞行器，主要任务是携带有效载荷进入环月轨道对月球进行科学探测。

第一次突破地球近地轨道。月球距离地球的平均距离为38万公里（图6.4），从地球到达月球轨道至少需要10次较大的轨道控制，而神舟六号飞船仅需要3次左右的轨道控制。

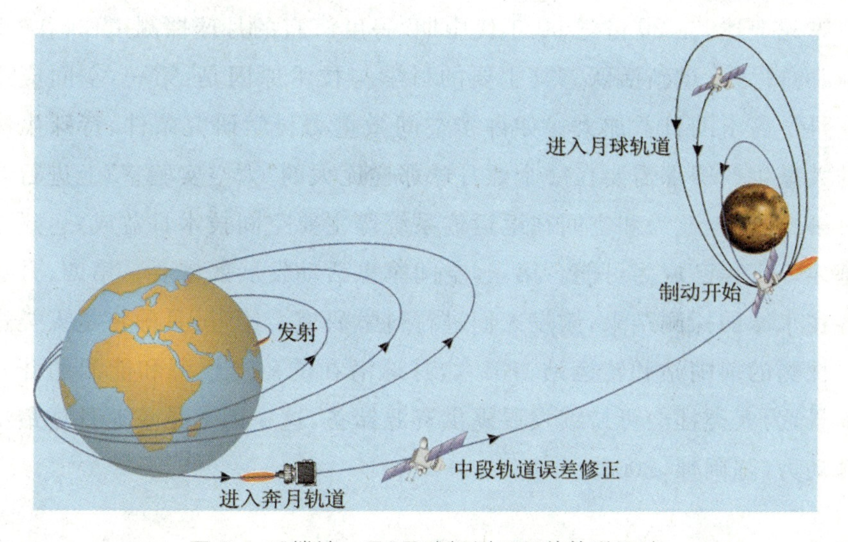

图6.4　“嫦娥一号”月球探测卫星的轨道设计

第一次为月球“画像”，真正用立体相机来获得月球三维影像。我国这次绕月探测工程的4个科学目标中，第一个科学目标即为获取月球的三维影像,而至今国际上还没有覆盖月球全球的三维照片。

第一次探测月球表面元素。这次绕月探测工程的一项重要科学目标,是分析月球表面有用元素及物质类型的含量和分布,对月球表面有开发利用和研究价值的元素含量与分布进行探测。我国将在美国探测的5种元素的基础上,再增加9种,共探测14种元素的分布。

第一次利用微波辐射计探测月壤厚度及其分布。虽然以前对月探测也曾做过月壤厚度的测量,包括实地的测量,但真正对全月球月壤厚度的测量,目前还没有实现。

第一次在航天器的测控中引入天文测量手段。我国目前的测控站只能支持近地航天器的测控,还没有专门的深空测控站,因此在绕月探测工程中引入了天文手段以补充现有航天测控网不足的方案。用于观测恒星的大型射电望远镜,将在嫦娥一号卫星测控任务中发挥重要作用。

第一次利用国际联网对航天器进行测控。欧洲空间局的库鲁站、新诺舍站、马斯帕拉马斯3个测控站以及智利的CEE测控站,将采用国际通用的传输协议对嫦娥一号卫星提供测控支持。

图6.5是中华网2007年11月26日公布的由“嫦娥一号”发回的第一张月球表面三维立体图。

纵观上述,在20世纪90年代中期,一度沉寂的月球探测工作,在“重返月球”的口号下重新活跃。其主要的科学与技术原因是:第一,空间应用与空间科学需求的日益加大。如许多空间微重力科学研究条件、特殊生物制品的大量生产等都需要在一个像月球那样庞大的“太空实验室”上进行与完成。第二,载人航天和空间往返运输系统等主要空间技术日益成熟,建立月球基地等工程已成为可能。第三,空间军事活动发展的需要。第四,月球可能存在水冰的探测结果,激发人们进行科学研究。第五,月球将是人类进行深空探测的前哨站和转运站。第六,月球潜在的矿产资源和能源的开发利用前景,为人类社会可持续发展提供资源储备,这一因素是重返月球最主要的源动力(陈闽慷,2006)。

四、未来月球探测的走向

国际合作是未来月球探测的必然趋势和特色,这是因为月球探测是一

图 6.5 “嫦娥一号”发回的第一张月球表面三维立体图

由“嫦娥一号”2007 年 11 月 20 日传回的资料处理。图幅宽约 280 km，长约 460 km。位置：月球 83°E～57°E，70°S～5°S（新华社 2007 年 11 月 26 日电）

项先进科学技术的综合与创新，是一项长周期、大投资的重大工程，任何一个国家都难以独自完成，国际合作是发展的需要。

未来的月球探测将侧重于：第一，月球能源资源的全球分布与利用方案研究；第二，月球矿产资源的全球分布和利用方案研究；第三，月球特殊空间环境资源（超高真空、无大气活动、无磁场、地质构造稳定、弱重力、无污染）的开发利用；第四，建立月球基地的优选位置和建设方案与实施研究。

纵观世界各国21世纪月球探测计划，与初期的月球探测相比较，重返月球、建立月球基地的目标更明确，规模更宏大，参与国家更多。月球不属于任何国家，但谁先利用，谁先获益。

第三节　行星探测

一、火星探测概述

火星（Mars，图6.6）是目前除地球之外人类研究程度最高的行星。火星是太阳系八大行星之一，按离太阳由近及远的顺序排列为第四。火星是地球上人类可以探索的最近行星，肉眼看上去是一颗引人注目的火红色的亮星。

1960～1975年间，人类掀起了火星探测的第一个高潮。1962年11月，前苏联发射的“火星一号”探测器在飞离地球一亿公里时与地面失去联系，从此下落不明，它被看做是火星探测的开端。1964年11月28日美国的“水手-4”成功地实现了人类历史上第一次火星飞越，而前苏联于1971年5月28日发射的“火星-3”号实现了第一次火星软着陆，不过由于遇上了尘暴，在着陆后仅仅20 s，着陆器上的仪器就停止了工作。四十多年来，前苏联、美国、日本、俄罗斯和欧洲共发起30多次火星探测计划，其中三分之二以失败告终，但人类探测火星的信念没有动摇。

人类为什么如此钟情于火星？答案与人类自身有关。火星探测的主要目的是探索天体的演化过程，寻找生命存在的证据，进而揭示生命的起源。

科学家认为，火星上可能存有生命和液态水，寻找生命和水就成为世界科学家一个巨大的梦想。如果火星上有生命和水，它可能就是适合人类居住的另一颗行星，人类也就有可能向火星移民，开辟新的生存空间。

因此，可以将火星探测的科学目标与意义概括如下：第一，揭示太阳系各行星演化的共性和特性，为太阳系的起源与演化提供科学依据；第二，探寻火星是否存在或曾经存在过生命以及现今水体的现状，为生命起源提供科学依据；第三，探测火星可能有开发前景的有用资源；第四，带动高新科学技术的发展；第五，探讨火星的长期改造与今后大量移民的前景。

图 6.6　火星图

二、国内外火星探测进展

进入新世纪，火星探测再掀新高潮：美国在 2001 年 4 月，成功发射了“奥德赛”火星探测器。它所携带的复杂仪器能把有关火星上水的现状及其深度、火星表面的地质构造和所受辐射的特征数据传回地球。2002 年 3 月美国宇航局宣布，“奥德赛”火星探测器传回的火星南极图像和数据表明，火星上有大量的水冰，从而再次激发人类对火星探索的热情。2003 年 6 月 2 日，欧洲航天局用俄罗斯火箭发射了其第一个火星探测器——“火星快车”。该探测器由 1 个方形轨道器和“猎兔犬 2”号着陆器组成，结果“火星快车”轨道器顺利进入火星轨道，并发回大量有用数据，但“猎兔犬 2”号着陆器在即将着陆时失踪。几乎与此同时，美国在 2003 年 6 月和 7 月先后发射了“勇气”号和“机遇”号“孪生”火星车(图 6.7)。它们顺利着陆后在火星表面进行了大范围的探测，并通过所携带的高精尖仪器向地球传回了许多火星表面图片和有关火星岩石、土壤和大气等其他有用数据，其中最重要的是找到了一些火星上有水的证据。2005 年 8 月，美国“火星勘测轨道飞行器”升空。它于 2006 年 3 月进入火星轨道后不久就发回了首批火星照片。2007 年 8 月 4 日 17 时 26 分，美国“凤凰”号火星探测器发射升空，于 2008 年 5 月在火星北极软着陆，主要任务是寻找火星上可能存在的水。2009 年或 2011 年，美国还发射“火星科学试验室”火星车，这是地表探测技术的一次飞跃性的进步，同时也将为未来的火星采样任务铺平道路。俄罗斯于 2009 年发射了火星探测飞船，对火星表面的物质构成进行分析并采集相关的火星岩石标本。欧洲航天局的 ExoMars 火星探测计划将在 2011 年实施，英国的科学家们认为这次对火星的探测将会是科学史上的一个主要的里程碑。

图 6.7 美国在 2003 年 6 月和 7 月先后发射的“勇气”号和“机遇”号“孪生”火星车顺利着陆后在火星表面拍摄的火星表面照片

我国的火星探测始于20世纪90年代初期，对火星探测的必要性和可行性进行研究，主要调查国内外火星探测的发展，总结了国外火星探测已取得的科学成果，提出了中国初期火星探测的科学目标和粗略的探测器方案设想。中国火星探测的整体规划初步可分为四个阶段：第一阶段主要是为中国探测火星做必要的准备工作，进行国际合作，开展火星环境研究，提出先进的探测目标和项目，根据探测目标的要求，提出具体的技术方案，研究关键技术问题；第二阶段主要是发射环绕火星的卫星，探测火星的环境（包括火星磁层、电离层和大气），遥测火星表面的物理化学特性，为软着陆做准备；第三阶段主要是发射火星软着陆登陆器，试验着陆技术，发展火星漫游车、火星机器人，探测火星地理环境和气象条件，为在火星上建立观测站做准备；第四阶段主要是在火星上建立观测站，探测火星内部结构、火星的矿物特性和气象，用机械手采集火星岩石样品，发展地球—火星往返式飞船，建立由机器人负责的火星基地，为以后载人火星飞行和有人观测基地的建立奠定基础（庾晋，2004）。

2007年3月，在中俄两国元首见证下，中国国家航天局局长孙来燕与俄罗斯联邦航天局局长别尔米诺夫在莫斯科共同签署《中国国家航天局和俄罗斯联邦航天局关于联合探测火星—火卫一合作的协议》，确定双方于2009年联合对火星及其卫星“火卫一”进行探测。根据协议，俄方的“火卫一土壤样品返回”空间飞行器（简称“福布斯探测器”）与中方小卫星由俄运载火箭同时发射，中方小卫星将由福布斯探测器送入绕火星的椭圆轨道。其后，中方小卫星将自主完成对火星空间环境的探测任务，并与福布斯探测器联合完成对火星环境的掩星探测；福布斯探测器将着陆在火卫一表面对火卫一进行探测，提取火卫一样品并返回地球；由香港理工大学研制的火卫一行星表土准备系统将装载在福布斯探测器上，用于其火卫一表面物质现场热力分析。该合作协议的签署是中俄两国航天合作历史上的重要里程碑，标志着中俄两国航天局在开展大型项目合作走出了重要一步，将对推动中俄战略协作伙伴关系起到积极作用。

三、火星探测展望——人类登上火星，把火星建成第二个地球

美国计划于2030年登陆火星，而俄罗斯更准备抢先一步，计划于2014

年实现这一目标。

俄航空航天局已拟订了火星登陆计划，将与美国、欧洲、日本和加拿大航天部门合作，于 2014 年到 2015 年间向火星发射载人飞船和货运飞船，对火星进行实地考察。根据科学家的设想，如果能充分利用现有的技术，得到足够的投资，那么人类将可在 2015 年前后实现登陆火星的梦想，并随后在火星上建立基地，逐步把火星环境改造成适合人类居住的第二个“地球”，进而实现大规模的火星移民。我们坚信，这一天将变得越来越近。

四、其他行星探测

到目前为止，人类除了对月球和火星有比较深入的研究外，对于其他的星球也有研究，比如金星、水星、木星、土星和小行星等。

在 1989 年以前，人类已经发射了 38 颗金星探测器，其中美国 7 颗，前苏联 31 颗。22 颗探测器成功地对金星进行了探测，其中 3 颗飞越金星，6 颗探测金星，4 颗金星轨道器，9 颗金星着陆探测器。对金星进行探测的飞行器主要有如下系列：前苏联的“金星”系列；美国的“水手”系列；美国的“先驱者”金星系列；美国的“麦哲伦”探测器；美国的“伽利略”探测器等。其中美国的“水手”号、前苏联的“金星”号的探测已经获得了金星表面和大气层特征，地质构造和内部结构的大量资料。在之后十几年中，世界各国都没有发射任何金星探测器，直到 2005 年 11 月，欧洲发射金星探测器——“金星快车”，它的工作将是全面具体地研究金星地貌、大气以及环境，看看它到底与地球有哪些共同点与不同点，它们之间的巨大差别又是怎么形成的。

美国的“水手”号曾经于 1974 年和 1975 年两次飞越水星，后期由于推进系统和热控系统的限制，探测活动比较少。2004 年 8 月 3 日，美国发射“信使”号水星探测器，2011 年 3 月进入环水星轨道。2009 年日本将发射水星探道器。今后对水星探测将是零散的，由于实际探测的科学和社会需求不是非常明确，而且探测的代价较大，所以探测任务十分少。

美国的“先驱”10 号、11 号探测器于 1974 年和 1975 年两次飞越了木星，发回了 300 张木星和其卫星的照片(图 6.8)，美国的“旅行者”1 号和 2 号探测器于 1979 年飞越了木星。用于深入研究木星的“伽利略”探测器于 1989 年发射，主要对木星及其化学成分和物理状态进行了研究。美国的

“先驱者”10号探测器于1979年9月飞越了土星，探测了两个土星新环。美国的“旅行者”1号于1980年11月接近土星，发回了土星的照片，“旅行者”2号于1981年8月飞近土星观测了土星和土星环。1997年，美国发射了“卡西尼-惠更斯”号探测器，它是美国国家航空航天局、欧洲航天局和意大利航天局的一个合作项目，主要任务是对土星系进行空间探测。“卡西尼-惠更斯”号土星探测器是人类迄今为止发射的规模最大、复杂程度最高的行星探测器（王一然，2002）。

图6.8 木星图

美国、前苏联、欧洲和日本先后进行或联合进行了有关小行星及彗星的探测。美国和欧空局1978年发射的国际日地探险者-3分别于1985年和1986年探测了“贾可比尼”彗星和“哈雷”彗星。前苏联于1984年发射的“金星-哈雷彗星”探测器分别对金星和“哈雷”彗星进行了探测。欧空局1985年发射的“乔托”探测器分别对“哈雷”彗星和“格里格-斯克杰利厄普”彗星进行了探测。日本1985年发射了“先驱”和“彗星”两个探测器均对“哈雷”彗星进行了探测。美国1996年发射的“尼尔”对Eros小行星进行了探测。

近年来，美国相继发射了多个小星体探测器。1998年发射的“深空-1”

探测器用于进行小行星和彗星的探测，1999 年发射的“星尘”探测器将对 Coma 彗星进行取样返回探测，2002 年发射的“彗星旅行”探测器用于探测 Nuclei 彗星(已失败)。2007 年 9 月 27 日，美国“黎明”号小行星探测器已顺利发射升空，它将远赴火星和木星之间的小行星带，首先探测灶神星，此后再赶往谷神星继续观测，帮助专家寻找太阳系诞生的线索。

五、深空探测发展趋势

过去四十多年在深空探测方面已做出了比较大的成绩，但还只是初步的。未来美、俄、欧、日都将对深空进行深入探测。21 世纪初探测重点是月球与火星。除了发射环绕飞行器对星球表面进行观测外，还将有着陆器，行走机器人以及可能建造月球和火星载人活动基地。行星探测除了有重大的科学意义外，还有重要资源开发应用前景。美、欧的哈勃号望远镜未来计划，有希望解开银河系奥秘，将使天文观察进入一个新纪元。

未来国际航天关系可概括为六个字:合作、竞争、对抗。合作是有限的，在某几个方面如深空探测，地球环境监视，建造国际空间站等有共同利益的项目，可能促成合作。但空间领域不会有全面的合作。对运载火箭的发射服务，多种应用卫星具有商业利益的项目，将存在相当激烈的竞争，竞争也不可能有公平的商业竞争，必然出现政治干预。而由于空间军事需求的存在，超级大国控制空间的欲望，使得国与国之间潜伏着对抗。

我国政府高度重视空间技术的发展，早在 1958 年，毛泽东主席就号召“我们也要搞人造卫星”。自 1970 年我国第一颗人造卫星发射成功以来，共成功发射自行研制的各种人造卫星 40 多颗，并成功发射了自行研制的“神舟”系列宇宙飞船(图 6.9)，为国家建设做出了重大贡献。在发展方针上，中国一贯主张发展空间技术的宗旨是应当用于和平目的。中国提倡在开发和利用外层空间方面开展国际合作，

图 6.9 我国“神舟”号宇宙飞船宇航员走出太空舱

国与国之间平等互利，共同为全人类的利益做出贡献(闵桂荣，2000)。

但人类在地球上的生存将面临两大难题：首先是地球空间拥挤，生态环境破坏；另外是地球毁灭。人类要解决两大难题，必须用遥感技术(图6.10)，在外空间(图6.11)找到适合人类生存的新空间，创造出人类梦寐以求的“诺亚方舟”。

图 6.10 用遥感技术探测适合人类生存的新空间

图 6.11 人类希望在神秘的外星系找到适合人类生存的新空间

结　语

此结语仅就本书讨论的问题做一简单的回顾,然后,提出了一些新的问题,让我们一起去思考和探索,以期达到更高的境界。

一、资源环境遥感探测的理论

资源环境遥感探测的理论是由地质学、矿床学、地球化学、地球物理、生物学、植物学、矿物学、植物生理学、植物生态学、环境科学、遥感、计算机科学、信息科学等学科的基本理论组成,具有大学科的特色。因此,资源环境遥感探测的理论是集地球科学、生物学、遥感技术、计算机科学、信息科学之大成于一身,其理论核心是元素地球化学迁移、富集与循环、地球化学效应的特征、波谱特征及遥感信息特征,及这些特征的生成机制、相互关系和影响因素等定量模型。

二、资源环境遥感探测的技术方法

资源环境遥感探测的技术方法,主要是指资源环境遥感特征信息的获取、分析提取、分发存储等技术方法,具有大规模技术的特点。资源环境遥感信息具有空间、时间和物性等多维属性,覆盖面广,动态性和连续性强,自动化、定量化程度高。因此,在信息获取方面是以高、中、低遥感平台加多波段高空间和高波谱分辨率的探测器与少量地面调查相结合,而以遥感的技术方法为主;在信息分析提取方面是计算机、信息系统、人工智能系统及外围设施配合的高速、自动化、定量化的分析处理与人工分析和目视解译相结合，而以前者为主；在信息的分发存储中，信息分发是以全球性的网络技术为主（如WebGIS，物联网等），信息存储主要依赖于功能齐全自动化的数据库系统。

三、资源环境遥感探测的应用

资源环境遥感，越来越多地用于地质、地理、资源、环境、海洋等区域调查和填图，广泛用于资源环境的实时动态监测。

四、资源环境遥感探测与辩证法

自然界充满了辩证法，无不例外，资源环境遥感探测也充满了辩证法。

1. 学科发展中的分与合

自然科学中的学科发展，一直遵循合—分—合的辩证规律，如最初的朴素物理学，分为后来的数、理、化，今天又根据需要而走向联合，如物理化学、生物化学、矿物物理学等，每进一步，水平就提高一步，同时又填补了学科领域中的许多空白，资源环境遥感探测就是遥感、生物学、地学结合的产物，它们的结合并不单纯是数量的叠加，而是在原来分支学科的基础上产生了质的飞跃，并形成了自身的特色，研究了原各分学科未能涉及的问题，解决了原各分学科所不能解决的难题，如目前的全球变化问题，不是遥感、生物学、地学独自能解决的，只有联合起来才能解决，资源环境遥感探测正好就是这种联合的角色。现在的大科学、大规模技术都是这种合的产物，也是当前学科发展的必然趋势。

2. 微观与宏观的辩证关系

资源环境遥感探测研究，是从元素地球化学循环、地球化学效应、地物波谱和图像特征等微观入手，解决广大地区矿产资源调查、生态环境调查、农林病害监测、全球变化等宏观问题。从空间分布来看，元素的地球化学变化是一种微观变化，全球变化则是宏观变化，宏观变化是由无数的微观变化来实现的。

3. 长周期与短周期变化的辩证关系

资源环境遥感探测中的元素循环周期中，若以植物的生长—死亡这一生命周期为参照系，与植物生长的季节周期相比，生物元素在植物生长周期中的循环为长周期，而季节周期为短周期；若季节周期与日夜周期相比，则季节周期又成了长周期，而日夜周期则为短周期。即在研究中，这些周期律是相对的，但赋予定义的周期其含义又是绝对的，如天文周期，长、中、短周期等。

4. 动与静的辩证关系

资源环境遥感探测的研究对象主要是地表的岩石圈、水圈、生物圈和土壤，生物运动具有一刻不停、无休无止的特点，然而静从动中来，若取生命运动中的一瞬间，并固定其运动的边界条件，即可得到静的画面。如绿波效应中若取全球某一天的植被遥感图像，根本看不出其动态变化，只是一幅静的画面，而取一年四季中的遥感图像叠合分析，绿波效应中绿波推移的动态画面即刻呈现眼前。

5. 生长与衰亡的辩证关系

生长与衰亡是构成生命运动的一个整体，有生必有死，没有生也就无所谓死，这是生命运动的自然规律。在植物生长与衰亡的激烈抗争中，若受生物元素缺乏或过量等方面的毒害，则植物生长偏离正常生长，出现许多过早衰亡的毒害效应，这些植物的受毒害效应即构成资源环境遥感探测的理论依据。

6. 内因与外因的辩证关系

在植物对生物元素的吸收、运输、迁移、富集、排泄的生物地球化学循环中，植物本身的生理功能和元素性质为内因，而土壤、溶液的性质、温度、阳光、pH 值等则为外因。在元素的生物地球化学循环中，外因通过内因起作用，内因又受到外因的制约，因此内因与外因在生物地球化学过程中构成资源环境遥感探测的一个大体系，但内因起主导作用。

7. 量变与质变的辩证关系

量变仅为数量的变化，质变才是根本的变化，在一定量变的基础上，才有质的变化。在元素地球化学效应中，当元素积累到一定量时，植物还能正常生长，则叫量变；若再积累时，使植物的生理功能遭到破坏，生长受阻，如细胞破裂、色素组成和含量发生变化、水含量增加或减少、叶体褪色、出现色斑、局部坏死等，则生物地球化学效应起到质的变化。但对整株植物而言，这些质变叫局部质变，仍然未改变整个植物的性质。只有当元素积累更多时，整个植物变种，出现指示植物，或使植物枯萎死亡，则出现生物地球化学效应的整体质变，资源环境遥感探测的依据就是这些局部的或整体的质变。

8. 理论与实践的辩证关系

理论来自实践，是实践的最高表达形式，实践是检验理论的唯一标准。资源环境遥感探测也来源于实践，并不断在实践中得到磨炼。要想学好和掌握资源环境遥感探测，最好的办法还是实践，从实践中得到发展，在实践中不断总结提高。

五、资源环境遥感探测研究中存在的问题

（1）认识不清，思想准备不足。由于资源环境遥感探测处在起步阶段，人们对它备感陌生，更谈不上花精力去探讨研究，因而使资源环境遥感探测研究受到影响，一直是少数人在摸索，仍未形成规模。

（2）资源环境遥感探测自身还缺乏完整性、系统性，缺乏研究深度，还未形成一股洪流，主动向整个社会冲击。

（3）资源环境遥感探测的进步和发展除自身还不够完善外，还受到社会、经济、技术等条件的制约。社会的需求是资源环境遥感探测发展的首要制约因素，随着环境问题的提出、人们对植被地区的矿产资源和海洋资源的急切需求和全球变化研究的兴起，社会对资源环境遥感探测的需求将越来越急切。但经济与技术水平是个社会整体效应问题，目前世界经济很不景气，技术远跟不上资源环境遥感探测研究的需要，限制了资源环境遥感探测的发展，出现了需求与供给方面的矛盾。

六、资源环境遥感探测的未来

资源环境遥感探测在其发展征途上尽管困难重重，但前途依然光明，未来会更美好。

（1）到21世纪初，信息学和生命科学将成为自然科学的领头学科，信息学是资源环境遥感探测中的重要组成部分，信息学的发展，将带领和推动资源环境遥感探测的兴起和发展。

（2）未来科学发展必然走向大科学，资源环境遥感探测正是顺应了这

种科学发展潮流。

(3) 随着大规模技术的兴起，用于资源环境遥感探测信息获取的传感器将是多样化、综合化、全波段、低成本、全天候、高精度的，除高空间分辨率和高光谱分辨率的光电传感器外，还将出现生物传感器，不但能探测到地球化学效应中的元素、结构、水、温度等微弱变化信息，还能探测到荧光、放射性、生物电场等信息，甚至在人类解译植物语言后，可与植物直接对话。人们可以轻易解剖植物的基因图谱，使生物地球化学效应机理一目了然。未来的用于远距离探测高分辨率(10^{-12} μm)的激光光谱传感器，将能准确测出地物中的元素、离子及原子的含量，可对全球实施高精度、快速的地球化学填图。在信息分析提取、分发存储中，也同样在大规模技术的推动下得到更大更快的发展。

(4) 资源环境遥感探测的应用将向各个领域渗透，目前主要应用领域有环境、资源调查，农业估产等，将来要向地学、生物学、环境科学、海洋学、农业、林业、全球变化、外星空探测研究等各个领域发展。

(5) 资源环境遥感探测将成为全球变化研究中的重要组成部分和不可缺少的分析工具。

(6) 人人将关心资源环境遥感探测。资源环境遥感探测不是什么经院哲学，而是从人们的长期实践中总结出来的科学，是一门实用性强、为全社会服务的科学。资源环境遥感探测从地球的角度帮助人们了解自然、认识自然，使人们从必然王国进入自由王国；能帮助人们知道生物圈如何变化，生存环境有什么变化，哪里有人们需要的资源，有什么样的自然灾害出现，人们应如何去了解、掌握、改造以致适应这些全球性的变化。这些变化都与人类的生存环境息息相关，因而将来人人将关心资源环境遥感探测，并学会用这一武器为人类生存服务。

总之，这篇结语并不意味着本书的结束，而依然是新的开始；

结语并不是本书的结论，而是本书讨论的继续。

结语并不是什么宣言，而是作者畅说己见的另一篇章。

学海无涯，作者愿以更多的精力与广大同行深研细究。

道路崎岖，让我们在资源环境遥感探测这条崎岖的山路上勇于攀登，期望达到光辉的顶点。

参 考 文 献

布和敖斯尔,马建文,韩秀珍,等. 2002.中国陆地生态系统脆弱带遥感模型[J]. 遥感学报,6(3):212～222.

蔡祖煌,石慧馨. 1980. 地震流体地质学概论[M]. 北京：地震出版社.

陈楚群,潘志林,施平. 2003.海水光谱模拟及其在黄色物质遥感反演中的应用[J]. 热带海洋学报,22(5):33～39.

陈楚群,施平,毛庆文. 2001.南海海域叶绿素浓度分布特征的卫星遥感分析[J]. 热带海洋学报,20(2):66～70.

陈楚群,施平,毛庆文. 1996.应用 TM 数据估算沿海海水表层叶绿素浓度模型研究[J]. 环境遥感,11:168～175.

陈赶良,杨柏林.1996.黔桂地区微细浸染型金矿蚀变信息提取机理[J].环境遥感,2(2):88～93.

陈光火. 1990.澳大利亚遥感技术地质应用与开发部分近况[J]. 国外遥感地质通讯,(4):27～31.

陈怀亮,徐祥德,刘玉洁. 2005.土地利用与土地覆盖变化的遥感监测及环境影响研究综述[J]. 气象科技,33(4):289～294 .

陈健等. 1984.甘蔗遥感估产的光谱辐射计方法[J]. 环境遥感,1(1):59～64.

陈闽慷. 2006.从国际空间探测到我国发展策略[J]. 导弹与航天运载技术,(2):20～26.

陈圣波. 2002.松辽盆地西部斜坡带烃类微渗漏遥感信息提取[J]. 吉林大学学报(地球科学版),32(2):155～157.

陈述彭,鲁学军,周成虎. 1991.地理信息系统导论[M]. 北京:科学出版社.

陈述彭,曾杉. 1996.地球系统科学与地球信息科学[J]. 地理研究,15(2):1～10.

陈述彭,赵世亮. 1989.遥感地学分析[M]. 北京:测绘出版社.

陈述彭. 1992.环境危机——人类面临的共同问题[J]. 遥感信息,(3):2～3.

陈述彭. 1999.城市化与城市地理信息系统[M]. 北京:科学出版社.

陈述彭.1990.遥感大辞典[M]. 北京:科学出版社.

陈晓玲,吴忠宜,田礼乔,等. 2007.水体悬浮泥沙动态监测的遥感反演模型对比分析——以鄱阳湖为例[J]. 科技导报(北京),25(6):19~22.

陈宜瑜. 2003.全球变化与社会可持续发展[J]. 地球科学进展,18(1):1~2.

陈云浩,史培军,李晓兵,等. 2002a.城市空间热环境的遥感研究——热场结构及其演变的分形测量[J].测绘学报,31(4):322~326.

陈云浩,史培军,李晓兵. 2002b.基于遥感和 GIS 的上海城市空间热环境研究[J]. 测绘学报,31(2):139~144.

程立刚,王艳姣,王耀庭. 2005.遥感技术在大气环境监测中的应用综述[J]. 中国环境监测,21(5):17~18.

崔承禹,邓明德. 1993. 在不同压力下岩石光谱辐射特性研究[J]. 科学通报,38(6):528~541.

崔承禹,肖青. 1998. 岩石的热模型分析[J]. 遥感学报,2(1): 32~36.

邓明德,崔承禹等. 1994. 岩石的红外波段辐射特性研究[J]. 红外与毫米波学报,13(6):425~430.

戴昌达,唐伶俐,陈刚,等. 1995.卫星遥感监测城市扩展与环境变化的研究[J].环境遥感,10(1):1~8.

邓孺孺,田国良,王雪梅,等. 2003.大气污染定量遥感方法及其在长江三角洲的应用[J]. 红外与毫米波学报,22(3):181~185.

丁国安,徐晓斌,房秀梅. 1997.中国酸雨现状及发展趋势[J]. 科学通报,42(2):169~173.

董雯,张小雷,王斌,等. 2006.乌鲁木齐城市用地扩展及其空间分异特征[J]. 中国科学:D辑, 36(A02):148~156.

董裕国,李铁芳,等. 1989.大亚湾藻类(主要是马尾藻)TM 卫星遥感影像定性定量分布调查报告[R]//广东核电合营公司研究报告.

杜乐天. 2005. 地球排气作用的重大意义及研究进展[J]. 地质评论, 51(2):174~179.

杜乐天. 2006. 地球的 5 个气圈与中地壳天然气开发[J]. 天然气地球科学, 17:25~31.

樊秀莲. 徐瑞松. 徐沅. 2005. 清洁能源——高效纳米多晶薄膜光电池的研究及制作[C]//第十届海峡两岸环境保护大会论文集. 台中: 375~381.

冯筠,高峰. 2001.遥感技术在全球变化研究中的应用[J]. 遥感技术与应用,16(4):237~241 .

广东省环境保护局. 1993.广东省环境质量报告书(1993 年度)[R].

郭华东,等. 2002.感知天地:信息获取与处理技术[M]. 北京:科学出版社.

郭德方,叶和飞. 1995.油气资源遥感[M]. 浙江:浙江大学出版社.

郭广猛,曹云刚,等.2006. 使用 MODIS 和 MOPITT 卫星数据监测震前异常[J]. 地球科学进展,21(7):695～698.

郭祖军,齐小平,王富印. 1997. 塔里木盆地油气藏的烃类地表检测特征[J]. 石油勘探与开发. 24(3): 34～37.

G. R. Hunt. 1979. 粒状矿物的可见及近红外光谱特征标记图:遥感专辑[M]. 第一辑. 北京: 地质出版社.

何在成,吕惠萍,王云鹏. 1996. 三种植物受烃类微渗漏引起生态及光谱变化的模拟试验研究[J]. 矿物岩石地球化学通报,15(2):94～96.

侯卫国. 2002. 塔北地区化探遥感技术探测油气藏的研究[J]. 物探化探计算技术,24(1):6～11.

胡伟平,何建邦. 2003. GIS支持下珠江三角洲城镇建筑覆盖变化遥感监测分析[J]. 遥感学报,7(3):201～206.

胡著智,王慧麟,陈钦峦. 1999. 遥感技术与地学应用[M]. 南京:南京大学出版社.

黄景清,唐振方,凌育远,等. 1997. 中子活化分析在金矿区植物地化效应研究中的应用[J]. 青岛大学学报,(增刊):343～346.

黄景清,钟红海,吕慧萍,等. 1998. 金矿区植物地化效应的中子活化分析方法研究[J]. 分析测试学报,17(2):53～56.

景贵和. 1991. 我国东北地区某些荒芜土地的景观生态建设[J]. 地理学报,46(1):8～15.

孔令韶. 1988. 金的植物地球化学及勘查金矿的方法[J]. 地质与勘探, 24(7): 48～51.

雷利卿,岳燕珠,孙九林,等. 2002. 遥感技术在矿区环境污染监测中的应用研究[J]. 环境保护,2:33 ～36.

黎夏. 1997. 利用遥感与GIS对农田损失监测及定量评价方法[J]. 地理学报,52(3):279～287.

李秀彬. 1996. 全球环境变化研究的核心领域:土地利用/土地覆盖变化的国际研究动向[J]. 地理学报,51(6):553～557.

李旭文,1993. 苏南大运河沿线城市热岛现象的卫星遥感分析[J]. 国土资源遥感,(4):28～33.

李旭文,季耿善,杨静. 1993. 苏州运河水质的TM分析[J]. 环境遥感,8:36～44.

李岩,蒋铁. 1986. 新疆干旱、半干旱地区植物最佳波段选择[G]// 中国科学院空间科学技术中心. 中国地球资源信息及其应用论文集. 北京:能源出版社,177～180.

廖克,成夕芳,吴健生,等. 2006. 高分辨率卫星遥感影像在土地利用变化动态监测中的应用[J]. 测绘科学, 31(6):11～15.

廖自基. 1992. 微量元素的环境化学及生物效应[M]. 北京:中国环境科学出版社.

林晓鹏. 2006. 卫星遥感在海洋监测中的应用[J]. 福建水产,3(1):58～59.

刘秉光,徐瑞松,等. 1983. 攀西裂谷到遥感讨论[J]. 大自然探索,51～62.

刘红辉. 2000. 资源遥感——从区域调查到全球变化研究[J]. 资源科学,22(3):36～38.

刘素红,马建文,蔺启忠.2000.通过 Gram-Schmidt 投影方法在高山区提取 TM 数据中含矿蚀变带信息[J].地质与勘探,36(5):62～65.

刘英俊,等. 1979.地球化学[M]. 北京:科学出版社.

卢振权,强祖基,等. 2002. 南海临震前卫星热红外增温异常原因初探[J]. 地球学报,23(1):42～46.

吕惠萍,徐瑞松,徐火盛. 1994.广东鼎湖钼矿区的生物地球化学效应[J]. 环境遥感,9(1):22～28.

罗伯特·坦普尔. 1987. 植物学勘探[J]. 科技日报,6～16.

马驰. 2001.遥感在确定水质参数中的应用进展[J]. 陕西师范大学学报(自然科学版),29(增刊):144～148.

马建文, 徐瑞松, 马跃良. 1994. 利用 TM 数据识别二道沟金矿地表地裂特征[J]. 国土资源遥感, 22(40): 30～23.

马建文. 1997.利用 ETM 数据快速提取含矿蚀变带方法研究[J].遥感学报,1(3):208～213.

马建伟, 徐瑞松, 奥和会. 1996. 秦岭金矿区植被景观异常遥感影像特征及其影响植物反射光谱变异原因初步分析[J]. 国土资源遥感, 30(4): 23～30.

马建伟, 徐瑞松. 1997. 秦岭金矿遥感地震[M]. 北京: 地质出版社.

马瑾,陈顺云, 等. 2006. 用卫星热红外信息研究关联断层活动的时空变化——以南北地震构造带为例[J]. 地球物理学报,49(3):816～823.

马向平,仙麦龙,吕录仕,等. 1997.重庆市酸沉降污染造成的植被受害状况遥感监测研究[J]. 国土资源遥感,(4):14～20.

马跃良,徐瑞松,魏东原. 1997.生物地球化学遥感技术在金矿成矿预测中的应用研究[J]. 地球化学, 26(1):92～100.

马跃良,徐瑞松. 1999.遥感生物地球化学在找矿勘探中的应用及效果[J]. 地质与勘探,35(5):39～43.

马跃良,何在成,许安. 1998.遥感技术在南盘江地区油气烃类检测中的应用[J]. 海相油气地质,3(2):47～54.

马跃良,贾桂梅,王云鹏,等. 2001.广州市区植物叶片重金属元素含量及其大气污染评价[J]. 城市环境与城市生态,14(6):28～30.

马跃良,王云鹏,贾桂梅. 2003.珠江广州河段水体污染的遥感监测应用研究[J]. 重庆环境科学,25(3):13～16.

马跃良,徐瑞松,吕惠萍,等. 1998.金矿生物地球化学效应特征及遥感信息提取[J]. 遥感技术与应用,13(1):8～17.

马跃良,徐瑞松. 1989. 利用侧视雷达航片圈定海南抱板—布磨地区金矿远景区的研究[J]. 地质地球化学,(5):22～27.

马跃良,徐瑞松. 1997.应用遥感信息优选海南南部金矿远景区的研究[J]. 国土资源遥感,(4):33～38.

马跃良. 1998.遥感生物地球化学效应技术在找矿中的应用效果[J]. 地质找矿论丛,13(4):78～84.

马跃良. 1999.金的生物地球化学及遥感探矿方法[J]. 地质地球化学,27(1):49～55.

马跃良. 2000.广东省河台金矿生物地球化学特征及遥感找矿意义[J]. 矿物学报,20(1):80～86.

马跃良. 2002.遥感生物地球化学找金矿方法研究进展[J]. 地球科学进展,17(4):521～527.

马跃良. 2007. 基于遥感的城市环境质量变化监测及其模型研究[D].广州:中国科学院广州地球化学研究所博士论文,16～136.

苗莉,徐瑞松,徐金鸿. 2007.粤西地区土壤—植物系统中稀土元素地球化学特征[J]. 土壤学报,44(1): 54～62.

苗莉,徐瑞松,王洁,等. 2008. 河台金矿矿山表生环境(土壤—植物)稀土元素含量分布和迁移积聚特征[J]. 生态环境学报,17 (1):350～356.

苗莉,徐瑞松,马跃良. 2008. 河台金矿矿山土壤—植物系统微量元素地球化学和生物地球化学特征[J]. 地球与环境,(1): 64～71.

苗莉,徐瑞松,陈彧,等. 2008. 华南红土微量元素表生地球化学特征及环境效应[J]. 农机化研究,(1): 8～16.

苗莉,徐瑞松,马跃良. 2008. SnO_2:F 导电薄膜的制备方法和性能表征[J]. 材料导报.(1): 15～19.

梅安新,等. 2001.遥感导论[M]. 北京:高等教育出版社.

倪健,吴继友. 1995.山东省台上金矿区荆条反射光谱的“红移”和“蓝移”现象[J]. 植物资源与环境,4(4):17～21.

倪健,吴继友. 1997.利用植物叶面反射光谱探测隐伏地下矿产[J]. 植物学通报,14(1):36～40.

欧阳自远,邹永廖,李春来,等. 2002. 月球——人类走向深空的前哨站[M].北京:清华大学出版社,92～93.

欧阳自远. 2006.月球探测纵横谈[J]. 天文爱好者,(5):4～7.

欧阳自远. 2006.月球探测进展与我国的探月行动(下)[J].自然杂志,27(5):9～11.

潘瑞炽,等. 1983. 植物生理学[M].北京:高等教育出版社.

彭定一,林少宁. 1991. 大气污染及其控制[M]. 北京:中国环境科学出版社.

彭少麟. 1997.全球变化现象及其效应[J]. 生态科学,16(2):2～6.

秦中,张捷,都金康. 2004. 水体污染遥感监测的可行性分析[J]. 长江流域资源与环境,13(4):384～388.

强祖基,孔令昌，等,1997. 卫星热红外增温机制的试验研究[J]. 地震学报,19(2):197～201.

强祖基,赁常恭,等,1998. 卫星热红外图像亮温异常——短临震兆[J]. 中国科学 D 辑,28(6):564～573.

屈春燕,马瑾,等,2006. 一次卫星热红外地震前兆现象的证伪[J]. 地球物理学报,49(2):490～495.

任为民,吕建会. 1989. 遥感技术在铜川市环境污染综合治理中的应用[R]. 能源部西安煤田航测遥感公司成果报告.

史学正,张定祥,潘贤章,等. 2002.近 35 年苏南典型地区的城镇扩展动态研究——以 1966～2001 年常熟市为例[J]. 土壤学报,39(6):780～786.

舒守荣,陈健. 1989. 不同深度水体中叶绿素浓度的定量遥测研究[J]. 环境遥感,4:136～143.

斯韦恩 P H,等.朱振福,等译. 1984. 遥感定量方法[M].北京:科学出版社.

宋慈安,雷良奇,杨启军,等. 2002.甘肃公婆泉铜矿区生物地球化学异常特征及找矿预测模式[J]. 地质地球化学,30(2):40～44.

苏建云. 2001. GIS 技术对 RS 图像信息提取的影响[J]. 泉州师范学院学报,4(19):60～63.

田国良,包佩丽,等. 1990.土壤中镉、铜伤害对水稻光谱特性的影响[J]. 环境遥感,5(2):140～149.

田国良,项月琴. 1989. 遥感估算水稻产量Ⅱ. 用光谱数据和陆地卫星图像估算水稻产量[J]. 环境遥感, 4(1):73～79.

田国良. 1982.二氧化硫和重金属镉、铜等物质对植物光谱特征的影响[R]. 科研成果报告.

田国良. 1982.天津地区污染地物的光谱特征[R]. 科研成果报告.

田国良等. 1987.重金属镉铜伤害水稻光谱特征的影响[R]. 科研报告.

田庆久,郑兰芬,童庆禧. 1998.基于遥感影像的大气辐射校正和反射率反演方法[J].应用气象学报, 9(4) :456～461.

童庆禧,等. 1990.中国典型地物波谱及其特征分析[M]. 北京:科学出版社.

涂光炽. 1973. 环境地质与健康[M]. 北京:科学出版社.

涂光炽. 1984. 地球化学[M]. 上海:上海科技出版社.

王富印. 1990. 我国东部井地油气微渗漏的遥感研究[J]. 国土资源遥感, 6(4): 16～20.

王超,刘智等. 2000. 张北 - 尚义地震同震形变场雷达差分干涉测量[J]. 科学通报,45(23):2550～2555.

王建宇,薛永骐. 1989. 64 波段机载光机扫描式成像光谱仪[G].第 6 届全国遥感学术论文集,13～14.

王丽娟,景耀全. 2005.浅谈遥感技术在大气监测中的应用[J]. 环境技术,23(1):15～17.

王乃斌,周迎春,等. 1993. 大面积小麦遥感估产模型的构建与调试方法的研究[J]. 环境遥感,8(4):250～259.

王锡田. 1988.俄勒岗州米斯特气田用遥感检测与油气微渗漏有关的植物病变的初步评价[J]. 国外遥感地质通讯, (2):12～19.

王学军,马廷. 2000. 应用遥感技术监测和评价太湖水质状况[J]. 环境科学,21(11):65～68.

王一然,刘晓川,罗开元. 2002. 国际深空探测技术的发展现状及展望(上)[J]. 中国航天,(10):34～35.

王翊亭,井文涌,何强. 1985.环境学导论[M]. 北京:清华大学出版社.

王云鹏,丁暄,何在成. 1993. 江汉油田烃类微渗漏蚀变信息及提取机理[J]. 环境遥感, 8(4):292～299.

王云鹏,丁暄. 1999. 川东某地地表烃类蚀变特征及遥感机理研究[J]. 地球化学, 28(4):381～392.

王云鹏,闵育顺,傅家谟,等. 2001. 水体污染的遥感方法及在珠江广州河段水污染监测中的应用[J]. 遥感学报,5(6):460～465.

王云鹏. 2000.苏北油田植物微量元素地球化学特征及其对遥感光谱特性的影响[J]. 科学通报,45(增刊):2716～2724.

吴继友,倪健,冯素萍,等. 1994. 山东省招远金矿区春季赤松林的植物地球化学和反射光谱特征[J]. 环境遥感,9(2):113～121.

吴继友,杨旭东,张福军等. 1997.山东招远金矿区赤松针叶反射光谱红边的季节特征[J]. 遥感学报,1(2):124～127.

夏德深,李华. 1996. 国外灾害遥感应用研究现状[J]. 国土资源遥感,(3):1～8.

夏耶,2005. 巴姆地震地表形变的差分雷达干涉测量[J].地震学报,27(4): 423～430.

项月琴,田国良. 1988.遥感估算水稻产量:I. 产量与辐射截获量的关系的研究[J]. 环境遥感,3(4):308～316.

小萨宾 F F. 1980.遥感原理和判释[M]. 北京:北京大学出版社.

谢涤非,刘顺会,李海浩,等. 2002.广州城市生态环境变化[J]. 城市环境与城市生态,15(1):20～22.

谢学锦,徐邦梁. 1953. 铜矿指示植物海州香薷[J]. 地质学报,32(4):360～368.

徐冠华,孙枢,陈运泰,等. 1999. 迎接“数字地球”的挑战[J]. 遥感学报,3(2):85～9.

徐火盛, 徐瑞松, 吕惠萍. 1992. 遥感直接找矿的新技术[J]. 遥感技术与应用, 7(4): 23～28.

徐金鸿, 徐瑞松, 夏斌.2006.广东鼎湖山斑岩钼矿区生物地球化学特征[J].地球与环境,34(1):23～28.

徐金鸿, 徐瑞松, 夏斌, 等.2006.土壤遥感监测研究进展[J].水土保持,13(2):17～20.

徐金鸿，徐瑞松，苗莉，等.2006. 广东红壤微量元素含量及分布特征[J]. 土壤通报，37(5)：964～968.

徐金鸿，徐瑞松，苗莉. 2007. 粤西地区红土光谱特性研究[J]. 国土资源遥感，(3)：67～70.

徐瑞松，徐金鸿，苗莉，等. 2006. 华南红土主元素表生地球化学特征[J]. 地球化学，35(5)：547～552.

徐瑞松. 2006. 我国的能源安全与可持续发展[G]. 广东可持续发展与科学发展观学术大会论文集，30～34.

徐瑞松. 2005. 华南沿海资源效应遥感生物地球化学模型[D]. 广州：中国科学院广州地球化学研究所博士论文. 18～88.

徐瑞松，马跃良，何在成. 2003. 遥感生物地球化学[M]. 广州：广东科技出版社.

徐瑞松. 2003. 南中国海海洋油气遥感调查研究[J]. 国土资源遥感，(1)：13～15.

徐瑞松. 1999. 华南再生资源与城市扩展遥感动态调查报告[R]. 中科院“九五”重大项目.

徐瑞松，马跃良，等. 1997. 南沙群岛海区叶绿素原感初探[M]//南沙群岛海区生态过程研究. 北京：科学出版社，133～142.

徐瑞松. 1998. 南沙海域初级生产率与油气遥感调查[R].“八五”国家专项.

徐瑞松. 1997. 秦岭成矿带金矿遥感生物地球化学研究[M]//秦岭金矿遥感地质. 北京：地质出版社，13～23.

徐瑞松，马跃良，何在成，等. 1997. 南沙群岛海区叶绿素 a 遥感测量初探[G]//南沙群岛海区生态过程研究(一). 北京：科学出版社，133～142.

徐瑞松，马跃良，吕惠萍. 1996. Au 及伴生元素生物地球化学效应研究[J]. 地球化学，25(2)：196～203.

徐瑞松. 1996. 华南植被地区金矿遥感生物地化研究报告[R]. 中科院“八五”重大项目.

徐瑞松. 1996. 广东崖门遥感考古调查研究报告[R]. 国家文物局项目.

徐瑞松，马跃良，等. 1995. 黑龙江植被地区黄金遥感调查报告[R]. 黑龙江省黄金局项目.

徐瑞松. 1995. 南海油气和生物量等资源环境遥感调查方法研究报告[R]. 中科院重点项目.

徐瑞松. 1995. 秦岭成矿带金矿遥感生物地化优选金矿靶区研究报告[R]. 国家“八五”攻关项目徐瑞松.

徐瑞松，马跃良，等. 1995. 南海油气和生物量等资源环境遥感调查方法研究[R].“八五”国家攻关项目研究报告.

徐瑞松，马跃良，等. 1994. 金矿生物地球化学遥感的理论与实践[G]// 中国金矿研究新进展(第二卷). 北京：地震出版社，225～250.

徐瑞松. 1994. 南海海盆开发可行性研究报告[R]. 中科院重点项目.

徐瑞松. 1993. 粤西—海南金及伴生元素生物地化效应遥感探矿机制及应用[G]//中国金

矿地质地化研究:第一集. 北京:科学出版社，295～309.

徐瑞松，马跃良，张琦娟. 1993. 世界遥感研究的现状与趋势[J]. 遥感技术与应用，8(1)：62～68.

徐瑞松. 1993. 华南沿海砂矿资源潜力与开发利用——以海南岛砂矿为例[G]//中国沿海资源工程环境系统与经济发展战略. 北京:地质出版社,86～92.

徐瑞松. 1992. 中国南海盆地的遥感勘察[J]. 遥感信息，27(3)：31～32.

徐瑞松. 1992. 粤西—海南金矿生物地化效应的遥感研究——以河台金矿为例[J]. 地质学报，66(2):170～181.

徐瑞松. 1992. 广东河台金矿遥感生物地球化学研究报告[R]. 广东省基金项目.

徐瑞松.1991. 广东鼎湖钼矿区生物地化效应波谱特征及探矿应用研究[G]// 中科院地化所广州分部."七五"地质科学重要成果论文集. 98～100.

徐瑞松. 1991. 粤西—海南金矿带多层遥感多源信息优选金矿靶区研究报告[R]."七五"国家攻关和中科院重大项目.

徐瑞松. 1991. 塔北油气遥感调查报告[R]."八五"国家攻关项目.

徐瑞松. 1991. 生物地球化学遥感研究现状及发展趋势[G]// 中国科学院.遥感动态交流会文集,49～50.

徐瑞松,徐火盛,吕惠萍. 1990. 广东鼎湖钼矿区钼的生物地化效应波谱和影像特征[J]. 地质地球化学，(4):38～44.

徐瑞松. 1990. 广州受污染植物——小叶榕叶面波谱特征及应用研究[J]. 遥感信息,25(5):38～44.

徐瑞松,徐火盛，等. 1990. 广东鼎湖山钼矿区生物地化效应波谱特征及探矿应用研究报告[R]. 国家基金项目.

徐瑞松. 谢永泉，等. 1990. 鼎湖钼矿区钼生物地化效应的波谱和影像特征[J]. 地质地球化学，4：7～12.

徐瑞松. 1989. 四川西南红格矿区断裂构造特征与成矿关系的航卫片解译研究[J]. 地质地球化学，183 (5)：15～21.

徐瑞松. 1989. 金的生物地球化学效应遥感研究新进展[J]. 地质地球化学，183 (5)：27～28.

徐瑞松. 1988. 新疆哈图金矿蚀变带窄带红外扫描影像特征及探矿应用研究[J]. 地质与勘探，24(12)：30～36.

徐瑞松,徐火盛,张军. 1986. 马鞍山航空遥感资料的地质应用分析和评价[G]// 中国科学院空间科学技术中心.中国地球资源光谱信息及其应用论文集.北京:能源出版社,28～42.

徐瑞松.1983. 利用遥感资料研究攀西裂谷区地质构造特点[G]. 中国科学院广州地质新技术研究所论文报告汇编，133～141.

徐瑞松. 1982. 攀西地区的线性和环形构造与成矿作用[G]∥中国遥感地质找矿学术讨论文集. 中国地质学会，81.

徐瑞松. 1982. 攀枝花和白草等典型矿区航卫片的解译及其找矿应用效果讨论[G]∥中国遥感地质找矿学术讨论文集. 中国地质学会，87.

徐文婷，吴炳方. 2005. 遥感用于森林生物多样性监测的进展[J]. 生态学报，25(5)：1199～1204.

徐兴新，叶宗怀，许安. 1988. 广州水体和植物遥感光谱分析[G]∥ 广州市航空遥感综合调查指挥部编. 广州市航空遥感综合调查论文集，214～221.

阎积惠，等. 1991. 地植物遥感找矿原理与方法简介[J]. 遥感与地质，(1)：8～31.

杨士弘，等. 1997. 城市生态环境学[M]. 北京：科学出版社.

杨廷槐. 1981. 1985～2000年的星载遥感系统[J]. 地质科技动态，(1)：23～25.

杨廷槐. 1989. 辨别针叶林树冠内金属过量引起病变的TM理想波段及变换技术[J]. 国外遥感地质通讯，(4)：17～19.

杨廷槐. 1990. 金矿地质新知与金矿遥感勘查[J]. 国外遥感地质通讯，(3)：22～31.

杨廷槐，等. 1986. 早熟树叶的枯萎、遥感检测和地植物普查的利用[J]. 国外遥感地质通讯，(3)：2.

杨廷槐，等. 1987. MEIS窄波段成像系统判别铁的氧化物和植物的异常[J]. 国外遥感地质通讯，(3)：32～37.

杨英宝，苏伟忠，江南. 2006. 基于遥感的城市热岛效应研究[J]. 地理与地理信息科学，22(5)：36～40.

叶速群. 徐瑞松. 1991. 粤西—海南金矿带遥感图像处理方法及效果初探[J]. 遥感技术与应用，3(2)：71～77.

叶笃正，符淙斌. 1998. 全球变化的主要科学问题[J]. 大气科学，18(4)：500～501.

叶嘉安，黎夏. 1999. 珠江三角洲经济发展、城市扩张与农田流失研究——以东莞市为例[J]. 经济地理，19(1)：67～72.

于宝山. 1996. 运用遥感技术对佳木斯市大气污染状况的研究[J]. 铀矿地质，12(3)：185～189.

庚晋. 2004. 火星探测全透视(下)[J]. 飞碟探索，(5)：6～8.

查显杰，傅容珊，等. 2007. 利用SAR数据获取Bam断层地表走向与格局[C]. 2007环境遥感学术年会——自然灾害专题研讨会，125～130.

张春鹏，郭雅芬，过仲阳. 2006. 遥感技术在环境监测中的应用探讨[J]. 测绘与空间地理信息，29(4)：32～34.

张卡，盛业华，张书毕. 2004. 遥感新技术的若干进展及其应用[J]. 遥感信息，(2)：58～62.

张文海，张树礼. 2004. 内蒙古生态环境监测指标体系与评价方法研究初探[J]. 内蒙古环境保护，17(3)：6～12.

张兴赢,张鹏,方宗义,等. 2007. 应用卫星遥感技术监测大气痕量气体的研究进展[J]. 气象,33(7):3～14 .

张绪良. 2002. 全球变化研究综述[J]. 高师理科学刊,22(4):54～57.

张渊智,等. 2000. 表面水质遥感监测研究[J]. 遥感技术与应用,15(4):214～219.

张昭贵,丁树柏, 郭祖军. 1997. 塔北地区植被波谱特征研究与遥感图像油气信息提取[J]. 石油勘探与开发, 24(1): 69～72.

赵承易,戚琦,季海冰,等. 2001. 北京交通干道旁杨树叶中重金属和硫的测定及大气污染状况的研究[J]. 北京师范大学学报:自然科学版,37(6):795～799.

赵辉,齐义泉,王东晓,等. 2005.南海叶绿素浓度季节变化及空间分布特征研究[J]. 海洋学报,27(4):45～52.

赵鹏大,陈永清. 1999. 基于地质异常单元金矿找矿有利地段圈定与评价[J].中国地质大学学报, 24(5):443～448.

赵英时,等.2003. 遥感应用分析原理与方法[M]. 北京:科学出版社.

赵元洪,田良虎,何侃. 1992.利用多平台遥感数据复合研究城市扩展的动态监测[J].环境遥感,7(3):196～201.

赵志东.1989. 滇黔桂地区石油地质构造特征[M]// 中国含油气区构造特征编委会.中国含油气区构造特征. 北京:石油工业出版社.

郑树声. 1992. 广东省酸雨现状和时空分布研究[J]. 中国环境科学,12(4):316～318.

曾提. 徐瑞松. 李富才. 1991. 广东鼎湖钼矿区植物叶子反射水效应指数及找矿探索[J]. 遥感技术与应用, 专辑. 118～121.

曾提, 徐瑞松, 李富才. 1994. 多层遥感——多源信息优选尖底金矿远景区的研究[J]. 地球化学, 23(增刊): 68～75.

中国科学院遥感联合中心编. 1989. 航空遥感实用系统与应用[M]. 北京:能源出版社.

中国石油地质志编辑委员会. 1987.中国石油地质志:卷十一[M]. 北京:石油工业出版社.

周成虎、骆剑承、杨晓梅,等. 2001. 遥感影像地学理解与分析[M].北京:科学出版社,180～240.

周红妹, 周成虎, 葛伟强,等. 2001. 基于遥感和 GIS 的城市热场分布规律研究[J]. 地理学报, 56(2):189～196.

周燮,陈婉芬,吴颂如. 1988.植物生理学[M]. 北京:中央广播电视出版社.

周仪. 1988.植物学(上下册)[M]. 北京:北京师范大学版社.

朱小鸽,何执兼,邓明. 2001. 最近 25 年珠江口水环境的遥感监测[J]. 遥感学报,5(5):396～400.

朱振国,姚士谋,许刚. 2003. 南京城市扩展与其空间增长管理的研究[J]. 人文地理,18(5):11.

朱振海. 1990. 遥感技术勘探油气资源的研究进展[J]. 天然气地球科学,1(1):27～30.

朱振海主编. 1991. 油气遥感勘探评价研究[M]. 北京:中国科学技术出版社.

朱振海,黄晓霞,李红旮. 2002. 中国遥感的回顾与展望[J]. 地球物理学进展,17(2):310～316.

中国环境年鉴编辑委员会编. 中国环境年鉴(1992年～1996年)[G].

Abrams M J. 1977. Mapping of hydrothermal alteration in the Cuprite mining district, Nevada, using aircraft scanning images for the spectral region 0.46 to 2.36 mm[J]. Geology,(5):713～718.

Ager C M. 1987. Spectral Reflectance of Lichens and Their Effects on the Reflectance of Rock Substrates[J]. Geophysics,52(7):808～906.

Akbari H. 1995. Cool Construction Materials Offer Energy Savings and Help Reduce Smog[J]. A STM Standardization News,(11):32～37.

Allum J A E. 1987. Remote Sensing of Vegetation Change near Inco's Sudbury Ming Complexes[J]. International Journal of Remote Sensing, 8(3):399～416.

Artis D A. Carnahan W H. Survey of emissivity variability in thermography of urban areas[J]. Remote Sensing of Environment, 1982, 12: 313～329.

Auer A H. 1978. Correlation of Land Use and Cover with Meteorological Anomalies[J]. Journal of Applied Meteorology,17:636～643.

Badhwar G D. 1985. Comparative Study of Suits and sail Canopy Reflectance Models[J]. Remote Sensing of Environment,17(2):179～195.

Baker A J M. 1992. Accumulators and excluders: strategies in the response of plants to heavy metals[J]. Journal of Plant Nutrient,3:643～654.

Balling R C, Brazil S W. 1988. High-resolution Surface Temperature Patterns in a Complex Urban Terrain[J]. Photogrammetric Engineering and Remote Sensing,54(9): 1289～1293.

Barale V. 1991. Sea Surface Color in the Field of Biological Oceanography[J]. Int. J. Remote Sensing, 12(4): 781～794.

Becker Francois. 1988. Relative Sensitivity of Normalized Difference Vegetation Index and Microwave Polarization Deference Index for Vegetation and Desertification Monitoring[J]. Remote Sensing of Environment, 24:297～311.

Bell R. 1986. Mineral Induced Stress in Vegetation[J]. Remote Sensing of Natural Resources,(4):44.

Benjamin F, Richason J. 1978. Introduction to Remote Sensing of the Environment[M]. Kendall:Hunt Publishing Company, 386～390.

Birnie R W. 1983. Application of Remote Sensing to Geobotanical Prospecting for Non-Renewable Resources[J]. Remote Sensing of Natural Resources,36.

Birnie R W. 1986. Geobotanical Mapping in the Central Appalachian Mountain[J]. Remote Sensing of Natural Resources,(4):44.

Bouman, Uenk. 1992. Crop classification with simulated ERS～1 and JERS～1 data[J]. Remote Sensing of Environment,40(1):1～13.

Boyer M. 1987. Senescence and Spectral Reflectance in Leaves of Northern Pin Oak[J]. Remote Sensing of Environment,23:71～87.

Boyle R W. 1979. The geochemistry of gold and its deposits[J]. Can. Geol. Surv, Bull., 280: 584.

Brooks R R. 1982. Biological methods of prospecting for gold[J]. J. Geochem. Explor,17 (2):109～122.

Brooks R R. 1983. Biological Methods of Prospecting for Minerals[M]. New York: John Wiley & Sons.

Caims S H, Dickson K L, Atkinson S F. 1997. An examination of measuring selected water quality trophic indicators with SPOT satellite HRV data. [J]. Photogramm. Eng. Rem. Sens. ,63:263～265.

Cai Fengshi, Chen Jun, Xu ruisong. 2006. Porous acetylene-black spheres as the cathode materials of dye-sensitized solar cells[J]. Chemistry Letters,35(11) :1266～1268.

Card Don H. 1988. Prediction of Leaf Chemistry by the Use of Visible and Near Infrared Reflectancc Spectroscopy[J]. Remote Sensing of Environment,26(2):123～147.

Carlson T N, Arthur S T. 2000. The Impact of Land Use - Land Cover Changes Due to Urbanization on Surface Microclimate and Hydrology: A Satellite Perspective[J]. Global and Planetary Changes,25:49～65.

Carpentter D J , Carpentter S M. 1983. Modeling inland water quality using Landsat data [J]. Remote Sensing of Environment,13(4):345～352.

Chang Sheng Huei. 1983. Confirmation of the Airborne Biogeophysical Mineral Exploration Technique Using Laboratory Methods[J]. Economic Geology,78(4):723～736.

Chen H H, Parnell J, et al. 2006. Large-scale seismic thermal anomaly linked to hot fluid expulsion from a deep aquifer[J]. Journal of Geochemical Exploration, 89 (1～3): 53～56.

Choudhury B J. 1987. Monitoring Vegetation Using Nimbus-7 Scanning Multichannel Microwave Radiometer's Data[J]. International Journal of Remote Sensing,8(3):533～538.

Choudhury B J. 1988. Microwave Vegetation Index, a New Long-Term Global Data Set for Biosphere Studies[J]. International Journal of Remote Sensing,9(2):185～186.

Christensen E J. 1988. Aircraft MSS Data Registration and Vegetation Classification for

Wetland Change Detection[J]. International Journal of Remote Sensing,9(1):23～38.

Clevers J G P W. 1988. The Derivation of a Simplified Reflectance Model for the Estimation of Leaf Area Index[J]. Remote Sensing of Environment,25(1):53～69.

Clevers J G P W. 1989. The Application of a Weighted Infrared-Red Vegetation Index for Estimating Leaf Index by Correcting for Soil Moisture [J]. Remote Sensing of Environment,29(1):25～37.

Collins William. 1983. Airborne Biogeophysical Mapping of Hidden Mineral Deposits[J]. Economic Geology, 78(4):737～750.

CROWLEY J K, HUBBARD B E, MARS J C. 2003. Hydrothermal Alteration on the cascade strato volcanoes: A Remote Sensing Survey[J]. Geological Society of America Abstracts with Programs,35(6):552.

Curran P J. 1988. Radiometric Leaf Area Index[J]. International Journal of Remote Sensing,9(2): 259～274.

Curran P J. 1988. Technical Note Selecting a Spatial Resolution for Estimation of Per-Field Green leaf Area Index[J]. International Journal of Remote Sensing,9(7):1243～1250.

Darch J P. 1983. Multitemporal Remote Sensing of a Geobotanical Anomaly [J]. Economic Geology 78(4): 770～777.

Dekker A G, Peters S W M. 1993. The use of the Thematic Mapper for the analysis of eutrophic lakes: a case study in the Netherlands[J]. International Journal of Remote Sensing,14(5):799～821.

Dey S, Sarkar S, et al. 2004. Anomalous changes in column water vapor after Gujarat earthquake [J]. Advance in Space Research, 33(3):274～278.

Donald B S. 1983. Use of Landsat MSS Scanner Data for the Definition of Limonite Exposures In Heavily Vegetated Areas[J]. Economic Geology,78(4):711～722.

Elevidge D Christopher. 1988. Thermal Infrared Reflectance of Dry Plant Materials:2.5-20.0 μm[J]. Remote Sensing of Environment,26(3):265～285.

Enamal H. 1988. Relationship between Discoloration and Histological Changes in Leaves of Trees Affected by Forest Decline[J]. Remote Sensing of Environment,26(2):171～184.

Erdman J A, Olson J C. 1985. The use of plants in prospecting for gold: a brief overview with a selected bibliography and topic index[J]. Journal of Geochemical Exploration,24(3):281～304.

Everett J R, Jengo C J, Ataskowski R J. 2002. Remote sensing and GIS enable future exploration success[J]. World Oil,223(11):59～65.

Foody G M. 1988. Crop Classification Airborne Synthetic Aperture Radar Data[J]. International Journal of Remote Sensing,9(4): 655～668.

Froidefond J M, Gardel L, Guiral D, et al. 2002. Spectral remote sensing reflectances of coastal waters in French Guiana under the Amazon influence[J]. Remote Sensing of Environment, 80:225～232.

Fujii T, Kudo M, Iwashita Y. 1992. Assessment of air pollution by using satellite data[J]. Proceedings of the Japanese Conference of Remote Sensing,13:199～200.

Funning G J, Parsons B, Wright T J. 2005. Surface displacements and source parameters of the 2003 Bam (Iran) earthquake from Envisat advanced synthetic aperture radar imagery[J]. Journal of Geophysical research, 110: B09406, doi:10.1029.

Gabriel A K, Goldstein R M, et al. 1989. Mapping small elevation changes over large areas: Differential radar interferometry[J]. Journal of Geophysical Research, 94(B7): 9183～9191.

Gillies R R, Carlson T N, Cui J, et a1. 1997. A verification of the 'triangle' method for obtaining surface soil water content and energy fluxes from remote sensing measurements of the Normalized Difference Vegetation Index (NDVI) and surface radiant temperature[J]. International Journal of Remote Sensing, 18:3145～3166.

Goetz A F H, Rock B N, Rowan. 1983. Remote sensing for exploration: An overview [J]. Economic Geology,78(4):575～583.

Gross M F. 1988. Effect of Solar Angle on Reflectance from Wetland Vegetation[J]. Remote Sensing of Environment,26:195～212.

Gross M F. 1988. Remote Sensing of Biomass of Salt Mersh Vegetation in France[J]. International Journal of Remote Sensing,9(3):397～408.

Han L, Rundquist D C. 1997. Comparison of NIR/RED ratio and first derivative of reflectance in estimating algae-chlorophyll concentration: a case study in a turbid reservoir[J]. Remote of Sensing Environment, 62:253～261.

Harlan L Mekin et al. 1984. Water Quality Monitoring Using an Airborne Spectroradiometer[J]. Photogrammetric Engineering & Remote Sensing, 50(2): 352～360.

Harris R, Cooper M. 2002. Structural analysis in eastern Yemen using remote sensing data [J]. World Oil, 223(11):52～57.

Heilig G K. 1997. Anthropogenic factors in land2 change in China[J]. Population and Development Review,23(1):139～168.

Hermann Karin. 1988. Preliminary Assessment of AIS and ATM Data Acquired for Forest Decline Areas in F.R.G[J]. Remote Sensing of Environment,24(1):129～149.

Hilker T, Coops N C, Wulder M A, et al. The use of remote sensing in light use efficiency based models of gross primary production: A review of current status and future requirements[J]. Science of The Total Environment, In press.

Hope A S. 1988. Tersail: a Numerical Model for Combined Analysis of Vegetation Canopy Bi-directional Reflectance and Thermal Emissions[J]. Remote Sensing of Environment, 26:287~360.

Jie Wang, Ruisong Xu, Yueliang Ma, et al. 2008. The research of air pollution based on spectral features in leaf surface of Ficus Microcarpa in Guangzhou, China[J]. Environmental Monitoring and Assessment(2008)142:73~83.

Jinqu Zhang, Yunpeng Wang, Yan Li. 2006. A C++ program for retrieving land surface temperature from the data of Landsat TM/ETM+ band6[J]. Computers & Geosciences, 32:1796~1805.

Kato M, Sasaki S, Tanaka K, et al. 2008. The Japanese lunar mission SELENE: Science goals and present status[J]. Advances in Space Research, 42(2): 294~300.

Kaufman Y J, Gitelson A, Karnieli A, et al . 1994. Size distribution and scattering phase function of aerosol particle retrieved from sky brightness measurements[J]. Journal of Geophysical Research,99(D5):10341~10356.

Kovalevskii A L, Kovalevskaya O M. 1989. Biogeochemical haloes of gold in various species and parts of plants[J]. Applied Geochemistry,4(4):369~374.

Kovalevskii A L. 1984. Biogeochemical prospecting for ore deposits in the USSR[J]. Journal of Geochemistry. Exploration, 21:63~72.

Kurvonen L, Pulliainen J, Hallikainen M. 2002. Active and passive microwave remote sensing of boreal forests[J]. Acta Astronautica,51(10):707~713.

Lathrop R G. 1992. Landsat Thematic Mapper monitoring of BOD inland water quality [J]. Photogrammetric Engineering and Remote Sensing,58:465~470.

Li Miao, Ruisong Xu, Yueliang Ma, et al. 2007. Biogeochemical characteristics of the Hetai gold mine, Guangdong Province, China[J]. Journal of Geochemical exploration, 96(1): 43~52.

Li Miao, Ruisong Xu, Yueliang Ma, Zhaoyu Zhu, et al. 2008. Geochemistry and biogeochemistry of rare earth element in a surface environment (soil and plant) in South China[J]. Environmental geology, 56:225~235.

Lin Z F. 1982. Changes in Spectral Properties of Leaves as Related to Chlorophyll Content and Age of Papaya.[J] Photosynthetica,16(4):520~525.

Lin Z F. 1983. Epidermis Effects on Spectral Properties of Lcaves of Four Herbaceous Species[J]. Physical Plant,59(1):91~94.

Loughlin W P. 1991. Principal Component Analysis for alteration mapping[J]. Photogrammetric Engineering and Remote Sensing , (57):1163-1169.

Ma Ainai, Li Jing. 1986. A study on concentration of suspended sediment by remote sensing[J]. ISRS:Proceedings of 3 rd USA,1751～1757.

Ma Yueliang, Xu Ruisong. 1998. Study on Biogeochemical Effects and Remote Sensing Characteristics of Gold Deposit[J]. Proceeding of SPIE,3502:112～121.

Ma Yueliang, Xu Ruisong. Remote Sensing Monitoring and Driving Force Analysis of Urban Expansion in Guangzhou City, china[J]. Habitat International, 2010, 34(2): 228～235.

Michael D S , Kelvin J M , Corey J B. 2003. Remote sensing of Southern Ocean sea surface temperature: implications for marine biophysical models[J]. Remote Sensing of Environment, 84:161～173.

Milton N M. 1983. Use of Reflectance Spectra of Native Plant Species for Interpreting Airborne MSS Scanner Data in the East Tintic Mountain Utoh[J]. Economic Geology, 78(4):761～769.

Milton, Collins. 1983. Remote Detection of Metal on Polit Mountain, Randolph County, North Carolina[J]. Economic Geology,78(4):605～617.

Mittenzwey H G, Gitelson A A. 1992. Determination of chlorophyll a of inland waters on the basis of spectral reflectance[J]. Limnology and Oceanography,37(1):147～149.

Nelson Ross. 1988. Estimating Forest Biomass and Volume using Airborne Laser Data[J]. Remote Sensing of Environment,24:247～267.

Nichol J E. 1993. Remote sensing of water quality in the Singapore-Johorriau growth triangle[J]. Remote Sensing of Environment,43(2):139～148.

Okada Y, Mukai S and et al. 2004. Changes in atmospheric aerosol parameters after Gujarat earthquake of January 26, 2001 [J]. Advance in Space Research, 33(3):254～258.

Ouzounov D, Bryant N ,et al. 2006. Satellite thermal IR phenomena associated with some of the major earthquakes in 1999-2003[J]. Physics and Chemistry of the Earth, 31 (4-9): 154～163.

Oppenheimer C. 1998. Remote measurement of volcanic gases by Fourier Transform infrared Spectroscopy[J]. Applied Physics B, 67(4):505～515.

Owen T W, Carlson T N, Gillies R R. 1998. Assessment of Satellite Remotely-sensed Land Cover Parameters in Quantitatively Describing the Climate Effect of Urbanization [J]. International Journal of Remote sensing,19(9):1663～1681.

Philpot W D. 1989. Laser Induced Fluorescence: Limits to the Remote Detection of

Hydrogen Zon, Huminun and Dissolved Organic Matter[J]. Remote Sensing of Environment,29(1):51~66.

Platt U. 1979. Simultaneous measurement of atmospheric CH_2O,O_3 and NO_2 by Differential Optical Absorption[J]. Journal of Geophysical Research,84(C10):6329~6335.

Plummer S E. 1988. Exploring the Relationships Between Leaf Nitrogen contents, Biomass and the Near-Infrared/red Reflectance Ratio[J]. International Journal of Remote Sensing,9(1):177~183.

Ritchie J C, Cooper C M,Schiebe F R. 1990. The relationship of MSS and TM digital data with suspended sediments, chlorphyll, and temperature in Moon lake, Mississippi[J]. Remote Sensing of Environment,33:137~148.

Rock B N. 1986. Remote Detection and Correlation of Distribution of Natural Tree Species and Soil Concentrations of Low Molecular Weight Hydrocarbons[M] // Tree Species And Soil Hydrocarbons,163~171.

Rock B N. 1986. Remote Detection of Forest Damage[J]. Bioscience,36(7):439~445.

Rock B N, Hoshizaki T, Miller J R. 1988. Comparison of in situ and airborne spectral measurements of the blue shift associated with forest decline[J]. Remote Sensing of Environment,24(1):109~127.

D. Rokos, et al. 2000. Structural Analysis for Gold mineralization Using Remote Sensing and Geochemical Techniques in a GIS Environment: Island of Lesvos, Hellas [J]. Natural Resources Research, 9(4):277~293.

Ross J K. 1988. Monte Carlo Calculation of Canopy Reflectance[J]. Remote Sensing of Environment,24:213~225.

Ross Juhan. 1989. The Influence of Leaf Orientation and the Specular Component of Leaf Reflectance on the Canopy Bidirectional Reflectance [J]. Remote Sensing of Environment,27(3):251~260.

Roth M, Oke T R, Emery W J. 1989. Satellite-derived Urban Heat Islands from Three Coastal Cities and the Utilization of such Data in Urban Climatology[J]. International Journal of Remote Sensing,10(11):1699~1720.

Schlesinger William H. 1991. Biogeochemistry, An Analysis of Global Change[M]. San Diego: Academic Press .

Schott J R. 1989. Image Processing of Thermal Infrared Images[J]. Photogrammetric Engineering and Remote Sensing,55(9):1311~1321.

Schwaller Mathew R. 1985. Premature Leaf Senescence: Remote Sensing Detection and Utility for Geobotanical Prospecting[J]. Economic Geology,80(2):250~236.

Schwaller, Mathem R A. 1988. Geobotanical Investigation Based on Linear Discriminate and Profile Analyses of Airborne TM Simulator Data[J]. Remote Sensing of Natural Resources,(2):69.

Schwaller M R, Tkach S J. 1985. Premature leaf senescence; Remote – sensing detection and utility for geobotanical prospecting[J]. Economic Geology,80(2):250～255.

Singh A. 1989. Digital change detection techniques using remotely-sensed data[J]. International Journal Remote Sensing,10(6):989～1003.

Singh S M. 1988. Cowest Order Correction for Solar Zenith Angle to Global Vegetation Index (GVI) Data[J]. International Journal of Remote Sensing ,9(10-11):1565～1572.

Singh S M. 1988. Simulation of Solar Zenith Angle Effect on Global Vegetation Index (GVI)Data[J]. International Journal of Remote Sensing,9(2):237～248.

Singh S M. 1988. The Effect of Atmospheric Correction on the Interpretation of Multitemporal AVARR-Derived Vegetation Index Dynamics [J]. Remote Sensing of Environment,25:37～51.

Singh S M. 1988. Transformation of Global Vegetation Index(GVI) Data from the Polar Stenographic Projection to an Equatorial Cylindrical Projection[J]. International Journal of Remote Sensing,9(3):583～589.

Singhroy V. 1987. Spectral Geobotanical Investigation of Mineralized till Sites[C]//Envirомental Research Institute of Michigan. Proceeding of the 5th Thematic Conference on Remote Sensing for Exploration Geology. California:Enviromental Research Institute of Michigan. 2:523～544.

Taconet O. 1988. Application of Flux Algorithm to a Field-satellite Campaign over Vegetated Area[J]. Remote Sensing of Environment,26(3):227～239.

Templemeryer K, Ey O. 1974. Use of remote sensing to study the dispersion of stack plumes[J]. Remote Sensing of Earth Resources,3:255～272.

Teruyuki Nakajima, Glouco Tonna, Ruizhong Rao, et al. 1996. Use of sky brightness measurements from ground for remote sensing of particulate polydispersions[J]. Applied Optics, 35(15):2672～2686.

Trifonov V G. 1983. Space Remote Sensing Data in Geology[M]. Moscow:Nauka

Tronin A A. 1996. Satellite thermal survey - A new tool for the study of seismoactive regions[J]. International Journal of Remote Sensing, 17 (8): 1439 ～1455.

Tronin A A, Hayakawa M, Molchanov O A. 2002. Thermal IR satellite data application for earthquake research in Japan and China[J]. Journal of Geodynamics, 33 (4～5): 519～534.

Tronin AA, Biagi PF, et al. 2004. Temperature variations related to earthquakes from simultaneous observation at the ground stations and by satellites in Kamchatka area[J].

Physics and Chemistry of the Earth, 29 (4-9): 501~506.

Verburg P H, Veldkamp A, Fresco L O. 1999. Simulation of changes in the spatial pattern of land use in China[J]. Applied Geography, 19(3):211~233.

Vogelmann J E. 1988. Assessing Forest Damage in High-Elevation Coniferous Forests in Vermont and New Hampshire Using Thematic Mapped Data[J]. Remote Sensing of Environment, 24:227~246.

Voogt J A, Oke T R. 1998. Effects of urban surface geometry on remotely sensed surface temperature[J]. International Journal of Remote Sensing, 19:895~920.

Wezernak C T, Tanis F J, Bajza C A. 1976. Trophic state analysis of inland lakes[J]. Remote Sensing of Environment, 5:147~165.

Wu LX, Liu SJ and et al. 2006. Precursors for rock fracturing and failure-Part I: IRR image abnormalities[J]. International Journal of Rock Mechanics and Mining Sciences, 43 (3): 473~482.

X. Li, A. G. O. Yeh. 1998. Principle component analysis of stacked multi-temporal images for the monitoring of rapid urban expansion in the Pearl River Delta[J]. International Journal of Remote Sensing, 19(8):1501~1518.

Xia Li, Anthony Gar-on Yeh. 2000. Modelling Sustainable Urban Development by the Integration of Constrained cellular automata and GIS[J]. International Journal of Geographical Information Science, 14(2):131~152.

Xu Ruisong, Ma Yueliang. 2004. Remote Sensing Research in Biogeochemistry of Hetai Gold Deposit, Guangdong Province, China[J]. International Journal of Remote Sensing, 25(2):437~453.

Xu Ruisong. 2002. Petroleum and Gas Research by Remote Sensing in South China Sea [J]. IAPRS & SIS, 34(4):699~703.

Xu Ruisong. 1988. The feature study of spectra and image of airborne fine-split infrared multispectral scanner of altered rocks for mineral exploration in Hatou gold ore of Xinjiang Province, China[C]//Proceeding of the 9th Asian conference on remote sensing. Bankok, Thailand: Asian Conference on Remote Sensing. 23~29.

Xu Ruisong. 1990. Geobotanical Remote Sensing in China[C]//Proceedings of Remote Sensing in the Mining and Petroleum Industries, London, 67~71.

Xu Ruisong. 1990. Geobotanic remote sensing for Mo deposit exploration in Dinhu Mo ore field. Guangdong, China[C]. //Proceedings of the 11th Asian conference on remote sensing. Guangzhou. 15~21.

Xu Ruisong. 1991. Studying of Au Biogeochemical Stressed Remote Sensing in Yuexi and Hainan Area, China[C]//Proceedings of the 12th Asian Conference on Remote

Sensing, Singapore. Hanoi: Asian Association on Remote Sensing. 55～59.

Xu Ruisong. 1992. Gold resource information system study in Western Guangdong and Hainan, China [C] // Proceedings of the Australia conference on remote sensing. Sydeny. 36～39.

Xu ruisong. 1993. The feature study of spectra and image of airborne fine-split infrared multispectral scanner of altered rocks for mineral exploration in dry region of Xinjiang, China[C]// Proceedings of international symposium on remote sensing in aria & semi-aria regions. Lanzhou, China. 90～97.

Xu Ruisong. 1992. Remote sensing study of gold biogeochemical effects in the Western Guangdong-Hainan region[J]. Acta geological sinica. 5(4): 413～425.

Xu Ruisong. 2003. Research on character of nanocrystalline TiO_2 film [J]. Acta scientiarum naturalium universityatis sunyatseni, 42(1): 1～4.

Xu Ruisong, Fan Xiulian, Xu Yuan. 2004. Biogeochemical remote sensing research for gold ore exploration in area of Xiaoxinanling Mountain, China [C] // International Union of Geological Sciences. 32th International Geological Congress, Florence-Italy. Part 2 of 199～31.

Xu Ruisong, Fan Xiulian, Xu Yuan. 2005. Biogeochemical remote sensing study for City air pollution leaf surface for Ficas Microcarpa, Guangzhou City[C]// Proceedings of the 10th mainland and Taiwan environmental protection academic conference. Taiwan. 774～783.

Xu Ruisong, Lu Huiping, Ye Sunqun, et al. 1992. Study on An Biogeochemical Effects Using Remote Sensing Technique in Western Guangdong and Hainan Province, China [J]. International Society for Photogrammetry and Remote Sensing 17th Congress, Washington, D C, V.29 (B7): 62～65.

Xu Ruisong, Ma Yueliang, Lu Huiping. 1996. New Advance in Biogeochemical Remote Sensing for Gold Deposit [C] // 30th International Geological Congress . Beijing: Geology Press, V.1 of 3: 444.

Yamagata Y. 1988. Water Turgidity and Perpendicular Vegetation Indices for Paddy Rice Flood Damage Analyses[J]. Remote Sensing of Environment, 26: 241～251.

Yunpeng Wang, Hao Xia, Jiamo Fu, Guoying Sheng. 2004. Water quality change in reservoirs of Shenzhen, China: detection using LANDSAT/TM data[J]. Science of the Total Environment, 328: 195～206.

Sensing Symposium [illegible] Asian Association on Remote Sensing: [illegible]

Xu [illegible] 199[illegible] Gold resource information system study in Western Guangdong and Hainan, China [illegible] Proceedings of the [illegible] Conference on Remote Sensing [illegible]

Xu Ruisong. 199[illegible] The feature study of spectra and image of airborne [illegible] multispectral scanner [illegible] rocks for prospecting [illegible] in the [illegible] of Xinjiang, China [illegible] Proceedings of International [illegible] on Remote Sensing [illegible] Guangzhou, China [illegible]

Xu Ruisong. 1992. Remote sensing study of gold biogeochemical effect in the Western Guangdong–Hainan region [illegible] geological survey [illegible]

Xu Ruisong. 20[illegible]. Research on character of nanocrystalline [illegible]

Xu Ruisong, [illegible] Xu [illegible] Biogeochemical effects during [illegible] gold [illegible] exploration [illegible] International Geological Congress [illegible] Part 2 of 3 [illegible]

Xu Ruisong, [illegible] 2007. Biogeochemical remote sensing study for [illegible] of pollution [illegible] Guangzhou City [illegible] 10th [illegible] environmental protection [illegible] Taiwan [illegible] 163

Xu Ruisong, [illegible] et al. [illegible] Biogeochemical Effects Using Remote Sensing Technique in Western Guangdong and Hainan Provinces, China [illegible] International Society for Photogrammetry and Remote Sensing [illegible] Congress, Washington D.C., V.29 (B7): [illegible]

Xu Ruisong, Ma Yuejiang, [illegible] Biogeochemical Remote Sensing for Gold [illegible] International Geological Congress [illegible] Beijing [illegible]

[illegible] Water [illegible] Vegetation Index for [illegible] Analysis [illegible]

[illegible] Water [illegible] 201[illegible] Water quality change in [illegible] MODIS [illegible] Science of the Total Environment [illegible]

“十一五”国家重点图书

中国科学技术大学校友文库
第一辑书目

◎*Topological Theory on Graphs*（英文） 刘彦佩

◎*Advances in Mathematics and Its Applications*（英文） 李岩岩、舒其望、沙际平、左康

◎*Spectral Theory of Large Dimensional Random Matrices and Its Applications to Wireless Communications and Finance Statistics*（英文） 白志东、方兆本、梁应昶

◎*Frontiers of Biostatistics and Bioinformatics*（英文） 马双鸽、王跃东

◎*Spectroscopic Properties of Rare Earth Complex Doped in Various Artificial Polymer Structure*（英文） 张其锦

◎*Functional Nanomaterials：A Chemistry and Engineering Perspective*（英文） 陈少伟、林文斌

◎*One-Dimensional Nanostructres：Concepts，Applications and Perspectives*（英文） 周勇

◎*Colloids，Drops and Cells*（英文） 成正东

◎*Computational Intelligence and Its Applications*（英文） 姚新、李学龙、陶大程

◎*Video Technology*（英文） 李卫平、李世鹏、王纯

◎*Advances in Control Systems Theory and Applications*（英文） 陶钢、孙静

◎*Artificial Kidney：Fundamentals，Research Approaches and Advances*（英文） 高大勇、黄忠平

◎*Micro-Scale Plasticity Mechanics*（英文） 陈少华、王自强

◎*Vision Science*（英文） 吕忠林、周逸峰、何生、何子江

◎非同余数和秩零椭圆曲线 冯克勤

◎代数无关性引论 朱尧辰

◎非传统区域 Fourier 变换与正交多项式 孙家昶

◎消息认证码 裴定一

◎完全映射及其密码学应用　吕述望、范修斌、王昭顺、徐结绿、张剑
◎摄动马尔可夫决策与哈密尔顿圈　刘克
◎近代微分几何：谱理论与等谱问题、曲率与拓扑不变量　徐森林、薛春华、胡自胜、金亚东
◎回旋加速器理论与设计　唐靖宇、魏宝文
◎北京谱仪Ⅱ·正负电子物理　郑志鹏、李卫国
◎从核弹到核电——核能中国　王喜元
◎核色动力学导论　何汉新
◎基于半导体量子点的量子计算与量子信息　王取泉、程木田、刘绍鼎、王霞、周慧君
◎高功率光纤激光器及应用　楼祺洪
◎二维状态下的聚合——单分子膜和LB膜的聚合　何平笙
◎现代科学中的化学键能及其广泛应用　罗渝然、郭庆祥、俞书勤、张先满
◎稀散金属　翟秀静、周亚光
◎SOI——纳米技术时代的高端硅基材料　林成鲁
◎稻田生态系统 CH_4 和 N_2O 排放　蔡祖聪、徐华、马静
◎松属松脂特征与化学分类　宋湛谦
◎计算电磁学要论　盛新庆
◎认知科学　史忠植
◎笔式用户界面　戴国忠、田丰
◎机器学习理论及应用　李凡长、钱旭培、谢琳、何书萍
◎自然语言处理的形式模型　冯志伟
◎计算机仿真　何江华
◎中国铅同位素考古　金正耀
◎辛数学·精细积分·随机振动及应用　林家浩、钟万勰
◎工程爆破安全　顾毅成、史雅语、金骥良
◎金属材料寿命的演变过程　吴犀甲
◎计算结构动力学　邱吉宝、向树红、张正平
◎太阳能热利用　何梓年
◎静力水准系统的最新发展及应用　何晓业
◎电子自旋共振技术在生物和医学中的应用　赵保路
◎地球电磁现象物理学　徐文耀
◎岩石物理学　陈颙、黄庭芳、刘恩儒
◎岩石断裂力学导论　李世愚、和泰名、尹祥础
◎大气科学若干前沿研究　李崇银、高登义、陈月娟、方宗义、陈嘉滨、雷孝恩